Photoshop图形图像处理案例教程

高宏欣　主编

南开大学出版社
天　津

图书在版编目(CIP)数据

Photoshop 图形图像处理案例教程 / 高宏欣主编. —天津:南开大学出版社,2016.8(2017.7重印)
ISBN 978-7-310-05123-6

Ⅰ.①P… Ⅱ.①高… Ⅲ.①图象处理软件—教材
Ⅳ.①TP391.41

中国版本图书馆 CIP 数据核字(2016)第 125165 号

南开大学出版社出版发行
出版人:刘立松
地址:天津市南开区卫津路 94 号　　邮政编码:300071
营销部电话:(022)23508339　23500755
营销部传真:(022)23508542　　邮购部电话:(022)23502200
*
天津泰宇印务有限公司印刷
全国各地新华书店经销
*
2016 年 8 月第 1 版　　2017 年 7 月第 2 次印刷
260×185 毫米　16 开本　24 印张　610 千字
定价:99.00 元

如遇图书印装质量问题,请与本社营销部联系调换,电话:(022)2350712

企业级卓越互联网应用型人才培养解决方案

一、企业概况

天津滨海迅腾科技集团是以IT产业为主导的高科技企业集团，总部设立在北方经济中心——天津，子公司和分支机构遍布全国近20个省市，集团旗下的迅腾国际、迅腾科技、迅腾网络、迅腾生物、迅腾日化分属于IT教育、软件研发、互联网服务、生物科技、快速消费品五大产业模块，形成了以科技为源动力的现代科技服务产业链。集团先后荣获“全国双爱双评先进单位”“天津市五一劳动奖状”“天津市政府授予AAA级和谐企业”“天津市文明单位”“高新技术企业”“骨干科技企业”等近百项殊荣。集团多年中自主研发天津市科技成果2项，自主研发计算机类专业教材36种，具备自主知识产权的开发项目包括“进销存管理系统”“中小企业信息化平台”“公检法信息化平台”“CRM营销管理系统”“OA办公系统”“酒店管理系统”等数十余项。2008年起成为国家工业和信息化部人才交流中心“全国信息化工程师”项目联合认证单位。

二、项目概况

迅腾科技集团“企业级卓越互联网应用型人才培养解决方案”是针对我国高等职业教育量身定制的应用型人才培养解决方案，由迅腾科技集团历经十余年研究与实践研发的科研成果，该解决方案集三十余本互联网应用技术教材、人才培养方案、课程标准、企业项目案例、考评体系、认证体系、教学管理体系、就业管理体系等于一体。采用校企融合、产学融合、师资融合的模式在高校内建立校企共建互联网学院、软件学院、工程师培养基地的方式，开展“卓越工程师培养计划”，开设互联网应用技术领域系列“卓越工程师班”，“将企业人才需求标准引进课堂，将企业工作流程引进课堂，将企业研发项目引进课堂，将企业考评体系引进课堂，将企业一线工程师请进课堂，将企业管理体系引进课堂，将企业岗位化训练项目引进课堂，将准职业人培养体系引进课堂”，实现互联网应用型卓越人才培养目标，旨在提升高校人才培养水平，充分发挥校企双方特长，致力于互联网行业应用型人才培养。迅腾科技集团“企业级卓越互联网应用型人才培养解决方案”已在全国近二十所高校开始实施，目前已形成企业、高校、学生三方共赢格局。未来五年将努力实现在100所高校实施“每年培养5～10万互联网应用技术型人才”发展目标，为互联网行业发展做好人才支撑。

前　言

首先感谢您选择迅腾国际，选择本教材。本教材是迅腾国际教育体系的承载体之一，它面向行业应用与产业发展需求，系统传授动漫设计全过程的理论和技术，并注重管理知识和案例教学。

职业教育的培养目标比较宽泛，其上限为技术型人才，下限为技能操作型人才，而主体则为技术应用型人才；以培养技术应用能力和提高职业素质为主线，学员的知识、能力和素质结构是职业教育改革的重点。其中，最主要的是按照职业教育培养目标的要求，培养合格技术人才。

迅腾国际为解决当前动漫设计教材匮乏的现象，由迅腾国际动漫产业研发中心精心策划，与国内多所知名高校、动漫专家联合，组织编写了这套《迅腾国际动漫设计应用技术（课程体系）》。本套教材全面贯彻国家有关职业教育改革文件精神，从策划到主编、主审的遴选，成立专家组反复讨论教学大纲，从研究系列教材特色特点到书稿的字斟句酌、实例的选取，每一步都力争精益求精，充分考虑当前职业学校学生的特点。在教材编写中，以最新的理论为指导，以实例化操作为主线，通过案例引入、知识拓宽、综合训练等环节使学生掌握最基本的操作技能方法。并且以 CG Project 模块知识结构（第一阶段分为动漫基础知识模块、动漫平面设计模块、动漫二维动画模块；第二阶段分为 3D 模型制作模块、3D 渲染技术模块、3D 动画制作模块、特效及后期模块）、虚拟现实动漫创作型教学模式（平面一立体→静态一动态→创意一协作一项目的模式进行创作与教学）、原创型项目实战五式教学法（启发式／激发原创思维→情景创意式／构思编着脚本→角色体验式／原画设计创作→项目协作式／动画短片制作→迭代导向式后期合成发布）、动漫工厂实景教学系统（线上：自主研发“基于.NET 平台的动漫设计教学管理系统”，该教学系统的建立以动漫创意设计为核心，构建以自学为主，项目经理辅导的教学系统。形成教、学、做一体化的网络式教学平台，为仿真职业环境、行动导向教学、学生自主学习提供动漫工厂式工作环境。线下：建立动漫工厂式创意环境。模拟动画生产线各个技术岗位，制作原创动画项目，培养原创型动画制作人才），四种创新型教学模式相结合，有利于提高学生对知识的理解和把控能力，是不可多得的教学方法。此套教材体系达到了国内领先水平，被为专家鉴定委员会一致通过。其实用性超越国内动漫培训同行至少三年以上。

《迅腾国际动漫设计应用技术（课程体系）》强调掌握学习的方法，创造新的事务处理规则，触类旁通，举一反三。在学习或工作中，坚持这种思想虽然会在前期有一定的困难，但当不断深入后，将会发现学习也变得越发有趣了。

在信息化的潮流中，我们周围的世界每天都在改变，尤其是我们现在所涉及的动漫行业。为了适应这不断变化中的世界，我们所面临的任务，除了为适应改变而不断地学习，还要为不断地学习而创造规则。是适应改变？还是创造规则？让我们深入到《迅腾国际动漫设计应用技术（课程体系）》中去吧，从中获得收获，并以此来成就我们的明天！

天津滨海迅腾科技集团有限公司

2016 年 5 月

目　录

第 1 章　中文版 Photoshop 的基本操作

学习目标

✧　了解 Photoshop 的用途；
✧　掌握软件的基本操作方法。

引　言

本章主要介绍学习 Photoshop 的目的与方法、软件基础知识和基本操作方法，包括 Photoshop 的界面知识、常用工具基本操作等。让学生通过本章学习了解 Photoshop 的应用领域和学习方法，掌握软件的基本操作方法，为后续章节做准备。

1.1　Photoshop 的教学目的

通过对 Photoshop 图像处理软件的学习，掌握运用计算机完成创意的基本方法，提高图形图像处理的综合能力，使计算机成为我们的有力创作工具。

1.1.1 Photoshop 应用领域

Adobe Photoshop 是当前图像设计领域中应用最多的软件之一，它在对图像的控制、色彩调整以及图像的合成等诸多方面具备强大的功能，是作为当代设计者不可不学的应用软件之一。Photoshop 被广泛地应用在图像处理、绘画、插画上色、海报设计、多媒体界面设计、网页设计等诸多艺术与设计领域。

Photoshop 使人们告别了对图片进行修正的传统手工方式。我们可以利用 Photoshop，根据自己的创意，通过对图像的修饰、对图形的编辑以及对图像的色彩处理，还有绘图和输出等功能，制作出现实世界里无法拍摄到的图像。

在实际生活和工作中，我们可以将数码照相机拍摄下来的照片进行编辑和修饰；也可以将现有的图片和照片，用扫描仪扫入计算机进行加工处理；除此之外还能够进行 VI 元素设计。总之，Photoshop 可以使你的图像产生特技效果，而且可以利用它完成独立的艺术创作。如果和其他工具软件配合使用，还可以进行高质量的广告设计、美术创意和三维动画制作。

对于设计师来说，Photoshop 为他们提供了几乎是无限的创作空间。用户可以从一个空白的屏幕开始，也可直接将一幅图像扫描到电脑中，建立分开的图层，通过它们来组合图像组件，并进行绘图和编辑而不会改变原来的背景。用户可以在图像上任意添加、修改或删除颜色，还可以在众多滤镜中进行选择，创作独立的艺术作品，为作品添加动人的魅力。

Photoshop 为图像处理开辟了一个极富弹性且易于控制的世界。由于 Photoshop 具有颜色校正、修饰、加减色浓度、蒙版、通道、图层、路径以及灯光效果等全套工具，所以用户可以快速合成各种景物，对图片进行各种加工润色、后期处理，创造出具有个人艺术风格的图片。

下面是 Photoshop 应用在不同领域的优秀作品：

封面设计

摄影作品处理

游戏场景设计

海报设计

场景插画上色

漫画设计

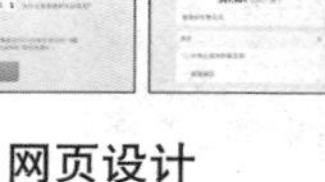

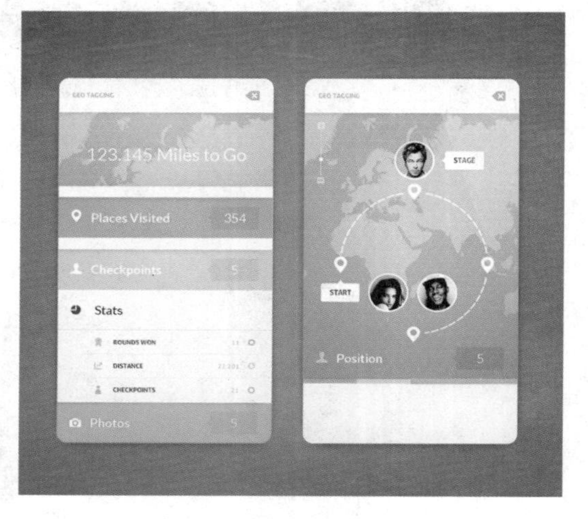

网页设计

手机界面设计

1.1.2 如何学习 Photoshop

学习方法

✧ 理论学习：计算机图形、图像处理相关概念。

✧ 佳作赏析：计算机图形、图像处理相关作品的欣赏、讲解。

✧ 实例演示：通过有代表性的实例演示掌握运用软件对图形、图像的处理方法。

✧ 上机练习：通过计算机操作达到练习与掌握软件的目的。

学习态度

迅腾国际的 Photoshop 课程就像玩游戏?

大部分高等院校与培训机构使用的教学模式有两种：

- 纯理论教学；
- 理论与实践相结合教学。

迅腾国际采用了全新的教学模式与理念，学员在实践中学习，在快乐中学习。玩游戏的学员们大概都有这种体会吧，一般在打算学习的时候往往是被迫的、不情愿的，根本没有精神，但如果玩起电子游戏来却异常兴奋，可以在可乐、盒饭的陪伴下，一手鼠标、一手攻略，通宵拼搏而不会疲倦。

为什么啃书本总是不及玩电脑游戏有感觉有激情?

其实不是学习不好玩，而是学习的态度、学习的方法太没有娱乐精神了。

迅腾国际将 Photoshop 软件当做一个难度高、隐藏着各种惊喜的超级 RPG 游戏“Photoshop 图形图像处理”，把教学当做一本通关的全程攻略，使学习更有乐趣，更有动力。

在图形图像的处理领域中，Photoshop 软件绝对是功能最全面，普及最广泛的软件，其功能令用户叹为观止。相对于同类软件，Photoshop 有着不可撼动的稳固地位。

当前，Photoshop 继续强化和扩大自身的创造功能，应用领域不断扩大，在平面设计、工业造型方面深受用户的喜欢。

本书将 Photoshop 作为一款游戏，把软件界面看做游戏画面；把参数对话框看做游戏工具；把绘图技巧看做游戏秘籍，那么这本教程就是一本深入讲解游戏玩法的全攻略。

1.2　界面操作知识

- **Photoshop 基本概述及 Adobe 公司的概况**

Photoshop 软件是目前在 Macintosh（简称 MAC）苹果机和基于 Windows 的计算机（PC 机）上运行的最为流行的图像编辑应用程序。在图像处理和平面设计领域里应用十分广泛，如今已经成为平面图像处理领域的权威和标准。

20 世纪 80 年代中期，密歇根大学的一位研究生 Thomas Knoll 编制的一个在 Macintosh Plus 机上显示不同图形文件的程序就是 Photoshop 的前身。当 Thomas 将这个程序的所有权卖给 Adobe 公司的时候也许根本不会想到，十年以后，这个软件为广大的设计师所喜爱，不仅风靡了整个世界，而且应用到艺术领域，创造出全新的艺术表现形式。

Adobe 公司成立于 1982 年，总部设在加利福尼亚州圣荷塞市，年营业额超过数十亿美元，是美国最大的个人电脑软件公司之一，为包括网络、印刷、视频、无线和宽带应用在内的泛网络传播（Network Publishing）提供了优秀的解决方案。

通过本节学习，将了解 Photoshop 的界面结构以及界面各组成部分的作用，从而在图像处理中更加得心应手。

1.2.1 文件窗口与图像窗口

Photoshop 界面介绍

对于学习 CG 艺术的人来说，相信大家对 Photoshop 是不会陌生的。图 1-2-1 是 Photoshop 的界面。

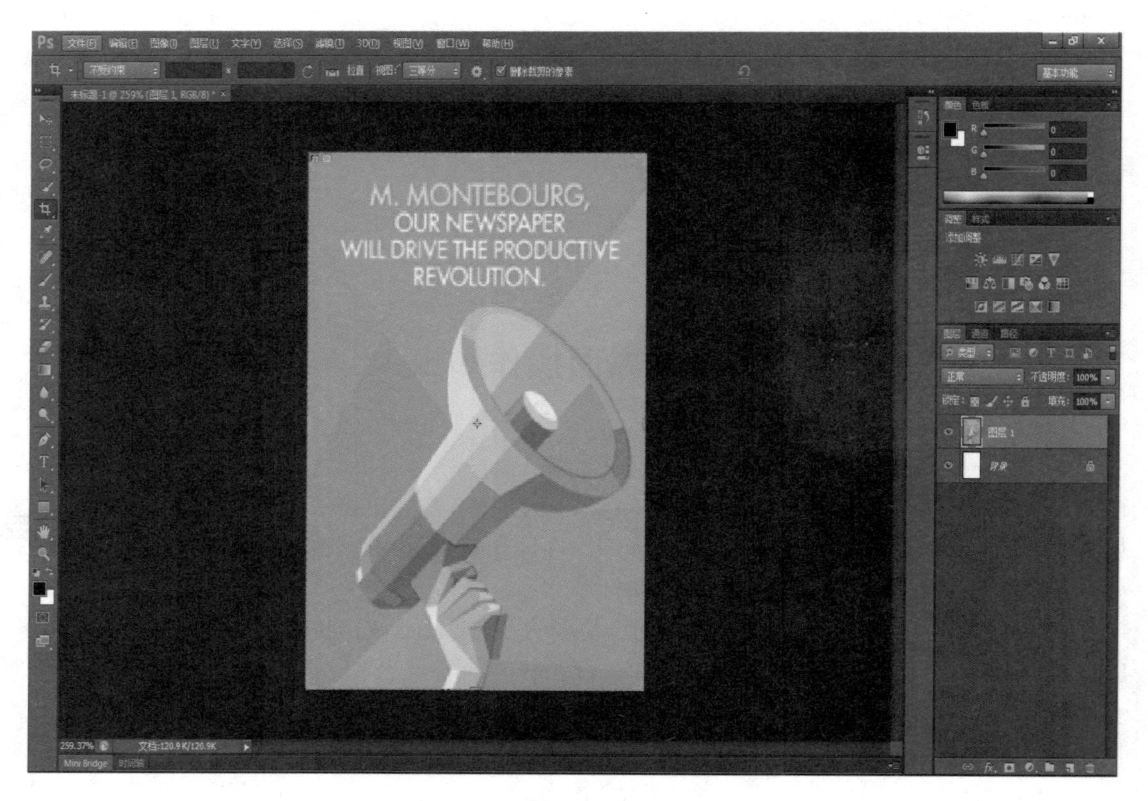

图 1-2-1

这就是 Photoshop CS6 的界面，以后的教程我们是以 Photoshop CS6 为基础上来讲的，Photoshop 的界面主要包括以下几个：

（1）菜单栏：色彩调整之类的命令都存放在菜单栏中。

（2）公共栏：用来显示工具栏中所选工具的一些选项。选择不同的工具或选择不同的对象时出现的选项也不同。

（3）工具栏：图像的修饰以及绘图等工具都从这里调用。几乎每种工具都有相应的键盘快捷键。

（4）调板区：用来安放制作需要的各种常用的调板。也可以称为浮动面板或面板。

中间部分是工作区，如果你想获得最大工作区就可以按［Tab］键，如果你只想隐藏调板，那么按［Shift+Tab］就可以了。

工具栏里面工具的切换很简单，你只要右击工具再选择你要的工具就行了，当然如果你想用快捷键的话，你可以用［Shift+工具］快捷键就可以了（注：把鼠标放到工具上后就可以显示工具快捷键了）。

下面主要说一下工作区（图 1-2-2）：

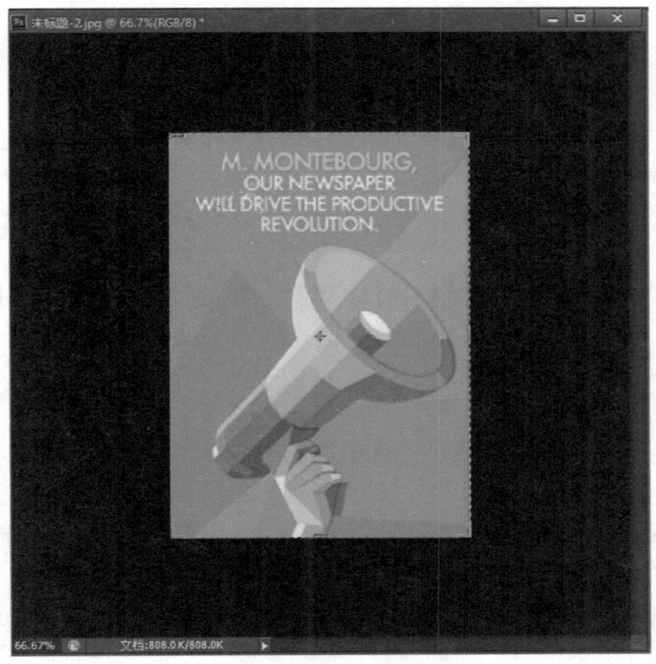

图 1–2–2

（1）标题栏：显示文件名、缩放比例，括号内显示当前所选图层名、色彩模式、信道位数。

（2）图像显示比例：用于显示当前的文档为实际大小的百分比（左下角 12.5%的那个地方）可通过输入数值或按住［Alt］键滚动鼠标中的滚轮来改变。需要注意的是，有些图像细节（如细小的线条、小文字等）在小于 100%显示比例的时候也许会看不清楚甚至看不到，建议都在 100%比例下进行各种操作。

（3）状态栏：显示一些相关的状态信息，可通过三角按钮来选择显示各种信息。较常用的为“暂存盘大小”，因为其可以显示出 Photoshop 的内存占用量。如 24.9M/24.9M 表示 Photoshop 总共可以使用 24.9M 的物理内存，当前已经占用了 24.9M。当占用数量超过可用数量（如 26M/24.9M）时，Photoshop 的反应速度就会降低，因为此时需要使用硬盘虚拟内存负责数据处理。由于硬盘的数据存取速度比起内存来慢了许多，导致整体处理速度下降，这在处理大幅面图片时尤为明显。可在“编辑/首选项”的“内存与图像高速缓存”中设置较大的内存占用比例，但过大的比例可能导致其他应用程序因内存不足而无法运行。最彻底的解决方法自然是增加物理内存或使用高速硬盘（如 SCSI 接口高速硬盘）。

1.2.2　关于菜单

Photoshop 的菜单条包含 9 个下拉式菜单。越熟悉 Photoshop 的功能，越会在操作 Photoshop 时选择正确的工作路径。下面的部分将对 Photoshop 菜单中 9 个常用的下拉式菜单做一下介绍。

（1）“文件”菜单

“文件”菜单中的大部分命令用于对文件的存储、加载和打印。如“新建”“打开”“保存”“另存为”“页面设置”和“退出”命令，在其他 Windows 的应用程序中都是极其普遍的。我们先看一下“文件”下拉菜单中的界面，如图 1-2-3 所示。

“另存为”和“保存复本”命令可以将文件保存为不同的格式，以便可以输出到网络和多媒体程序中。“保存为 Web”命令可以使你保存的文件输出到互联网上。要使用“保存为 Web”，你不仅可以选择一个 Web 文件格式，如 GIF 或 JPEG，你的文件还被确保保存为“网络安全”颜色。

“文件/输入”命令可以直接把从扫描仪、数码相机或视频捕获板得到的图像数字化并输入到 Photoshop 中。“输出”命令可以以 GIF 格式（用于 Web 图像）进行图像输出，还可以输出 Photoshop 路径到 Illustrators。

（2）“编辑”菜单

“编辑”菜单通常用于复制或移动图像的一部分到文档的其他区域或其他文件。其中的“撤销”命令可以使你上一次的动作变成无效。菜单命令中有“撤销”“剪切”“复制” “粘贴”“自由变换”“填充”“描边”“定义图案”等命令，让我们来看一下完整的“编辑”菜单界面，如图 1-2-4 所示。

“定义图案”命令可以将选择区设置为后面操作图案或画笔。 “填充”和“描边”命令可以填充和描边图像或选择区，“自由变换”和“变换”命令允许你旋转和扭曲选择区，这些内容将在以后会介绍。

“颜色设置”命令可以保证你建立的 Photoshop 提供稳定而精确的彩色输出。这些命令还提供了将 RGB 格式（红，绿，蓝）标准的计算机彩色显示器显示模式，向 CMYK 模式（青色，洋红，黄色，黑色）的转换设置。

图 1-2-3

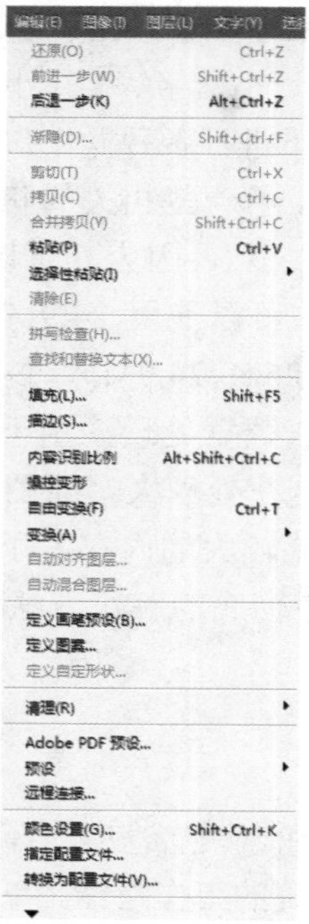

图 1-2-4

（3）“图像”菜单

“图像”菜单中的命令可以将 RGB 文件格式转换成 CMYK、Lab 或 Index Color 等模式。如果你要为网上或多媒体程序制作图像，将会用到这个菜单。“图像”菜单还可以将图像转换成灰度图，然后再从灰度图转换成黑白图。使用“图像”菜单中的其他命令可以调整文件和画布的大小，并分析和校正图像的色彩。例如，可以调整色彩平衡、亮度、对比度、高亮度、中间色调和阴影区。“复制”“应用图像”和“计算”命令可以用于产生特效，在以后的学习中便会学到它们的用法。“图像”菜单内的下拉菜单如图 1-2-5 所示。

（4）“图层”菜单

“图层”菜单的主要功能是创建和调整图层。图层类似于图像上面的一个不可见平面内的一张大纸。“图层”菜单中的一些命令也可以在“图层选择板”中找到，例如“新建”“复制图层”“删除图层”和“图层内容”选项，如图 1-2-6 所示。

（5）“选择”菜单

“选择”菜单用于调整选区或选择整幅图像。在 Photoshop 中，要想修改图像的一部分，必须事先将其分离或选择出来。“取消选择”命令可以取消屏幕上图像的选区；“重新选择”命令用于重新选择屏幕上前一次所选区域；“扩大选区”命令，顾名思义用于扩大选区范围；“反选”命令用于反选一个选区，即使所有未选中的区域将被选中。

“修改”子菜单命令用于对所选区域进行加边框、平滑、扩展或收缩；“羽化”命令使所选区边缘模糊化；“变换选区”命令可以通过鼠标的点击和拖动来缩放、旋转和斜切选区。Photoshop 还可以通过使用“保存选区”和“载入选区”命令将选区保存和载入。图 1-2-7 即是“选择”菜单下拉菜单的界面。

图 1-2-5　　图 1-2-6　　图 1-2-7

（6）“滤镜”菜单

“滤镜”菜单通过为图片添加滤镜来产生特殊效果。Photoshop的滤镜提供了各种各样的效果，其作用类似于摄像师的滤镜所产生的特效。通过使用Photoshop的滤镜子菜单中的命令，可以对一幅图像或图像的一部分进行模糊、扭曲、风格化、增加光照效果和增加杂色。Photoshop包括多种不同的滤镜效果。如图1-2-8所示。

（7）“视图”菜单

“视图”菜单用于改变文档的视图（放大、缩小或满画布显示）。你还可以新建一个窗口以不同的放大率来显示同一幅图像，当此图像被编辑的时候，两个窗口的图像会一起更新。使用“视图”菜单，你可以选择显示或隐藏标尺、参考线和网格。“视图”菜单还可以暂时地隐藏选区边缘或目标路径。“视图”菜单中的“预览”命令功能很强大，它可以预览CMYK模式下文档的显示式样；“色域警告”命令用于当选择了可打印的色彩范围之外的色彩时提出警告。如图1-2-9所示。

（8）“窗口”菜单

“窗口”菜单用于改变活动文档以及打开和关闭Photoshop的各个调板。如图1-2-10所示。

（9）“帮助”菜单

“帮助”提供了对Photoshop特性的快速访问。在许多方面，“帮助”内容都类似于不需鼠标点击的Photoshop的用户手册。你只要选择“帮助”目录，便可看到有关帮助的选项。

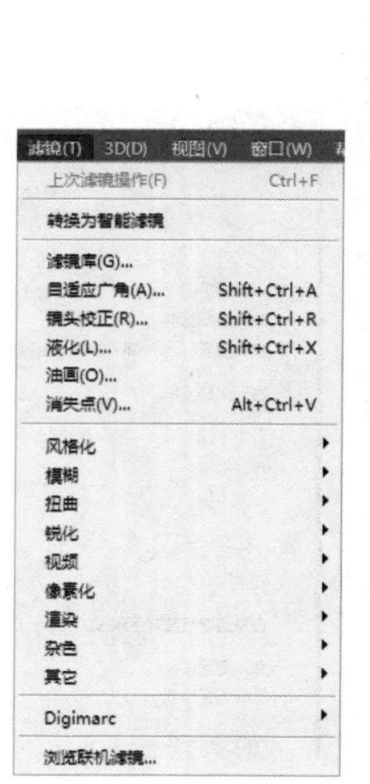

图1-2-8

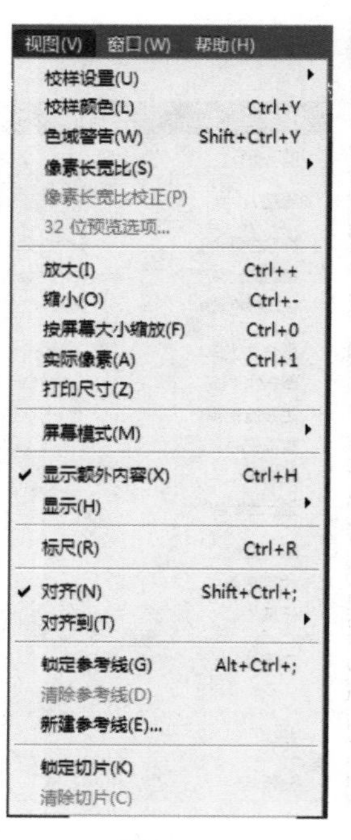

图1-2-9

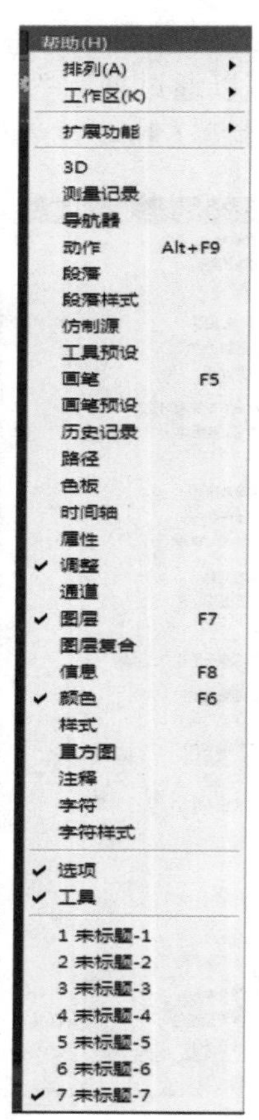

图1-2-10

1.3　观察图像与图像导航控制

1.3.1　缩放工具与抓手工具

我们在工作中经常会进行视图的缩放、移动操作。这些功能的快捷键是 Photoshop 中使用最频繁的快捷键：抓手工具［空格］，放大［空格+Ctrl］单击或拖动，缩小［空格+Alt］单击或拖动。

1.3.2　“导航器”面板

“导航器”是方便我们制作图像的一个面板，当我们的图像非常大的时候，屏幕上已经显示不全，我们需要对图像某一部分进行精细地操作，就需要把屏幕移动到图像的另外一个位置，我们就可以使用导航器来实行操作。我们可以看到在导航器中有一个红色的框，现在可以用鼠标把它拖到另外一个位置，我们的屏幕会显示红色方框内的图像内容，如图 1-3-1 所示。

在导航器面板的下方有一个输入框，我们可以在里面输入想要的百分比，这时候图像就会相应地放大或缩小。在工具栏下方也有一个百分比输入框，它们的功能是一样的。在导航器下方还有一个滑块，它的作用也是放大和缩小，如图 1-3-2 所示。

图 1–3–1

图 1–3–2

常用的导航器快捷键：

Home = 到画布的左上角；

End = 到画布的右下角；

PageUp = 把画布向上滚动一页；

PageDown = 把画布向下滚动一页；

Ctrl+PageUp = 把画布向左滚动一页；

Ctrl+PageDown = 把画布向右滚动一页；

Shift+PageUp = 把画布向上滚动 10 个像素；

Shift+PageDown = 把画布向下滚动 10 个像素；

Ctrl+Shift+PageUp = 把画布向左滚动 10 个像素；

Ctrl+Shift+PageDown = 把画布向右滚动 10 个像素。

1.4 基本操作方法

1.4.1 图像文件的操作

1．新建图像

（1）打开 Photoshop 软件，点击“菜单/文件/新建”或者直接按［Ctrl+N］新建文件。如图 1-4-1 所示。

图 1–4–1

（2）点击后弹出“新建”对话框，详细参数及设置说明我们对照图片来讲，如图 1-4-2 所示。

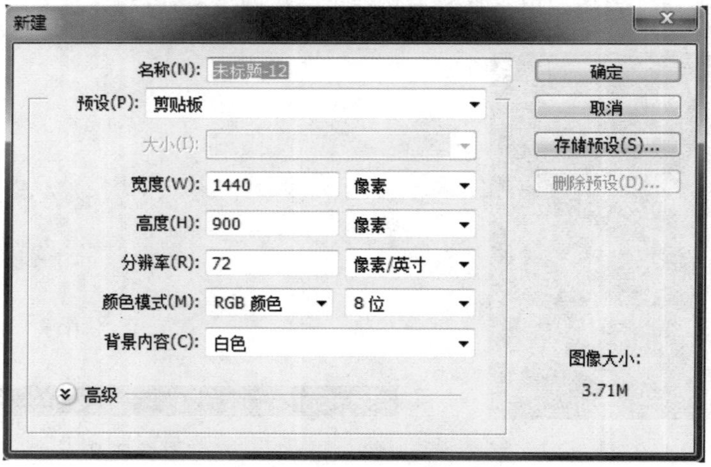

图 1–4–2

名称（N)：新建文件的名称可以先不输入，等存储的时候再命名。

预设（P)：里面有一些常用的尺寸设置，可直接读取使用，也可以设置好后按右边按钮【存储预设（S)】，以后可以在这项里直接读取这个设置。

宽度（W)、高度（H)：设置新建文件的大小尺寸，注意后面的单位选项，一般我们做网络图片都是以“像素”为单位。

分辨率（R)：即 N 像素/英寸，网络用图一般 72 像素/英寸，同样要注意单位是“像素/英寸”。

颜色模式（M)：常用的两种模式——RGB 是屏幕显示模式，CMYK 是印刷输出模式。

网店装修使用 RGB 模式。模式后面的“8 位”一般保持不变。

背景内容（C）：即背景色，可选择“白色”和“透明（即无背景）”，另一个选项是“背景颜色”一般不用。下面的高级选项一般保持默认不变，上面的设置完成后，点击右边的【确定】按钮，就新建了一个 Photoshop 文件。

2．保存文件

点击“菜单、文件、储存”或按快捷键［Ctrl+S］，如果是第一次对新建文件进行保存，系统会弹出如图 1-4-3 所示的“存储为”对话框。

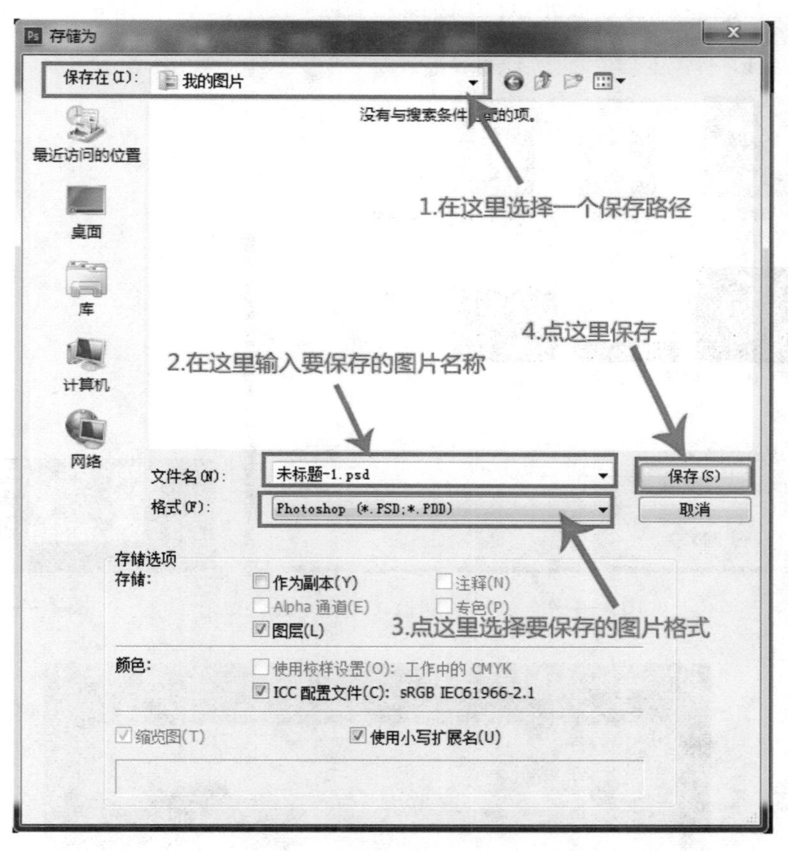

图 1–4–3

如果是打开的文件或已经储存过的文件储存时，系统会自动进行储存而不会弹出对话框。如果想对其进行重新储存可以执行“文件/储存为”或按快捷键［Shift+Ctrl+S］。

3．恢复文件

在对文件进行编辑时，如果对修改的结果不满意，执行恢复命令后，可以将文件恢复至最近一次保存的状态。

4．置入文件

在 Photoshop 中可以通过“置入”命令，将不同格式的文件导入到当前编辑的文件中，并自动转换成智能对象图层。

实例：置入图像

置入图像的操作步骤：

在 Photoshop CS6 中打开图像素材置入 1。

在菜单中执行“文件/置入”命令，打开“置入”对话框如图 1-4-4 所示。

在对话框中选择 一个 eps 格式的文件置入背景，单击【置入】按钮。

单击【置入】按钮后，选择的“eps 格式的文件”会被置入到新建的文件中，被置入的图像可以通过拖动控制点将其进行放大或者缩小。

按回车键可以完成对置入图像的变换，此时该图像会自动以智能对象的模式出现在图层中，调整图层位置如图 1-4-5 所示，最终效果如图 1-4-6 所示。

图 1-4-4

图 1-4-5

图 1-4-6

1.4.2　图像的调整与修改

1．改变图像大小

使用“图像大小”命令可以调整图像的像素大小、打印尺寸和分辨率。在菜单中执行“图像/图像大小”命令，系统会弹出如图 1-4-7 所示的“图像大小”对话框，在该对话框中只要重新在“像素大小”或“文档大小”中重新键入相应的数字就可以设置改变当前图像的大小 。

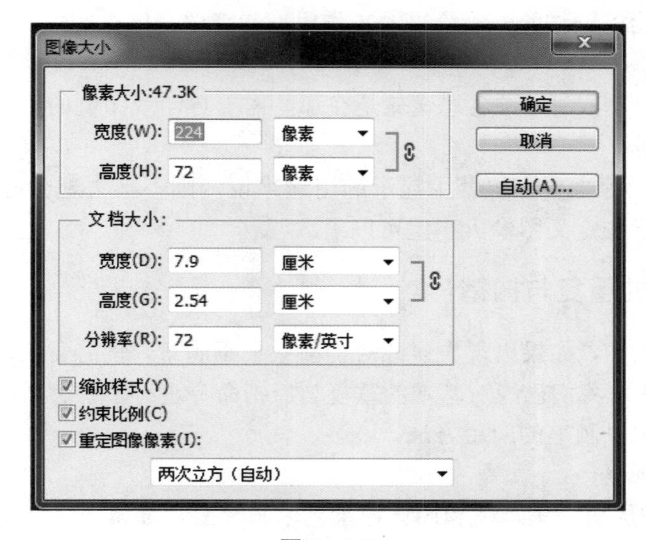

图 1-4-7

其中的各选项含义如下：

（1）像素大小：用来设置图像像素的大小，在对话框中可以重新定义图像像素的“宽度”和“高度”，单位包括像素和百分比。更改像素尺寸不仅会影响屏幕上显示图像的大小，还会影响图像品质、打印尺寸和分辨率。

（2）文档大小：用来设置图像的打印尺寸和分辨率。

（3）缩放样式：在调整图像大小的同时可以按照比例缩放图层中存在的图层样式。

（4）约束比例：对图像的长宽可以进行等比例调整。

（5）复位图像像素：在调整图像大小的过程中，系统会将原图的像素颜色按一定的内插方式重新分配给新像素。在下拉菜单中可以选择进行内插的方法，包括邻近、两次线性和两次立方。

- 邻近：不精确的内插方式，会产生锯齿效果。
- 两次线性：中等品质的内插方式。
- 两次立方：精度最高的内插方式，两次立方较平滑（适用于扩大）、两次立方较锐利（适用于缩小）。

2．改变分辨率

更改图像的分辨率可以直接影响到图像的显示效果，增加分辨率时，会自动加大图像的像素；缩小分辨率，会自动减少图像的像素。更改分辨率的方法非常简单，只要在如图 1-4-7 所示的“图像大小”对话框中的“分辨率”选项处直接输入要改变的数值即可改变当前图像的分辨率。

一般对于打印分辨率，印刷行业有一个标准即 300dpi。就是指用来印刷的图像分辨率，至少要为 300dpi 才可以，低于这个数值印刷出来的图像不够清晰。

如果打印或者喷绘，只需要 72dpi 就可以了。注意这里说的是打印不是印刷。打印是指用普通的家用或办公喷墨打印机。喷绘就是街头的大幅面广告，因为需求数量少一般不作印刷。因为印刷有一个起步成本，数量越多单价就越便宜。比如印 1000 份需要 500 元，而印 3000 份可能总共也只需要 1000 元就可以了。所以一般的街头广告（比如公车站的灯箱广告）都是使用大幅面喷绘机制作的。喷绘机的工作原理和喷墨打印机类似，只是体积上大许多，价格也较为昂贵。

打印分辨率和打印尺寸，顾名思义就是在那些需要打印或印刷的用途上才起作用。比如海报设计报纸广告等。

而对于网页设计等主要在屏幕上显示的用途来说，则不必去理会打印分辨率和打印尺寸。只需要按照像素去定义图像大小就可以了。

1.4.3 图像操作的重复与撤销

在图像编辑过程中，如果出现失误或对当前效果不满意，就需要撤销操作恢复图像。在动漫视听语言一书中，我们已经对基本的重复与撤销命令进行了讲解，本节中我们就不再赘述，直接讲解历史记录画笔的应用方法。

● 历史记录画笔

Photoshop 中的历史记录画笔和历史记录艺术画笔工具都属于恢复工具，它们需要配合历史记录面板使用。

历史记录画笔工具和历史记录面板相结合，可以用来恢复图像的一部分区域效果。

实例：利用历史记录画笔进行皮肤细化

（1）在菜单中执行“文件 / 打开”命令或按快捷键［Ctrl+O］，打开素材库中的“第一章/1-4 文件夹/皮肤细化 jpg”素材，如图 1-4-8 所示。

（2）执行“滤镜”菜单下“模糊/高斯模糊”命令，半径设置 10 像素。如图 1-4-9 所示。

图 1-4-8

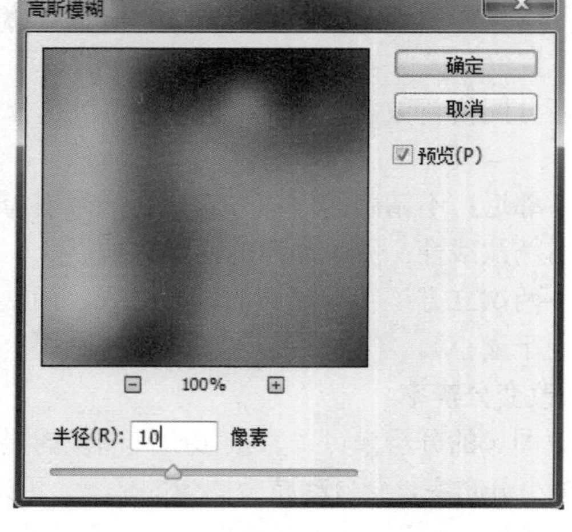

图 1-4-9

（3）执行“窗口/历史记录”命令，将历史记录面板打开。如图 1-4-10 所示，在“高斯模糊”命令历史记录层执行快照，如图 1-4-11 所示。

图 1–4–10

图 1–4–11

（4）在历史面板中回到打开那一步，注意点击快照前面的方块，激活快照 1 前面的笔刷图标。如图 1-4-12 所示。

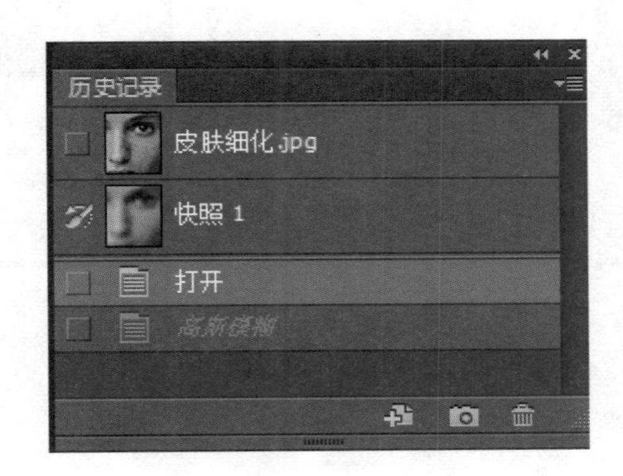

图 1–4–12

（5）在左侧工具箱中选中历史记录笔刷工具，不透明度用 50%，该值越低，越容易调整，但速度降低；该值高则反之。如图 1-4-13 所示。

1–4–13

眼、嘴等轮廓清晰的地方不要碰，如图 1-4-14 所示。

（6）继续调整，打开【图像】→【调整】调节“色相/饱和度”与“色阶”如图 1-4-16 与图 1-4-17，最终效果如图 1-4-15 所示。

图 1–4–14

图 1–4–15

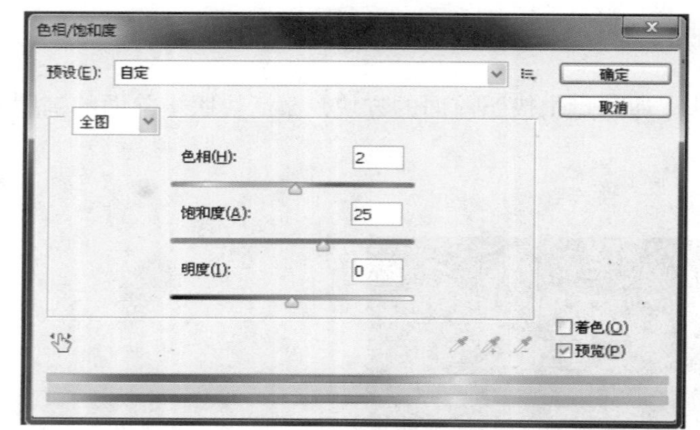

图 1–4–16

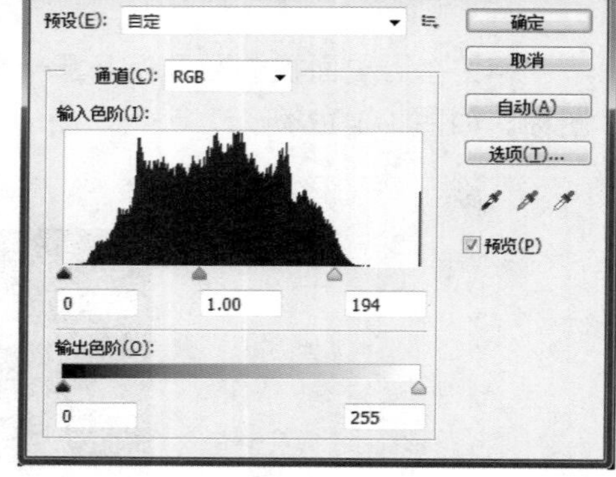

图 1–4–17

1.4.4 颜色选取

1. 选取颜色

首先在工具箱中找到选取颜色的前景色和背景色。如图 1-4-18 所示。

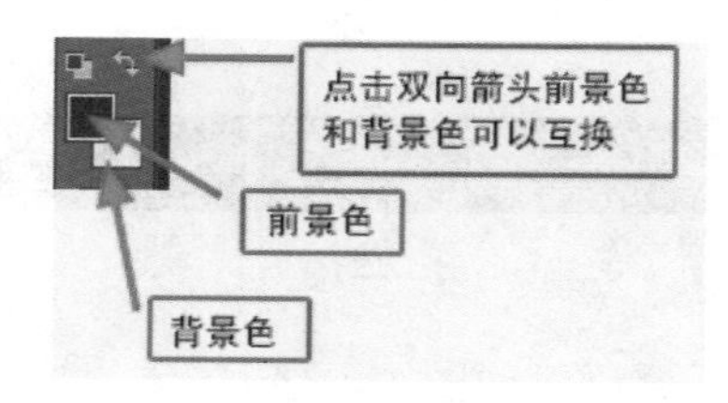

图 1–4–18

（1）单击前景色、背景色图标，在打开的“选择颜色”对话框中直接选择颜色。

（2）单击“交换前背景颜色”图标，可以交换当前的前景和背景色。

（3）单击缺省颜色钮，可以将前、背景颜色设置为缺省的黑、白色。

2. 选取颜色的方法

方法一：直接在色板上选择要用的颜色，这个时候你会看见，你选什么颜色，前景色就会自动变成你选取的颜色，如图 1-4-19 所示。

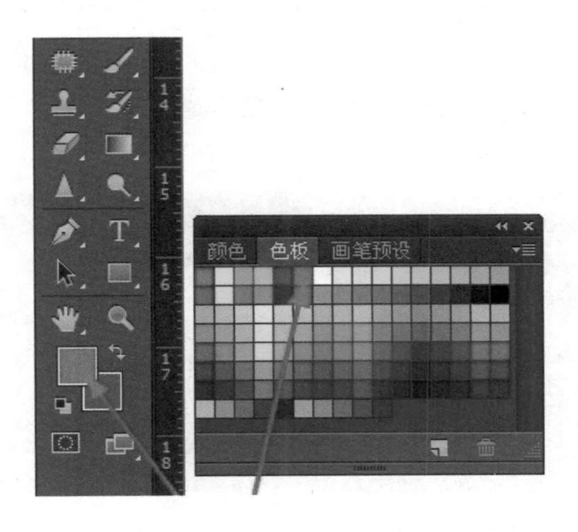

图 1–4–19

方法二：使用“取色吸管”工具选择颜色，使用“取色吸管”工具，可以将当前图像中的任一颜色设置为前景色或背景色，操作步骤如图 1-4-20 所示。

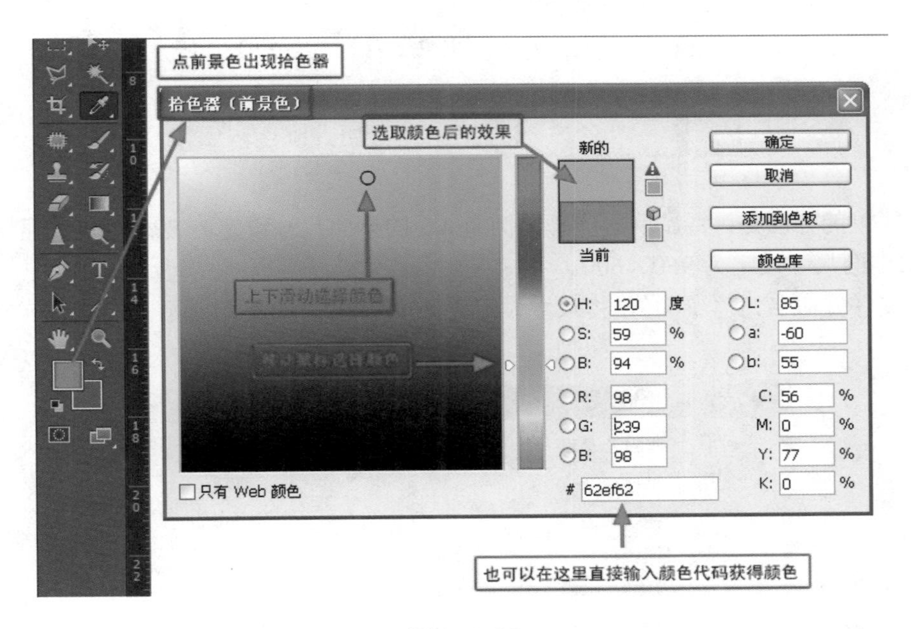

图 1–4–20

（1）打开前景色会出现前景色拾色器；

（2）上下滑动选择颜色；

（3）可移动鼠标选择颜色深浅；

（4）也可直接输入颜色代码获得颜色；

（5）显示你选择的最后颜色。

上机练习与习题

我们开始上机正式练习操作，这次我们的任务是给自己的计算机设计一个“桌面”。

打开 Photoshop，［Ctrl+N］新建文件。

因为需要设定的是计算机“桌面”，所以就要考虑一下“桌面”的尺寸，我们可以通过如下图的桌面属性了解当前计算机的设置。

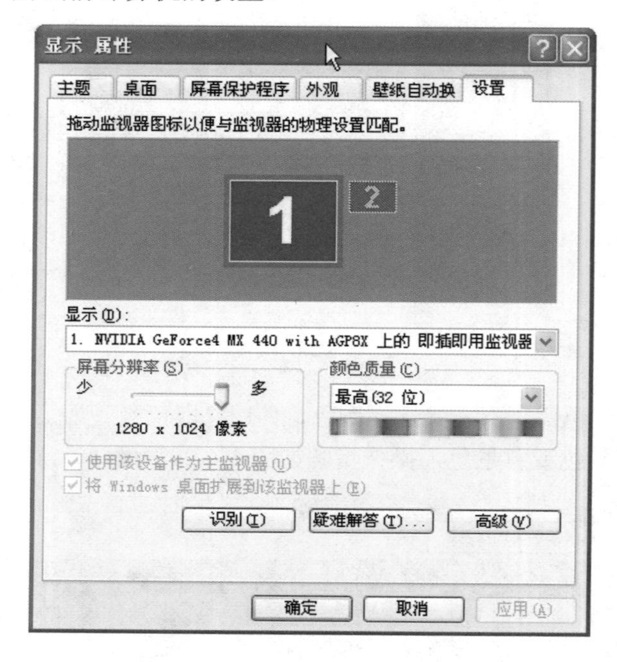

比较简单的方法是：将显示器屏幕比例为 4:3 的桌面尺寸设定为 800×600；显示器屏幕为 16:9 的桌面尺寸设定为 960×600。

新建文件并命名为“桌面”，将尺寸设定为 800×600。如下图所示。

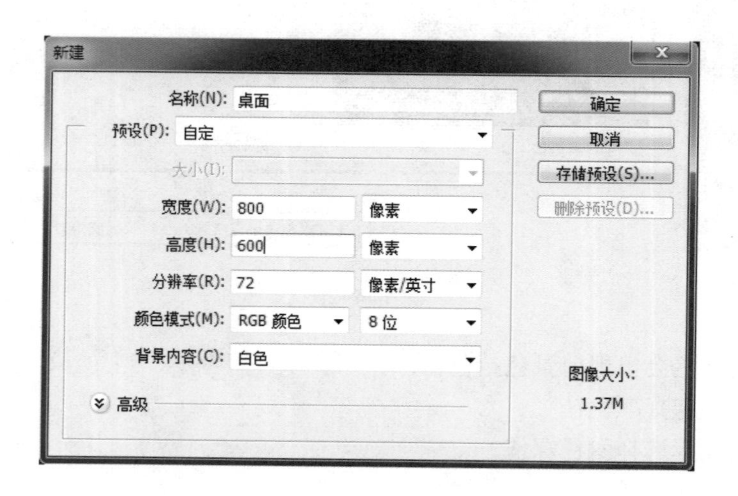

将画面整体填充为黑色，快捷键为［Alt+Delete］。

［Ctrl+O］打开图像 01.jpg 如下，［Ctrl+A］全选，［Ctrl+C］拷贝。

激活“桌面”，［Ctrl+V］粘贴。

同样的方法，将图像 02.jpg 也粘入指定的位置，如下图所示。

保存一个 PSD 格式的文件，再选择“另存为”，为保存一个 JPG 格式的文件。

右键单击计算机桌面空白处，打开“属性”调板，选择“桌面”，在“浏览”里找到我们刚刚储存的名叫“桌面”的文件，打开并设置成桌面。

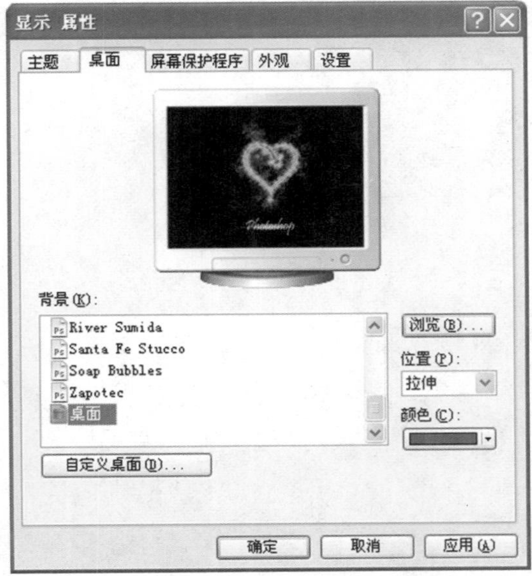

习　题

按照这种方法设计并制作属于自己的“个性桌面”。

第 2 章　图形图像基本概念

知识重点

- ✧ 位图与矢量图的区别；
- ✧ 颜色模式。

引　言

本章主要介绍位图与矢量图的区别、图像分辨率、图像尺寸、图像文件格式、颜色模式等知识。让学生通过本章学习了解图形图像处理的基本概念，掌握图形图像的各类模式转换，为后续章节做准备。

2.1　位图图像与矢量图形

在讲述 Photoshop 高级操作之前，我们首先要请大家了解一些图像相关的基本概念。

图像的种类

计算机中所使用的图像，主要采用了两种方式，即点阵图（又称位图、像素图）和矢量图。像 Flash、Freehand、CorelDraw、Illustrator、AutoCAD 等软件，主要采用的是矢量图方式；像 Adobe Photoshop、Corel painter 等软件，主要采用的是点阵图方式。

实际上，越来越多的应用软件已经既能处理点阵图又能处理矢量图，并把它们加以集成，比如现在的 Photoshop、Illustrator 都是既可以包含位图，又可以包含矢量数据。因此，这两种方式在使用中往往是相互配合、融合在一起的，也只有这样才能够将图文处理的更加优美、精准和快捷。了解两类图形间的差异，对创建、编辑和导入图片很有帮助。

2.1.1 位图图像

位映射图像（简称位图）就是点阵图，是目前最为常用的图像表示方法。它由许多点组成，其中一个点即为一个像素。点阵图产生的图像比较细致，层次和色彩也比较丰富，可以逼真地表现自然界的景象，同时也可以很容易地在不同软件之间交换文件。其缺点是无法制作真正的 3D 图像，并且图像在缩放和旋转时会产生失真的现象。位图文件较大，对内存和硬盘空间容量的需求也较高。点阵图意味着一幅图像被划分为许多栅格，如图 2-1-1 所示，栅格中的每一点就是图像的像素，其“值”就是像素的亮度和色彩，即点阵图在保存为文件时，需要记录每一个像素的位置和色彩数据。显然，栅格划分得越密，对应的图像分辨率就越高，图像质量也越好，当然文件也就越大，处理速度也就越慢。通常，照片和数字化视频处理都基于此种方式，像计算机的屏幕显示，本身就是用点阵图方式产生的。

图 2-1-1

位图图像是连续色调图像（如照片或数字绘画）最常用的电子媒介，因为它们可以表现阴影和颜色的细微层次。位图图像与分辨率有关，也就是说，它们包含固定数量的像素。因此，如果在屏幕上对它们进行缩放或以低于创建时的分辨率来打印它们，将丢失其中的细节，并会呈现锯齿状。

2.1.2　矢量图形

矢量图形并不是由一个个点显示出来的，而是通过文件记录线及同颜色区域的信息，再由能够读出矢量图的软件把信息还原成图像的。由于矢量图形可以通过公式计算得出，所以矢量图形文件体积一般比较小。矢量图形有一个最大的特点是：图形无论放大还是缩小，图的形状都不会失真，不会产生“马赛克”。图 2-1-2 所示的图像分别为原图、原图放大三倍与原图放大 24 倍后的效果。

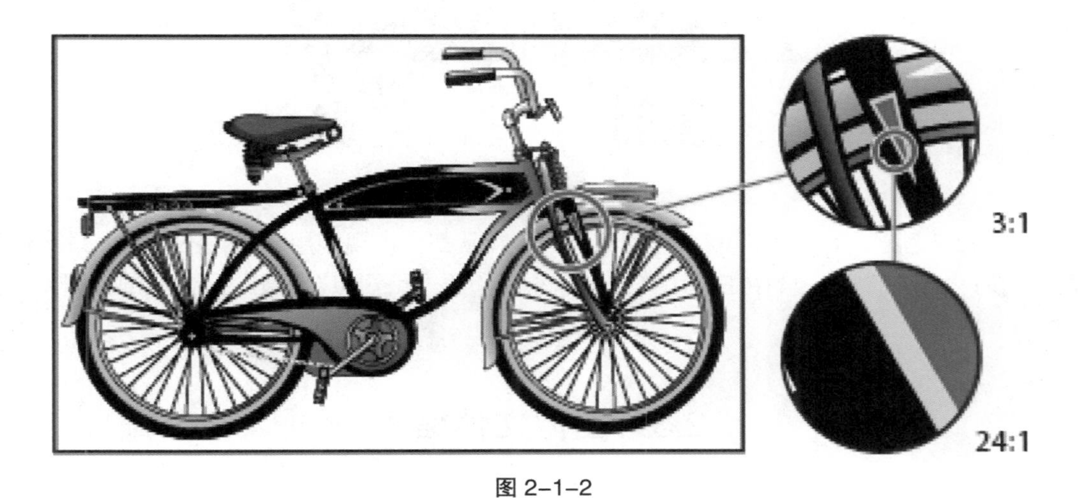

图 2–1–2

需要注意矢量图进行任意缩放都不会影响其分辨率，矢量图的缺点是不能够表现写实的自然景观或丰富的图像色调。

2.2　分辨率及图像尺寸

图像的分辨率

像素和分辨率

像素（Pixel）是位图图像的基本单位，每个像素就是一个有颜色的很小的矩形。像素和像素之间是独立的，它们紧凑地排列在一起从而形成了整个屏幕图像。

像素分辨率指单位长度内所含有的点（即像素）的多少。通常表示成 ppi（每英寸像素）。

分辨率是和图像处理有关的一个重要概念，它的主要作用是衡量图像细节的表现能力。单位长度包含的数据越多，图形文件的长度就越大，也能表现更丰富的细节，但更大的文件也需要耗用更多的计算机资源，更大的硬盘空间等。

在另一方面，假如图像包含的数据不够充分（图形分辨率较低），就会显得相当粗糙，特别是把图像放大为一个较大尺寸观看的时候，如图 2-2-1 所示。所以在图片创建期间，我们必须根据图像最终的用途决定正确的分辨率。这里的技巧是要首先保证图像包含足够多的数据，能满足最终输出的需要。同时也要适量，尽量少占用一些计算机的资源。

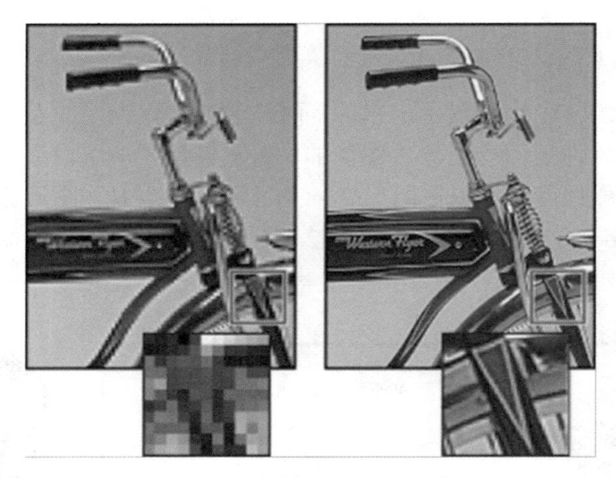

图 2-2-1

对于初学者来说，ppi 和 dpi（每英寸点数）经常都会出现混用现象，不过没关系，只要我们记住："像素"（p）只存在于计算机显示领域，而"点"（d）只出现于打印或印刷领域。就容易分辨了。

2.3 图像文件格式

Photoshop 可以支持 20 多种文件格式,可以用各种文件格式将图像输入和输出。在 Photoshop 中最常用的文件格式有：PSD\BMP\TIFF\GIF\JPEG\PDF\TGA\RAW 等。如图 2-3-1 所示。

Photoshop (*.PSD;*.PDD)
大型文档格式 (*.PSB)
BMP (*.BMP;*.RLE;*.DIB)
CompuServe GIF (*.GIF)
Dicom (*.DCM;*.DC3;*.DIC)
Photoshop EPS (*.EPS)
Photoshop DCS 1.0 (*.EPS)
Photoshop DCS 2.0 (*.EPS)
IFF 格式 (*.IFF;*.TDI)
JPEG (*.JPG;*.JPEG;*.JPE)
JPEG 2000 (*.JPF;*.JPX;*.JP2;*.J2C;*.J2K;*.JPC)
JPEG 立体 (*.JPS)
PCX (*.PCX)
Photoshop PDF (*.PDF;*.PDP)
Photoshop Raw (*.RAW)
Pixar (*.PXR)
PNG (*.PNG;*.PNS)
Portable Bit Map (*.PBM;*.PGM;*.PPM;*.PNM;*.PFM;*.PAM)
Scitex CT (*.SCT)
Targa (*.TGA;*.VDA;*.ICB;*.VST)
TIFF (*.TIF;*.TIFF)
多图片格式 (*.MPO)

图 2-3-1

PSD：PSD 文档是 Adobe Photoshop 的专用格式，可以储存成 RGB 或 CMYK 模式，更能自订颜色数目储存。PSD 可以储存图层、通道、路径，是非压缩的文件，质量是最好的。但其不足之处在于文件较大，和其他软件的交互性较差 ，不被大多数排版软件支持。

BMP：BMP 文档是最普遍的点阵图格式之一，也是 WINDOWS 系统下的标准格式。我们利用 WINDOWS 的调色盘绘图，就是存成 BMP 格式。相比之下，BMP 文档是相当稳定的文件格式。

TIFF：它的存在是为了方便不同的操作平台及应用程序间保存与交换图像数据信息，所以应用极为广泛。TIFF 可以储存图层、通道、路径，是可压缩的文件，质量很好，支持 LZW 无损压缩。由于该格式能完整记录图像细节，所以它所占空间较大。

JPEG：JPEG 不可以储存图层、通道、路径，是一种高效率的压缩文件，可以根据要求将很大的图像压缩得非常小。JPEG 在存档时能够将人眼无法分辨的资料删除，以节省储存空间，但这些被删除的资料无法在解压时还原，所以 JPEG 档案并不适合放大观看，输出成印刷品时品质也会受到影响。这种类型的压缩档案，称为失真（Loosy）压缩或破坏性压缩 。

GIF：GIF 是 Graphics Interchange Format 的简写，是动画格式，256 色。GIF89a 格式能储存成背景透明化的形式，并且可以将数张图存成一个档案，形成动画效果。

EPS 格式：是由 Adobe System 公司开发的标准文件即图像描述语言，是大多数图文排版系统所支持的格式，它可以将矢量和栅格图封装在一个区域内，支持所有色彩模式，但不支持 Alpha 通道。

RAW 格式：为不同计算机之间或不同应用程序之间相互传输文件的兼容性而制定的一种用于存储图像信息的文件格式。

PDF 格式：是 Adobe 公司的 Acrobat 程序所使用的页面描述格式，用这种格式保存的文档可适用于不同的操作平台，在国外 PDF 格式被非常广泛地应用在设计、办公、网络等多领域。

2.4　颜色模式

本节主要讲解处于不同颜色模式时的图像效果，以及在相应颜色模式下的图像应用。颜色模式主要用于确定图像中显示的颜色数量。在 Photoshop 中的色彩模式有 8 种，分别为位图模式、灰度模式、双色调模式、索引颜色模式、RGB 颜色模式、CMYK 颜色模式、Lab 颜色模式和多信道模式。

1. 位图模式

位图模式只包含黑、白两种颜色，所以其图像也叫黑白图像。由于位图模式只有黑白色表示图像的像素，在进行图像模式的转换时会失去大量的细节，因此，Photoshop 提供了几种算法来模拟图像中失去的细节。只有灰度模式的图像可以转换为位图模式，所以一般的彩色图像要先转成灰度模式后再转为位图模式，在转化过程中会出现如图 2-4-1 所示的“位图”对话框。

转换方法中包含多种类型：（示例原图为图 2-4-2）

50%阈值：将大于 50%的灰色像素全部转换为黑色，将小于 50%的灰色像素全部转化为白色。转换效果参见图 2-4-3。

图案仿色：该方法可以使用图形来处理要转换成位图模式的图像。转换效果参见图 2-4-4。

扩散仿色：将大于 50%的灰色像素转换为黑色，将小于 50%的灰色像素全部转化为白色。转换结果会出现一些颗粒状的纹理。转换效果参见图 2-4-5。

半调网屏：可以使图片显示效果变成黑白灰状态，产生素描类的特殊艺术效果。转换效果参见图 2-4-6。

自定图案：可以选择图案对画面进行填充。转换效果参见图 2-4-7。

图 2-4-1

图 2-4-2

图 2-4-3

图 2-4-4

图 2-4-5

图 2-4-6

图 2-4-7

2. 灰度模式

灰度模式只存在灰度，它由 0～256 个灰阶组成。当一个彩色图像转换为灰度模式时，图像中的色相及饱和度等有关色彩信息将被消除掉，只留下亮度。亮度是唯一能影响灰度图像的因素。当灰度值为 0（最小值）时，生成的颜色是黑色；当灰度值为 255（最大值）时，生成的颜色是白色。如图 2-4-8 和图 2-4-9 所示。

图 2-4-8

图 2-4-9

3. 双色调模式

该模式通过一至四种自定油墨创建单色调、双色调（两种颜色）、三色调（三种颜色）和四色调（四种颜色）的灰度图像。

实例：制作双色图像

实例目的：本例主要让大家了解将彩色图像转换成双色调模式的过程，以及通过“双色调选项”对话框制作双色图像。

操作步骤

（1）执行菜单“文件 / 打开”命令或按［Ctrl+O］键，打开随书附带光盘中的“素材文件-美女 1.jpg”素材，如图 2-4-10 所示。

（2）执行菜单中的“图像 / 模式 / 灰度”命令，将彩色图片去掉颜色转换为灰度模式，效果如图 2-4-11 所示。

（3）此时会发现原来的彩色图像已经变成了黑白效果，再执行菜单中的“图像 / 模式 / 双色调模式”命令，打开“双色调选项”对话框，设置“类型”为“双色调”，分别单击“油墨 1”和“油墨 2”后面的颜色图标，在弹出的“拾色器”对话框中将其设置为“黑色”和“黄色”，如图 2-4-12 所示。

（4）设置完毕单击【确定】按钮，即可完成图像的双色调效果，如图 2-4-13 所示。

图 2-4-10

图 2-4-11

图 2-4-13

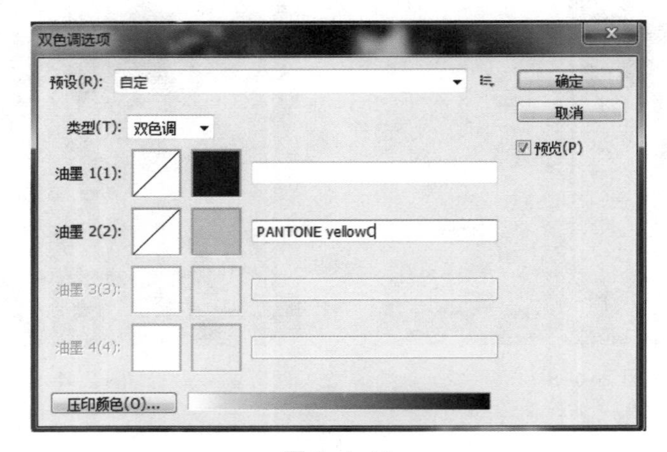

图 2-4-12

4. RGB 模式

也称色光混合，有的书上称它为全彩色模式。利用红（Red）绿（Green）蓝（Blue）三种基本颜色能混合出眼睛看到的大部分颜色。彩色电视机或显示器都是用这种方式来混合不同的颜色。Photoshop RGB 颜色模式使用 RGB 模型，并为每个像素分配一个强度值。在 8 位通道的图像中，彩色图像中的每个 RGB（红色、绿色、蓝色）分量的强度值为 0（黑色）到 255（白色）。例如，亮红色的 R 值可能为 246，G 值为 20，而 B 值为 50。当所有这 3 个分量的值相等时，结果是中性灰度级。当所有分量的值均为 255 时，结果是纯白色；当这些值都为 0 时，结果是纯黑色。RGB 颜色模式是 Photoshop 最常用的一种模式。

5. CMYK 模式

也称色料混合，是印刷制版的专用模式。CMYK 是用青（Cyan）、品红（Magenta）、黄（Yellow）、黑（Black）四种基本色调配合成不同的颜色，一般是用在印刷输出上。CYMK 和 RGB 不同的地方就是除了基色不一样之外，RGB 是遵循颜色加法，而 CYMK 则是遵循颜色减法来配色。

6. Grayscale 模式

灰度图像中它的每一个像素都是以 8 位来表示，因此它的每一个像素都是介于黑色和白色之间 256 灰度的一种。

第3章　Photoshop 高手进阶操作

知识重点

- ✧ 熟练掌握图像的基本修改技巧；
- ✧ 理解蒙板与通道概念并能够灵活运用；
- ✧ 熟练操作路径工具；
- ✧ 熟悉各类选区制作方法；
- ✧ 了解各类滤镜的作用并能熟练操作。

引　言

本章主要介绍图像的高级操作、选择工具的使用、路径的调节、图像的修补、图层、滤镜、蒙版与通道等知识点与操作技巧，通过本章学习能够制作各类平面作品。

3.1　裁剪图像

在编辑图像或照片时，经常要裁剪图像，以便让画面构图更加合理。裁剪图像时可以使用“裁剪”工具。

3.1.1　“裁剪”工具

裁剪工具不属于绘图工具，对它最通俗的理解就是一把裁刀，将图像不需要的部分切去。下面我们边做边学。

打开素材文件“路.jpg”如图 3-1-1 所示，选择裁剪工具如图 3-1-4 所示，或使用快捷键［C］，确保裁剪工具属性栏中高度、宽度和分辨率都为空，如不为空点击【清除】按钮即可，如图 3-1-3 所示。然后在图像中拖拉出一个矩形裁剪框，框内是裁剪后保留的区域，如图 3-1-2 所示。

图 3–1–1

图 3–1–2

图 3–1–3

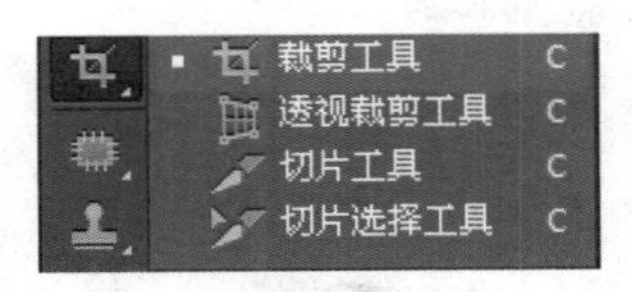

图 3–1–4

注意工具属性栏此时会有“启用剪裁屏蔽”“颜色”“不透明度”的选项，它们 3 个的作用就是在建立裁剪框后遮蔽其他区域，提供视觉参照。如图 3-1-5 所示，矩形裁剪框之外的区域变得暗淡，而裁剪框之内的图像保持不变，这样就突出了对比效果。

图 3-1-5

建立裁剪框后，按下回车键或在裁剪框内双击即可完成裁剪。也可以点击公共栏中的【提交】按钮，裁剪效果如图 3-1-6 所示。若要放弃裁剪可按［Esc］或点击公共栏中的【取消】按钮。

图 3-1-6

裁剪框建立的不精确也没有关系。因为在建立之后可以如同自由变换［Ctrl+T］那样修改，其操作方法也和自由变换是一样的。即：拖动 4 边的中点（可组合［Alt］键）可进行缩放；拖动 4 个角点（可组合［Shift］/［Alt］/［Shift +Alt］）可同时缩放 4 边；在 4 个角点之外拖动（可组合［Shift］）将旋转裁剪框。参见图 3-1-7 至图 3-1-9。

注意旋转裁剪框之后形成的裁剪图像将自动恢复到水平垂直的状态，如图 3-1-10 所示。也就是说，无论裁剪框形状如何，裁剪后的图像都将以 4 边水平垂直的矩形显示。

图 3–1–7

图 3–1–8

图 3–1–9

图 3–1–10

在选择了“透视裁剪工具”后（图 3-1-11 所示）后，可以对裁剪框的 4 个角点单独定位，类似于自由变换中的扭曲（图 3-1-12 所示）。这样裁剪后的图像将产生变形效果，如图 3-1-13 所示。根据我们前面所学习过的知识，这样的变形对于点阵图像是有损的。被变形放大的部分将显得较为粗糙。

除了上面这些以手动拖拉任意大小和长宽比的操作以外，裁剪工具还可以指定裁剪后图像的尺寸，包括宽度、高度和分辨率。方法是在建立裁剪框之前在公共栏中输入数值，就是我们之前强调大家清除的地方（图 3-1-14 所示）。比如输入宽度 300 像素、高度 200 像素，那么无论你如何拖动，裁剪框将始终保持 3:2 的高宽比，如图 3-1-15 所示。并且在裁剪完成后将图像的宽度和高度设置为指定的数值。

这个功能有利于保持多个图像之间像素总量的相等。也就是说可以让多张图片在裁剪后保持同样的大小。我们也可以先打开作为参照的图片，然后点击裁剪工具公共栏中的【前面的图像】按钮，那么作为参照的图片的宽度、高度及分辨率就会自动被获取。

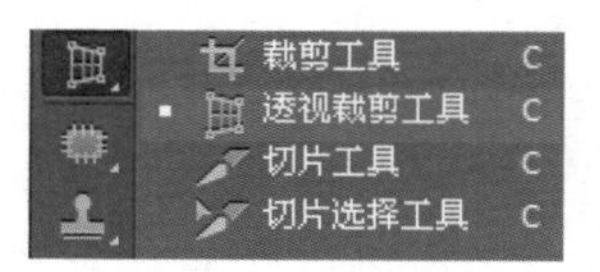

图 3-1-11

图 3-1-12

图 3-1-13

图 3-1-14

图 3-1-15

需要注意的是，分辨率只有在以现实长度单位（厘米、英寸等）定义图像高宽时才有意义。

在一个由多个图层组成的图像中，裁剪框很可能比一些图层中内容的像素面积小，这样就产生一个问题：裁剪完成后，那些处在裁剪框之外的像素上哪去了呢？实际上裁剪工具为这种情况提供了两种选择。在建立裁剪框后，可在公共栏中指定被裁剪像素的去向：被删除或被隐藏，如图 3-1-16 所示。如果不勾选“删除裁剪的像素”，相当于只是缩小了图层可视区域，而并未改变图层中本身的内容。这样通过移动图层就可以看到裁剪后被隐藏的区域。

图 3-1-16

注意如果一幅图像中只包含一个图层且该层为背景层，那么是无法使用该选项的。因为背景图层的面积必须与可视区域相同，而不允许大于或小于。

3.1.2　"裁切"命令

使用"裁切"命令同样可以对图像进行裁剪。裁切时，先要确定要删除的像素区域，如透明色或边缘像素颜色，然后将图像中与该像素处于水平或垂直的像素的颜色与之比较，再将其进行裁切删除，执行菜单中的"图像 / 裁切"命令，打开如图 3-1-17 所示的"裁切"对话框。

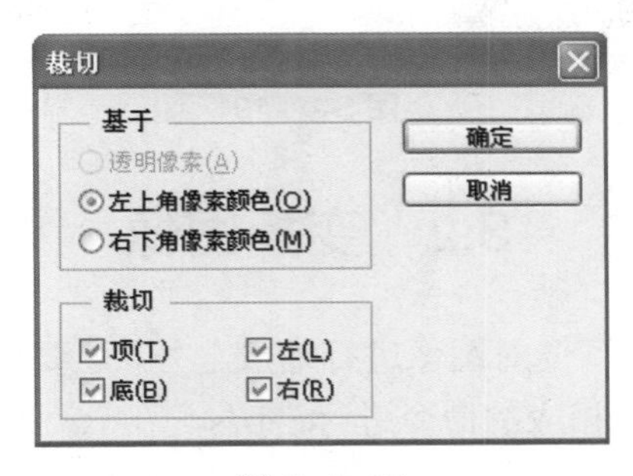

图 3-1-17

对话框中的各选项含义如下：

基于：用来设置要裁切的像素颜色。

- 透明像素：表示删除图像透明像素，该选项只有图像中存在透明区域时才会被激活。裁切透明像素的效果如图 3-1-18 所示。

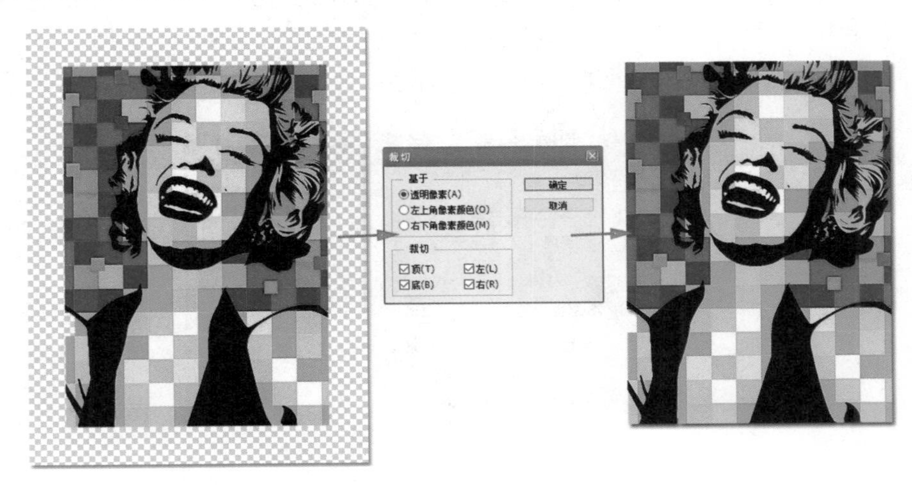

图 3-1-18

- 左上角像素颜色：表示删除图像中与左上角像素颜色相同的图像边缘区域。

- 右下角像素颜色：表示删除图像中与右下角像素颜色相同的图像边缘区域。裁切左上角或者右下角像素颜色的效果如图 3-1-19 所示。

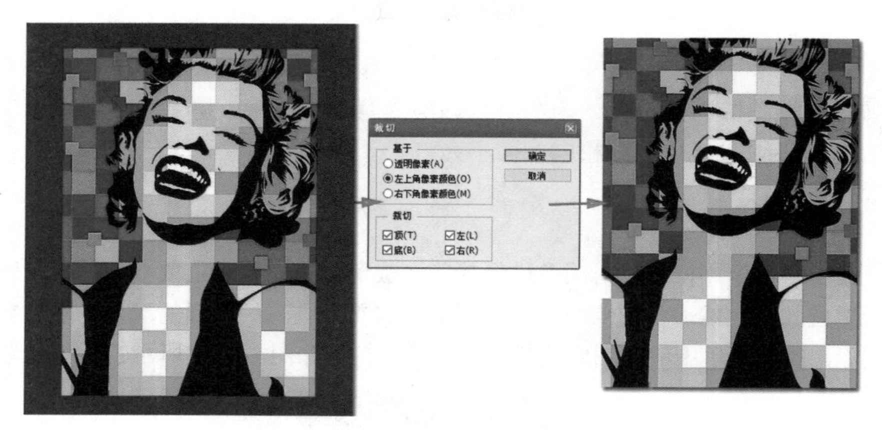

图 3–1–19

3.2 变换图像

在编辑图像或照片时，除了要对图像进行缩放之外，还要对图像进行旋转、翻转、扭曲、变形、透视等操作。本节将对相应的命令进行讲解。

3.2.1 缩放图像

在实际操作中，缩放图像可以通过改变画布大小来实现。画布指的是实际打印的工作区域，改变画布大小直接会影响最终的输出设置。

使用“画布大小”命令，可以按指定的方向增大围绕现有图像的工作空间或减小画布尺寸来裁切掉图像边缘，还可以设置增大边缘的颜色。默认情况下添加的画布颜色由背景色决定。在菜单中执行“图像 / 画布大小”命令，系统会弹出如图 3-2-1 所示的“画布大小”对话框。在该对话框中即可完成对画布大小的改变。

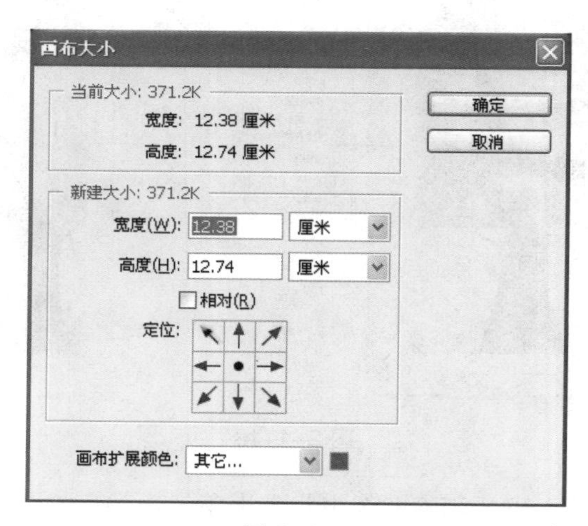

图 3–2–1

参数含义

当前大小：是指当前打开图像的实际大小。

新建大小：对画布进行大小调整的位置。

相对：勾选该选项后，输入的宽度和高度的数值将不代表图像的大小，而表示图像被增加或减少的区域大小。输入数值为正值，则表示图像被放大的区域大小；输入数值为负值，则表示图像被缩小区域大小。图 3-2-2 和图 3-2-3 就是相对勾选与不勾选的效果对比图。

原图

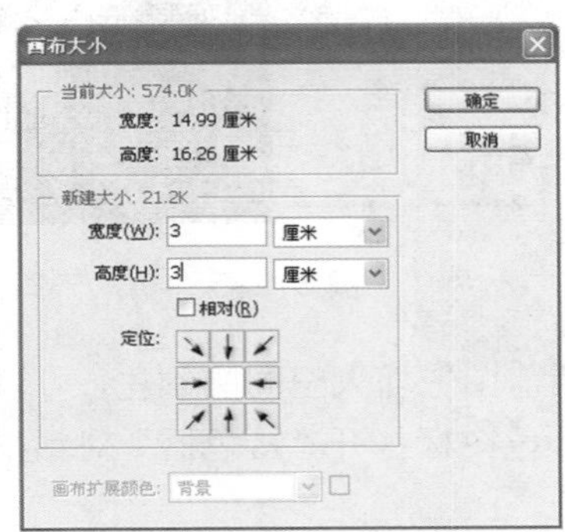

效果图

图 3-2-2

原图

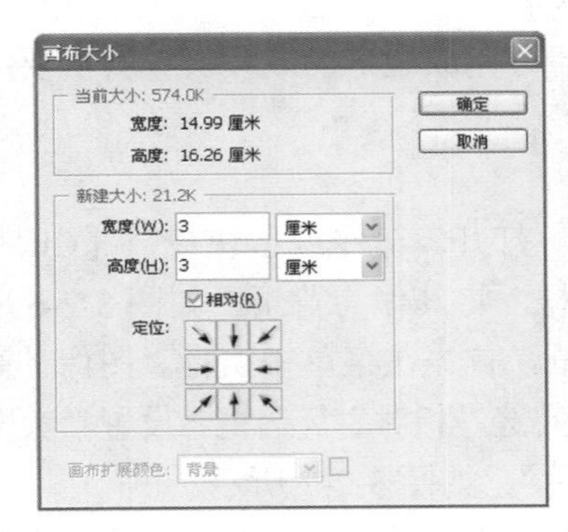

效果图

图 3-2-3

定位：用来设定当前图像在增加或减少图像时的位置，如图 3-2-4 和图 3-2-5 所示。

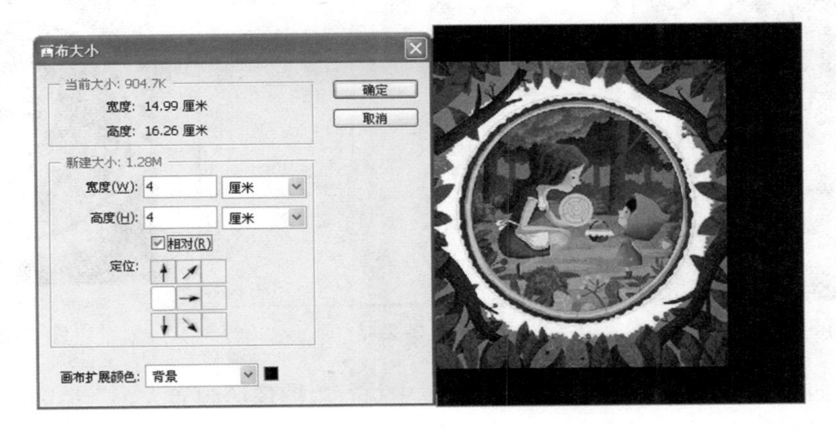

图 3-2-4

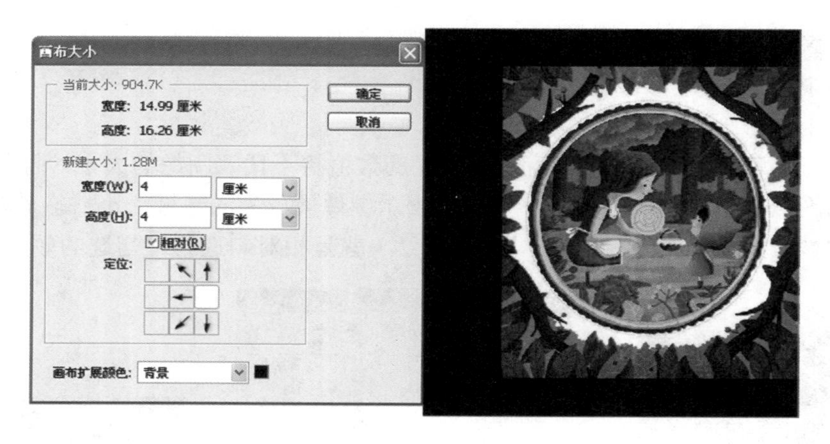

图 3–2–5

画布扩展颜色：用来设置当前图像增大空间的颜色，可以在下拉列表框中选择系统预设颜色，也可以通过单击后面的颜色图标打开“拾色器”对话框，在对话框中选择自己喜欢的颜色。

实例：为图片添加简洁大方的相框

范例概述：本例主要讲解为打开的素材添加一个黑白相间的边框效果，在本例中只要反复使用“画布大小”命令两次即可完成边框的制作。本例主要的目的是让大家能够充分了解“画布大小”命令的使用方法。

操作步骤：

（1）在菜单中执行“文件 / 打开”命令或按快捷键［Ctrl+O］，打开素材库中的“第三章/3-2 文件夹/小朋友.jpg”素材，将其作为背景，如图 3-2-6 所示。

（2）下面为其添加白色边框，首先在菜单中执行“图像 / 画布大小”命令，系统会弹出“画布大小”对话框，在对话框勾选“相对”复选框，设置“宽度”与“高度”为“0.2 厘米”，设置“画布扩展颜色”为“白色”，如图 3-2-7 所示。

（3）设置完毕单击【确定】按钮，添加白边效果如图 3-2-8 所示。

图 3–2–6

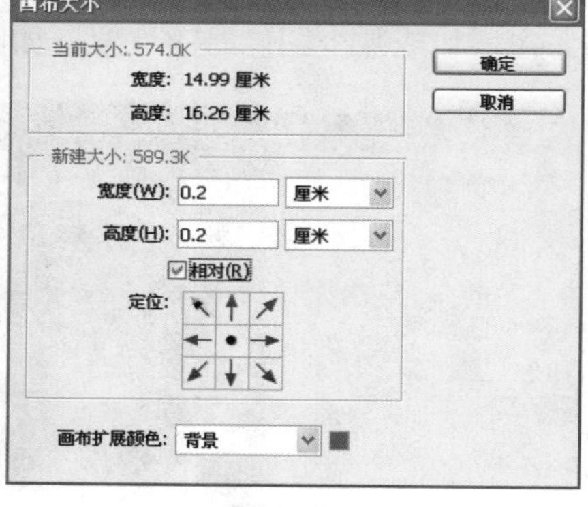

图 3–2–7

图 3–2–8

（4）下面为其添加黑色边框，首先在菜单中执行“图像 / 画布大小”命令，系统会弹出“画布大小”对话框，在对话框勾选“相对”复选框，设置“宽度”与“高度”均为“0.6 厘米”，设置“画布扩展颜色”为“黑色”，如图 3-2-9 所示。

（5）设置完毕单击【确定】按钮，即可完成图像的黑白双色调边框效果，如图 3-2-10 所示。

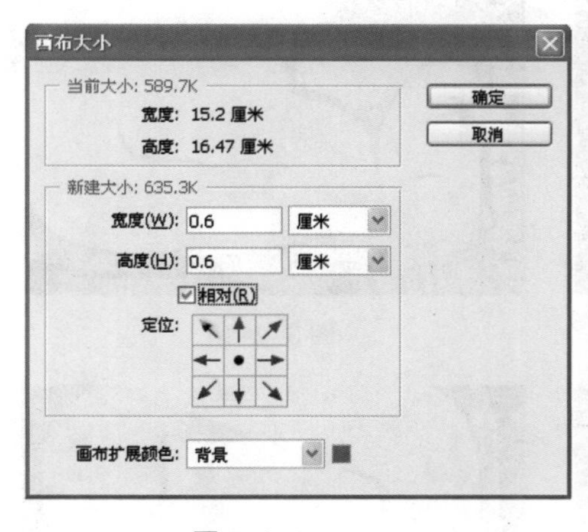

图 3–2–9

图 3–2–10

3.2.2　旋转图像

当在 Photoshop 中打开扫描的图像时，尽管非常小心但是还是会发现图像出现了颠倒或倾斜，此时只要执行菜单中“图像 / 旋转画布”命令，即可在子菜单中按照相应的命令对其进行相应的旋转。当原图 3-2-11 执行“180 旋转”后如图 3-2-12；执行“90 度（顺时针）”后如图 3-2-13；执行“ 90 度（逆时针）”后如图 3-2-14；执行“ 水平翻转”后如图 3-2-15；执行“ 垂直翻转”后如图 3-2-16。

有时还会出现不规则的角度的倾斜，此时只要执行菜单中“图像 / 旋转画布 / 任意角度”命令，即可打开如图 3-2-17 所示的“旋转画布”对话框，设置相应的角度和方向就可以得到相应的旋转，如图 3-2-18 所示为顺时针旋转 20 度的效果。

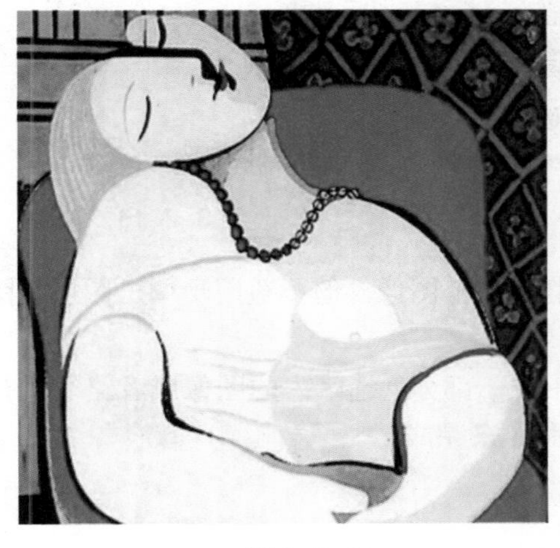

图 3–2–11

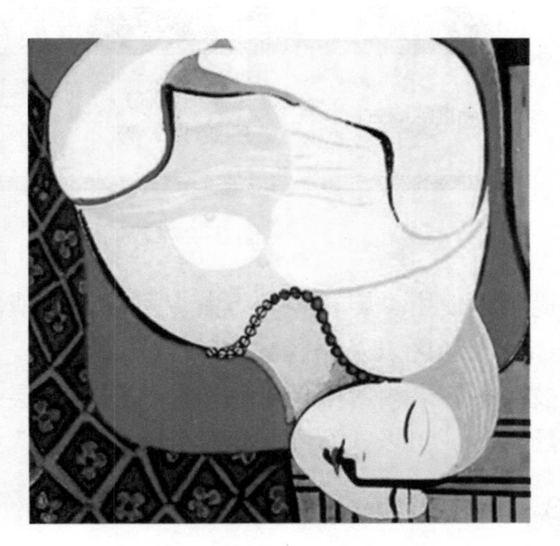

图 3–2–12

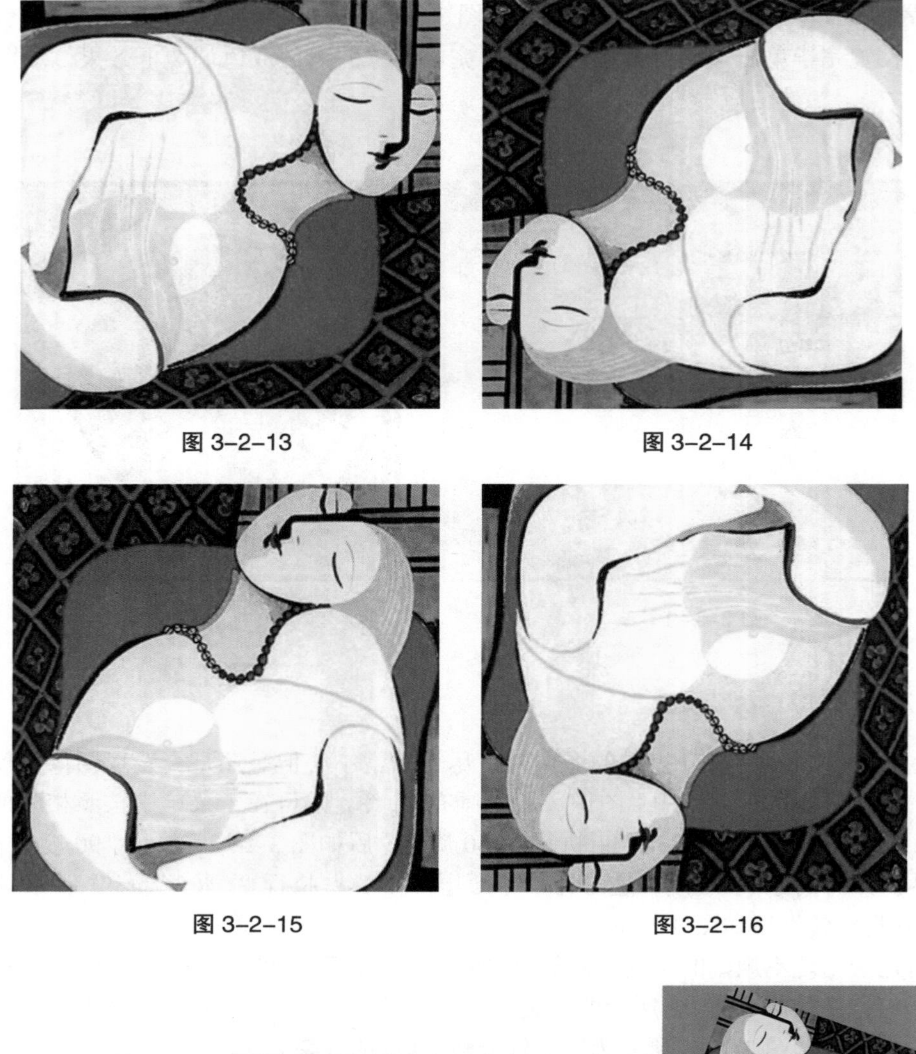

图 3-2-13　　图 3-2-14

图 3-2-15　　图 3-2-16

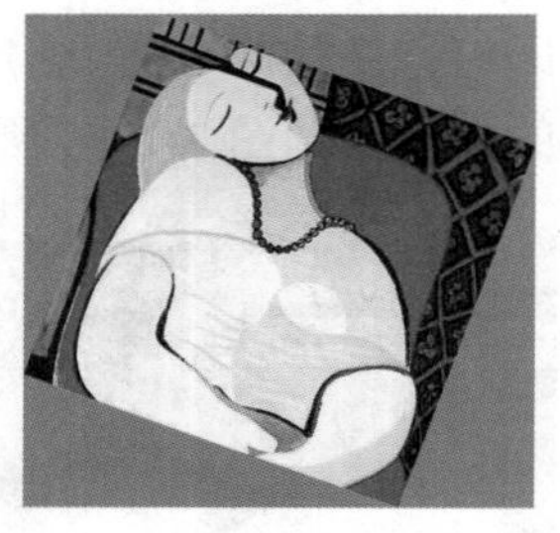

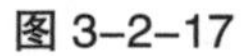

图 3-2-17　　图 3-2-18

提示：使用“旋转画布”命令可以旋转或翻转整个图像，但不适用于单个图层、图层中的一部分、选区以及路径。

技巧：如果相对图像中的单个图层、图层中的一部分、选区内的图像或者路径进行旋转或者翻转时，可以执行菜单中“编辑 / 变换”命令来完成。

3.2.3 自由变换

Photoshop 编辑菜单中的自由变换命令功能非常强大，在变换命令下面包含缩放、旋转等多个子命令，熟练掌握它们的用法会对大家如何操作图像变形带来很大的方便。这里对“自由变换”做了一个详细的讲解。

当图像处于自由变换的状态时（快捷键［Ctrl+T］），如图 3-2-19 所示，我们仅仅拖动鼠标就可以改变图像形状。

变形一，鼠标左键拖动变形框四角任一角点时，图像为长宽均可变的自由矩形，也可翻转图像；如图 3-2-20 所示。

变形二，鼠标左键拖动变形框四边任一中间点时，图像为等高或等宽的自由矩形，如图 3-2-21 所示。

变形三，鼠标左键在变形框外弧形拖动时，图像为可自由旋转任意角度，如图 3-2-22 所示。

图 3-2-19

图 3-2-20

图 3-2-21

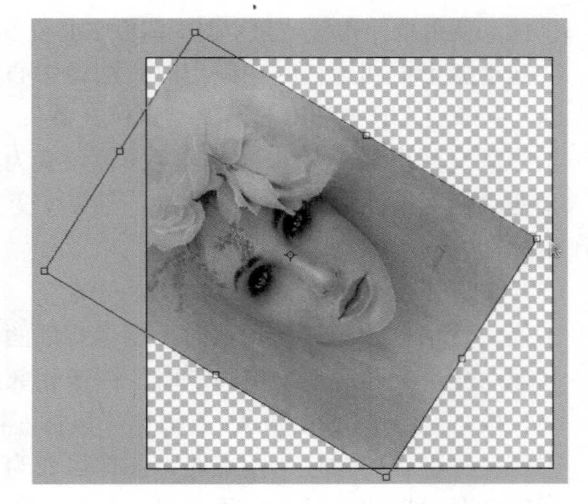

图 3-2-22

要完全掌握自由变换还必须要了解与其组合使用的 Ctrl、Shift、Alt 这三个键，三个键的配合可以快速地帮我们实现变化命令下的子命令之间的转换，更加方便图像变形。

下面介绍一下它们的组合使用方法：

（1）按下［Ctrl］键加“鼠标左键”：

①拖动变形框四角任一角点时，图像为其他三点不动自由扭曲四边形；如图 3-2-23 所示。

②拖动变形框四边任一中间点时，图像为对边不变的自由平行四边形，如图 3-2-24 所示。

图 3-2-23

图 3-2-24

（2）按下［Shift］键加“鼠标左键”：

①拖动变形框四角任一角点时，对角点位置不变，图像等比例放大或缩小，也可翻转图形。

②鼠标左键在变形框外弧形拖动时，图像可做 15°增量旋转角度，可做 90°、180°顺逆旋转。

（3）按下［Alt］键加“鼠标左键”：

①拖动变形框四角任一角点时，图像中心位置不变，放大或缩小自由矩形，也可翻转图形。

②拖动变形框四边任一中间点时，图像中心位置不变，等高或等宽自由矩形。

（4）按下［Ctrl + Shift］键加“鼠标左键”：

①拖动变形框四角任一角点时，图像可变为直角梯形，角点只可在坐标轴方向上移动。

②拖动变形框四边任一中间点时，图像可变为等高或等宽的自由平行四边形，中间点只可在坐标轴方向上移动。

（5）按下［Ctrl + Alt］键加“鼠标左键”：

①拖动变形框四角任一角点时，图像相邻两角位置不变的菱形。

②拖动变形框四边任一中间点时，图像相邻两边中间点位置不变的菱形。

（6）按下［Ctrl + Shift + Alt］键加“鼠标左键”：

①拖动变形框四角任一角点时，图像可变为等腰梯形、三角形或相对等腰三角形；

②拖动变形框四边任一中间点时，图像可变为中心位置不变，等高或等宽的自由平行四边形。

3.2.4 变形命令

在 Photoshop 编辑菜单中的变化子菜单中有一项变形命令，变形命令在我们编辑图像、扭曲图像工作中很常见。它可以对图片进行完全自由的变形。

下面我们通过一个实例来学习该命令的使用方法。

实例：为花瓶添加图案

（1）打开相应的素材文件夹中的“花纹.jpg”“瓶子.jpg”“图案.jpg”三张素材。如图 3-2-25 至图 3-2-27 所示。

图 3-2-25

图 3-2-26

图 3-2-27

（2）对花纹图片进行编辑，选择“魔棒工具”，设置容差值为 25，如图 3-2-28 所示，使用魔棒进行选择，如图 3-2-29 所示。对选区进行删除，效果如图 3-2-30 所示。

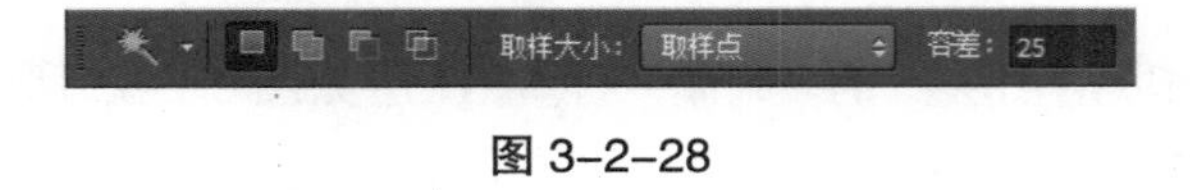

图 3-2-28

（3）使用“移动工具”将花纹图层移动到花瓶文件上，并使用“自由变换命令”[Ctrl+T]调整花纹大小，效果如图 3-2-31 所示。

（4）按回车键完成自由变形调整。选择“编辑-变换-变形”命令，然后调整各个支点，使花纹的形状与花瓶的颈部相似，按下［Enter］键确定，如图 3-2-32 所示。

图 3-2-29

图 3-2-30

图 3-2-31

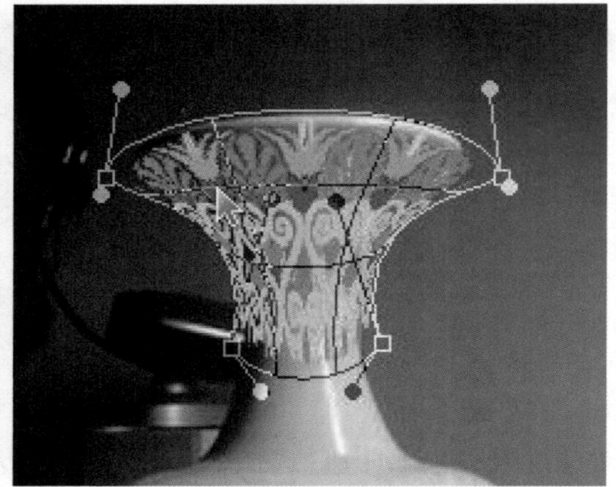

图 3-2-32

（5）在图层面板中取消图层 1 的“眼睛”（隐藏图层如图 3-2-33 所示），然后使用钢笔工具画出花瓶瓶颈的路径，如图 3-2-34 所示。

（6）按下［Ctrl+Enter］把路径变为选区，再按下［Ctrl+Shift+I］进行反选，如图 3-2-35 所示。打开“选择”-“羽化”命令，设置羽化值为 2，然后打开图层 1 的“眼睛”，按下［Delete］键删除选区的内容，并设置图层 1 的混合模式为“正片叠底”，如图 3-2-36 所示，效果如图 3-2-37 所示。

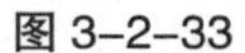
图 3-2-33

图 3-2-34

图 3-2-35

图 3-2-36

（7）再次复制花纹图层得到图层 2，然后选择“编辑-变换-垂直翻转”，如图 3-2-38 所示。

图 3-2-37

图 3-2-38

（8）按下［Ctrl+T］调整高度，如图 3-2-39 所示。

（9）参考前面变形的方法，选择“编辑/变换/变形”命令，调整图案的形状，如图 3-2-40 所示。

图 3-2-39

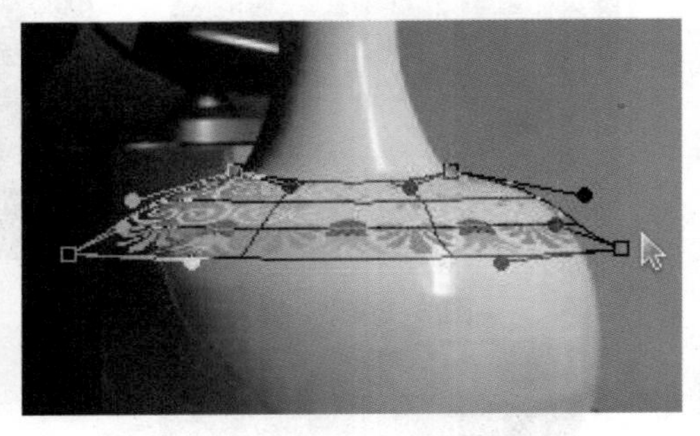

图 3-2-40

（10）用钢笔工具，画出花瓶的路径，如图 3-2-41 所示。

（11）按下［Ctrl+Enter］载入选区，再按下［Ctrl+Shift+I］反选，打开“选择/羽化”命令，设置羽化值为 2，然后按［Delete］清除图层 2 选区内的内容，如图 3-2-42 所示。

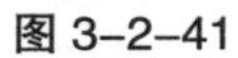

图 3-2-41

图 3-2-42

（12）设置图层花纹图层的混合模式为“正片叠底”，如图 3-2-43 所示。

（13）使用相同的方法，为花瓶的底部添加花纹图案，如图 3-2-44 所示。

图 3-2-43

图 3-2-44

（14）复制素材图案到图片中，并调整大小和位置，如图 3-2-45 所示。

（15）选择“编辑/变换/变形”命令，调整图案的形状与花瓶的瓶身相似，如图 3-2-46 所示。

图 3–2–45

图 3–2–46

（16）设置图层 4 的混合模式为“正片叠底”，如图 3-2-47 所示。

（17）使用魔棒工具选择图案中多余的颜色，并按下［Delete］键清除，如图 3-2-48 所示。

图 3–2–47

图 3–2–48

（18）大家在使用魔棒工具选取后，可以使用“选择 / 选取相似”命令，然后设置一下羽化效果，这样选取的选区的效果比较好。如图 3-2-49 所示。

（19）最终效果如图 3-2-50 所示。

图 3–2–49

图 3–2–50

3.3 “选择”操作概述

3.3.1 选区是什么

我们在之前的课程里，已经接触过选区。矩形选区工具、套索工具、魔棒工具，都可以用于建立选区。用钢笔工具进行抠图建立选区，也是一种常见的做法。以后我们会详细学习钢笔工具抠图的做法。PS 的任何操作，都是在选区内进行。如果没有选区，那么默认就会对当前图层进行操作。制作选区的常用工具，如图 3-3-1 所示。

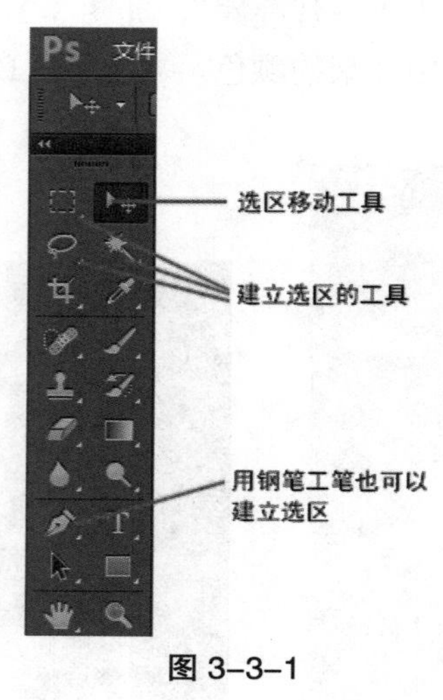

图 3-3-1

3.4 制作最基础的规则形状选区

在 Photoshop 中用来创建规则选区的工具被集中在选框工具组中，包括可以创建矩形的（矩形选框工具）、创建正圆与椭圆的（椭圆选框工具）以及用来创建长或宽为一个像素的（单行选框工具）和（单列选框工具）。

制作矩形选区

选框工具

我们按住选框工具不放，会弹出如图 3-4-1 所示菜单。

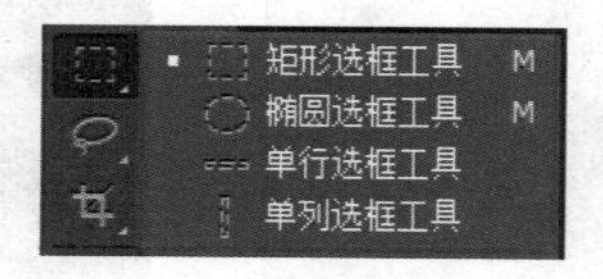

图 3-4-1

矩形选框工具：在画布内建立一个矩形选区。（小技巧：按住［Shift］能画出正方形选区，按住［Alt］可以按下鼠标的地方为中点建立一个矩形选区；椭圆形选框工具也是如此。）如图 3-4-2。

椭圆选框工具：在画布内建立一个椭圆形选区。如图 3-4-3 所示。

单行/单列选框工具：可建立横/纵向单像素选区，即一个像素的横/纵线条型选区。

图 3–4–2

图 3–4–3

3.5　制作不规则形状选区

在 Photoshop 中所谓的不规则选区指的是随意性强，不被局限在几何形状内，可以是鼠标任意创建的也可以是通过计算而得到的单个选区或多个选区。在 Photoshop 中可以用来创建不规则选区的工具被分组放置到套索工具组、魔棒工具组中。

3.5.1　制作任意形状选区

1. 套索工具

在 Photoshop 中使用（套索工具）可以在图像中创建任意形状的选择区域，（套索工具）通常用来创建不太精细选区，这正符合套索工具操作灵活，使用简单的特点。默认状态下（套索工具）会自动出现在该组中的显示状态，在工具箱中可以直接选取。使用该工具创建选区的方法非常简单，就像手中拿支铅笔绘画一样。

（1）在 Photoshop 中打开一张图片作为背景，默认状态下在工具箱中单击（套索工具）。

（2）在图像上任意位置按下鼠标左键在图像中任意绘制，当终点与起始点相交时松开鼠标，选区即创建完毕。

注意：在使用（套索工具）创建选区的过程中，如果起始点与终点不相交时松开鼠标，那么起始点会与终点自动封闭创建选区。

同样的我们按住【套索工具】按钮不放，会弹出如图 3-5-1 所示菜单。

图 3–5–1

套索工具可随意画一个任意形状的封闭选区。如图 3-5-2 至图 3-5-4 所示。

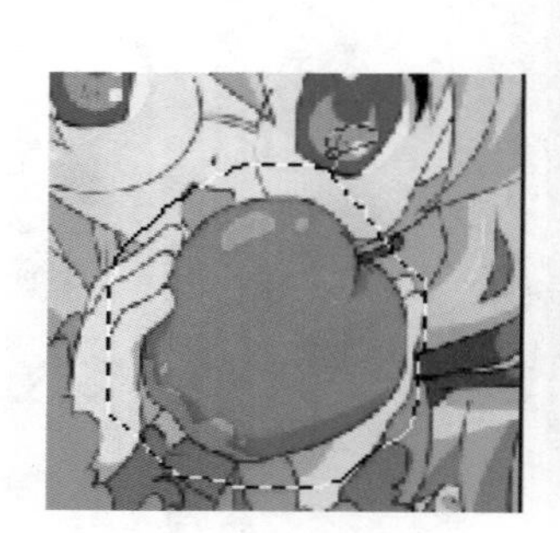

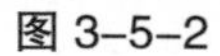

图 3–5–2　　图 3–5–3

多边形套索工具：顾名思义，就是可以绘制 N 边形的封闭选区。如图 3-5-4 所示。

图 3–5–4

磁性套索工具：在背景和需要选取的对象相差很大的情况下，可自动贴合边缘，如图 3-5-5 和图 3-5-6 所示。

2. 移动选区

如图 3-5-7 中的选择移动工具，可以对建立的选区进行移动。这个移动实际上是对选区内的图像进行了剪切，然后移动到其他位置。

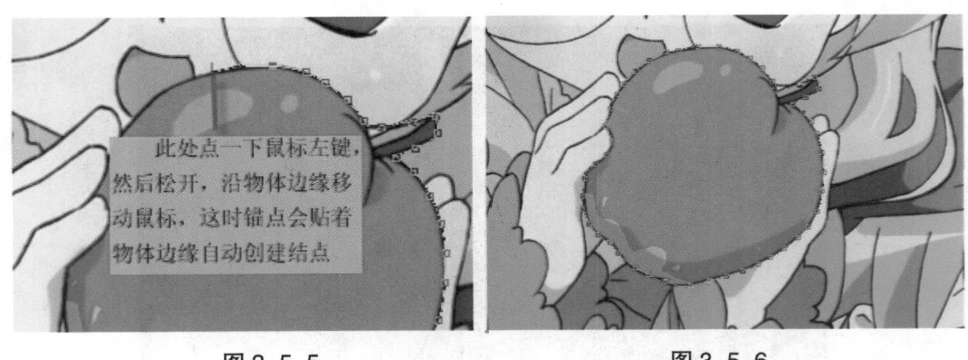

图 3–5–5　　图 3–5–6

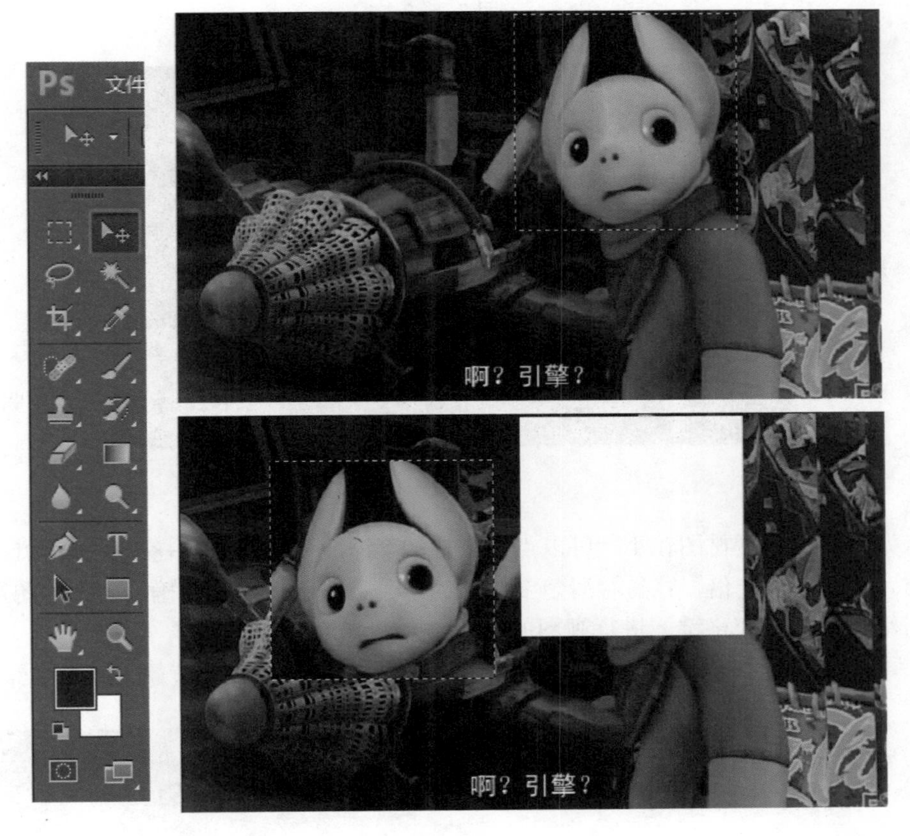

图 3–5–7

3. 反选

我们选择一个选区如图 3-5-8 后，对其进行反选（快捷键［Shift+Ctrl+I］），就可以选择和选区相反的区域。如图 3-5-9 所示。

实例：换背景

本实例要做的就是把某图中的古典美女抠到另一图片里面去，在制作过程中灵活运用套索工具，操作方法如下：

（1）打开素材："古装.jpg"，在工具栏选中"多边形套索工具"。

图 3–5–8

图 3–5–9

（2）如果所抠的素材图较小，可以点工具栏的“缩放工具”[Ctrl+空格]，再点一下你要抠的素材，把图扩大一倍，容易看清楚要抠掉的部分，便于抠得更精确，放大的图可以拉动上下左右滚动条（或空格键）进行视图的移动。

（3）背景图解锁（用鼠标点红圈内锁的图形），不解锁抠不出空背景，如图 3-5-10 所示。

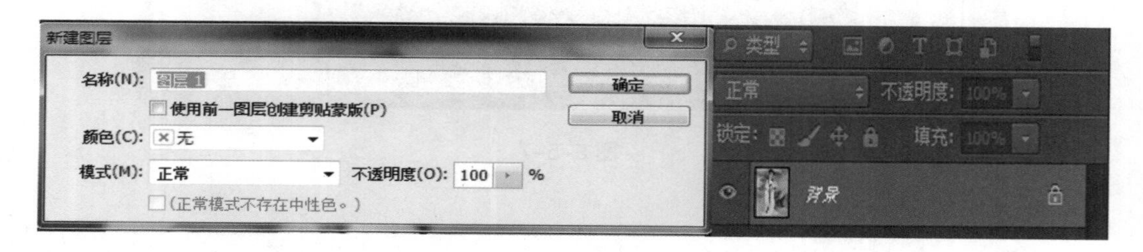

图 3–5–10

（4）点解锁后，弹出对话框点“好”，解锁后背景图层变为图层 0，如图 3-5-11 所示。

（5）背景（即所抠的素材）解锁后，再选中多边形套索工具，可以开始抠图了。在要抠出和要保留的边缘任意什么地方开始都行，此时鼠标变成多边形套索工具状，用工具的尖顺着保留的边缘一点一点地往下点（移动着点），有弯度或凸出的地方一定点密一些，抠出的图才不易失真，这一步要特别细致。将要保留的部分全部框起来后，再回到点第一点的位置，原起点会显示一个很小的圆圈，在圆圈处再点一下，所选不要的区域变成了虚线选区（提示，该工具在操作过程中不小心点了不该点的地方，无法继续往下操作，最简单的方法在菜单栏点“选择/取消选择”，再做下一步）。如图 3-5-12 和图 3-5-13 所示。

图 3-5-11

图 3-5-12

图 3-5-13

图 3-5-14

图 3-5-15

（6）反向选择［Ctrl+Shift+I］按电脑键盘上的删除键［Delete］，把不要的部分删掉。然后再抠另一块，方法同上，抠完删除不要的部分后，整个美女就抠出来了（如放大抠的，还须同时按［Ctrl+-］两个键缩回图的原始大小），如图 3-5-14 所示。

（7）如果抠出来的美女边缘还有多余的地方，再用上述方法清理抠一次多余的边缘。确认抠好以后，按住键盘［Ctrl］键，用鼠标点图层 0 的美女，造成选区（不用这一步，移到另一张背景图时会使边缘生硬）。如图 3-5-15 所示。

（8）再在菜单栏点"选择"羽化，羽化半径设为 1，最大 2，再点【确定】确认。如果羽化值设得过大，会使美女边缘模糊，细小的就更不清楚或没有了，一定要注意。如图 3-5-16 所示。

图 3–5–16

（9）回到工具栏，点图 3-5-17 红框内的移动工具，准备将抠出的美女移动到另一背景图。

（10）打开另一张素材：背景图.jpg，鼠标点一下美女，并按住左键将美女拖入另一背景，如图 3-5-18 所示。

图 3–5–17

图 3–5–18

（11）在新背景里调整美女大小，即：在菜单栏选：点开"编辑"在弹出的对话框点"自由变换"，得到变换选框。如图 3-5-19 所示。

（12）鼠标移到选框八个小方块任何处，鼠标变成双箭头状，按住鼠标左键拖动大小，使美女在新的背景图中大小合适，再用键盘上的上下左右移动键移到合适位置，如图 3-5-20 所示。

（13）大小与位置调好后，敲一下键盘上的回车键，自由变换的选框消除，［Ctrl+Shift+S］保存为 jpeg 格式，如图 3-5-21 所示。最终效果如图 3-5-22 所示。

图 3–5–19

图 3–5–20

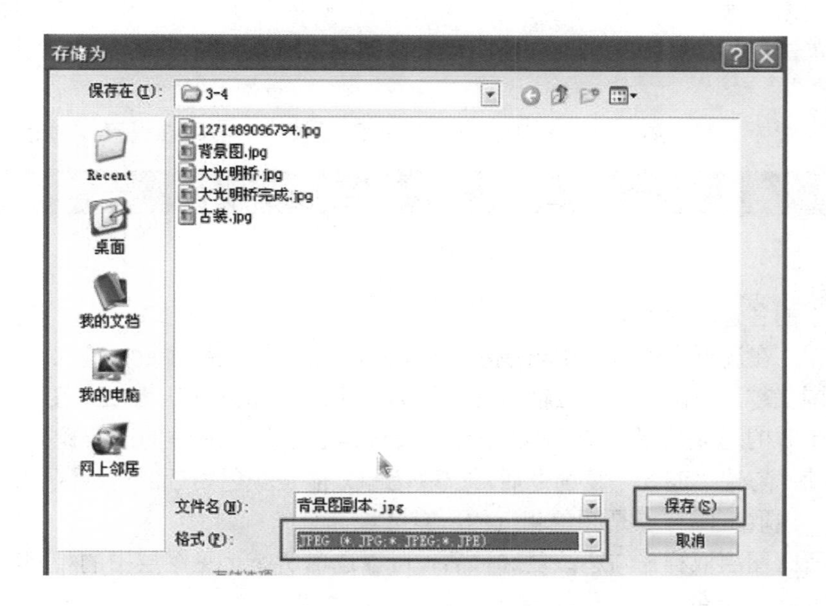

图 3–5–21

图 3–5–22

3.6 依据颜色制作选区

上一节中我们讲解了如何创建规则选区、不规则选区，涉及矩形选择、套索工具选择等选择工具，但是前几种选择都是以区域选择的方式创建选区，本节我们来看看如何利用颜色信息进行选择。在 Photoshop 中依据颜色创建选区的工具有很多，比如魔棒工具、色彩范围命令、快速选择等。

3.6.1 魔棒工具

在 Photoshop 中使用（魔棒工具）可以为图像中颜色相同或相近的像素创建选区。魔棒工具通常用来快速创建图像颜色相近像素的选区，在实际工作中使用魔棒工具在图像某个颜色像素上单击鼠标，系统会自动创建该像素的选区，即可节省时间，又可以得到意想不到的效果。

选择（魔棒工具）后，选项栏中会显示针对该工具的一些属性设置 ，如图 3-6-1 所示。

取样大小： 取样点 容差： 25 消除锯齿 连续 对所有图层取样 调整边缘...

图 3–6–1

选项栏中的各选项含义如下：

✓ 容差：在选框中输入的数值越小，选取的颜色范围就越接近；输入的数值越大，选取的颜色范围就越广。在文本中可输入的数值为 0～255，系统默认为 32。图 3-6-2 所示的图像是容差为 5 时的选取效果；图 3-6-3 所示的图像是容差为 200 时的选取效果。

✓ 连续：勾选“连续”复选框后，选取范围只能是颜色相近的连续区域；不勾选“连续”复选框，选取范围可以是颜色相近的所有区域。

✓ 对所有图层取样：勾选该复选框后，可以选取所有可见图层中的相同颜色像素；不勾选该复选框，只能在当前工作的图层中选取颜色区域。

图 3–6–2

图 3–6–3

实例：应用魔棒快速选取人物

本实例主要让大家熟悉魔棒工具的使用方法。

操作方法：

（1）打开素材文件图片："飞翔.jpg"与"田野.jpg"。如图 3-6-4 和图 3-6-5 所示。

图 3–6–4

图 3–6–5

（2）在工具箱中选择（魔棒工具），在选项栏中设置容差值为 8，勾选"连续"复选框，在飞翔素材的空白位置单击鼠标左键，按住［Shift］进行加选，如图 3-6-6 所示。

（3）双击图层解锁，点击键盘上的删除键，将多余的背景删除。如图 3-6-7 所示。

图 3–6–6

图 3–6–7

（4）按住［Ctrl］点击图层（如图 3-6-8）创建选区，执行"选择/羽化"，设置羽化值为 1 或 2 像素，如图 3-6-9 所示。

（5）使用移动工具，按住鼠标左键，将选区内的人物图片移动到田野图片上。

（6）执行"编辑/自由变换"命令，调节人物图片的大小与位置，如图 3-6-10 所示。最终效果如图 3-6-11 所示。

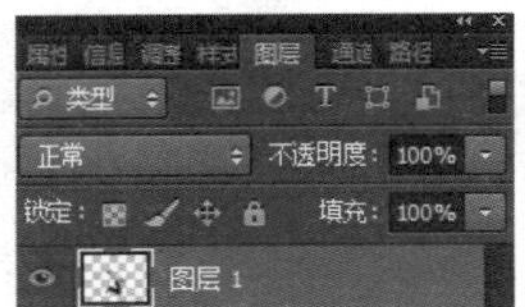

图 3-6-8 图 3-6-9

图 3-6-10 图 3-6-11

3.6.2 快速选择工具

在 Photoshop 中使用（快速选择工具）可以快速在图像中对需要选取的部分建立选区，使用方法非常简单，只要选择该工具后，使用指针在图像中拖动即可将鼠标经过的地方创建为选区。如图 3-6-12 所示。快速选择工具通常用来快速创建精确的选区。

图 3-6-12

快速选择工具创建选区

提示：如果要选取较小的图像时，可以将画笔直径按照图像的大小进行适当的调整，这样可以使选取更加精确。

选择（快速选择工具）后，属性栏中会显示针对该工具的一些属性设置，如图 3-6-13 所示。

图 3-6-13

选项栏中的各选项含义如下。

✓　选区模式：用来对选取方式进行运算，包括“新选区”、“添加到选区”和“从选区中减去”。

✓　新选区：选择该项对图像进行选取时，松开鼠标后会自动转换成“添加到选区”功能。再选择该选项，可以创建另一新选区或使用鼠标将选区进行移动。

✓　添加到选区：选择该项时，可以在图像中创建多个选区，相交时可以将两个选区合并。

✓　从选区中减去：选择该项时，拖动时鼠标经过的位置会将创建的选区减去。

3.6.3　色彩范围命令制作选区

在 Photoshop 中，“色彩范围”命令可以根据选择图像的指定颜色创建图像的选区，功能与“魔棒工具”相类似。执行菜单“选择/色彩范围”命令即可打开如图 3-6-14 和图 3-6-15 所示的“色彩范围”对话框 。

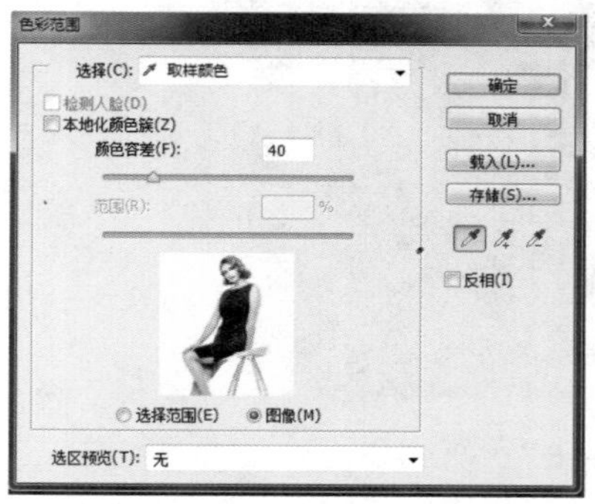

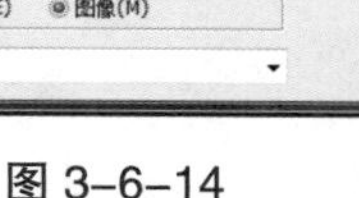

图 3-6-14

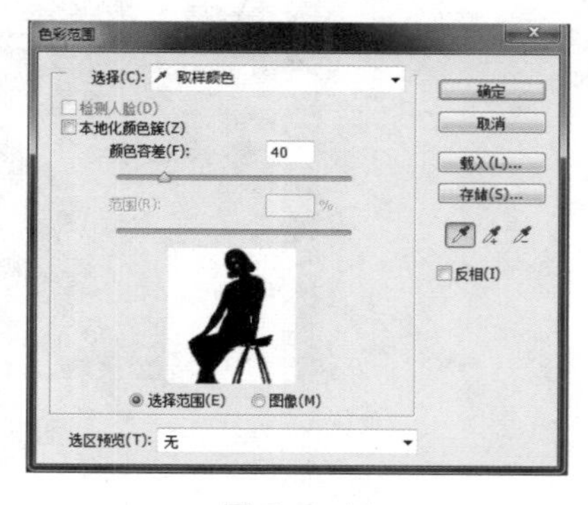

图 3-6-15

其中的各项含义如下。

✓　选择：用来设置创建选区的方式。在下拉菜单中可以选择创建选区的方式，包括取样颜色、红色、黄色、高光、阴影等选项。

✓　颜色容差：用来设置选择被选颜色的范围。数值越大，选取相同像素的颜色范围越广。只有在“选择”下拉菜单中选择“取样颜色”时，该项才会被激活。

✓　选择范围/图像：用来设置预览框中显示的是选择区域还是图像。

✓　选区预览：用来控制在预览图像显示创建选区的方式。包括：无、灰度、黑色杂边、白色杂边和快速蒙版。

（1）无：不设定预览。

（2）灰度：以灰度方式显示预览，选区为白色。

（3）黑色杂边：选区显示为原图像，非选区区域以黑色覆盖。

（4）白色杂边：选区显示为原图像，非选区区域以白色覆盖。

（5）快速蒙版：选区显示为原图像，非选区区域以半透明蒙版颜色显示。

✓　载入：可以将之前制作的文件作为选区的预设。

✓　储存：将当前制作的效果设置进行储存。

吸管工具：使用该工具可以在图像中任意点击，即可将该区域的色彩信息作为载入选区的依据。

添加到选区：使用该工具在图像中单击，可以将选中的颜色信息添加到 （吸管工具）创建的选区范围。

从选区中减去：使用该工具在图像中已经被创建选区的部位单击，可以将被单击的区域从 （吸管工具）创建的选区范围内刨除 。

反相：勾选此复选框，可以将创建的选区反选。

实例：结合前面所学选区制作方法进行抠图

本次练习主要让大家了解在使用“色彩范围”等命令创建选区。

操作步骤：

（1）执行菜单中的“文件 / 打开”命令或按［Ctrl+O］键，打开素材文件“katong.jpg”素材，如图 3-6-16 所示。

图 3–6–16

（2）执行菜单中的“选择 / 色彩范围”命令，打开“色彩范围”对话框，勾选“选择区域”，使用 （吸管工具），在图像中背景色部分单击鼠标左键，设置“颜色容差”为 85，如图 3-6-17 所示。

图 3–6–17

（3）单击确定得到选区如图 3-6-18 所示，使用 （套索工具）将人物身上多余的选区减选（点住［Alt］键即可减选），效果如图 3-6-20 所示。

（4）执行“选择/羽化”命令，设置羽化值为 2 像素，执行确定。如图 3-6-19 所示。

（5）双击图层解锁，将选区内的背景图像进行删除，效果如图 3-6-21 所示。

图 3–6–18

图 3–6–19

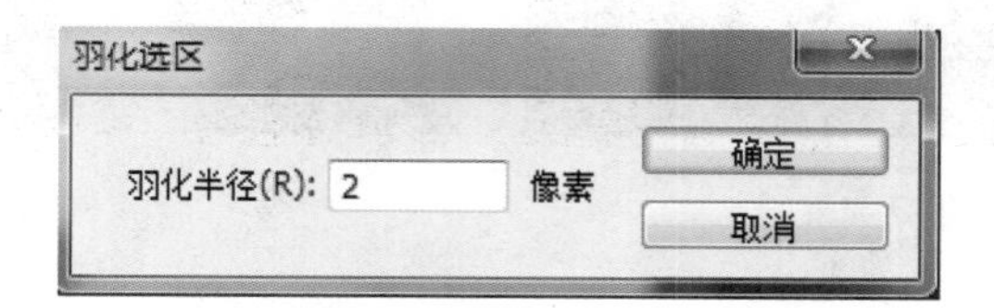

图 3–6–20

图 3–6–21

3.7 选区的基本操作

在 Photoshop 中被创建在选区内的区域可以对其进行单独设置，例如复制、粘贴、变换、填充及描边等操作。本节就选区的这些功能进行详细的讲解。

3.7.1 拷贝、剪切、粘贴选区内容

在图像中创建选区后，执行“编辑 / 拷贝”命令或“编辑 / 剪切”命令，可以将选区内的图像进行复制保留到剪贴板中，再通过“编辑 / 粘贴”命令将选区内的图像粘贴，此时被选取的区域会自动生成新的图层并取消选区。应用“复制”与“粘贴”命令，被复制的区域还会存在，如图 3-7-1 所示。应用“剪切”与“粘贴”命令，剪切后的区域将会不存在，如果在背景图层中执行该命令，被剪切的区域会使用“工具箱”中的背景色填充，如图 3-7-2 所示。

图 3-7-1

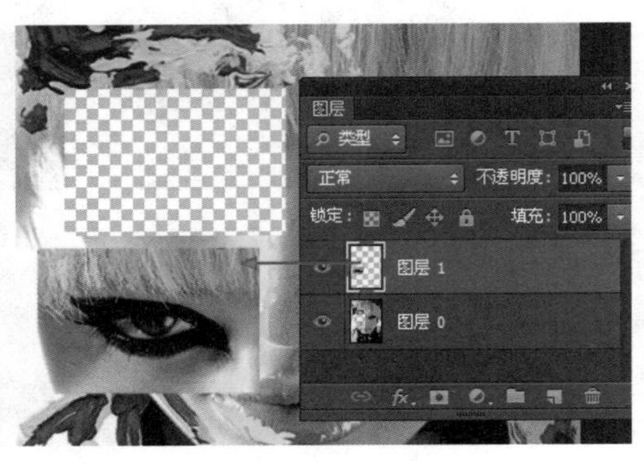

图 3-7-2

实例：创意广告

（1）执行“文件/打开”命令，或按［Ctrl+O］组合键，打开第 3 章 \ 素材 \ 3-7 中的素材图片“蝶恋.tif ”，如图 3-7-3 所示。

（2）选择工具箱中的【横排文字工具】T，设置前景色为白色，在窗口中创建如图 3-7-4 所示的文字。

图 3-7-3

图 3-7-4

（3）执行“文件/打开”命令，或按［Ctrl+O］组合键，打开第 3 章 \ 素材 \ 3-7 中的素材图片“田野.jpg”，如图 3-7-5 所示。

（4）按［Ctrl+A］组合键，全选图像，如图 3-7-6 所示，并按［Ctrl+C］组合键，复制图像。

（5）单击“蝶恋”文件窗口，使其处于工作状态，并按住［Ctrl］键，单击“CAE”图

层的“图层缩览图”，载入字样选区，如图 3-7-7 所示。

（6）执行“选择/修改/收缩”命令，打开“收缩选区”对话框，设置“收缩量”为 3 像素，效果如图 3-7-8 所示。

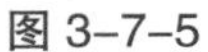

图 3–7–5

图 3–7–6

图 3–7–7

图 3–7–8

（7）按［Shift+Ctrl+V］组合键，将复制的图像粘贴到当前的选区中，此时“图层”调板上，该图层被自动添加了一个图层蒙版，效果如图 3-7-9 所示。

（8）按［Ctrl＋T］组合键调整图像的大小、位置等。效果如图 3-7-10 所示。

（9）添加文字和装饰后的最终效果如图 3-7-11 所示。参见配套素材文件。

图 3-7-9

图 3-7-10

图 3-7-11

3.7.2　填充选区

创建选区后，通过“填充”命令可以为创建的选区填充前景色、背景色、图案等，执行菜单“编辑/填充”命令，即可打开如图 3-7-12 所示的“填充”对话框。

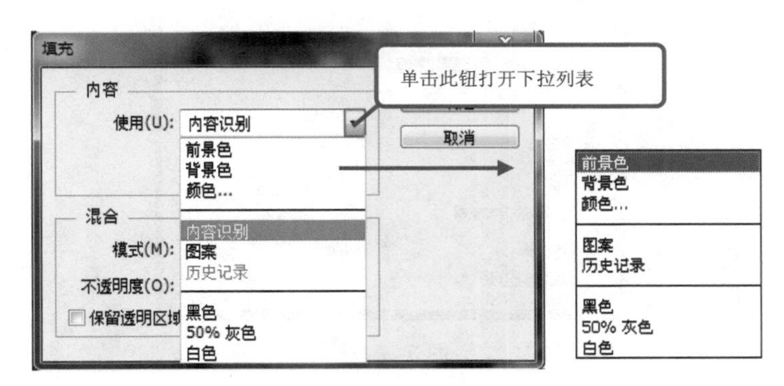

图 3-7-12

“填充”对话框中的参数解释如下。

✓　内容：在“使用”下拉菜单中可选择填充内容，前景色、背景色、颜色图案、历史记录、黑色、50%灰色及白色。

✓　混合：设置填充的混合模式和不透明度。

例如，创建选区如图 3-7-13 所示，执行“编辑/填充”命令，打开“填充”对话框，在“使用”下拉菜单中选择“图案”选项，并在“自定图案”下拉菜单中选择图案，单击【确定】按钮，效果如图 3-7-14 所示。

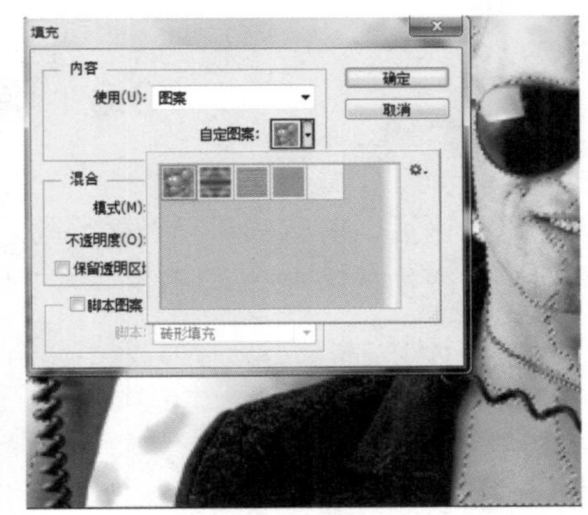

图 3-7-13

图 3-7-14

3.7.3　描边选区

执行“编辑/描边”命令，打开“描边”对话框，如图 3-7-15 所示。

“描边”对话框中的参数解释如下：

✓　宽度：设置描边的宽度。

✓　颜色：设置描边的颜色。

✓ 位置：以选区为参考设置描边的位置。

✓ 混合：设置填充的混合模式和不透明度。

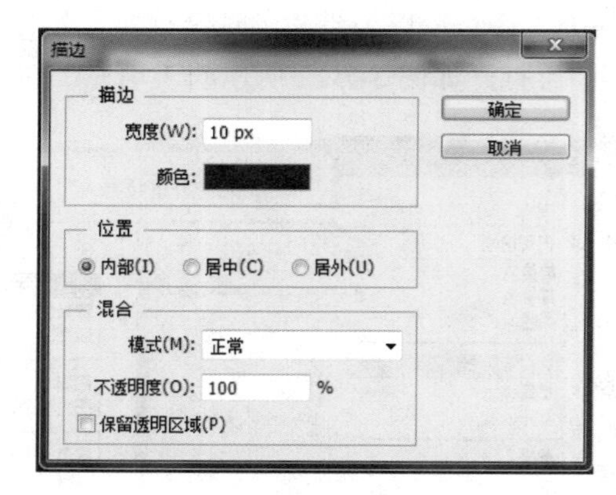

图 3-7-15

在“位置”部分分别选择居中、内部或居外，单击【确定】按钮后 ，描边效果如图 3-7-16 所示。

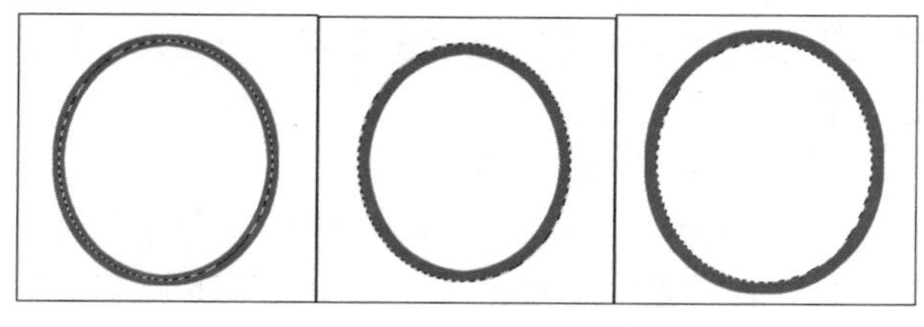

图 3-7-16

3.8 调整选区

在创建好选区后，有时候对已经做好的选区不是很满意，这时就需要对选区进行修改。通常会应用到“变换选区”“消除选区锯齿”“羽化选区”等命令来修改选区。

3.8.1 变换选区

在一个有选区的图像文件中，执行“选择/变换选区”命令，可以对选区的位置、大小、比例等进行调整。值得注意的是这和“自由变换”的区别，如果在选区中执行“编辑/自由变换”命令，或按［Ctrl+T］组合键，打开“自由变换”调节框，并拖动调节框对其进行调节，其结果是选区内的图像得到相应的改变，而“变换选区”命令只是对选区本身做调节，选区内的图像则不受任何影响。

下面通过一个简单的实例来讲解“变换选区”命令。

（1）执行“文件/打开”命令，或按［Ctrl+O］组合键，打开配套素材“第 3 章 \ 素材 \ 3-8”中的素材图片“game20.jpg”，如图 3-8-1 所示。

（2）选择工具箱中的“椭圆选框工具”，在窗口中随意绘制一个圆形选区，如图 3-8-2 所示。

图 3–8–1

图 3–8–2

（3）执行“选择/变换选区”命令，打开“变换选区”调节框并拖动调节框，使选区的边缘与物体边缘重合，如图 3-8-3 所示。回车确定，选择多边形套索工具，配合[Alt]键进行减选，效果如图 3-8-4 所示。

图 3–8–3

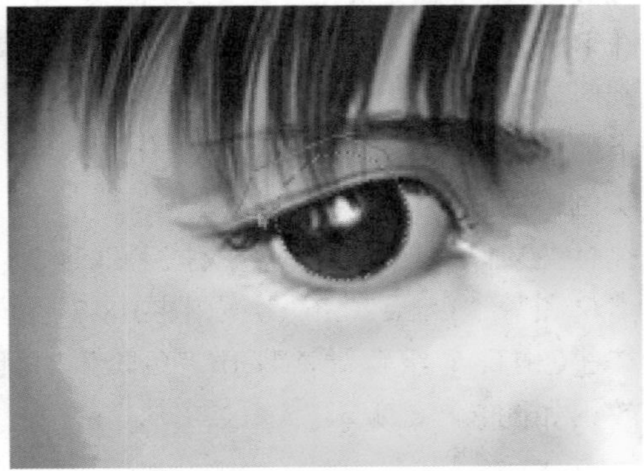

图 3–8–4

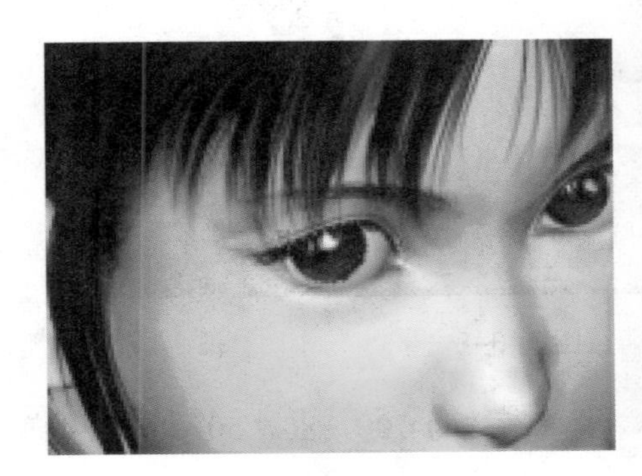

图 3–8–5

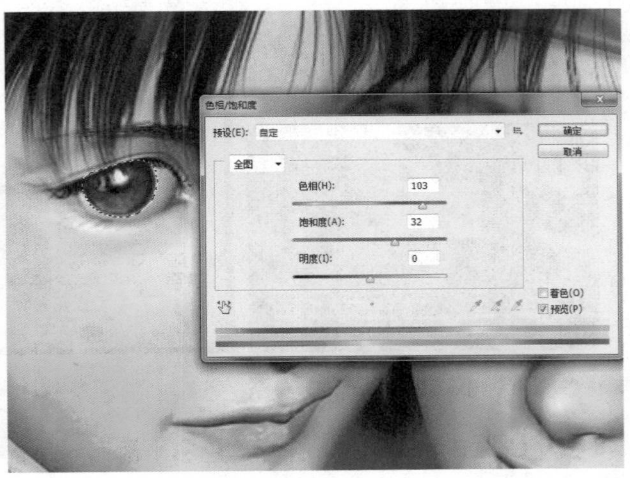

图 3–8–6

（4）单击鼠标确定减选，得到减选后的选区如图 3-8-5 所示。

（5）按［Ctrl+U］组合键，打开“色相 / 饱和度”对话框，设置参数为 103，32，0，单击【确定】按钮，选区中的颜色得到改变。按［Ctrl+D］组合键，取消选择，最终效果如图 3-8-6 所示。另外一只眼睛制作方法相同。

“变换选区”的调节框与“自由变换”的调节框的用法相同。

3.8.2 消除选区锯齿

在使用选择工具创建选区时，通常属性栏中都会出现“消除锯齿”选项，该选项可以消除应用选择工具建立选区时，选区边缘不平滑的锯齿。

需要平滑选区，在创建选区之前就应该选中“消除锯齿”选项，因为选区一旦建立，【消除锯齿】按钮就无效。

3.8.3 羽化选区

“羽化”是操作中很常用的命令，它可以使选区边缘的过渡很柔和，形成边缘模糊的效果。过渡边缘的宽度取决于“羽化半径”的值，值越大，过渡就越为柔和。

在 Photoshop 中，可以通过设置选择工具属性栏上“羽化”的值，直接绘制选区，得到羽化选区。

下面通过一个实例来讲解“羽化”。

实例：为照片设置特殊效果

执行“文件/打开”命令，或按［Ctrl+O］组合键，打开配套素材，“第 3 章 \ 素材 \ 3-8”中的素材图片“game20.jpg”，如图 3-8-7 所示。

按［Ctrl+L］组合键，打开“色阶”对话框，设置参数为 0，1，155，单击【确定】按钮。效果如图 3-8-8 所示。

图 3-8-7

图 3-8-8

按［Ctrl+B］组合键，打开“色彩平衡”对话框，设置参数为-100，80，50，单击【确定】按钮，效果如图 3-8-9 所示。选择套索工具绘制如图 3-8-10 所示的选区。

图 3-8-9

图 3-8-10

对选区进行羽化，羽化半径 70 像素，反选［Shift+Ctrl+I］，效果如图 3-8-11 所示。

按［Ctrl+U］组合键，打开“色相/饱和度”对话框，设置参数为 40，0，-60，单击【确定】按钮，效果如图 3-8-12 所示。

图 3-8-11

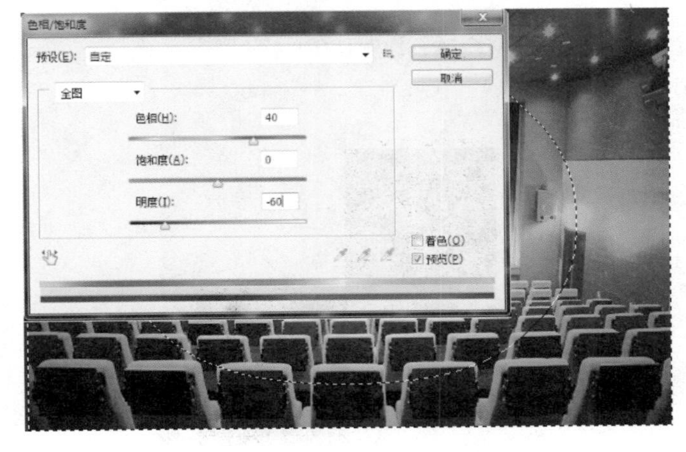

图 3-8-12

执行【滤镜】→【模糊】→【高斯模糊】命令，设置半径值为 3，如图 3-8-13 所示。最终效果如图 3-8-14 所示。

图 3-8-13

图 3-8-14

上机练习与习题

下面我们就分别尝试一下各种不同的选择方式。

（1）打开图 0004624.jpg，这张图像的背景颜色变化不大，适合使用魔棒工具，将魔棒的容差值调至 30，点选背景，按住［Shift］增减选区，直到将背景全部选中。

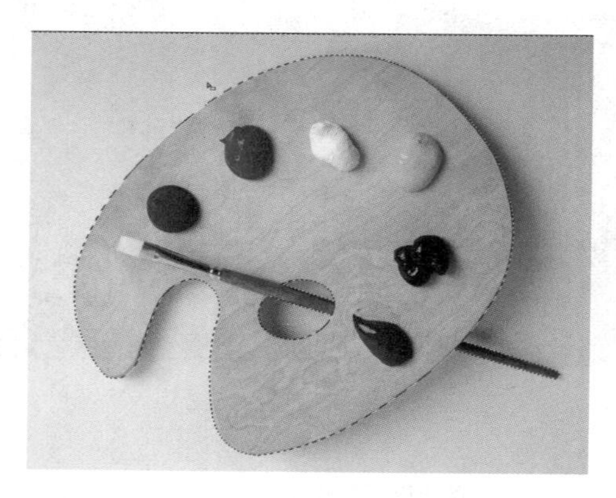

（2）［Shift+Ctrl+ I］反选成为物体，［Ctrl+C］拷贝。

（3）打开图 01. jpg，［Ctrl+V］粘贴。

（4）打开图 0004613.jpg，图中的时钟边缘比较清晰平滑，适宜用磁性套索工具制作选区。选区制作好后，［Ctrl+C］拷贝。激活图 01. jpg，［Ctrl+V］粘贴。

（5）打开图 0004630.jpg，我们尝试一下运用魔棒工具制造选区。选区制作好后，［Ctrl+C］拷贝。激活图 01. jpg，［Ctrl+V］粘贴。

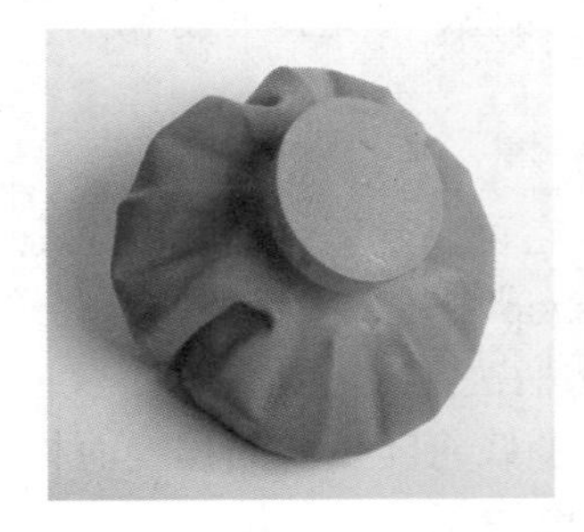

（6）最后用套索工具，选择工具栏里的磁性套索工具，按着“盒子”的边缘将它圈选下来。

图像反差越明显，磁性套索工具抠像就越精确，当遇到颜色反差较小的地方注意手动帮助机器选择边界点。选好后［Ctrl+C］拷贝。激活“图 01. jpg”，［Ctrl+V］粘贴到指定位置，作品完成效果如下图所示。

习 题

利用给定的图像，练习将需要的部分选下来，并粘贴到自己喜欢的位置上，从而合成全新的图像效果。

3.9 应用路径制作选区

路径是 Photoshop 中矢量图形的代表。在 Photoshop 中，通常都使用路径来描绘矢量效果的图像。除了可以绘制矢量图形，灵活地应用路径，还可以建立复杂的选区。

在本章中，读者应该掌握各种路径工具的使用方法，能够应用各种路径工具建立路径，尤其要熟练掌握钢笔工具的使用方法，以及填充路径、描边路径等常用的基本操作。

3.9.1 路径基本概念

路径是以贝塞尔曲线创建的一个矢量图形，它可以是闭合的也可以是不闭合的。路径拥有矢量图形的特质，它与分辨率无关。在 Photoshop 中，一条完整的路径是由路径线、锚点、方向句柄三个部分组成。路径线的曲度由方向句柄决定。方向句柄不仅控制路径线的曲度，还控制路径线的切线方向。若方向句柄被拉长，曲线将随拉长的程度而相应地变平；缩短方向句柄的长度，则曲线将随缩短的程度而相应地变尖。

图 3-9-1 所示的是构成路径的基本要素。

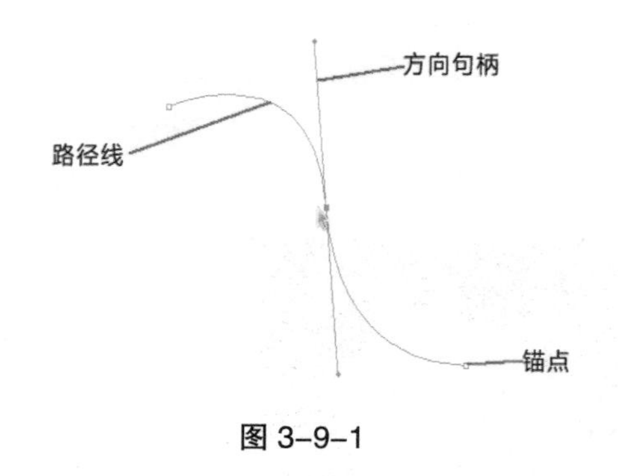

图 3–9–1

路径构成基本要素的解释如下：

✓ 锚点：组成路径的端点。

✓ 方向句柄：方向句柄是由锚点引出的曲线的切线，其倾斜度控制曲线的弯曲方向，长度则控制曲线的弯曲幅度。

角点、平滑点、拐点、直线段、曲线段是路径的重要构成要素，如图 3-9-2 所示。

路径构成的重要因素的解释如下：

✓ 角点：路径中两条线段的交点。

✓ 平滑点：带方向句柄的平滑锚点。

✓ 拐点：将平滑点转换成带有两个独立方向句柄的角点即为拐点。

✓ 直线段：使用【钢笔工具】在两个不同的位置单击鼠标，将在两点之间创建一条直线段。

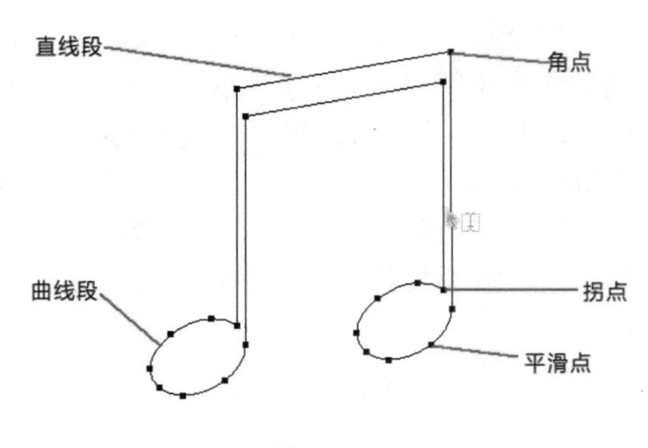

图 3–9–2

✓　曲线段：拖动两个角点形成两个平滑点，位于平滑点之间的线段就是曲线段。

✓　闭合路径：路径的起点和终点重合。

✓　开放路径：路径的起点和终点不重合。

3.9.2　路径绘制工具

创建路径通常会使用到【钢笔工具】、　【自由钢笔工具】和【形状工具】，修改路径通常会使用到【添加锚点工具】、【删除锚点工具】、【转换点工具】【路径选择工具】和【直接选择工具】。

1．钢笔工具

选择工具箱中的【钢笔工具】，其属性栏如图 3-9-3 所示。

路径　建立：选区...　蒙版　形状　自动添加/删除　对齐边缘

图 3–9–3

【钢笔工具】属性栏上的各项参数解释如下：

✓　形状图层：利用【钢笔工具】创建形状图层，【图层】调板自动添加一个新的形状图层。

✓　路径路径：按下该按钮后，使用形状工具或钢笔工具绘制的图形，只产生工作路径，不产生形状图层和填充色。

✓　填充像素填充：将创建的图形以像素填充到图层。此项在【钢笔工具】属性栏中不可用。

✓　自动添加 / 删除：勾选该复选框，在创建路径的过程中光标有时会自动变成或，提示用户增加或删除锚点。

使用【钢笔工具】绘制路径，首先要在属性栏上单击【路径】按钮路径，在画布中单击鼠标，即可绘制一个路径锚点，如图 3-9-4 所示。当在画布中绘制第二个锚点时，两个锚点之间将会出现一条直线路径，如图 3-9-5 所示。

使用该工具，不但可以绘制直线路径，而且还能绘制曲线路径，例如，在画布中绘制了一个锚点路径，当绘制第二个锚点时按住鼠标左键不放，同时拖动鼠标，将会出现 180 度的平行方向句柄，绘制的曲线路径如图 3-9-6 所示。在选择【钢笔工具】的情况下，按住［Ctrl］键不放，可将工具转换为【直接选择工具】，拖动路径的方向句柄，即可对曲线路径进行调整，如图 3-9-7 所示。松开［Ctrl］键，可恢复到选择的【钢笔工具】。当按住［A1t］键时，工具将自动转换为【转换点工具】，通过此工具可以将平行方向句柄折断为两个独立的句柄，任意调整其中一个方向句柄，也不会对另一方向句柄产生任何影响，如图 3-9-8 所示。

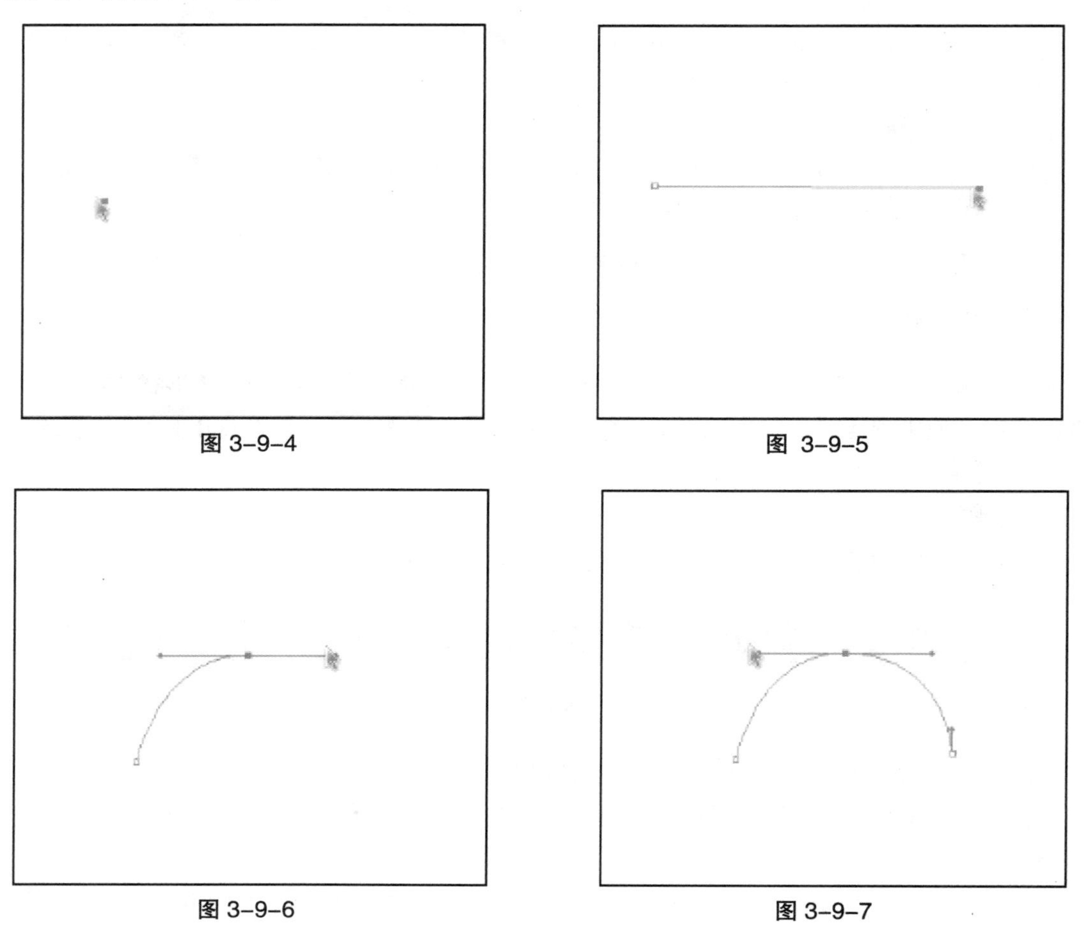

图 3-9-4

图 3-9-5

图 3-9-6

图 3-9-7

运用【钢笔工具】，可以绘制直线和曲线路径，同时还能绘制闭合的路径，当光标移动到起始锚点时，光标将自动变为带有圆圈的钢笔，此时单击鼠标，即可绘制闭合的路径，如图 3-9-9 所示。

单击属性栏上的【形状图层】按钮，此时在画布中绘制的路径将是具有“前景色”和“矢量蒙版”的形状图形，如图 3-9-10 所示。绘制形状以后，可以通过属性栏上的【样式】下拉按钮，添加形状的图层样式，如图 3-9-11 所示。单击属性栏上的【颜色】按钮，即可打开“拾取实色”对话框，在此对话框中可以更改图形的颜色，如图 3-9-12 所示。

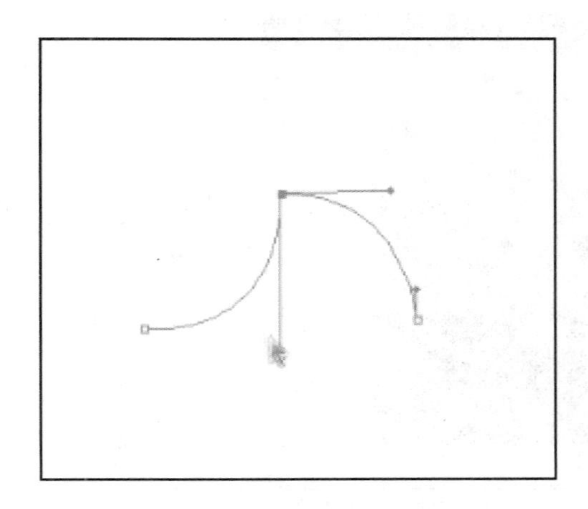

图 3-9-8

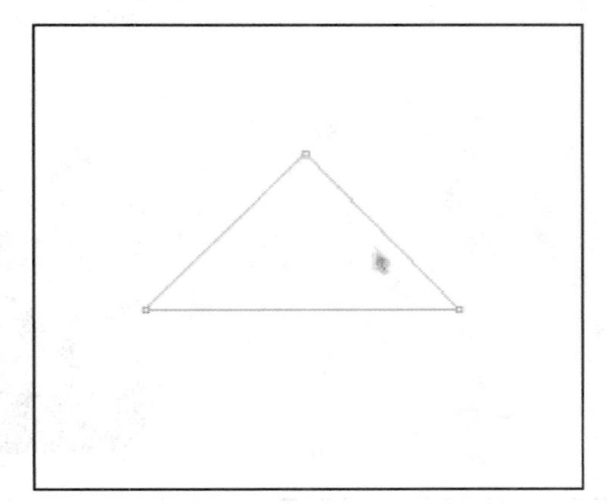

图 3-9-9

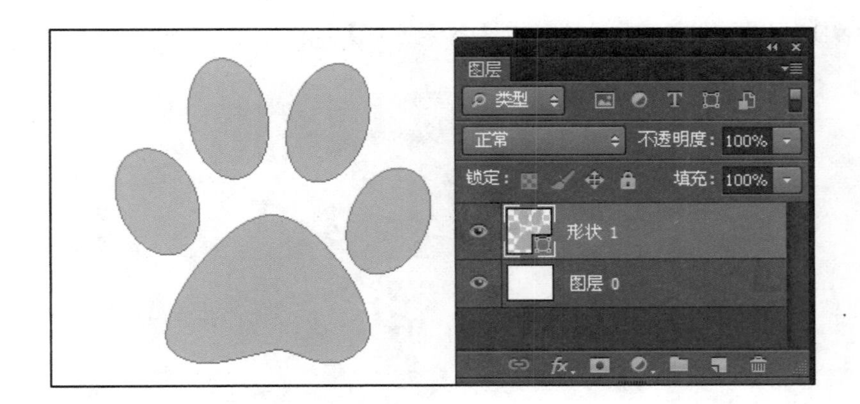

图 3-9-10

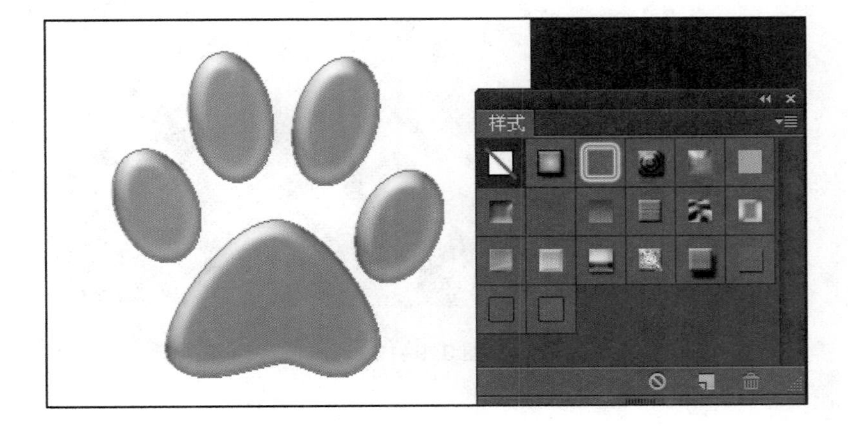

图 3-9-11

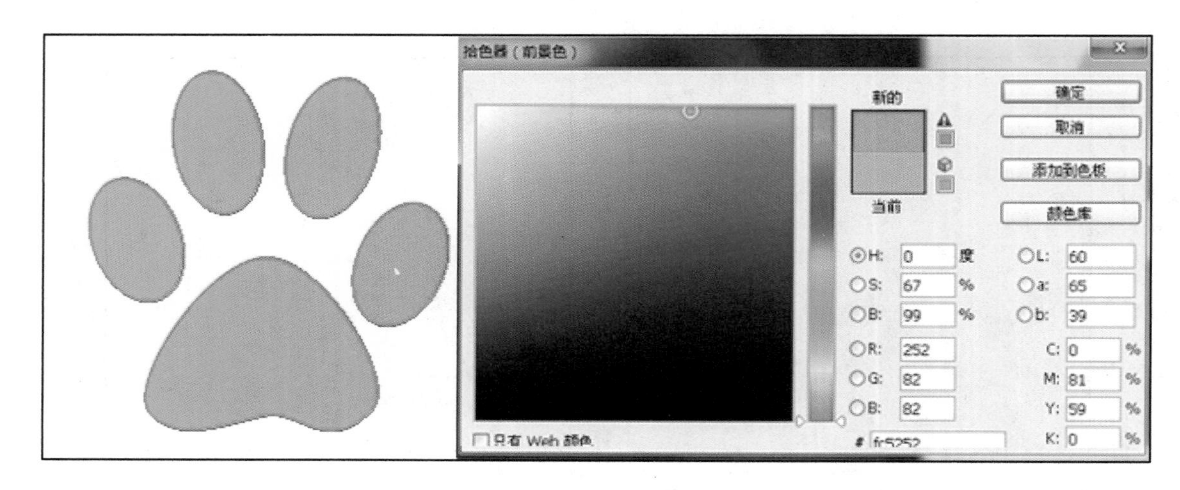

图 3–9–12

如图 3-9-13 和图 3-9-14 所示是应用【钢笔工具】创作的图像。

图 3–9–13

图 3-9-14

2．自由钢笔工具

选择工具箱中的【自由钢笔工具】，其属性栏如图 3-9-15 所示。使用该工具可以创建不规则的、任意形状的路径。

“自由钢笔选项”中的各项参数解释如下：

✓　曲线拟合：其文本框中可输入的数字范围是 0.5～10，数字越大，形成路径上的锚点越少；数字越小，形成路径上的锚点越多。

✓　磁性的：选中该复选框后，软件自动查找图像的边缘，并沿着图像的边缘绘制路径。其工作原理与【磁性套索工具】工具相同，只是前者建立的是选区，后者建立的是路径。

✓　宽度：设置【自由钢笔工具】自动查找边缘的距离范围，其范围为 1～40 像素。

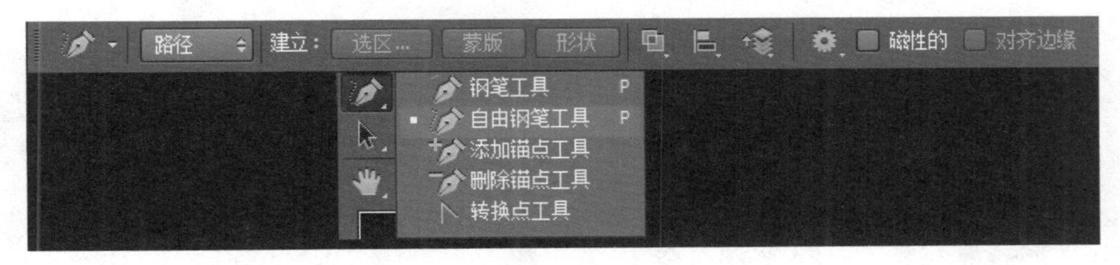

图 3-9-15

✓ 对比：设置自由钢笔工具查找边缘的敏感度。数字越大，敏感度越低，其范围为1%～100%。

✓ 频率：设置【自由钢笔工具】生成控制点的数量，其范围为 0～100。

使用【自由钢笔工具】，在画布中任意拖动鼠标，即可自由绘制路径，如图 3-9-16 所示。在属性栏上勾选“磁性的”复选框，【自由钢笔工具】的光标将变为带有磁铁形状的钢笔，此时的工具与【磁性套索工具】的运用基本相同，可以自动捕捉图像边缘，沿着图形创建锚点和路径，如图 3-9-17 所示。

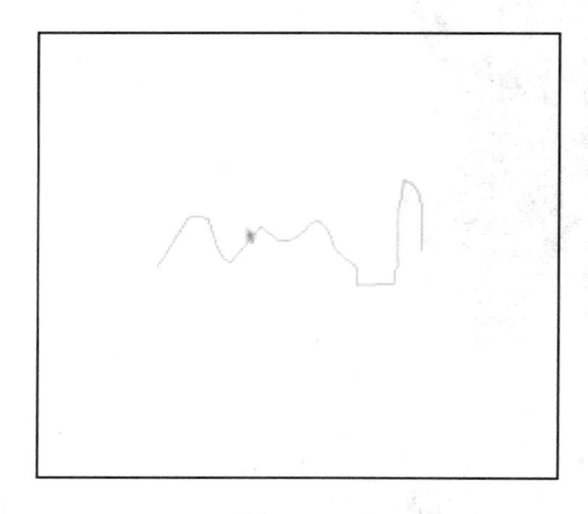

图 3-9-16

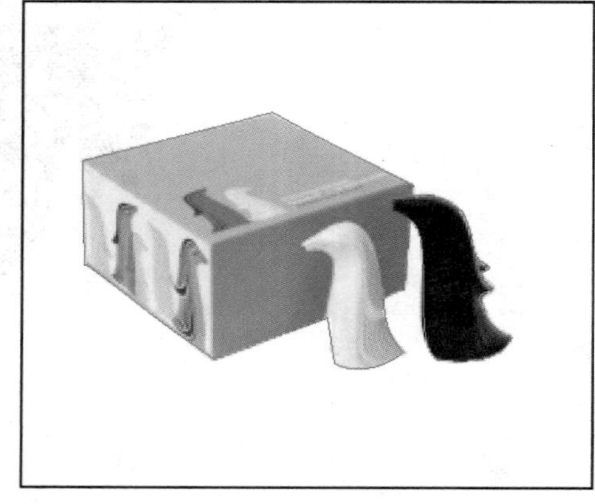

图 3-9-17

3．矩形工具

在形状工具组中包含【矩形工具】、【圆角矩形工具】、【椭圆工具】、【多边形工具】、【直线工具】、【自定形状工具】6 个工具。

选择工具箱中的【矩形工具】，其属性栏如图 3-9-18 所示。

图 3-9-18

“矩形选项”中的各项参数解释如下：

✓ 不受约束：选中该单选按钮，可绘制宽、高尺寸不受限制的矩形。

✓ 方形：选中该单选按钮，可绘制正方形。

✓ 固定大小：选中该单选按钮，用于绘制固定宽、高尺寸的矩形。其右侧的 W、H 文本框分别用于设置矩形的宽度和高度。

✓ 比例：选中该单选按钮，用于绘制固定宽、高比例的矩形。其右侧的 W、H 文本框分别用于设置矩形的宽度与高度的比例。

✓ 从中心：勾选该复选框，在绘制矩形时，拖动鼠标放大缩小都是基于中心点的。

✓　对齐像素：勾选该复选框，绘制矩形时使边贴合像素边缘。

使用该工具在窗口中拖动鼠标，即可绘制矩形路径，如图 3-9-19 所示。

单击属性栏上的【几何选项】下拉按钮，打开“矩形选项”下拉菜单，例如，选择其中的“方形”选项，则绘制的路径将是正方形路径，如图 3-9-20 所示；

选择“固定大小”选项，分别设置“W”为 1 厘米，“H”为 2 厘米，此时在画布中单击鼠标，即可绘制“高”为 2 厘米，“宽”为 1 厘米的固定路径，如图 3-9-21 所示。

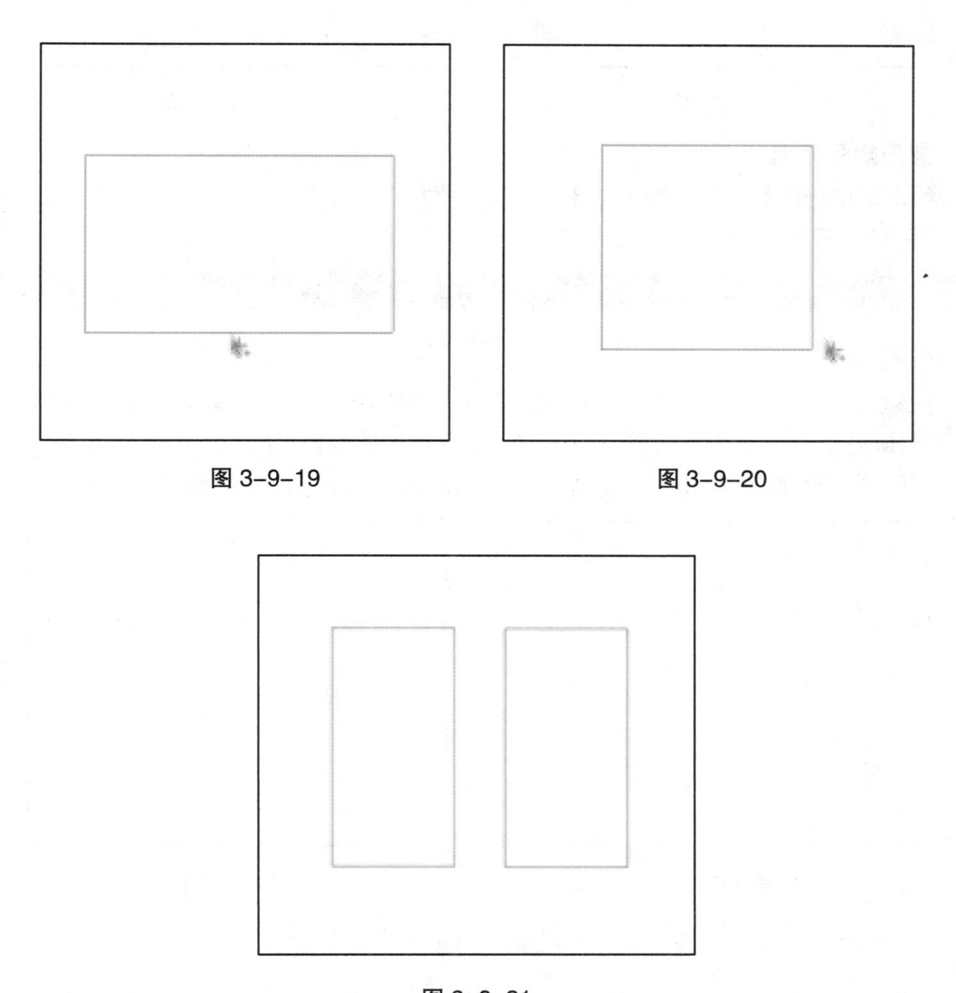

图 3-9-19

图 3-9-20

图 3-9-21

选择“比例”选项，设置“W”为 2，“H”为 1，此时在画布中拖动鼠标，即可绘制“宽”和“高”为“2：1”的比例路径，如图 3-9-22 所示；

如果在“矩形选项”下拉菜单中，勾选“从中心”复选框，在画布中拖动鼠标，绘制的路径将以起始点为中心向四周展开，绘制的同心矩形路径如图 3-9-23 所示。

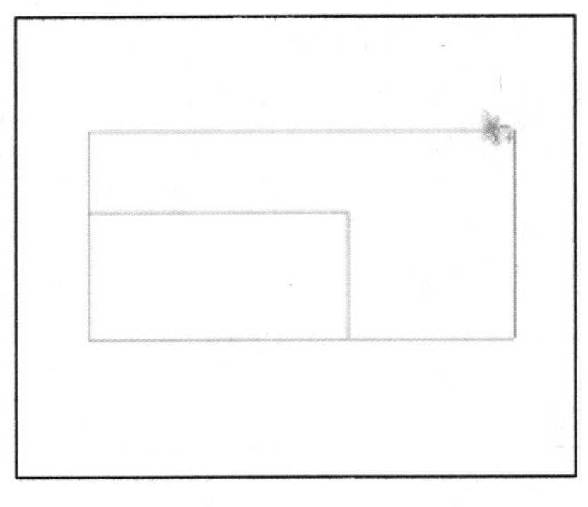

图 3–9–22

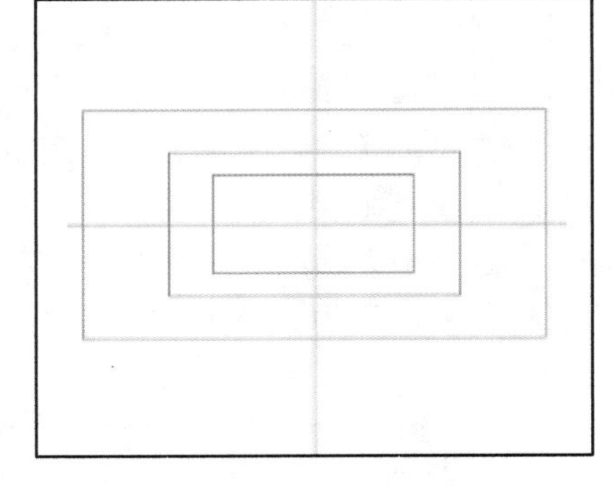

图 3–9–23

4. 圆角矩形工具

选择工具箱中的【圆角矩形工具】，其属性栏如图 3-9-24 所示。“半径”选项用于设置圆角的半径，数值越小，圆角越尖锐。

图 3–9–24

使用该工具在窗口中拖动鼠标，即可绘制圆角矩形路径，如图 3-9-25 所示。属性栏上的“半径”设置默认为 10px，如果要想绘制出的圆角矩形路径的四角弧度大，即可扩大属性栏上的半径数值，将“半径”设置为 50px，在画布中拖动鼠标，绘制的圆角矩形路径如图 3-9-26 所示。

图 3–9–25

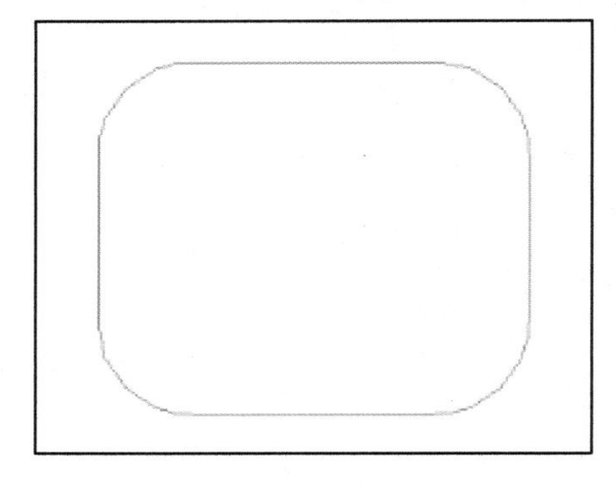

图 3–9–26

单击属性栏上的【几何选项】下拉按钮，打开“圆角矩形选项”下拉菜单，如图 3-9-27 所示。在此菜单中的各项选项以及功能与“矩形选项”是完全相同的，通过菜单中的选项，可以绘制出正方形圆角、固定大小圆角、比例圆角、同心圆角等路径。

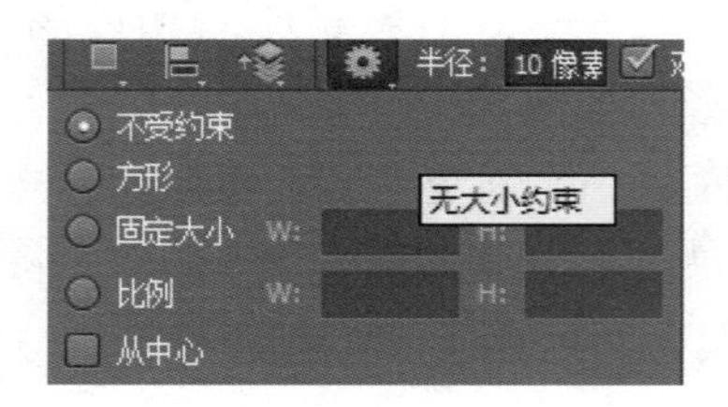

图 3–9–27

5．椭圆工具

选择工具箱中的【椭圆工具】，其属性栏如图 3-9-28 所示。

图 3-9-28

使用该工具在窗口中拖动鼠标，即可绘制椭圆路径，如图 3-9-29 所示。在窗口中按住［Shift］键拖动鼠标，可以绘制正圆路径，如图 3-9-30 所示。其属性栏与“矩形工具”“圆角矩形工具”的属性栏基本相同。单击属性栏上的【几何选项】下拉按钮，可以打开“椭圆选项”下拉菜单，如图 3-9-31 所示。通过此菜单同样可以绘制出正圆、固定大小圆、比例圆、同心圆等路径。

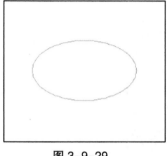

图 3-9-29

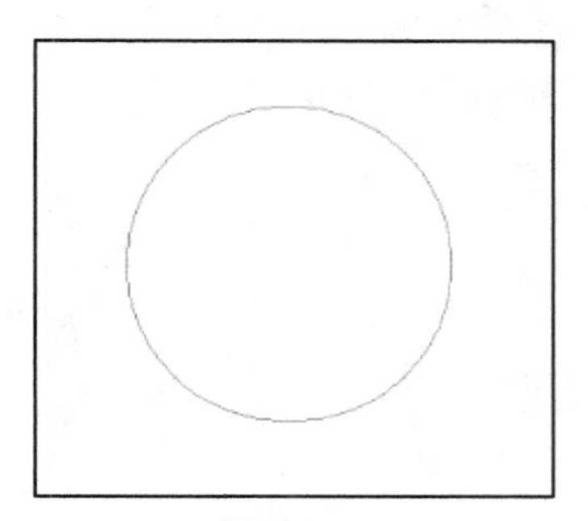

图 3-9-30

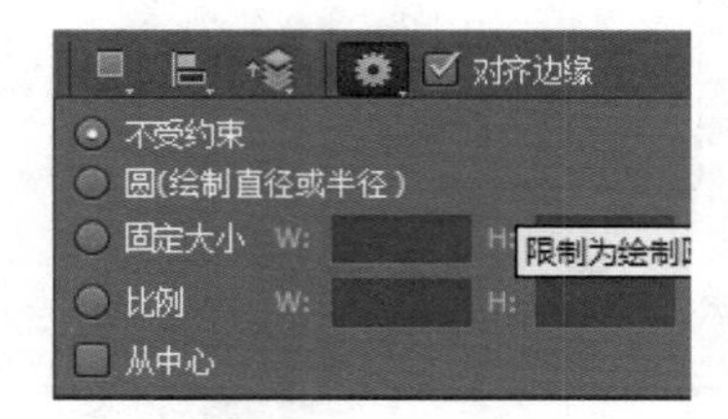

图 3-9-31

6．多边形工具

选择工具箱中的【多边形工具】，其属性栏如图 3-9-32 所示。

图 3-9-32

“多边形工具”属性栏和“多边形选项”中的各项参数解释如下：

- ✓ 边：设置多边形的边数。
- ✓ 半径：设置多边形的中心点到顶点的距离，能够决定多边形路径的固定大小。
- ✓ 平滑拐角：各边之间实现平滑过渡。
- ✓ 星形：绘制星形。
- ✓ 缩进边依据：使多边形的各边向内凹进，形成星形状。
- ✓ 平滑缩进：使圆形凹进代替尖锐凹进。

使用【多边形工具】，其属性栏上的“边”默认设置为5，表示当前绘制的多边形路径为“五边形”，在窗口中拖动鼠标，即可绘制路径如图3-9-33所示。单击属性栏上的【几何选项】下拉按钮打开“多边形选项”下拉菜单，在此菜单中勾选“星形”复选框，并设置“缩进边依据”为50%，在窗口中拖动鼠标，将绘制出“五角星”路径，如图3-9-34所示。如果勾选“平滑拐角”和“星形”复选框，在窗口中拖动鼠标，此时将绘制出拐角平滑的五角星路径，如图3-9-35所示。

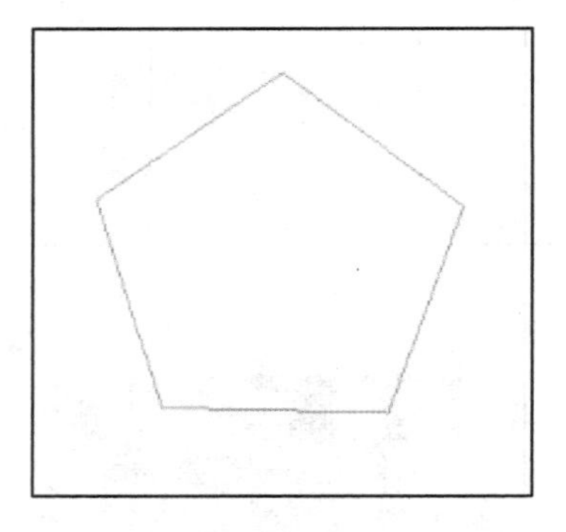

图 3–9–33

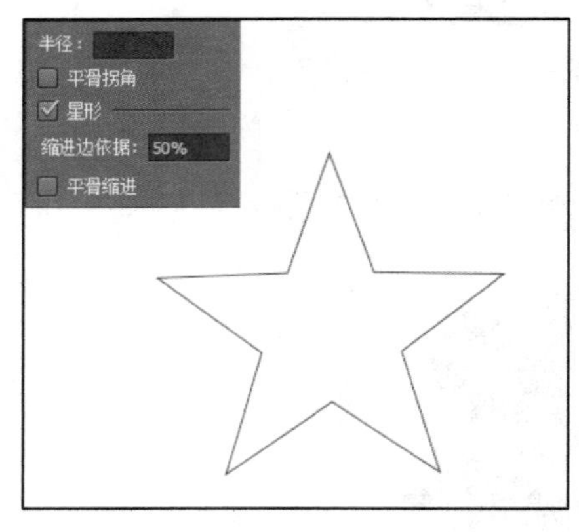

图 3–9–34

图 3–9–35

7. 直线工具

选择工具箱中的【直线工具】，其属性栏如图3-9-36所示。

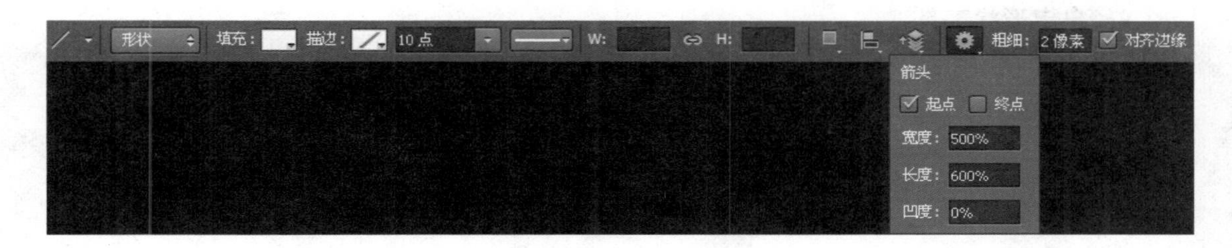

图 3-9-36

“直线工具”属性栏和“箭头”中的各项参数解释如下：

✓　粗细：设置直线的粗细。

✓　起点：选中该复选框，在直线的起点处添加箭头。

✓　终点：选中该复选框，在直线的终点处添加箭头。

✓　宽度：设置箭头宽度与直线宽度的比例。

✓　长度：设置箭头长度与直线宽度的比例。

✓　凹度：设置箭头最宽处的凹凸程度，正值为凹，负值为凸。

使用【直线工具】，在窗口中拖动鼠标，即可绘制直线路径，通过属性栏上的“粗细”参数设置，可以绘制不同粗细的直线路径，如图 3-9-37 所示。单击属性栏上的“几何选项”下拉按钮打开“箭头”下拉菜单，如图 3-9-39 所示，对此下拉菜单中的参数分别进行设置，可以绘制出多种不同的箭头路径，如图 3-9-38 所示。

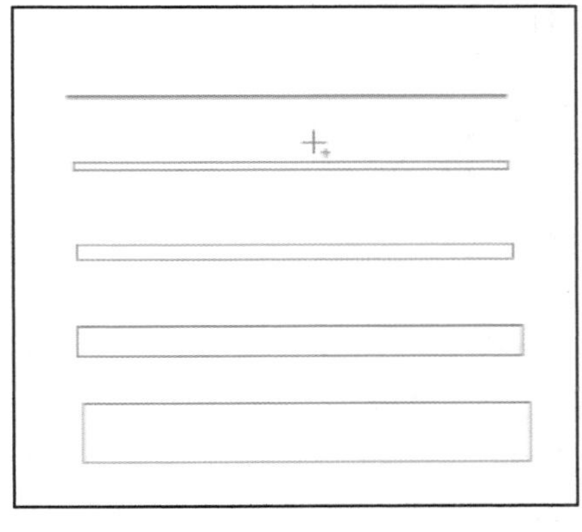

图 3-9-37

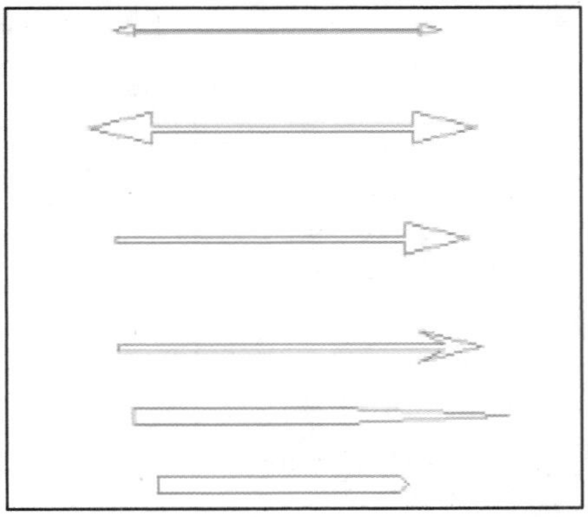

图 3-9-38

图 3-9-39

8．自定形状工具

选择工具箱中的【自定形状工具】，其属性栏如图 3-9-40 所示。“形状”下拉列表中陈列了一些软件中自带的预设形状，可供用户选择使用。

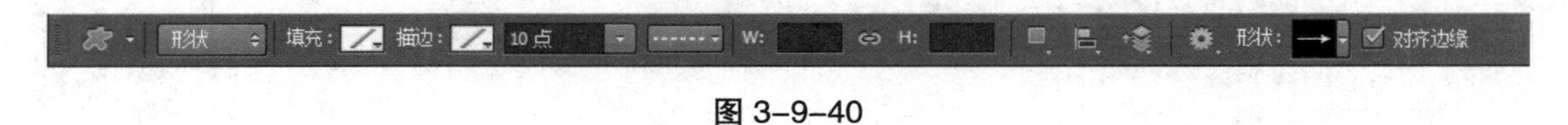

图 3-9-40

使用【自定形状工具】，单击属性栏上【形状】下拉按钮，打开“形状”下拉列表，如图 3-9-41 所示，单击列表右上方的三角按钮，可以打开快捷菜单，在此菜单中可以添加形状路径。如果在菜单中选择“全部”选项，系统将弹出如图 3-9-42 所示的询问对话框，单击【确定】按钮，即可将软件中自带的形状路径全部陈列在“形状”下拉列表中。单击其中形状图案，在窗口中拖动鼠标，即可绘制形状路径，如图 3-9-43 所示。

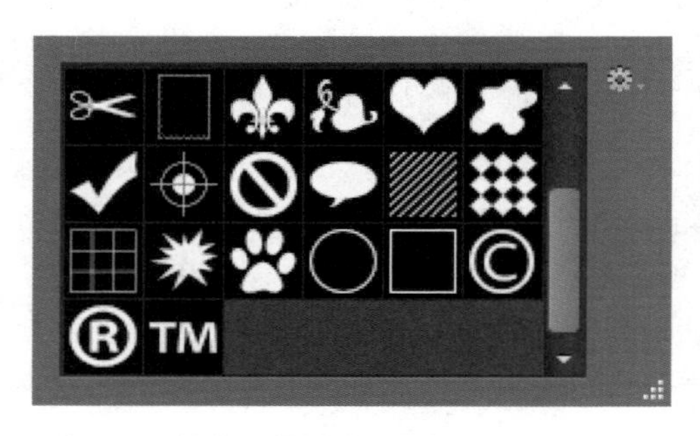

图 3-9-41

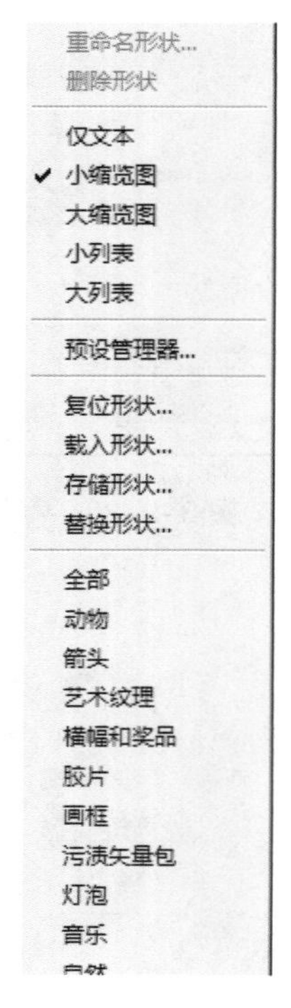

图 3-9-42

图 3-9-43

完成路径的绘制后，若对路径的形态不满意，可以通过应用编辑路径的工具，调整或修改绘制好的路径。编辑路径工具包含【添加锚点工具】、【删除点工具】、【转换锚点工具】、【路径选择工具】和【直接选择工具】。

绘制一条路径，如图 3-9-44 所示。选择【添加锚点工具】，或选择【钢笔工具】，贴近路径，当鼠标变形时，在路径上单击鼠标，就可在相应的位置上添加新的锚点，如图 3-9-45 所示。选择【删除锚点工具】或选择【钢笔工具】，贴近锚点，当鼠标变成时，单击鼠标即可将其删除，如图 3-9-46 所示。

选择【转换点工具】或选择【钢笔工具】，贴近锚点，按住［Ctrl+Alt］组合键，当鼠标变成时，通过单击或拖动鼠标来改变路径的形状，如图 3-9-47 所示。【转换点工具】可以使角点变成平滑点，平滑点变成角点。

选择【路径选择工具】可以单击或拖动鼠标来选择或改变整个路径的位置，如图 3-9-48 所示。选择【直接选择工具】，或选择【钢笔工具】，按住［Ctrl］键，当鼠标变成时，可以单击或拖动鼠标来选择或改变单个锚点的位置，如图 3-9-49 所示。

图 3–9–44

图 3–9–45

图 3–9–46

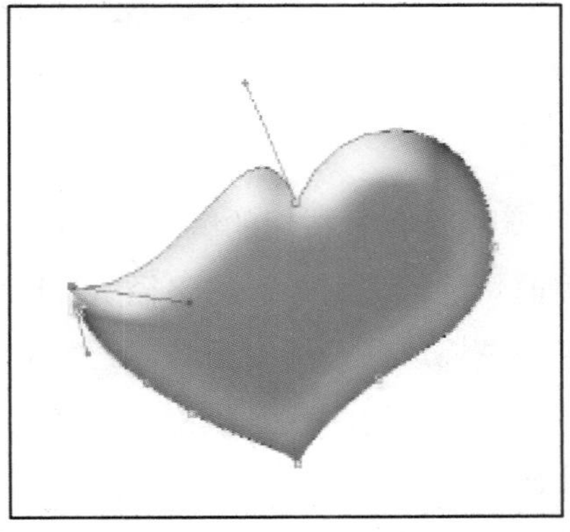

图 3–9–47

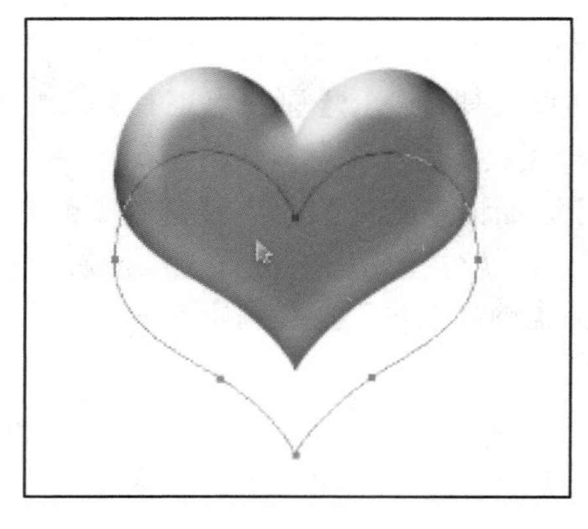

图 3-9-48

图 3-9-49

3.10 路径面板

3.10.1 路径调板

在“路径”调板中可以存放绘制的路径，如果要查看路径或是编辑存放的某个路径，必须先选择需要查看的路径名。通过存放的路径，可以对路径进行“用前景色填充路径”“用画笔描边路径”“将路径作为选择载入”“从选区生成工作路径”等操作。

执行“窗口/路径”命令，打开“路径”调板，如图 3-10-1 所示。

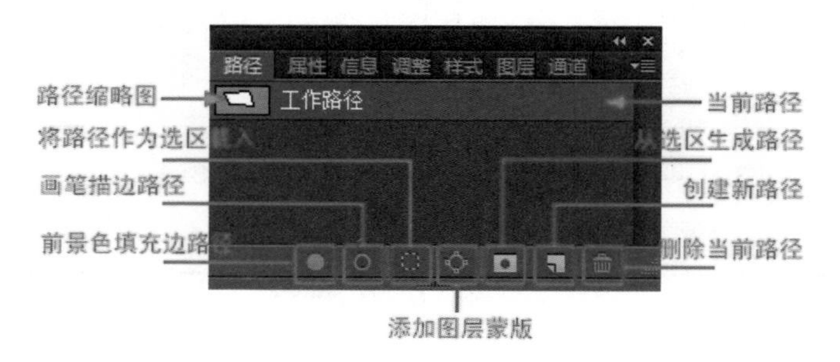

图 3-10-1

“路径”调板上各种按钮的解释如下：

- ✓ 用前景色填充路径：将路径所包围的部分，使用当前设置的前景色填充。
- ✓ 用画笔描边路径：使用当前绘制工具及前景色为路径描边。
- ✓ 将路径作为选区载入：将当前路径转化为选区。
- ✓ 从选区生成工作路径：将当前选区转化为路径。
- ✓ 添加图层蒙版：从当前路径创建蒙版。
- ✓ 创建新路径：创建一个新的路径。
- ✓ 删除当前路径：将当前处于工作状态的路径删除。

✓ 路径缩览图：路径形态的预览图像。

✓ 当前工作的路径：当前用路径创建工具在图像中建立的路径，并未对其进行路径存储，将在“路径”调板中用斜体显示“工作路径”。当重新建立一个路径时，“工作路径”中的路径也随之发生变化。

3.10.2 创建路径

创建路径的方法有：

（1） 通过路径工具创建新路径。应用【钢笔工具】或任意形状工具，如【矩形工具】、【自定义形状工具】等，在图像中绘制路径，则在“路径”调板中自动添加斜体的“工作路径”，如图 3-10-2 所示。在“路径”调板中只能允许有一个“工作路径”，此类路径与其他方式创建的路径有所不同，此类路径是存放的当前绘制的路径，如果在未选中“工作路径”的情况下，在画布中重新绘制路径，那么上一次“工作路径”中存放的路径，将被当前重新绘制的路径所替换。双击“工作路径”，可以将此类路径转换为“路径 1”。

（2）单击“路径”调板上的【创建新路径】按钮，在路径调板中新增空白的“路径 1”，如图 3-10-3 所示。

图 3-10-2

图 3-10-3

3.10.3 存储路径

“工作路径”是一种临时性的路径，当在图像中用路径工具绘制其他路径的时候，“工作路径”中的路径将被替换。在需要的情况下，应该对“工作路径”中的路径进行存储，以备以后使用。

存储路径的方法有以下三种：

（1）单击“路径”调板右侧的打开快捷菜单按钮，在其快捷菜单中执行“存储路径”命令，打开“存储路径”对话框，如图 3-10-4 所示。在其“名称”文本框中输入名称，单击【确定】按钮即可。

（2）在“路径”调板中，双击【工作路径】，打开“存储路径”对话框，在其“名称”文本框中输入名称，单击【确定】按钮即可。

（3）在“路径”调板中，将“工作路径”拖移到【创建新路径】按钮上释放，系统会自动为其命名为默认名称，如“路径 1”“路径 2”。

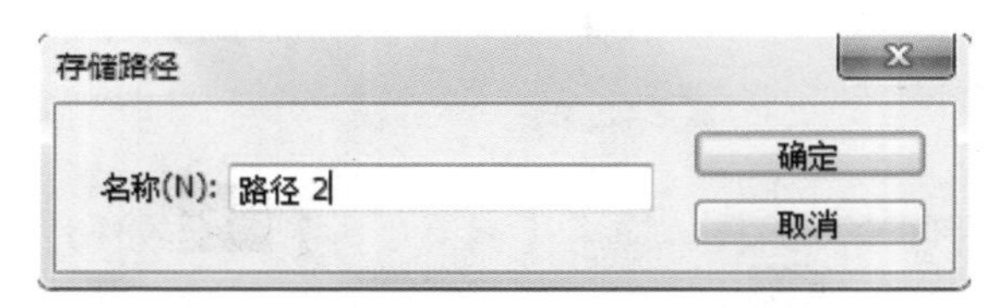

图 3–10–4

3.10.4 复制路径

复制路径的方法有以下两种：。

（1）单击“路径”调板右侧的打开快捷菜单按钮，在其快捷菜单中执行“复制路径”命令，打开“复制路径”对话框，如图 3-10-5 所示。输入路径名称即可复制路径。

图 3–10–5

（2）在“路径”调板中，将需要复制的路径拖移到【创建新路径】按钮上释放，系统会自动为其命名为“图层名称副本”。

3.10.5 删除路径

在选中路径的情况下，可以将路径删除，方法有以下三种：

（1）单击“路径”调板右侧的打开快捷菜单按钮，在其快捷菜单中执行“删除路径”命令，即可将所选的路径删除。

（2）在“路径”调板上，选择需要删除的路径，单击“路径”调板上的【删除当前路径】按钮，即可删除所选的路径。

（3）在“路径”调板上将需要删除的路径直接拖移到【删除当前路径】按钮，即可删除该路径。

3.10.6 转换路径与选区

路径转换为选区，方法如下：

（1）在“路径”调板上，选择需要转换的路径，单击“路径”调板上的【将路径作为选区载入】按钮，即可将该路径转为选区。

（2）单击“路径”调板右侧的【打开快捷菜单】按钮，在其快捷菜单中执行“建立选区”命令，打开“建立选区”对话框，如图 3-10-6 所示。在“羽化半径”的文本框中，可以设置建立选区的羽化程度。

例如，在图像中绘制路径如图 3-10-7 所示，单击“路径”调板右侧的【打开快捷菜单】按钮，在其快捷菜单中执行“建立选区”命令，打开“建立选区”对话框，设置对话框的“羽化半径”为 0，单击【确定】按钮，转换的选区如图 3-10-8 所示；当设置的“羽化半径”为 90 时，转换的选区如图 3-10-9 所示。

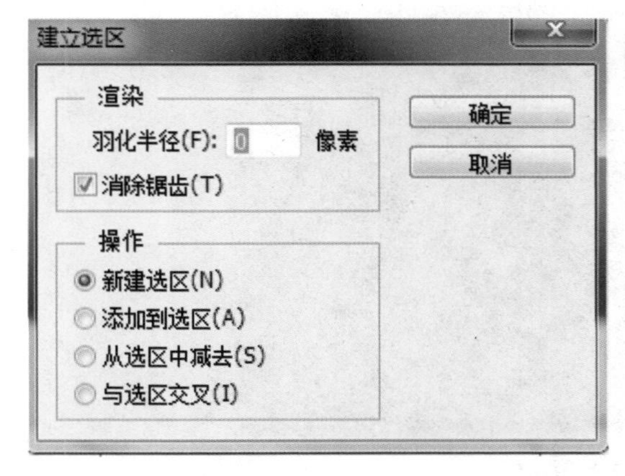

图 3-10-6

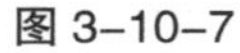

图 3-10-7

图 3-10-8

图 3-10-9

选区转换为路径，方法如下：

（1）单击“路径”调板上的【从选区生成工作路径】按钮，即可将选区转为路径。

（2）单击“路径”调板右侧的【打开快捷菜单】按钮，在其快捷菜单中执行“建立工作路径”命令，打开“建立工作路径”对话框，如图 3-10-10 所示。设置“容差”值越大，产生的锚点越少，路径越平滑。单击【确定】按钮，即可将选区转化为路径。

例如，在图像中绘制了选区如图 3-10-11 所示，单击“路径”调板右侧的【打开快捷菜单】按钮，在其快捷菜单中执行“建立工作路径”命令，打开“建立工作路径”对话框，并且设置“容差”为 2，单击【确定】按钮，转换的路径如图 3-10-12 所示。当“容差”设置为 10 时，转换的路径如图 3-10-13 所示。

图 3–10–10

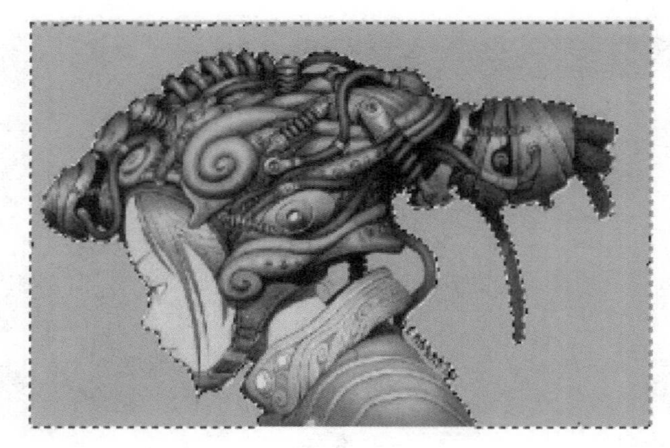

图 3–10–11

图 3–10–12

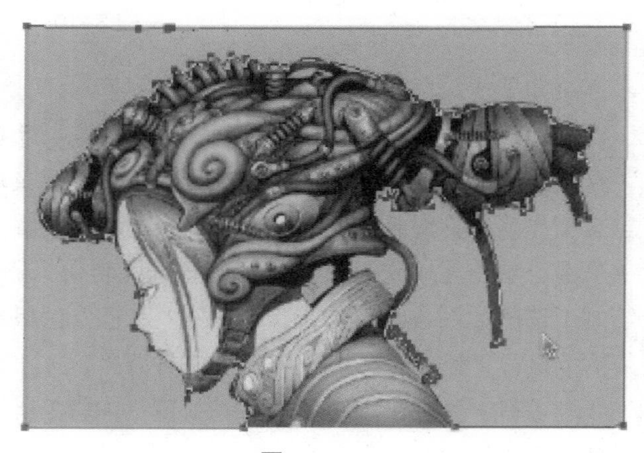

图 3–10–13

3.10.7　填充路径

（1）单击“路径”调板上的【用前景色填充路径】，即可用当前设置的前景色填充当前的路径。

（2）单击“路径”调板右侧的【打开快捷菜单】按钮，在其快捷菜单中执行“填充路径”命令，打开“填充路径”对话框，如图 3-10-14 所示。在“使用”下拉列表中可以设置填充的方式；在“模式”下拉列表中可设置其混合模式。单击【确定】按钮，将使用设置的方式填充路径包围的区域。

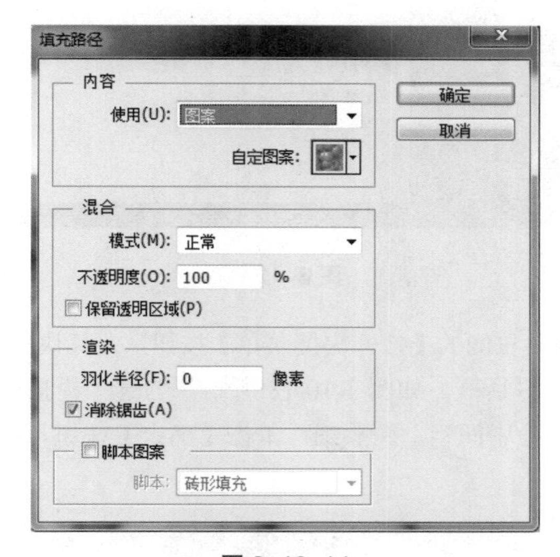

图 3–10–14

例如，在图像中绘制路径如图 3-10-15 所示，设置“前景色”为黄色，单击“路径”调板上的【用前景色填充路径】按钮，填充路径的效果如图 3-10-16 所示。如果单击“路径”调板右侧的打开快捷菜单按钮，执行“填充路径”命令，打开“填充路径”对话框，在对话框中设置“使用”为图案，并在“自定图案”中选择图案，设置“模式”，单击【确定】按钮，则用图案填充路径后的效果如图 3-10-17 所示。

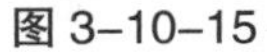
图 3–10–15

图 3–10–16

图 3-10-17

（1）单击“路径”调板右侧的【打开快捷菜单】按钮，在其快捷菜单中执行“描边路径”命令，打开“描边路径”对话框，如图3-10-18所示。勾选“模拟压力”复选框，可模拟压感笔的效果，描边的效果为中间粗、两头细。单击【确定】按钮，将使用设置的工具为路径描边。

图 3-10-18

（2）在工具箱中选择用于描边路径的工具，属性栏上调整笔触的大小，确定描边的粗细，在“路径”调板中单击【用前景色描边路径】按钮，即可对路径进行描边。

例如，在图像中绘制路径，如图 3-10-19 所示。首先选中工具箱中的【画笔工具】，设置“画笔”大小为尖角 5 像素，设置“前景色”为白色，然后单击“路径”调板下方的【用前景色描边路径】按钮，将使用画笔描边路径设为橘红色，效果如图 3-10-20 所示；如果单击“路径”调板右侧的【打开快捷菜单】按钮，在其快捷菜单中执行“描边路径”命令，打开“描边路径”对话框，在对话框中设置为“画笔”，并勾选“模拟压力”复选框，单击【确定】按钮，描边路径后的效果，如图 3-10-21 所示。

图 3-10-19

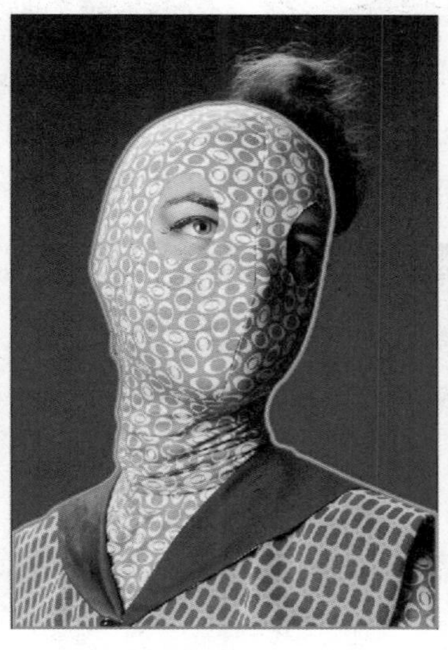

图 3-10-20

图 3-10-21

需要注意的是，在使用工具描边路径时，该工具当前设置的不透明度、笔触直径、硬度等都将直接影响到描边效果。

练习与习题

习题 1

在这一节的练习当中，我们将利用路径制造选区，并使用被选图像合成另一张图像。

首先，打开所有需要用到的图像 1.jpg、2.jpg、3.jpg，同时打开最终的效果图 4.jpg。激活图像 2.jpg，在工具箱里选择 Pen Tools（钢笔工具），在望远镜的边缘上定义一个锚点，再点中这个锚点并用鼠标向外拖出一个单手柄，定义下一个锚点。两锚点间的曲线就是被定义的路径。如果路径没有准确的符合在物体边缘，可以按住［Ctrl］键同时用鼠标调整手柄，直到这段路径贴合在被选物体的边缘。如果两个锚点间的路径是直线形，那么就不必要拖拽手柄，直接定义下一个锚点即可。当然，还可以在定义锚点的同时直接拖出双向手柄，然后按住［Ctrl］键用鼠标调整手柄，使路径贴合在被选物体的边缘。但双手柄不好控制，反倒不如单手柄简单直接。按照这种方法，我们可以将被选物整个勾勒出来，最后一个锚点要和第一个锚点首尾相接，形成一个闭合的路径。

当整条路径连结好以后，我们就可以在“路径”浮动面板中找到这条“工作路径”，双击并为它命名“Path 1”，按住［Ctrl］键单击浮动面板中的“Path 1”就可以将路径转为选区。

［Ctrl＋ C ］拷贝这个选区，激活图像 3.jpg，将望远镜粘贴到“书本”上方。

［Ctrl＋ T ］自由变换，然后选择编辑菜单里的“水平翻转”，让“望远镜”和“书本”的受光面保持一致。调整一下大小和透视，使它看上去更自然。

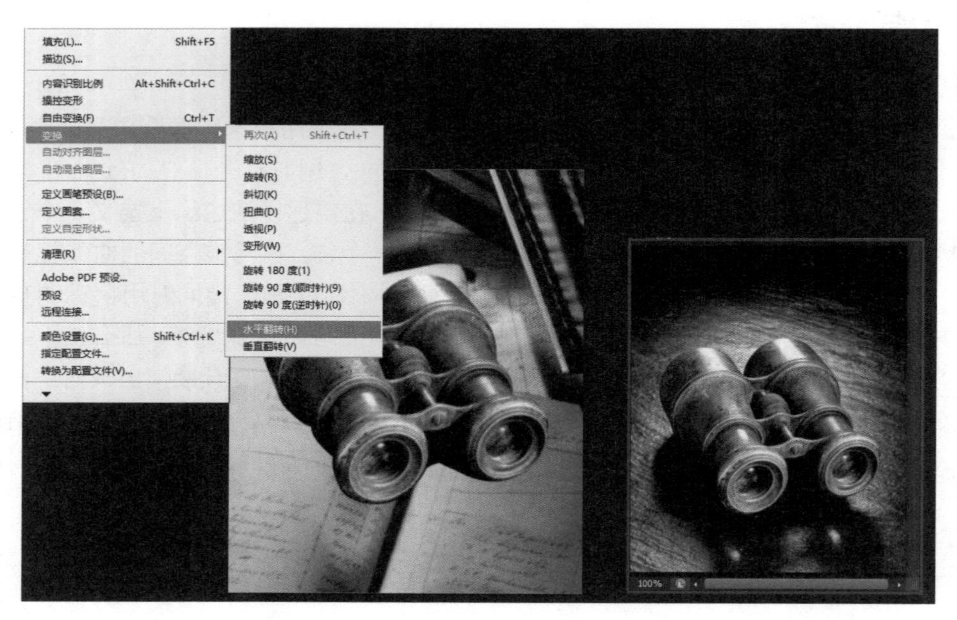

新建一个图层，并将其置于“望远镜”下面，用自由套索工具画出影子，羽化，填充一个影子的颜色，如果不知道影子的颜色，可以利用“吸管”工具吸取书本的影子颜色。

将影子层改为“正片叠底”的图层叠加模式，适当调整透明度。

同样的方法，把图像“1.jpg”中的怀表也放到图像“3.jpg”上面。

加入文字“lu jing lian xi”并将图层叠加模式改为“颜色减淡”。效果如下图。

习题 2

使用路径工具制作图形效果，如下图。

习题 3

根据下图进行路径绘制，然后转成选区做成插画。

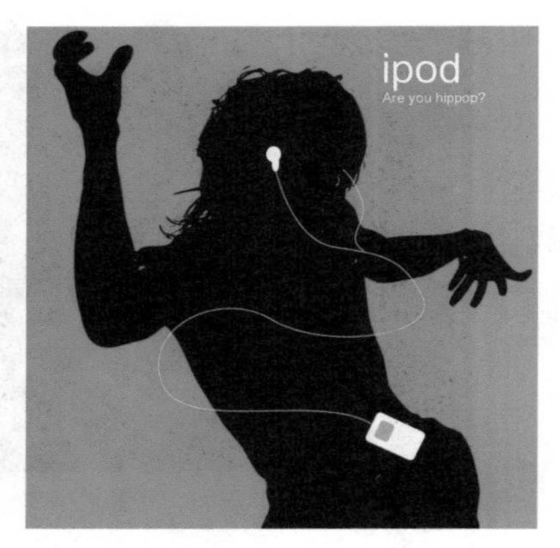

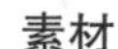

素材　　　　最终效果

3.11　绘制与修复图像工具

在 Photoshop 中图像的绘制与修复是一项非常强大的处理功能。它可以将破损的照片修复得完好如初，可以将模糊的照片变得清晰，可以修复人物面部的瑕疵，去除数码照片产生的红眼等。

本节讲解绘图工具、修图工具以及画笔调板的用法。在本节中读者可以逐步体会到 Photoshop 独特的魅力及其强大的处理功能。

3.11.1　画笔调板

在 Photoshop 中，“画笔”调板是为绘图和修图工具进行服务的一项功能。在“画笔”调板中，可以对笔触的属性进行设置，可以修改笔触的大小、形状，还可以通过设置，模拟各种真实画笔的效果。

单击【画笔工具】属性栏上的【切换画笔调板】按钮，或按［F5］键，即可打开“画笔”调板，单击【画笔】调板上的按钮，即可打开其快捷菜单，如图 3-11-1 所示。

在“画笔”调板中单击“画笔笔尖形状”选项，可以进入其设置区，如图 3-11-2 所示。在设置区中，可调整画笔的“直径”“角度”“圆度”“硬度”“间距”等基本参数。

✓　直径：调整画笔主直径大小。

✓　翻转 X：垂直方向翻转画笔。

✓　翻转 Y：水平方向翻转画笔。

✓　角度：设置画笔的旋转角度。

✓　圆度：设置画笔垂直方向和水平方向的比例。

✓　硬度：设置画笔边缘的清晰度。

✓　间距：设置画笔两点之间的距离。

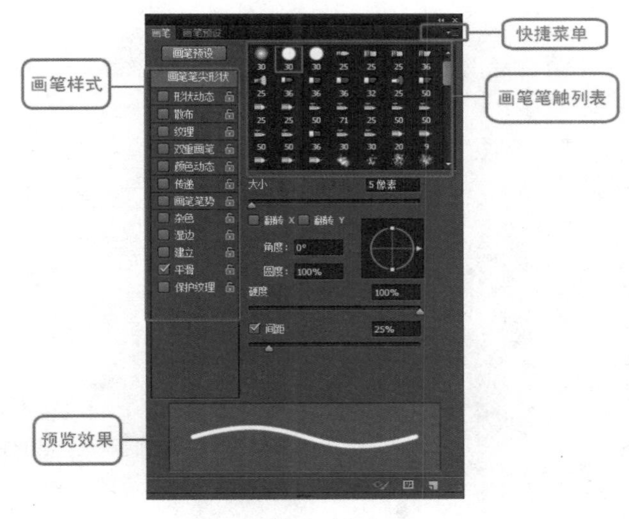

图 3–11–1

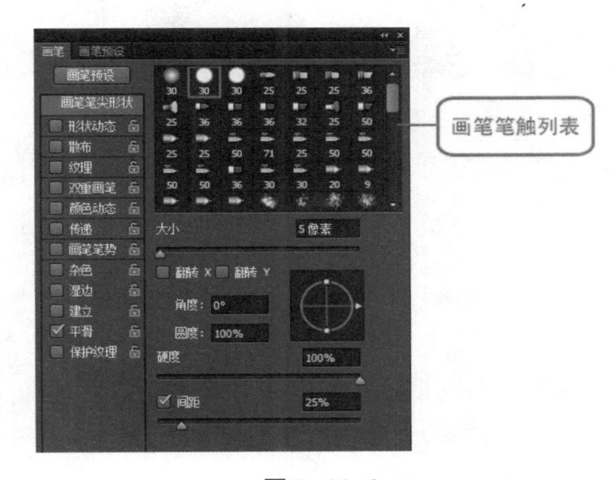

图 3–11–2

画笔“直径”。越大，绘制出来的线条越粗，图 3-11-3 画笔直径为 6，图 3-11-4 画笔直径为 20。

图 3–11–3

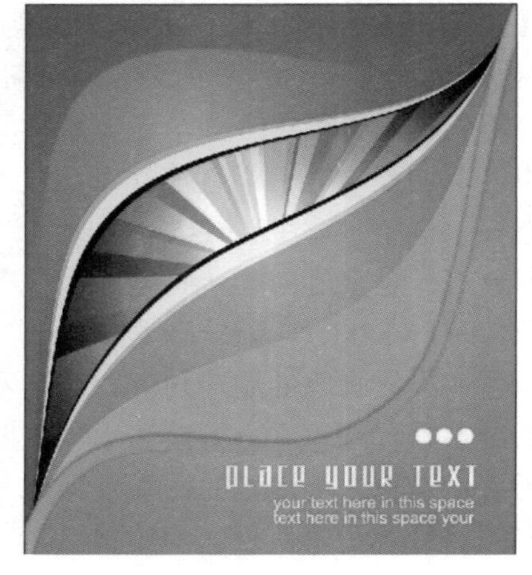

图 3–11–4

画笔“硬度”决定画笔边缘的清晰度，“硬度”越大，边缘越清晰，图 3-11-5 画笔硬度为 0%，图 3-11-6 画笔硬度为 100%。

图 3–11–5

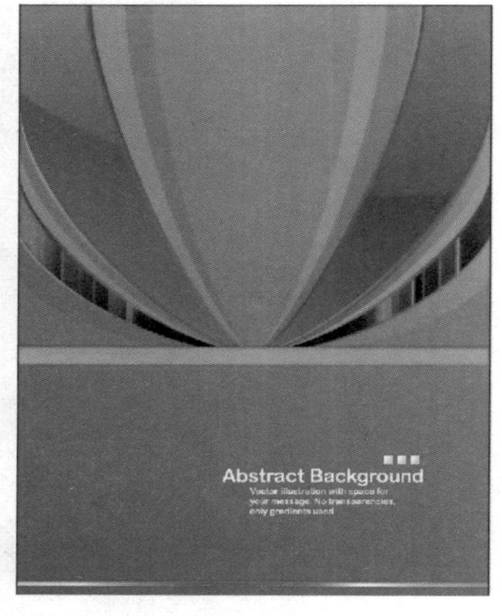

图 3–11–6

画笔“间距”决定画笔两点之间的距离，“间距”越大，两点间的距离越大，图 3-11-7 画笔间距为 65，图 3-11-8 画笔间距为 6。

1. 动态参数设置

在“画笔”调板中，可以通过选择其中的复选框“形状动态”“散布”“纹理”“双重画笔”等，对画笔进行设置。通过设置，以后在绘图过程中将会发生动态变化，例如选择“形状动态”复选框，即可进入形状的设置区，如图 3-11-9 所示。

（1）“抖动”和“控制”是衡量动态变化的两个参数。

✓ 抖动：随机设定动态元素。

✓ 控制：其下拉列表中的选项用于指定如何控制动态元素的变化。

控制下拉菜单中的参数解释如下。

✓ 关：关闭动态元素的变化。

图 3–11–7

图 3–11–8

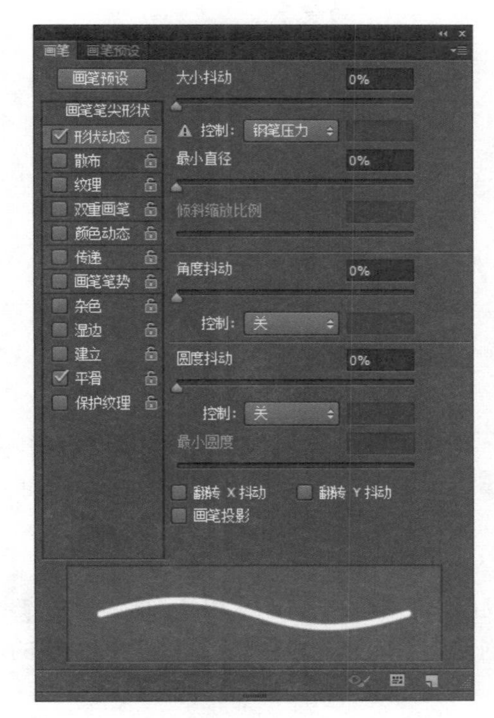

图 3–11–9

✓　渐隐：控制渐隐动态的长度。

✓　钢笔压力、钢笔斜度或光笔轮：基于钢笔压力、钢笔斜度或光笔轮位置，来改变动态元素。

（2）“画笔”调板中还有其他可以设置的动态效果。

✓　形状动态：设置画笔笔触的变化。

✓　散布：设置笔触扩散的数目和位置。

✓　纹理：设置笔触带有设定的图案肌理。

✓ 双重画笔：设定两个画笔合并创建画笔笔触。

在“画笔”调板的“画笔笔尖形状”部分可以设置主要笔尖的选项。在“画笔”调板“双重画笔”部分可以设置次要笔尖的选项。

✓ 颜色动态：设置笔触颜色的变化方式。

✓ 其他动态：设置笔触不透明度和流量的变化。

绘图板时，钢笔控制才可用。

2. 导入预设画笔

Photoshop 在“画笔”调板的下拉菜单中存储了大量的画笔，如“书法画笔”“干介质画笔”“自然画笔”等，单击“画笔”调板上的，打开快捷菜单列表如图 3-11-10 所示，在其快捷菜单中选择需要的画笔即可。

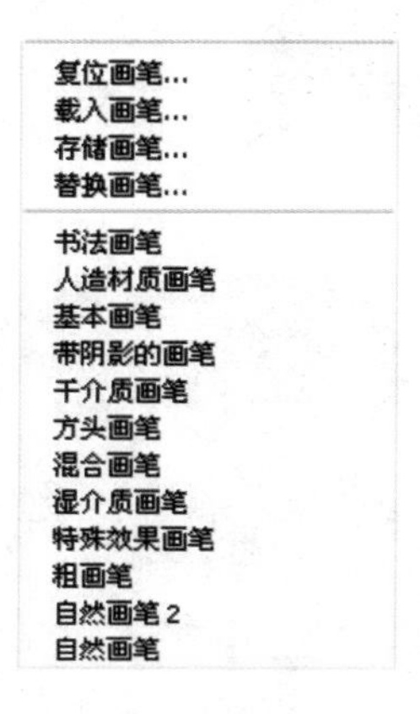

图 3-11-10

3.11.2 绘制图像工具

在 Photoshop 中可以应用【画笔工具】、【铅笔工具】、【油漆桶工具】和【渐变工具】等随意绘制图像。下面将分别对这些工具进行讲解。绘制工具在工具箱中的图解。

1. 画笔工具

【画笔工具】是绘制图形的基本工具，应用【画笔工具】可以绘制出任意的图形，它可以根据属性的设置，创建出不同的笔触效果。如果有绘图板的情况下，应用【画笔工具】可以模仿多种笔触效果，绘制不同风格的作品。

在工具箱中选择【画笔工具】，其属性栏如图 3-11-11 所示。

图 3-11-11

画笔工具属性栏上的各项参数解释如下：

✓ 模式：调整“画笔工具”的“混合模式”，可以让绘制的图形与下一层的图像产生不同的混合效果。

✓ 不透明度：调整绘画工具的不透明度。不透明度为 100%时完全不透明。

✓　流量：用于设置画笔的绘制浓度，与不透明度是有区别的。不透明度是指整体的不透明程度，而流量是指每次增加的颜色浓度。

✓　喷枪：单击属性栏中的【喷枪工具】按钮，将渐变色调（彩色喷雾）应用到图像，模拟现实生活中的油漆喷枪，创建出雾状图案。

“画笔工具”与前景色有关，当应用“画笔工具”绘制图像时，拖动鼠标，在鼠标经过的地方将以前景色着色。

2．铅笔工具

使用“铅笔工具”可绘制硬边笔触。单击工具箱中的【铅笔工具】，其属性栏如图 3-11-12 所示。

图 3–11–12

“铅笔工具”属性栏与“画笔工具”属性栏略有不同。

✓　自动抹除：“自动抹除”具有擦除功能，选中此项后可将铅笔工具当橡皮使用。当用户在与前景色颜色相同的图像区域内描绘时，会自动擦除前景色颜色而填入背景色的颜色。

3．油漆桶工具

应用“油漆桶工具”，可以在画面中颜色相似的区域或者选区中填充前景色或图案，其属性栏如图 3-11-13 所示。

图 3–11–13

单击此按钮，可以选择填充的方式，其中有“前景”和“图案”两个选项。选择 “图案”选项，旁边的“图案”下拉菜单将被激活。选择“前景”时，将以此时设置的前景色进行填充；选择“图案”时，可在旁边的“图案”下拉菜单中，设置需要的图案样式，则将以设定的图案进行填充。

✓　模式：选择填充所用的混合方式。

✓　不透明度：设置填充颜色的不透明度。

✓　容差：设置填充的颜色范围。

✓　消除锯齿：选择该复选框，可使填充边缘平滑。

✓　连续的：选择该复选框，将把目标点所有容差范围内的像素应用前景或图案填充。

✓　所有图层：选择此复选框，可基于所有可见图层的合并颜色数据填充颜色或图案。

例如，打开素材，如图 3-11-14 所示，选择工具箱中的【油漆桶工具】，在其属性栏设置填充方式为图案，并在图案下拉列表中选择一种图案，去掉属性栏上的“连续”复选框，在黑色像素处单击鼠标，黑色像素被图案代替，如图 3-11-15 所示。

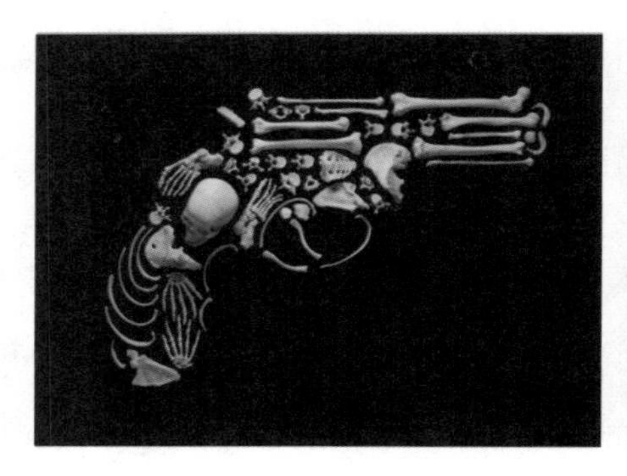

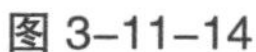

图 3–11–14

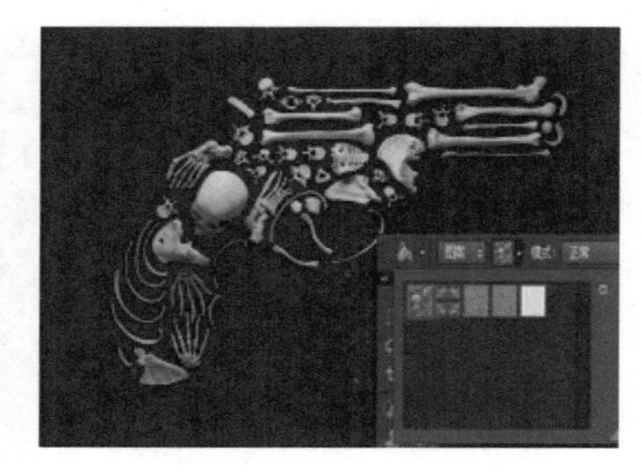

图 3–11–15

4．渐变工具

“渐变工具”用于为指定区域填充渐变色，可以按指定的色彩渐变的方式进行填充。其属性栏如图 3-11-16 所示。

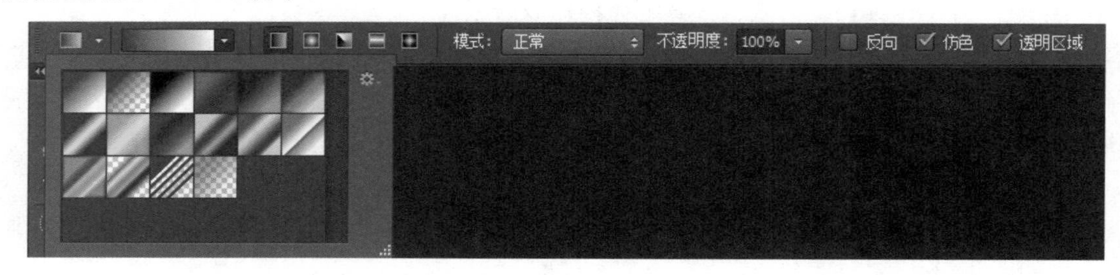

图 3–11–16

“渐变工具”属性栏中各项参数的解释如下。

✓ 渐变色块：其下拉菜单中列出了预设的渐变填充样本；单击该按钮，则打开“渐变编辑器”对话框。

✓ 线性渐变：原图如图 3-11-17 所示，并在属性栏上设置“模式”为叠加（以下同），以直线方式进行渐变，其填充后的效果如图 3-11-18 所示。

图 3–11–17

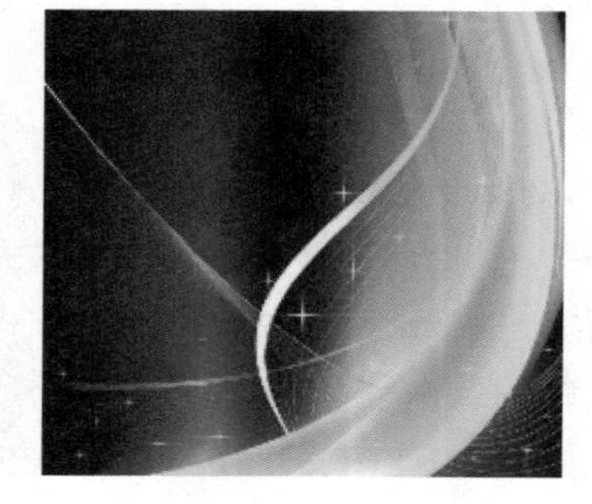

图 3–11–18

✓ 径向渐变：以圆形方式进行渐变，其填充后的效果如图 3-11-19 所示。

✓ 角度渐变：围绕起点以逆时针环绕的方式渐变，其填充后的效果如图 3-11-20 所示。

✓ 对称渐变：从渐变线两侧用对称的方式渐变，其填充后的效果如图 3-11-21 所示。

✓ 菱形渐变：从起点向外以菱形图案的形式逐渐改变，其填充后的效果如图 3-11-22 所示。

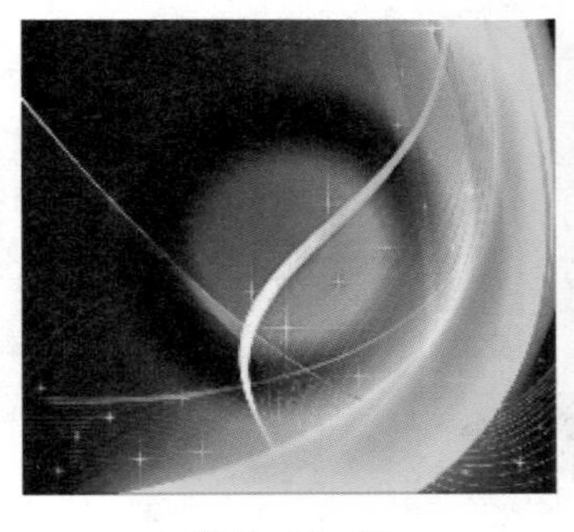

图 3-11-19

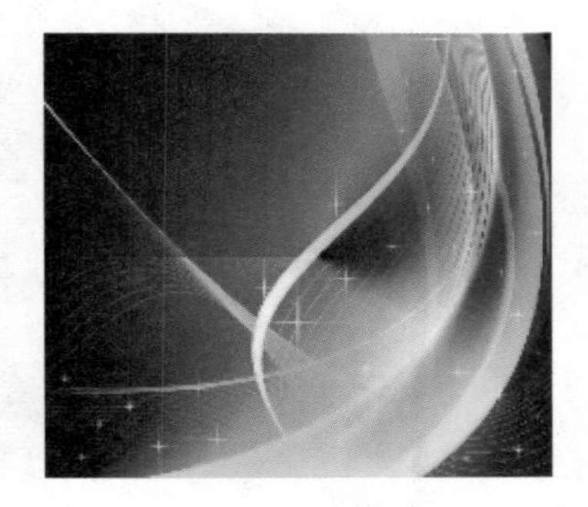

图 3-11-20

图 3-11-21

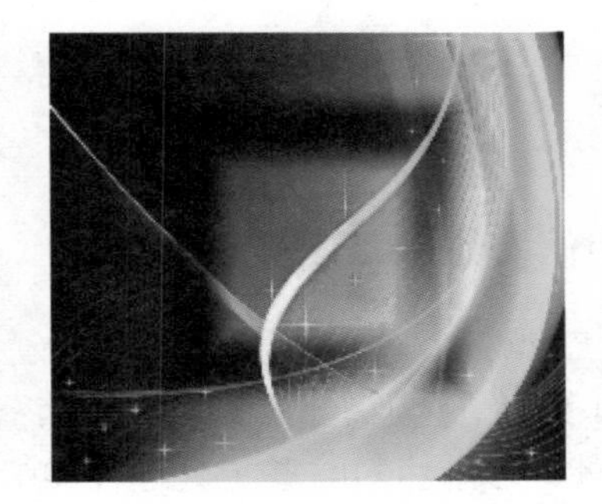

图 3-11-22

✓ 模式：在此下拉列表中设置混合模式，即可让制作的渐变色与下一层图像产生不同的混合效果。

✓ 反向：选中该复选框后，可以将设置的渐变色顺序反向。

✓ 仿色：选中该复选框后，可以用较小的带宽创建较平滑渐变。

✓ 透明区域：选中该复选框后，可以对渐变填充使用透明区域蒙版。

设定新的渐变可在属性栏中单击属性栏中的【渐变色块】，可打开“渐变编辑器”对话框，如图 3-11-23 所示。

“渐变编辑器”对话框中各项参数的解释如下。

✓ 预设：在“预设”列表中列出了各种预设好的渐变方案，单击选择。

✓ 色带：色带中显示了当前渐变方案的具体效果。

✓ 色标：在此设置栏中设置当前色标的位置、不透明度和颜色。在目标位置单击鼠标，即可添加一个色标。

✓ 不透明度：设置对应颜色的不透明度。

✓ 位置：设置色标在色带中占的具体位置。

✓ 颜色：编辑颜色参数。

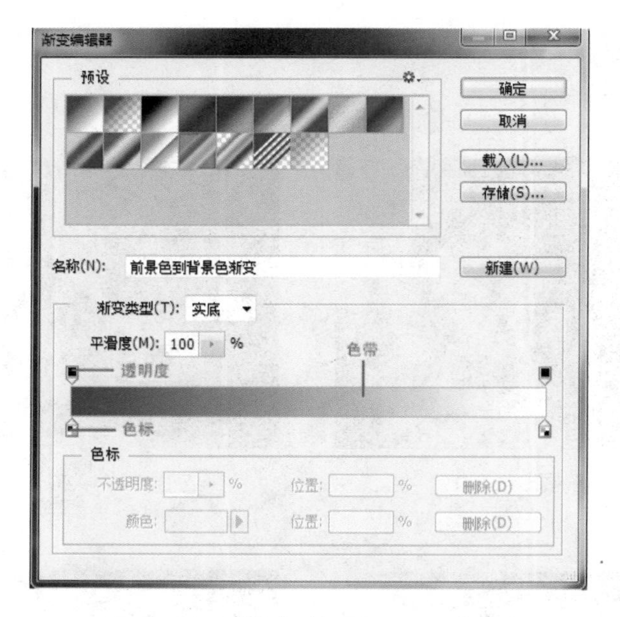

图 3-11-23

3.11.3 常用修复图像工具

应用修图工具可以对质量不好的图片进行修复和修饰。修图工具包括【修补工具】、【仿制图章工具】、【模糊工具】、【加深工具】、【橡皮擦工具】等，它们各自都有着卓越的功能。本节将对这些工具进行详细的讲解。

1．橡皮擦工具

“橡皮擦工具”与橡皮擦的作用是相同的，它可以擦除当前图像中的像素。选择工具箱中的“橡皮擦工具”，按住鼠标，在窗口中拖动鼠标所经过区域的像素将被擦除。若操作的图层为背景图层，擦除的区域将被背景色填充。其属性栏如图 3-11-24 所示。

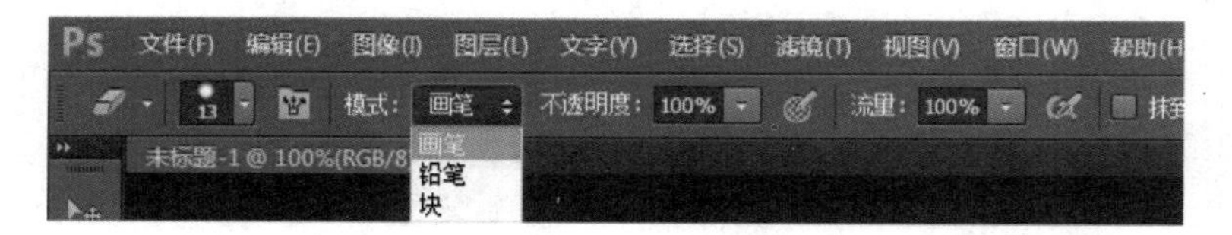

图 3-11-24

橡皮擦工具有 3 种模式，分别是“画笔”“铅笔”和“块”。使用这些模式可以对橡皮擦的擦除效果进行更加细微的调整，对应不同的模式，属性栏会发生相应的变化。

在属性栏中选择“抹到历史记录”，可将受影响的区域恢复到“历史记录”调板中所选的状态，这个功能称为“历史记录橡皮擦”，与“历史记录橡皮擦工具”相同。还可以在图像中按住鼠标左键，然后按住［Alt］键的同时拖动鼠标，这样可在不选中“抹到历史记录”选项的情况下，达到同样的效果。

2．背景橡皮擦

应用【背景橡皮擦工具】，可以将图像擦除至透明，其属性栏如图 3-11-25 所示。

图 3–11–25

“背景橡皮擦工具”属性栏中各项参数的解释如下。

限制：在其下拉菜单中可以设置擦除边界的连续性，其中包括“不连续”“连续”和“查找边缘”3 个选项。

容差：设置擦除图像的容差范围。

保护前景色：将不需要被擦除的颜色设置为前景色，并选择该复选框，则设置的颜色将不被擦除。

连续：单击【取样/连续】按钮，当鼠标指针在图像中不同颜色区域移动，则工具箱中的背景色也将相应地发生变化，并不断地选取样色。

一次：单击【取样/一次】按钮，首先在图像中单击鼠标，取样颜色，再擦除图像，此时将在操作范围中擦除掉与取样颜色相同的颜色像素。

背景色板：单击【取样/背景色板】按钮，将背景色作为取样颜色，只擦除操作范围中与背景色相似或相同的颜色。

3．魔术橡皮擦

“魔术橡皮擦工具”是将“魔棒工具”与“背景橡皮擦工具”的综合使用。它可以选择图像中相似的颜色并将其擦除，其属性栏如图 3-11-26 所示。

图 3–11–26

“魔术橡皮擦工具”属性栏中各项参数的解释如下。

消除锯齿：选择该复选框，可以使擦除区域的边缘平滑。

连续：选择该复选框，则只擦除与临近区域中颜色类似的部分，否则，会擦除图像中所有颜色类似的区域。

例如，选择工具箱中的“魔术橡皮擦工具”，在属性栏选择“连续”复选框，擦除图像的效果如图 3-11-27 所示；在属性栏去掉“连续”选项，擦除图像的效果如图 3-11-28 所示。

对所有图层取样：利用所有可见图层中的组合数据来采集色样，否则只采集当前图层的颜色信息。

4．仿制图章工具

“仿制图章工具”是常用的修图工具，它通过复制图像局部并复制到其他区域以弥补图像局部的不足。其属性栏如图 3-11-29 所示。

“仿制图章工具”属性栏中各项参数的解释如下：

✓　对齐：选中该复选框，则当定位复制点之后，系统将一直以首次单击点为对齐点，这样即使在复制的过程因为某些原因而终止操作，仍可以从上次操作结束的位置开始，图像还是可以得到完整的复制。

✓　样本：其下拉菜单中可以选择图像的复制样本，其中包含“当前图层”“所有图层”

“当前和下方图层”。

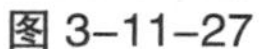
图 3-11-27

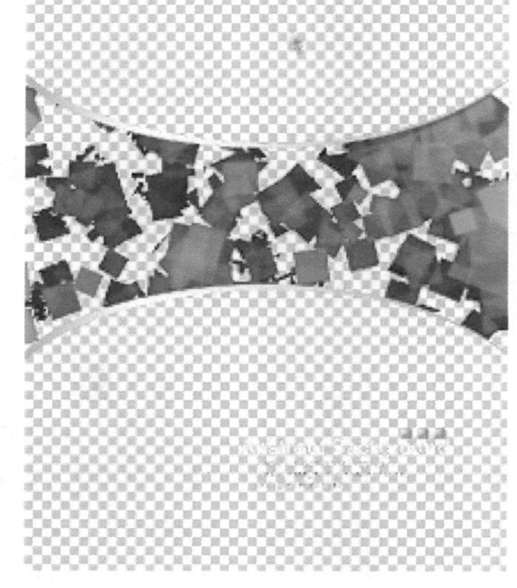

图 3-11-28

图 3-11-29

在使用“仿制图章工具”前，应对其需要复制的点进行取样。在工具箱中选择【仿制图章工具】，按住［Alt］键，当光标变成在十字准心圆的时候单击图像，则可以设置取样点，释放鼠标，在需要复制的位置涂抹。

应用“仿制图章工具”，去掉图片中面部的瑕疵，前后对比如图 3-11-30，图 3-11-31 所示。

图 3-11-30

图 3-11-31

5．污点修复画笔工具

“污点修复画笔工具“可以自动去除照片中的杂点和污迹，它不需要进行取样，只需在有瑕疵的地方单击鼠标即可将其去除。”污点修复画笔工具“的属性栏如图 3-11-32

所示。

图 3-11-32

✓　近似匹配：使用选区边缘周围的像素来查找要用做选定区域修补的图像区域。

✓　创建纹理：使用选区中的所有像素创建一个用于修复该区域的纹理。在选区中拖动鼠标即可创建纹理。

6. 修复画笔工具

"修复画笔工具"可用于修复图像中的瑕疵，使它们消失在周围的图像中。"修复画笔工具"可以将样本像素的纹理、光照和阴影与原图素进行匹配，从而使修复后的像素不留痕迹地融入图像的其余部分。其属性栏如图 3-11-33 所示。

图 3-11-33

✓　画笔：设置修复画笔的直径、硬度、间距、角度、圆度等。

✓　模式：设置修复画笔绘制的像素和原来像素的混合模式。

✓　源：设置用于修复像素的来源。选择"取样"，则使用当前图像中定义的像素进行修复；选择"图案"，则可从后面的下拉菜单中选择预定义的图案对图像进行修复。

✓　对齐：设置对齐像素的方式，与其他工具类似。

在工具箱中选择【修复画笔工具】，在属性栏中设置"源"为"取样"，按住［Alt］键，单击图像中的选定位置，设置参考点。此时将鼠标移动到图像中需要修复的部分进行涂抹，释放鼠标后，用修复画笔描绘过的区域将自动进行调整，使图像融入周围的像素之中。

7. 修补工具

"修补工具"可以用其他区域或图案中的像素来修复选中的区域。与修复画笔工具一样，修补画笔会将样本像素的纹理、光照和阴影与源像素进行匹配。其属性栏如图 3-11-34 所示。

图 3-11-34

✓　修补：设置修补的对象。选择"源"，则将选区定义为想要修复的区域。选择"目标"，则将选区定义为进行取样的区域。

✓　使用图案：单击此按钮，则会使用当前选中的图案对选区进行修复。

一般来说，是希望拿画面中的某一块画面的效果，去修补另外一个地方的效果。比如，照片某个角太亮，就完全可以拿另外一个与这个角画面类似的画面，来修补这个角。

修补工具是有两种用法的：第一种，就是拿别处的修补此处；第二种是拿此处的修补别处的。

具体操作如下：

第一种情况，拿彼处修补此处。点修补工具，看 Photoshop 属性栏，点选上“源”，在画面上圈上你想修补的区域（按着鼠标左键在画面上画就是了），直到画成一个封闭的多边形选区。然后，单击区域并保持左键不要放开，拖动到你早已“看好”的区域后松开，那么，你原选的区域画面，就被你“看好”的区域内容修补了。

第二种情况，拿此处修补彼处。这一次在 Photoshop 属性栏上点选上“目标”，在画面上圈上一块区域，这个区域是你打算拿来修补另一个区域的画面。点击并按住左键拖动到你要修补的区域，松开左键，修补完成。

修补过程中，手动的区域是经过羽化的，并经过 Photoshop 内部程序处理，是“混合”，不是粘贴。边缘不生硬，色彩也不生硬。

下面通过一个实例来讲解“修补工具”。

（1）执行“文件/打开”命令，或按［Ctrl+O］组合键，打开配套光盘“第 3 章＼素材＼3-11”中的素材图片“眼袋 jpg”，如图 3-11-35 所示。

（2）选择工具箱中的【修补工具】，在图像中眼袋的部分绘制选区（可以使用路径工具制作选区），如图 3-11-36 所示。

图 3–11–35

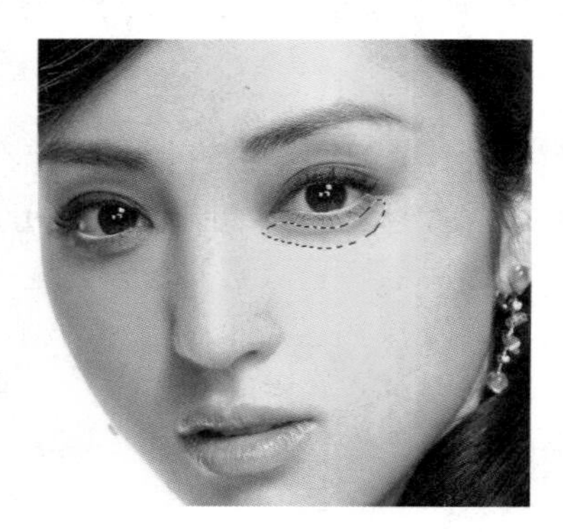

图 3–11–36

（3）释放鼠标，选区形成。在“修补工具”圈属性栏单击“源”单选按钮，并拖动选区到平滑的皮肤处，如图 3-11-37 所示。

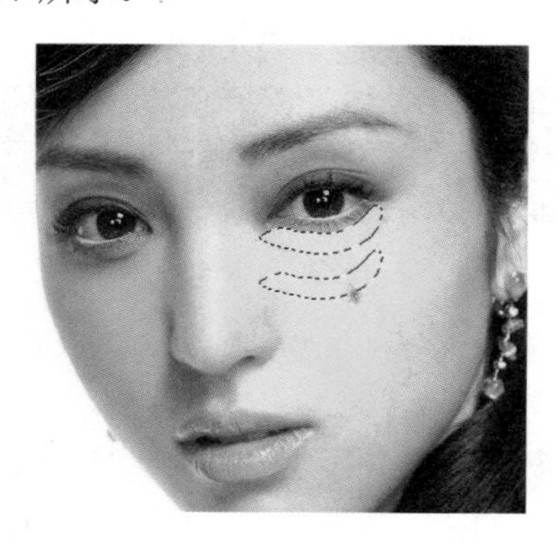

图 3–11–37

（4）释放鼠标，按［Ctrl+D］取消选择，眼袋变得平滑，并保留其皮肤质感，如图 3-11-38

所示。

（5）用同样的方法去除右边的眼袋，得到最终效果如图 3-11-38 所示。

（6）使用图章工具进行微调，将眼皮亮度提高，最终效果如图 3-11-39 所示

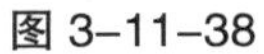
图 3-11-38

图 3-11-39

8．模糊工具

“模糊工具” 可以使图像变得柔和，颜色过渡变平缓，起到模糊图像局部的效果，其属性栏如图 3-11-40 所示。

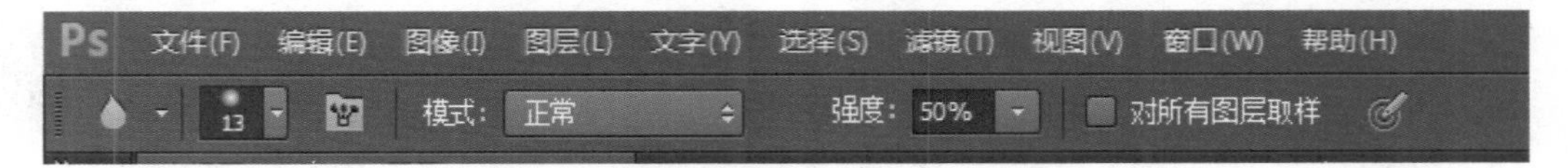

图 3-11-40

“模糊工具” 属性栏中各项参数的解释如下。

✓　画笔：设置模糊时所用笔触的大小、硬度等参数。

✓　模式：设置模糊的混合模式。

✓　强度：设置画笔的力度。数值越大，模糊效果越明显。

例如，选择工具箱中的【模糊工具】，在图像中要进行模糊处理的区域按住鼠标左键来回拖动，原图 3-11-41，效果如图 3-11-42 所示。

图 3-11-41

图 3-11-42

9．锐化工具

“锐化工具”与“模糊工具”翻刚好相反，它可以使柔和的图像变得清晰，可以增加图像的对比度，使图像变得更清晰。但是进行模糊操作的图像再经过锐化处理也不能恢复到原始状态。“锐化工具”的属性栏如图 3-11-43 所示，其参数与模糊工具完全相同。

图 3–11–43

例如，选择工具箱中的【锐化工具】，在图像中要进行锐化处理的区域按住鼠标左键来回拖动，效果如图 3-11-44，图 3-11-45 所示。

10．涂抹工具

“涂抹工具”可以模拟在未干的绘画纸上用手指涂抹颜料的效果。“涂抹工具”的属性栏如图 3-11-46 所示。

图 3–11–44

图 3–11–45

图 3–11–46

手指绘画：若选中此复选框，则可以使用前景色在每一笔的起点开始，向鼠标拖曳的方向进行涂抹，如果不选，则“涂抹工具”用起点处的颜色进行涂抹。

比如，选择工具箱中的【涂抹工具】，在图像中要进行拖动涂抹，效果如图 3-11-47，图 3-11-48 所示。

11．减淡工具

使用“减淡工具”可以提亮图像局部的亮度，同时也减淡图像的颜色。其属性栏如图 3-11-49 所示。

【减淡工具】属性栏中各项参数的解释如下：

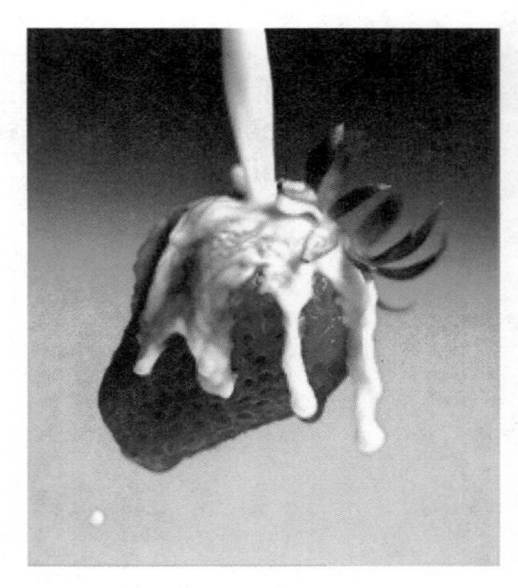

图 3–11–47

图 3–11–48

图 3–11–49

范围：在其下拉菜单中有“暗调”“中间调”和“高光”3 个选项。选择“暗调”，只作用于图像的暗色部分。选择“中间调”，只作用于图像中暗色和亮色之间的部分。选择“高光”，只作用于图像的亮色部分。

曝光度：设置图像的曝光强度。强度越大，则图像越亮。

12．加深工具

“加深工具”与“减淡工具”相反，它通过使图像变暗来加深图像的颜色。加深工具通常用来强化图像的暗部。其属性栏如图 3-11-50 所示。

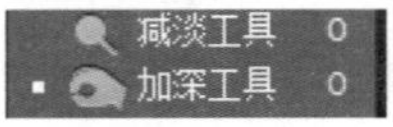

图 3–11–50

例如，应用【减淡工具】与【加深工具】调节人像，增加光感，图 3-11-51 为减淡效果，图 3-11-52 为加深效果。

实例：综合利用修补工具、图章工具等修复旧照片

旧照片的修复是一件慢活，需要很细心而且很有耐心。Photoshop 对修复图像方面实在下足了功夫，CS2 以上的版本又添加了一个污点修复画笔工具，加上 CS 版本以前的修复画笔工具、修补工具、仿制图章工具，这是修复旧照片中最需要用到的 4 个工具。这 4 个工具虽然各有各的用处，但基本上工作原理是相似的。下面我们就 4 个工具做一些讲解，希望同学能够在这 4 个工具中找到自己修复图像过程中适合自己的帮手。照片原图如图 3-11-53 所示。

图 3-11-51　　图 3-11-52

图 3-11-53

制作步骤如下：

（1）仿制图章工具调节

这是可以算是老牌的修照片工具了，也是在照片修复中最常用的工具了。

✓ 杀手锏——复制图像。

✓ 招式——画笔类。

✓ 招式精要——按下［Alt］键定义复制原点。

①最大的难点就是要在图像中找寻与修复目标最合适的像素组来对修复目标进行修复。找到目标后按下［Alt］键单击鼠标，定义复制的原点。如图 3-11-54。

②将光标移至需要修复的位置，按下鼠标就可以开始复制图像了。如图 3-11-55。

③为了能够更好地使用这个工具，可以执行："编辑/首选项/显示与光标"，调出"首选项"对话框（图 3-11-56），对画笔形状进行设置。

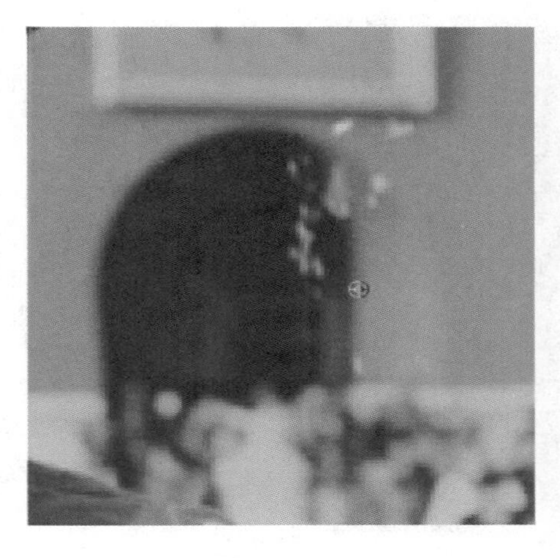

图 3-11-54

图 3-11-55

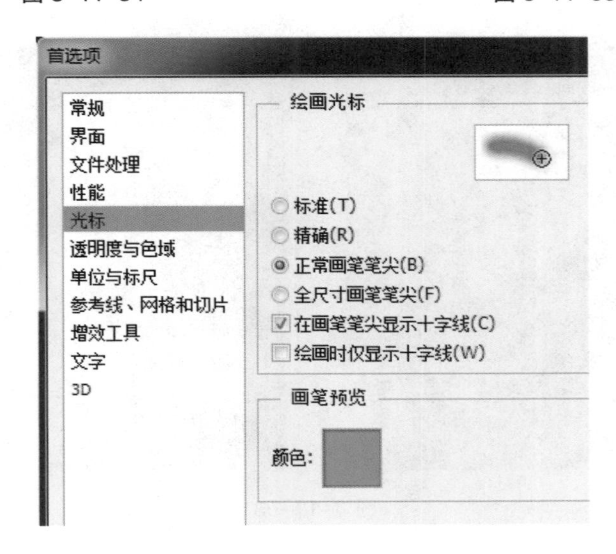

图 3-11-56

（2）修复画笔工具

修复好一个目标位置后，就需要再重新找寻下一个原点，来复制修补下一个目标。

①技巧：使用“修复画笔工具”进行修复，可以通过创建选区来辅助修补。参见图 3-11-57。

这是在 Photoshop 7.0 时候出现的新工具，这个工具就像是“仿制图章”工具的升级版本，操作方法与仿制图章无异，但所复制之处即使跟下方原图之间颜色有差异，也会自动地匹配并做颜色过渡。

✓ 杀手锏——复制图像、自动匹配图像。

✓ 招式——画笔类。

✓ 招式精要——按下［Alt］键定义复制原点。

②前面已经讲过使用方法，在这里就不再描述它的操作方法了，只讲讲这个工具的缺点，当这个工具在修补图像中边缘线的时候，也会自动匹配如图 3-11-58。

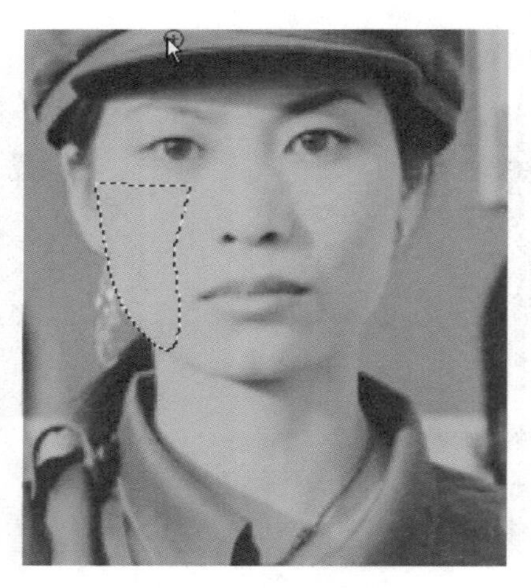

图 3-11-57

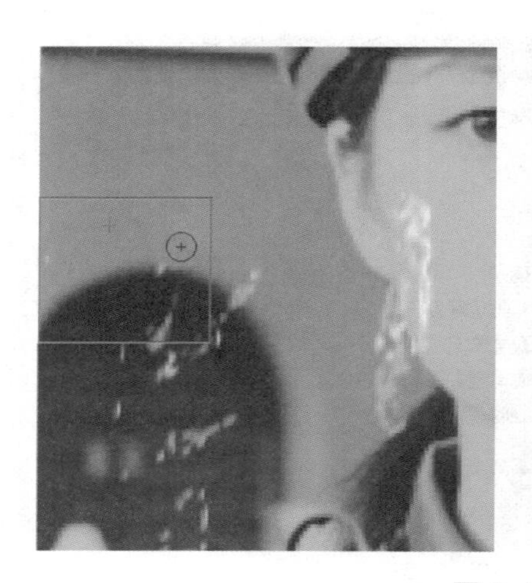

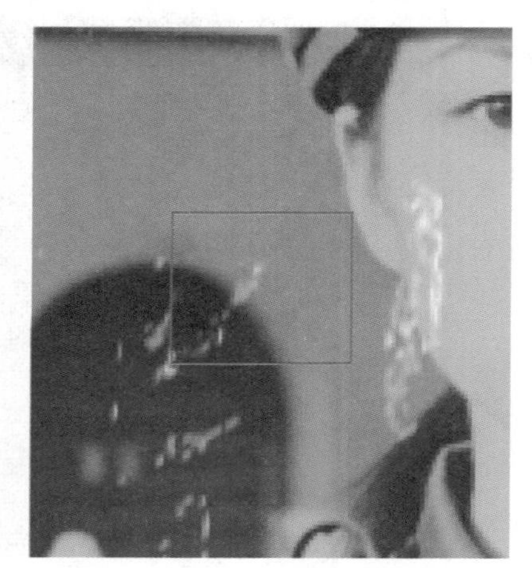

图 3-11-58

所以，在图像中边缘的部分修复还是需要使用【仿制图章】工具。而大面积相似颜色的部分，使用“修复画笔”工具是非常有优势的。

（3）修补工具

这个工具是跟“修复画笔”工具是同时出现的，如果说“修复画笔”工具是“仿制图章”工具的妹妹，那“修补”工具和“修复画笔”工具就是 twins，只是这 twins 的妹妹长得有一些不一样。

✓ 杀手锏——复制图像、自动匹配图像。

✓ 招式——选区类。

✓ 招式精要——创建选区。

①从招式中就可以看出来，在使用这一招的时候，需要先有选区。

修补工具在没有选区前，其实就是一个套索工具，在图像中可以任意地绘制选区（当然需要将你打算修复的地方给圈选出来，或者将修补的目标源圈选出来），当然你也可以使用其他创建选区的方法来创建这个选区。

②使用修复工具拖动这个选区，在画面中寻找要修补的位置如图 3-11-59 所示。

③即使修补的源颜色与目标相差比较大，也同样可以自动匹配如图 3-11-60 所示。

④“修补工具“有两种修补的方式，一种使用“源”进行修补（上述介绍），另一种就是用“目标”来进行修补，在这个工具的工具选项栏中就可以找到这个选项。最终效果如图 3-11-61 所示。

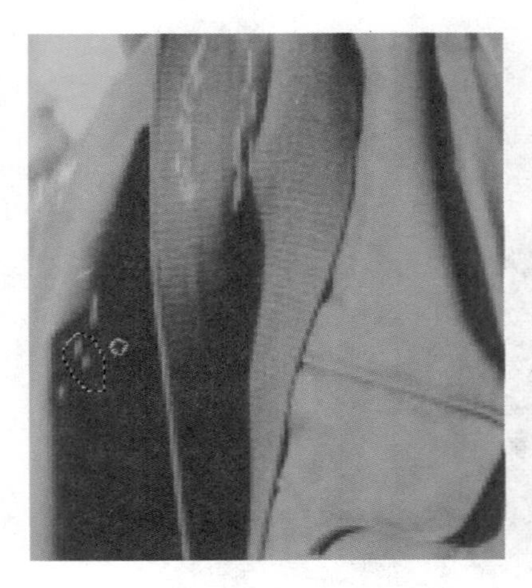

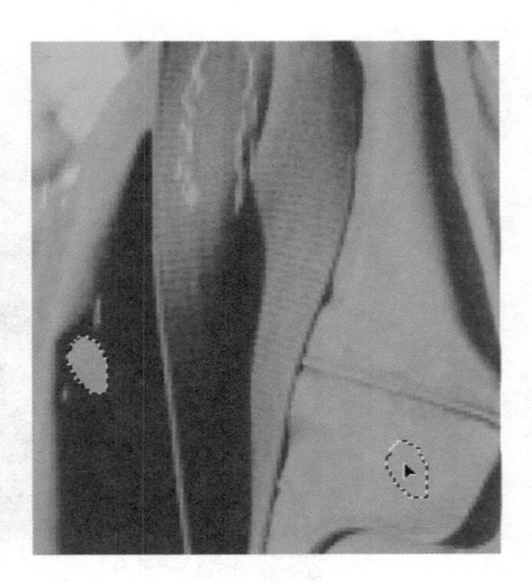

图 3–11–59

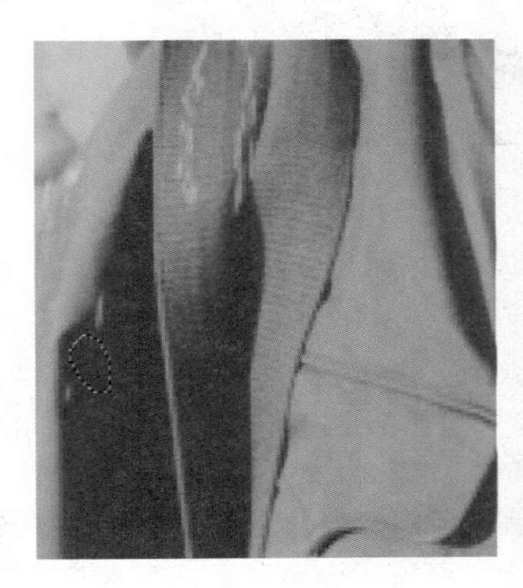

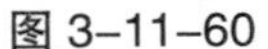

图 3–11–60　　图 3–11–61

3.12　颜色调整

1. 替换颜色

这个“颜色调整”命令和“色相/饱和度”命令的作用是类似的，甚至能说它其实就是“色相/饱和度”命令功能的一个分支。

（1）使用时在图像中选中所要改动的颜色区域，如图 3-12-1 所示。

图 3–12–1

（2）选择“图像/调整/替换颜色”，如图 3-12-2 所示，设置框中就会出现有效区域的灰度图像（需选择显示选区选项），呈白色的是有效区域，呈黑色的是无效区域。改动颜色容差能扩大或缩小有效区域的范围。也能使用添加到“取样工具”和从取样中“减去工具”来扩大和缩小有限范围。颜色容差和增减取样虽然都是针对有效区域范围的改动，但应该说颜色容差的改动是基于取样范围的基础上的。如图 3-12-3 所示。

（3）也能直接在灰度图像上点击来改动有效范围，但效果不如在图像中来的直观和准确。除了点击确定，也能在图像或灰度图中按着鼠标拖动观察有效范围的变化。如图 3-12-4 所示。

2. 色彩平衡

“色彩平衡”（快捷键［Ctrl+B］）是个功能较少，但操作直观方便的色彩调整工具，未调整界面如图 3-12-5。在色调平衡选项中将图像笼统地分为暗调、中间调和高光 3 个色调，每个色调能进行独立的色彩调整。如图 3-12-6 和图 3-12-7 所示。

以下三图分别是阴影部分红色+100，中间调部分红色+100，高光部分红色+100 的效果。能非常明显地对比出不同加亮的部位的差别。大家也许觉得暗调和中间调的差别不如高光明显。那是因为背景天空中有大片的白云属于高光区域的缘故，而白云在暗调和中间调都没有改动。用手遮挡掉天空，比较一下剩下的区域，差别就不那么明显了。如图 3-12-8 至图 3-12-10。

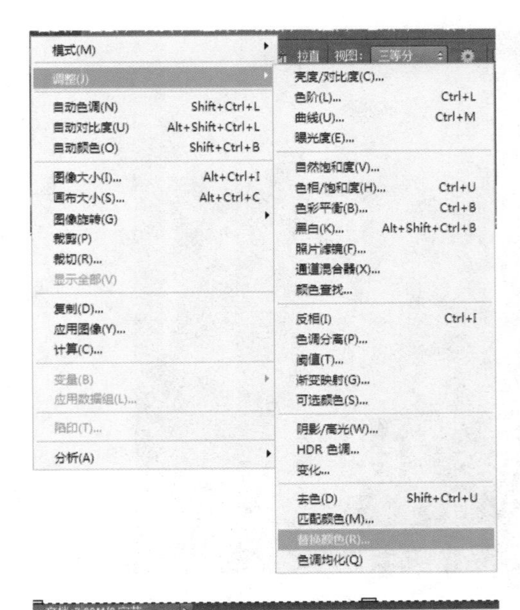

图 3-12-2

图 3-12-3

图 3-12-4

图 3-12-5

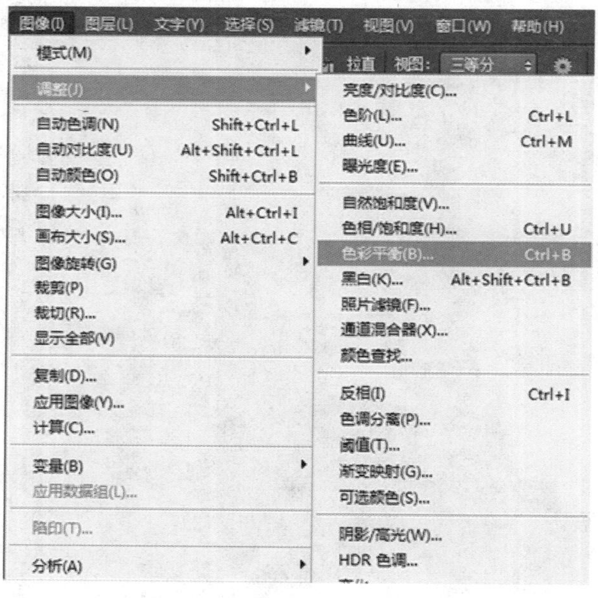

图像(I) 图层(L) 文字(Y) 选择(S) 滤镜(T) 视图(V) 窗口(W) 帮助(H)
模式(M)
调整(J)
自动色调(N) Shift+Ctrl+L
自动对比度(U) Alt+Shift+Ctrl+L
自动颜色(O) Shift+Ctrl+B
图像大小(I)... Alt+Ctrl+I
画布大小(S)... Alt+Ctrl+C
图像旋转(G)
裁剪(P)
裁切(R)...
显示全部(V)
复制(D)...
应用图像(Y)...
计算(C)...
变量(B)
应用数据组(L)...
陷印(T)...
分析(A)
拉直 视图: 三等分
亮度/对比度(C)...
色阶(L)... Ctrl+L
曲线(U)... Ctrl+M
曝光度(E)...
自然饱和度(V)...
色相/饱和度(H)... Ctrl+U
色彩平衡(B)... Ctrl+B
黑白(K)... Alt+Shift+Ctrl+B
照片滤镜(F)...
通道混合器(X)...
颜色查找...
反相(I) Ctrl+I
色调分离(P)...
阈值(T)...
渐变映射(G)...
可选颜色(S)...
阴影/高光(W)...
HDR 色调...

图 3-12-6

我们知道，对于增加红色成分的操作，换句话说就是提升红色的发光级别。这在曲线操作上非常容易感觉到。绿色、蓝色也是如此，提升这三基色的同时会造成图像整体亮度的提升。

色彩平衡设置框的最下方有一个“保持亮度”的选项，它的作用是在三基色增加时下降亮度，在三基色减少时提高亮度，从而抵消三基色增加或减少时带来的亮度改动。

图 3–12–7

图 3–12–8

图 3–12–9

图 3–12–10

3. 色相/饱和度

在大家对色彩调整还不甚了解的情况下，我们就接触过这个色彩调整方式。它主要用来改动图像的色相。就是类似将红色变为蓝色，将绿色变为紫色等。目前我们来系统认识一下这个调整方式。打开图像文件如图 3-12-11 所示。

选择菜单“图像/调整/色相/饱和度”（快捷键［Ctrl+U］）打开设置框，调节色相值 100，效果如图 3-12-12 至图 3-12-16）。

饱和度：控制图像色彩的浓淡程度，类似我们电视机中的色彩调节功能。

明度：就是亮度，类似电视机的亮度调整功能。如果将明度调至最低会得到黑色，调至最高会得到白色。对黑色和白色改动色相或饱和度都没有效果。具体效果大家可自己动手实验。

图 3–12–11

图 3–12–12

在设置框右下角有一个“着色”选项，它的作用是将画面改为同一种颜色的效果。有许多数码婚纱摄影中常用到这样的效果。这仅仅是点击一下“着色”选项，然后拉动色相改动颜色这么简单而已，也能同时调整饱和度和明度。

图 3–12–13

图 3–12–14

图 3–12–15　　图 3–12–16

4. 色阶

色阶也属于 Photoshop 的基础调整工具，色阶调整是使用高光、中间调和暗调 3 个变量进行图像色调调整的。

（1）首先我们打开如下图 3-12-17 的图像，我们对这幅动画片场景进行色阶调整。

（2）使用色阶命令“图像/调整/色阶”或快捷键［Ctrl+L］，看到色阶的设置框如菜单如图 3-12-18 所示。能看到它和前一课中的直方图非常类似。注意下面有黑色、灰色和白色 3 个小箭头（图中红色 1、2、3 处）。他们的位置对应“输入色阶”中的三个数值（图中蓝色 1、2、3 处）。其中黑色箭头代表最低亮度，就是纯黑，也能说是黑场。那么大家也能想象得到，白色箭头就是纯白，而灰色的箭头就是中间调。这种表示方式其实和曲线差不多，

图 3–12–17

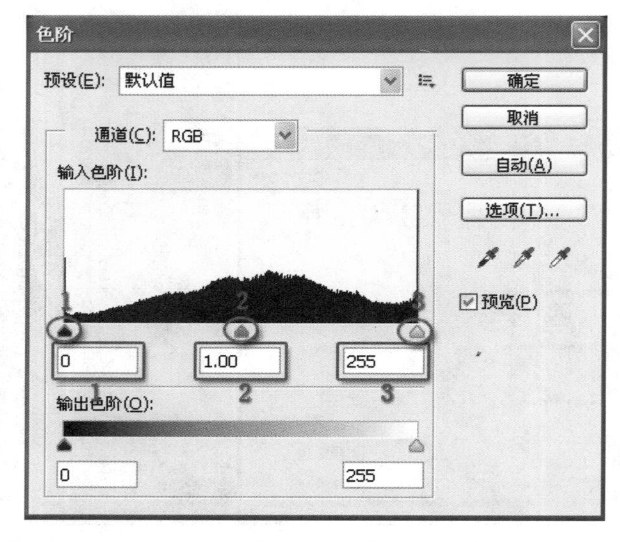

图 3–12–18

只是曲线在中间调上能任意增加控制点，色阶不行。所以在功能上色阶不如曲线来得灵活。色阶设置框中的自动和选项的用途和曲线设置框中的相同。

（3）如图 3-12-19 和图 3-12-20 所示，将白色箭头往佐拉动，上方的输入色阶第 3 项数值减少到 200，观察图像变亮了。这相当于前一节课中提到的合并亮度，也就是说从 200～255 这一段的亮度都被合并了，合并为多少呢？合并到 255。因为白色箭头代表纯白，因此它所在的地方就必须提升到 255，之后的亮度也都统一停留在 255 上。形成的一种高光区域合并的效果。

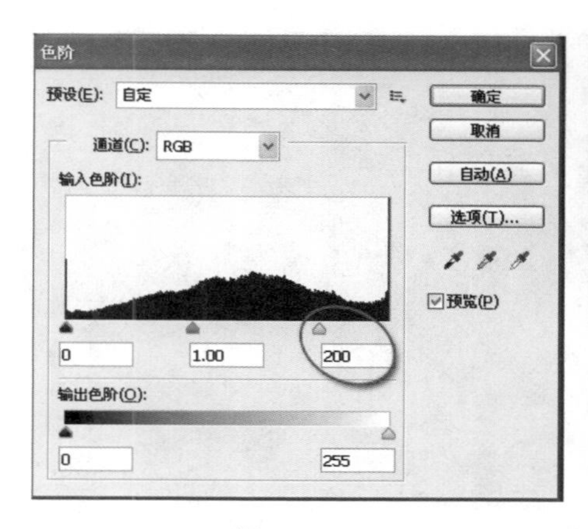

图 3–12–19

图 3–12–20

同样的道理，将黑色箭头向右移动就是合并暗调区域。如图 3-12-21 和图 3-12-22 所示。

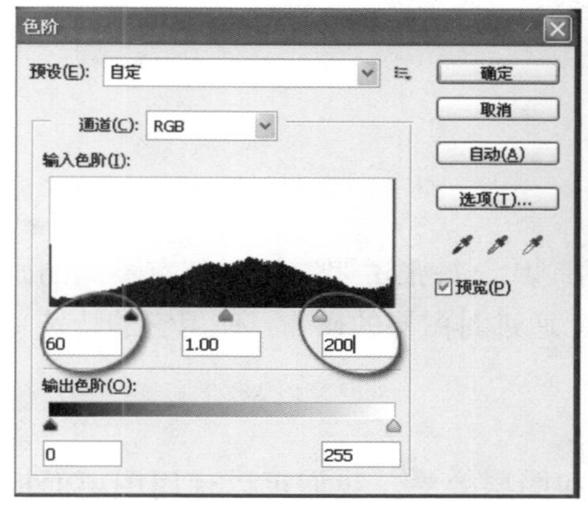

图 3–12–21

图 3–12–22

灰色箭头代表了中间调在黑场和白场之间的分布比例，如果往暗调区域移动，图像将变亮。因为黑场到中间调的这段距离，比起中间调到高光的距离要短，这代表中间调偏向高光区域更多一些，因此图像变亮了。灰色箭头的位置不能超过黑白两个箭头之间的范围。如图 3-12-23 和图 3-12-24 所示。

位于下方的输出色阶，就是控制图像中最高和最低的亮度数值。如果将输出色阶的白色箭头移至 200，那么就代表图像中最亮的像素就是 200 亮度。如果将黑色的箭头移至 60，就代表图像中最暗的像素是 60 亮度。

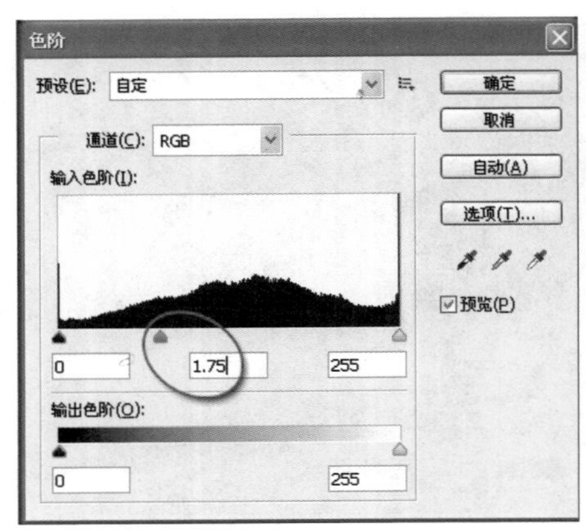

图 3-12-23

图 3-12-24

3.13 图层的操作

3.13.1 图层基本认识

1. 图层概念

我们可以把图层想象成是一张一张叠起来的透明胶片，每张透明胶片上都有不同的画面。改变图层的顺序和属性可以改变图像的最后效果。通过对图层的操作，使用它的特殊功能可以创建很多复杂的图像效果。

2. 图层面板

图层面板上显示了图像中的所有图层、图层组和图层效果。我们可以使用图层面板上的各种功能来完成一些图像编辑任务，例如创建、隐藏、复制和删除图层等。还可以使用图层模式改变图层上图像的效果，如添加阴影、外发光、浮雕等。另外，我们对图层的光线、色相、透明度等参数都可以做修改来制作不同的效果。图层面板如图 3-13-1 所示。

图 3-13-1 中显示出了图层面板最简单的功能，1 是图层的菜单功能，点击向右的菜单就可以看到它的功能，包括：新建、复制、删除图层，建立图层组，图层属性，混合选项，图层合并等功能。2 就是图层。3 是可以看到图层上图像的缩略图。

Photoshop 中在“窗口”菜单下选择“图层”就可以打开上面的面板，如果想改变图 1 中 3 缩略图的大小，可以点击 1 的【三角形】按钮展开功能菜单，选择“调板选项”，打开选择对话框，如图 3-13-2 所示，然后就可以设置缩略图的显示大小了。

3. 图层类型

（1）背景图层

每次新建一个 Photoshop 文件时图层会自动建立一个背景图层（使用白色背景或彩色背景创建新图像时），这个图层是被锁定的，位于图层的最底层。我们是无法改变背景图层的排列顺序的，同时也不能修改它的不透明度或混合模式。如果按照透明背景方式建立新文件时，图像就没有背景图层，最下面的图层不会受到功能上的限制，如图 3-13-3 所示。

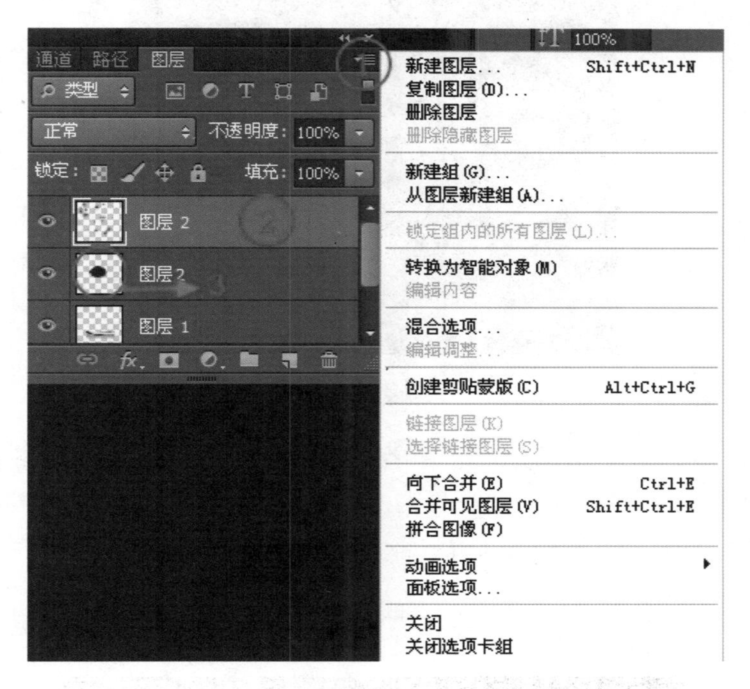

图 3-13-1

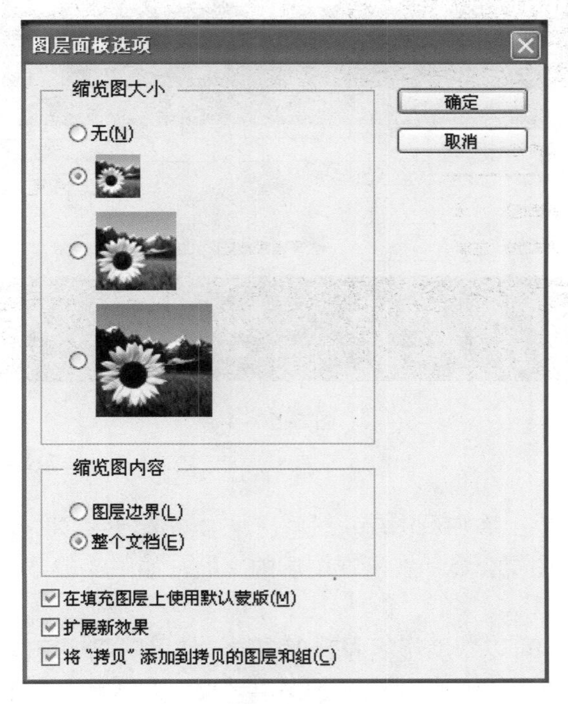

图 3-13-2

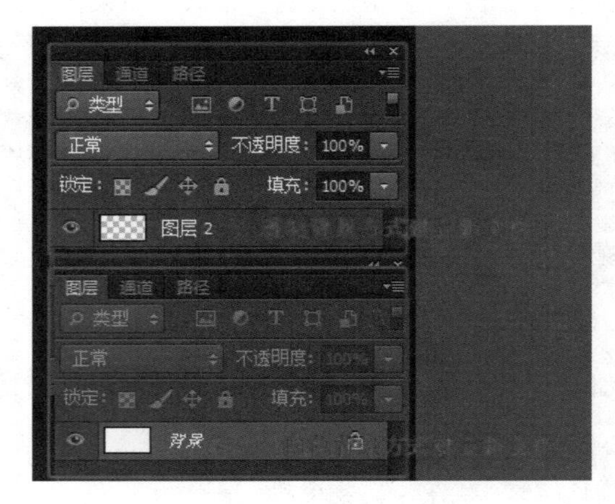

图 3-13-3

如果实在不愿意使用 Photoshop 强加的受限制背景图层，我们也可以将它转换成普通图层让它不再受到限制。具体方法：在图层调板中双击背景图层，打开“新建图层”对话框，如图 3-13-4 所示。然后根据需要设置图层选项，点击【确定】按钮后，再看看图层面板上的背景图层已经转换成普通图层了。

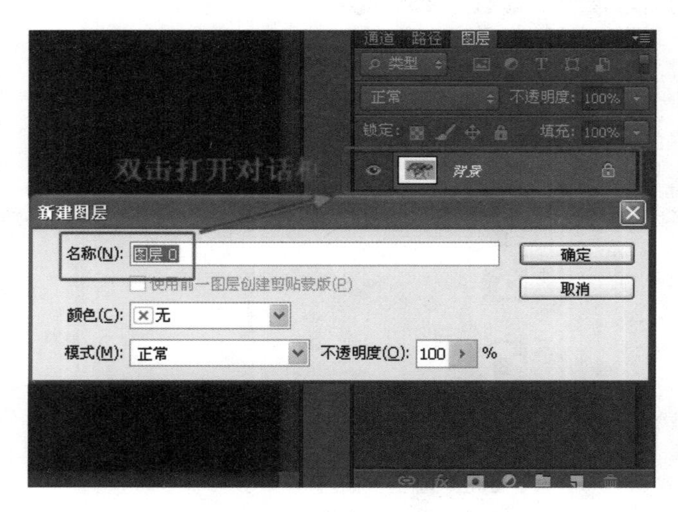

图 3-13-4

（2）图层

我们可以在图层面板上添加新图层，然后向里面添加内容，也可以通过添加内容再来创建图层。一般新创建的图层会显示在所选图层的上面，如图 3-13-5 所示。

（3）图层组

图层组（图 3-13-6）可以帮助组织和管理图层，使用图层组可以很容易地将图层作为一组移动、对图层组应用属性和蒙版以及减少图层调板中的混乱。

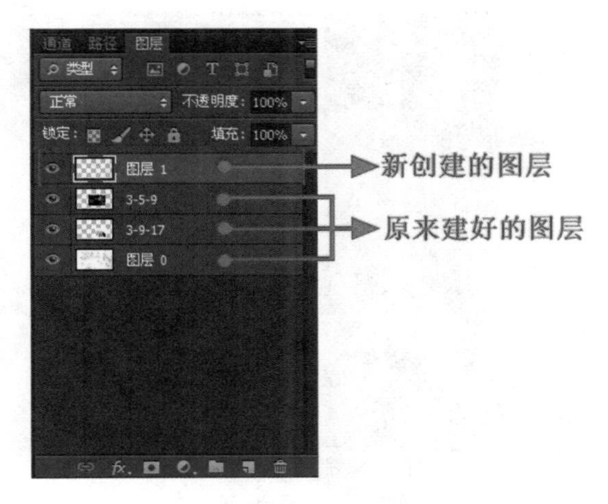

图 3-13-5

图 3-13-6

3.14 图层的高级操作

3.14.1 填充和调整图层

应用填充或调整图层，可以在破坏其他图层色调的基础上，对其下的整个图层的色调进行调整。填充或调整图层与蒙版相关，可以通过编辑蒙版，从而达到屏蔽局部效果的目的。填充或调整图层是对图像的一种无损操作，在确定操作后，不满意的情况下，还可以对其参数进行修改，非常便捷。

1. 新建填充或调整图层

单击“图层”调板上的【创建新的填充或调整图层】按钮，其快捷菜单中罗列了多个相关命令，如图 3-14-1 所示。与其对应的是图层调板上该命令的缩览图。选择其中的一个命令，即可在“图层”调板上创建一个相应的填充或调整图层。

图 3-14-1

2. 修改填充或调整图层

在“图层”调板中选中一个填充或调整图层，执行“图层/更改图层内容”命令，在其子菜单中选择需要更改的命令即可。

在“图层”调板中选中一个填充或调整图层，执行“图层/图层内容选项”命令，或在“图层”调板中双击填充或调整图层的缩览图，可打开与其相应的对话框，对其参数进行调整即可。

创建好的填充或调整图层后面，会自动在其上添加一个图层蒙版，对其蒙版进行编辑，蒙版中黑色的部分，填充或调整图层在图像中对应的位置无效。

3.14.2 图层混合模式

“图层混合模式”是图层上、下层之间进行色彩混合的方式。

Photoshop 提供了二十多种不同的图层混合模式，不同的混合模式可以产生不同的色彩效果。

“图层”调板中“图层混合模式”的下拉菜单中陈列了多种混合模式，如图 3-14-2 所示。

下面分别介绍每种混合模式的特点。

正常：图 3-14-3 为源图像的图层调板。这是 Photoshop 图层的默认模式，不与下方的图层发生任何的混合。此时，上方的图层若是完全不透明的情况下，将掩盖下方的图层，下方图层的像素将不可见，如图 3-14-4 所示。

混合模式列表

✓ 溶解：根据像素不透明度，结果色由基色或混合色的像素随机替换。这个模式在上方图层完全不透明的情况下，与正常模式没有区别。降低图层透明度，效果如图 3-14-5 所示。

✓ 变暗：使用该混合模式，上方图层中较暗的像素将代替下方图层中较亮的像素，下方图层中较暗的像素代替上方图层较亮的像素，混合后效果如图 3-14-6 所示。

✓　正片叠底：上方图层中较暗像素与下方图层相混合，产生的效果如图 3-14-7 所示。

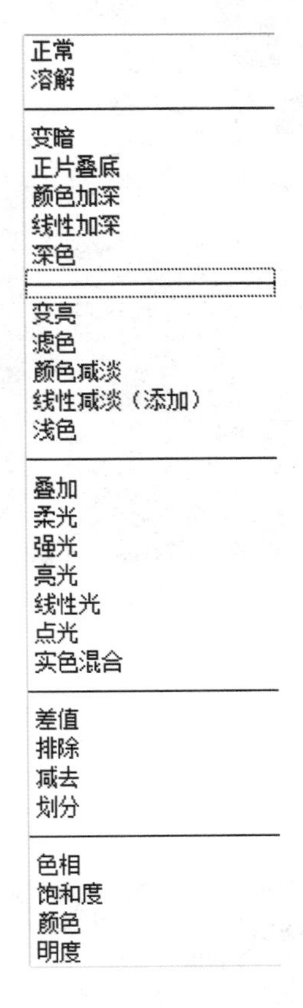

图 3-14-2

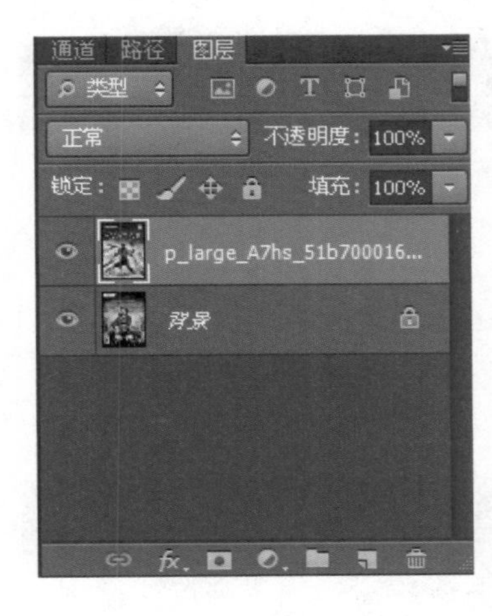

图 3-14-3

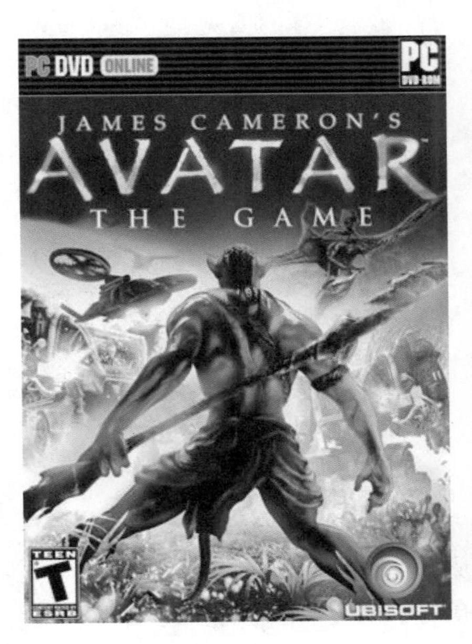

图 3-14-4

图 3-14-5

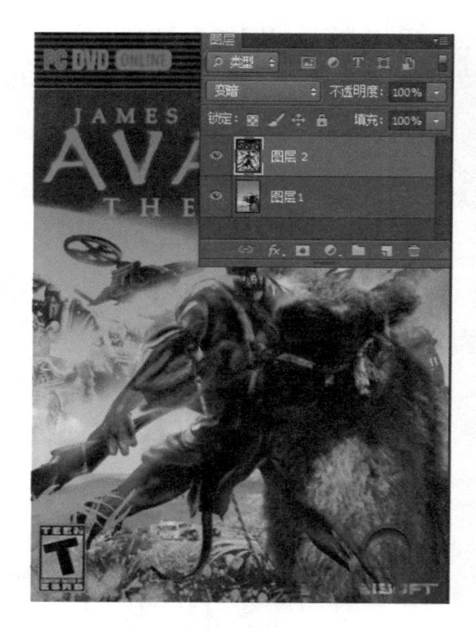

图 3–14–6

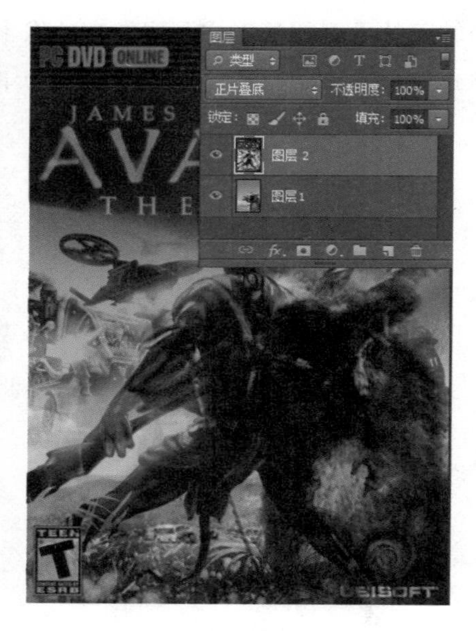

图 3–14–7

✓ 颜色加深：上方图层与下方图层中的暗色像素相混合，下方图层中白色的区域不发生变化。上方图层中白色的区域不与下方图层混合，混合后效果如图 3-14-8 所示。

✓ 线性加深：上方图层中的暗色与下方图层相混合，上方图层中的白色部分与下方图层混合后，对下方图层的像素无影响，效果如图 3-14-9 所示。

图 3–14–8

图 3–14–9

✓ 深色：上方图层中的像素直接代替下方图层中的浅色部分。

✓ 变亮：图 3-14-10 为源图像的图层调板。使用该混合模式，上方图层中较亮的像素将代替下方图层中较暗的像素，下方图层中较亮的像素将代替上方图层较暗的像素，混合后效果如图 3-14-11 所示。

图 3–14–10

图 3–14–11

✓　滤色：该模式与正片叠底相反，上方图层中较亮像素与下方图层相混合产生的效果，如图 3-14-12 所示。

✓　颜色减淡：上方图层与下方图层的混合运算，使其产生非常绚丽的光效，效果如图 3-14-13 所示。

图 3–14–12

图 3–14–13

✓　线性减淡：与线性加深相反，上方图层的亮色与下方图层相混合，上方图层的黑色部分与下方图层相混合后，对下方图层的像素无影响，效果如图 3-14-14 所示。

✓　浅色：上方图层的颜色像素直接代替下方图层的亮色部分。

✓　叠加：该混合模式最终效果取决于下方图层。上方图层的像素在下方图层上叠加，保留下方图层的明暗对比，如图 3-14-15 所示。

✓　柔光：上方图层 50%灰色亮的像素，混合后的图像变亮；上方 50%灰色暗的像素则变暗，效果如图 3-14-16 所示。

图 3–14–14

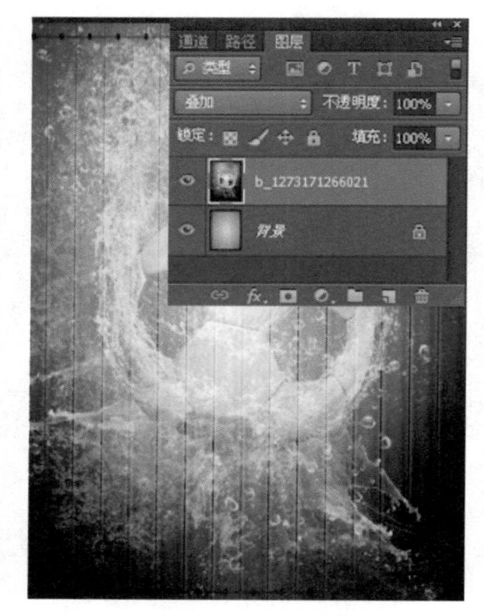

图 3–14–15

✓ 强光：与柔光类似，只是该模式比柔光模式的程度大很多，效果如图 3-14-17 所示。

图 3–14–16

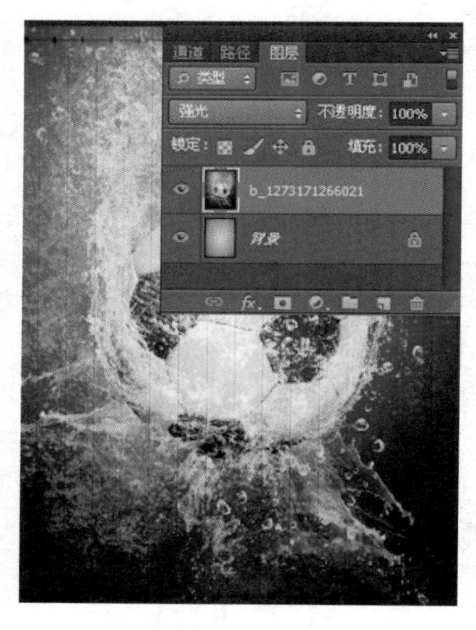

图 3–14–17

✓ 差值：图 3-14-18 为源图像与图层调板。该混合模式是上方图层和下方图层中较亮减去较暗的像素相混合。与白色混合将产生反向效果；与黑色混合则不产生影响，效果如图 3-14-19 所示。

✓ 排除：此模式与差值模式类似，但是产生的结果对比度较低，如图 3-14-20 所示。

✓ 色相：该混合模式是用下方图层的亮度和饱和度与上方图层的色相混合产生的结果，效果如图 3-14-21 所示。

图 3–14–18

图 3–14–19

图 3–14–20

图 3–14–21

✓　饱和度：用上方图层的饱和度，替换下方图层图像的饱和度，色相与亮度值不变，效果如图 3-14-22 所示。

✓　颜色：用下方图层的亮度与上方图层的色相和饱和度混合产生的结果，效果如图 3-14-23 所示。

✓　亮度：用上方图层的亮度与下方图层的色相、饱和度混合产生的结果，效果如图 3-14-24 所示。

图 3-14-22

图 3-14-23

图 3-14-24

3.14.3 图层样式

通过添加图层样式，可以对图形的外观进行修饰。图层样式是应用于一个图层的一种或多种特殊效果。在 Photoshop 中的样式调板中，集成了多种预设样式，或者使用“图层样式”对话框对样式进行自定义。

1.“样式”调板

“样式”调板实际上是由多种图层预设样式的组合，如图 3-14-25 所示。在此调板中可以对预设的图层样式进行复制、删除，也可以在调板中进行新建样式、清除样式等操作。在“样式”调板中选择某一个图层样式，将鼠标移动到调板的空白区域，当鼠标指针变为“油漆桶”

时，单击鼠标左键，即可复制选择的图层样式。

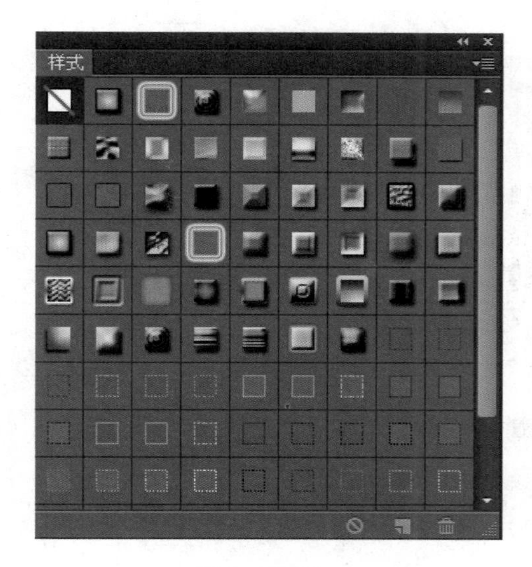

图 3–14–25

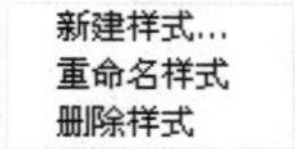

新建样式...
重命名样式
删除样式

图 3–14–26

"样式"调板中的三个按钮的意义解释如下：

✓　清除样式：单击此按钮，即可对图像中添加的图层样式进行清除。

✓　创建新样式：单击此按钮，可以将当前添加的图层样式创建在"样式"调板中。

✓　删除样式：将"样式"调板中的图层样式拖动到此按钮上，即可删除"样式"调板中的图层样式。

在"样式"调板中的图层样式上单击鼠标右键，即可弹出快捷菜单，如图 3-14-26 所示。在此菜单中同样可以对图层样式进行新建、删除、重命名等操作。

2. 自定义图层样式

除了可以使用 Photoshop 中预设的图层样式，还可以在"图层样式"对话框中，根据自己的需要对图层样式进行自定义。

打开"图层样式"对话框的方法大致有以下几种：

（1）在"图层"调板，选择需要添加图层样式的图层，执行"图层/图层样式"命令，在其子菜单中选择其一，如投影、外发光等。

（2）在"图层"调板，选择需要添加图层样式的图层，单击"图层"调板上的【添加图层样式】按钮，在其快捷菜单中任选其一。

（3）在"图层"调板上，双击需要添加图层样式的图层。

（4）在"图层"调板上，右键单击需要添加图层样式的图层，在其快捷菜单中选择"混合选项"命令。

打开的"图层样式"对话框，如图 3-14-27 所示。

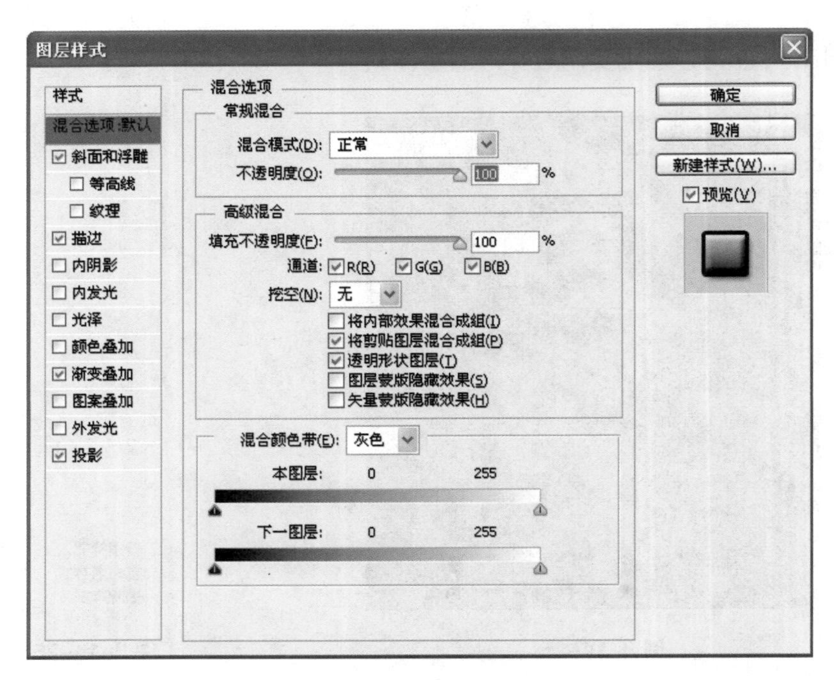

图 3-14-27

3. 投影

在“图层样式”对话框左侧，选择“投影”复选框，其面板参数如图 3-14-28 所示。

在选择项目时，应用鼠标单击项目名称，在选中复选框的同时，转到该项目的参数设置面板。若只是勾选复选框，则不会出现相应的参数设置面板。

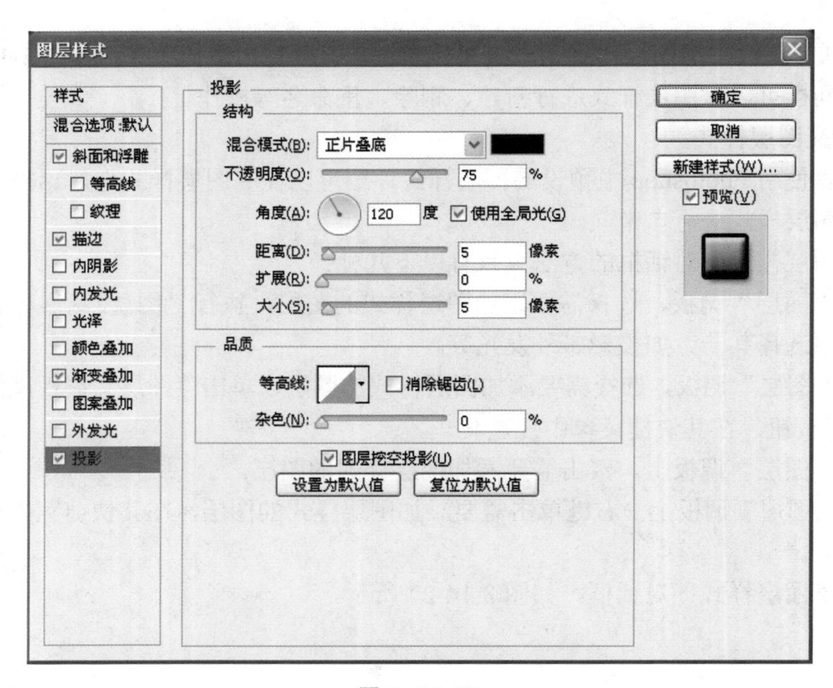

图 3-14-28

“投影”面板上的各项参数解释如下：

✓　混合模式：其下拉列表中罗列了多种混合效果，其效果与“图层”调板上的图层混合模式相同。单击其后的色块，即打开“拾色器”对话框，可对投影的颜色进行设置。

✓　不透明度：拖动滑块，可以调整投影的不透明度。

✓　角度：设置光的来源。选中“使用全局光”复选框，则该图层所添加的效果中与光源有关的都将使用一个方向。

✓　距离：拖动滑块，可调整投影与图像之间的距离。

✓　扩展：拖动滑块，可调整投影边缘的清晰度。

✓　大小：拖动滑块，可调整投影面积的大小。

✓　等高线：调整投影外观，使用方法类似于“曲线”命令。

✓　消除锯齿：使投影边缘光滑。

✓　z 杂色：设置投影边缘呈颗粒状的程度。

在“图层样式”对话框中，设置的“投影”参数，图层将会产生的投影效果，如图 3-14-29 所示。

图 3–14–29

4. 内阴影

在“图层样式”对话框左侧，选择“内阴影”复选框，其面板参数如图 3-14-30 所示。

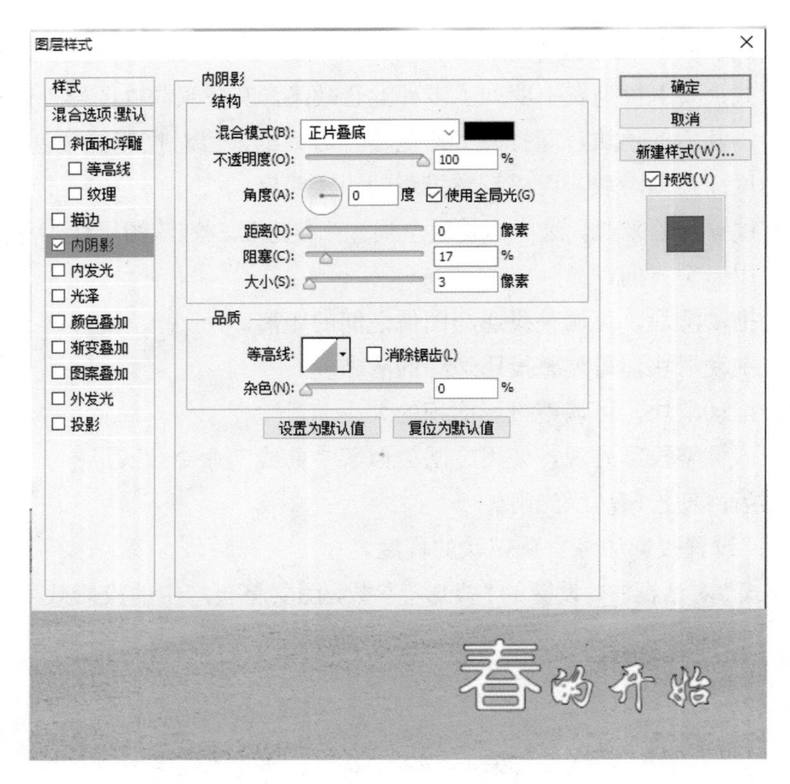

图 3-14-30

“内阴影”的参数与“投影”相同。

5. 外发光

在“图层样式”对话框左侧，选择“外发光”复选框，其面板参数如图 3-14-31 所示。

设置发光颜色。单击左边的色块可打开“拾色器”对话框，选择单色；单击右边的色块可打开“渐变编辑器”对话框设置渐变色，在其下拉列表中陈列了多种预设的渐变色。

✓ 方法：其下拉列表中有“柔和”和“精确”两个选项可供用户选择。

✓ 范围：根据调整的数值设置渐变光晕的色彩位置。

✓ 抖动：针对渐变光晕，产生类似溶解的效果，数值越大越明显。

6. 内发光

在“图层样式”对话框左侧，选择“内发光”复选框，其面板参数如图 3-14-32 所示。

“内发光”与“外发光”的选项基本相同。唯一的区别是在于“内发光”选项中的“源”，它具有两个单选按钮，分别是“居中”和“边缘”。

7. 斜面和浮雕

在“图层样式”对话框左侧，选择“斜面和浮雕”复选框，其面板参数如图 3-14-33 所示。

其“样式”下拉列表中陈列了 5 种不同的效果。

✓ 外斜面：在图像的外边缘创建斜面，效果如图 3-14-34 所示。

✓ 内斜面：在图层的内边缘创建斜面，效果如图 3-14-35 所示。

✓ 方法：在其下拉列表中罗列了“平滑”“雕刻清晰”和“雕刻柔和”三个选项。

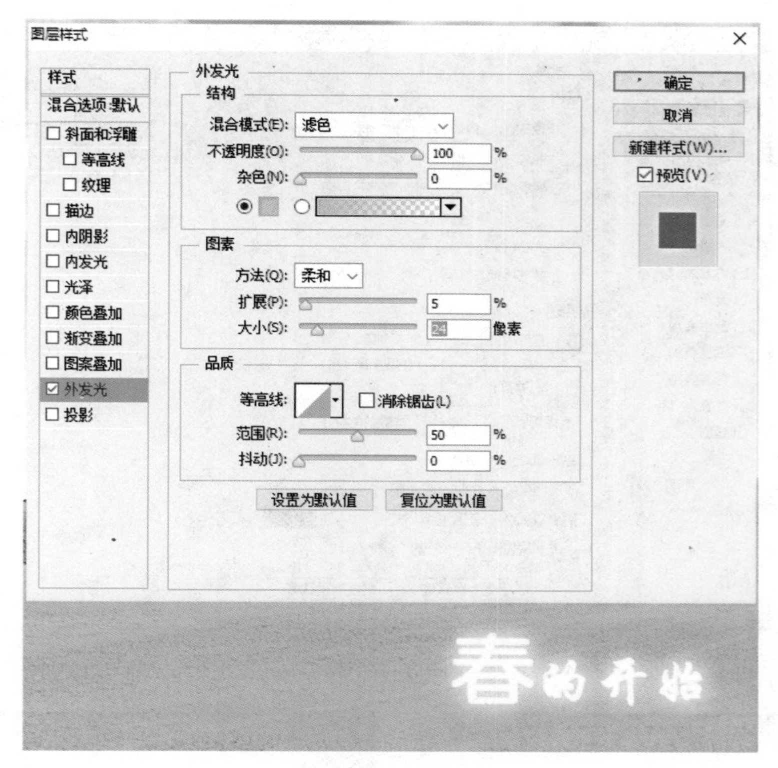

图 3-14-31

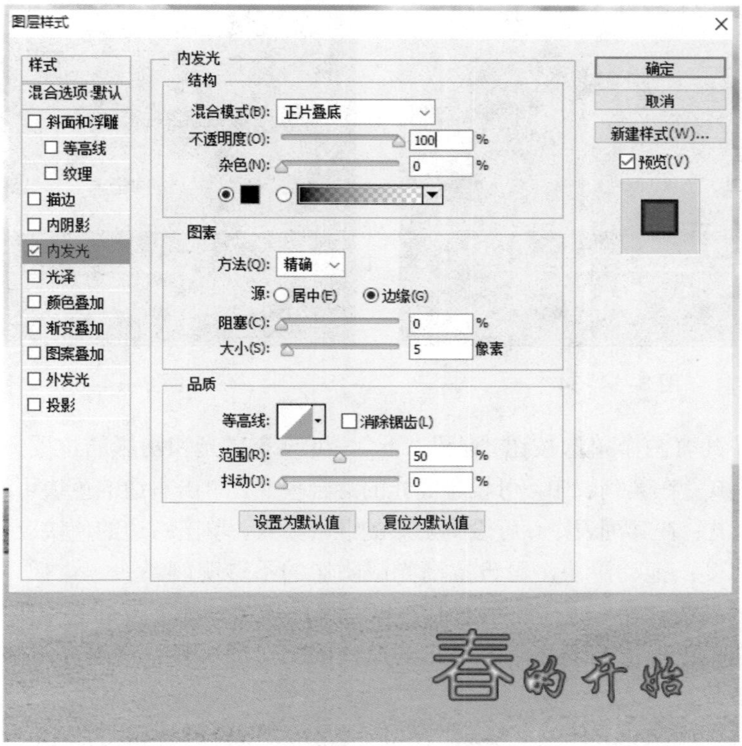

图 3-14-32

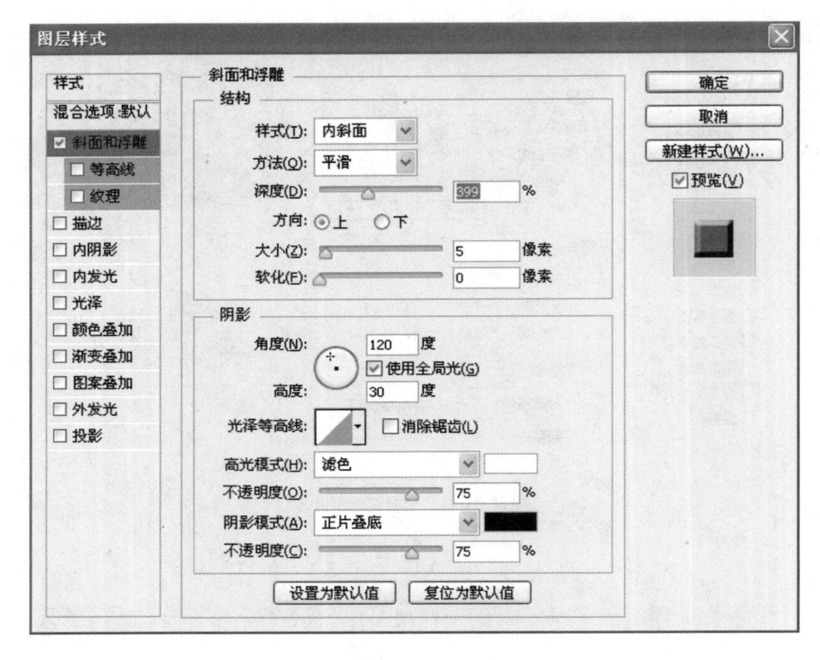

图 3–14–33

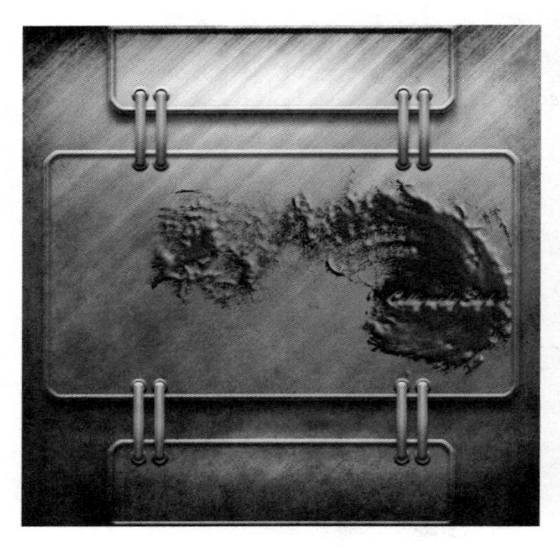

图 3–14–34

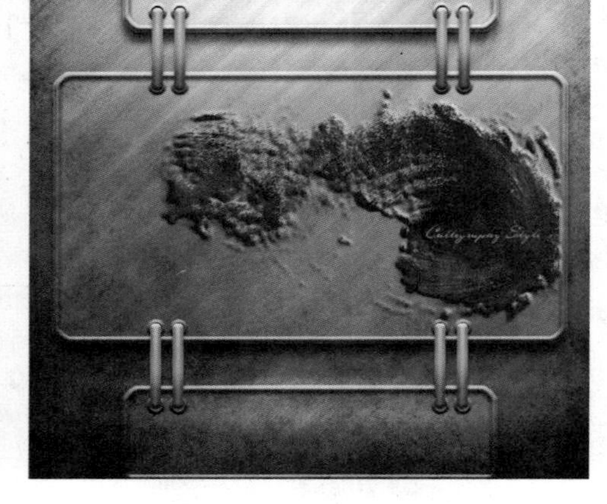

图 3–14–35

✓ 方向：其有两个单选按钮“上”“下”。可改变高光和阴影的位置。

✓ 高光模式：在其列表中，可设置高光的混合模式。单击右边的色块可设置高光的颜色。

✓ 阴影模式：在其列表中，可设置阴影的混合模式。单击右边的色块可设置阴影的颜色。

✓ 不透明度：拖动滑块，可设置高光或阴影的不透明度。

✓ 光泽等高线：等高线往往用于制作出特殊的效果，其下拉列表中陈列了多种预设的等高线参数，也可根据用户的需求，单击等高线的缩览图，打开“等高线编辑器”对话框，自定等高线的参数。

“斜面和浮雕”下面还有两个复选框，分别是“等高线”（如图 3-14-36 所示）和“纹理”（如图 3-14-37 所示）。这里的“等高线”应用于设置斜面的等高线样式，拖动“范围”

滑块可调整应用等高线的范围；“纹理”设置面板中包含的参数有图案、图案缩放大小、深度和反相等。当选中“与图层链接”复选框，可将图案与图层链接在一起，以便一起移动或变形。

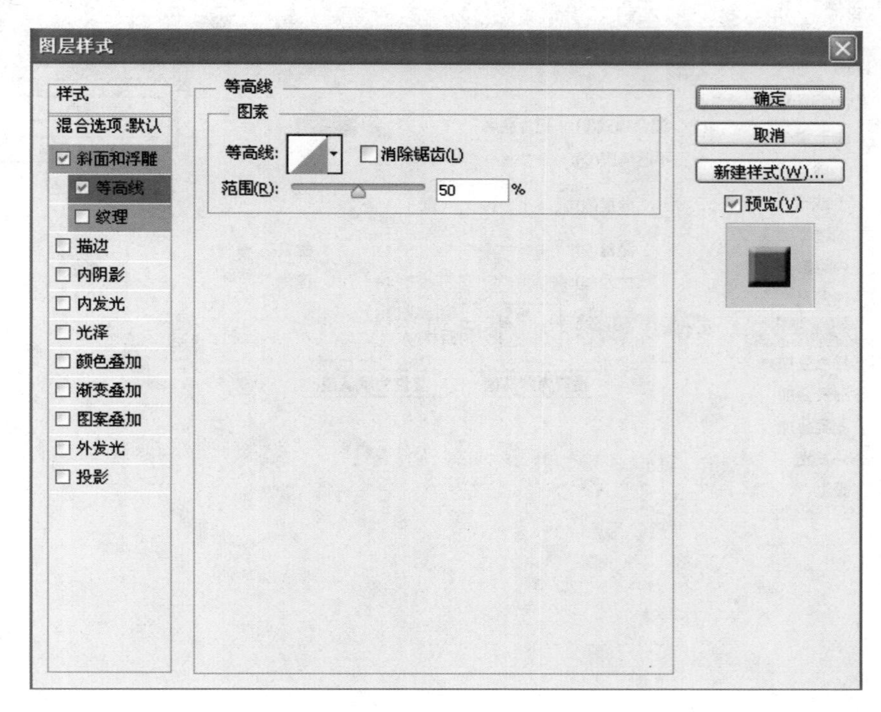

图 3-14-36

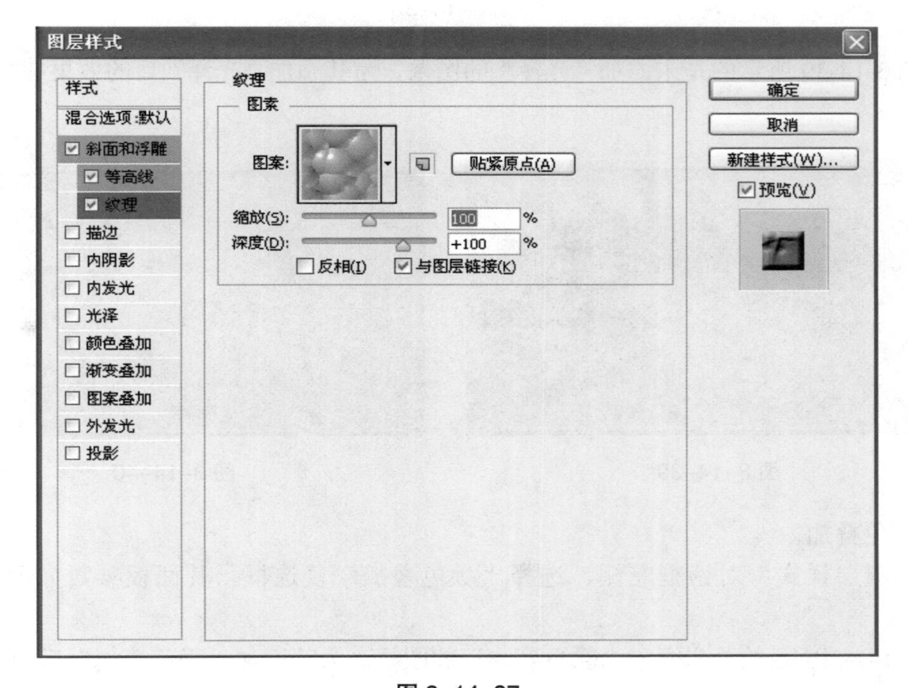

图 3-14-37

8. 光泽

在“图层样式”对话框左侧，选择“光泽”复选框，其面板参数如图 3-14-38 所示。

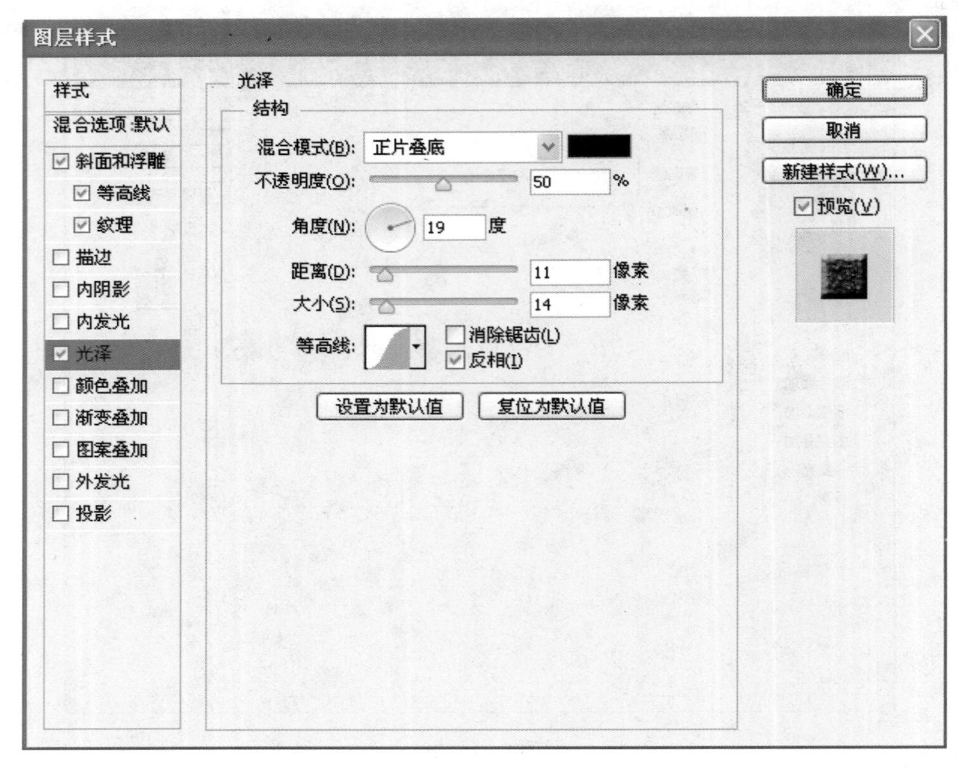

图 3-14-38

如图 3-14-39 所示的是未添加“光泽”的图像，为其添加“光泽”后的效果如图 3-14-40 所示。

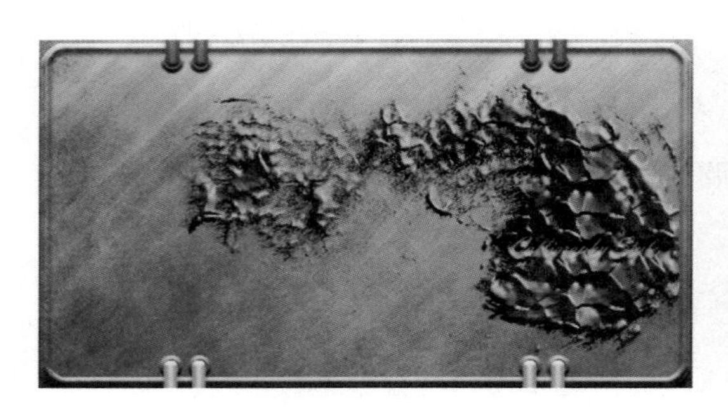

图 3-14-39

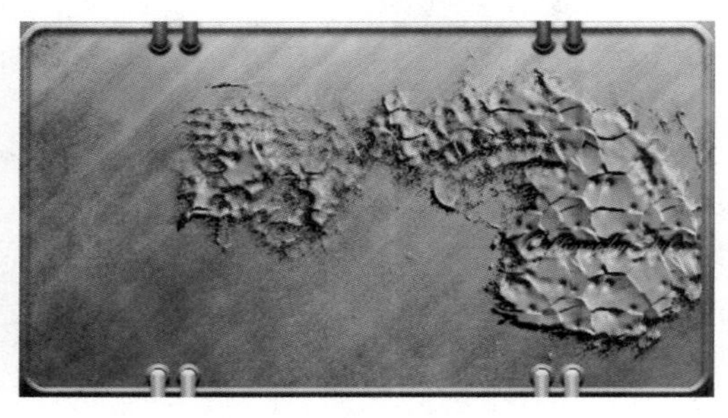

图 3-14-40

9. 颜色叠加

在“图层样式”对话框左侧，选择“颜色叠加”复选框，其面板参数如图 3-14-41 所示。

图 3-14-42 所示的是未添加“颜色叠加”的图像，为其添加“颜色叠加”后的效果如图 3-14-43 所示。

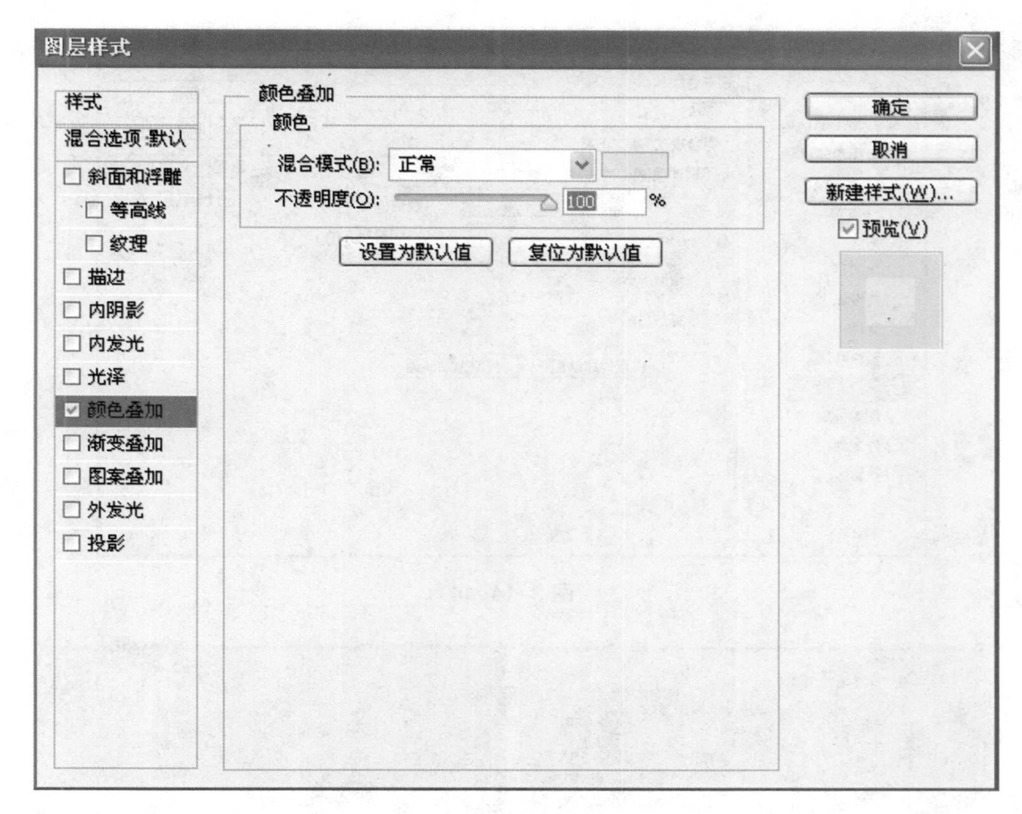

图 3-14-41

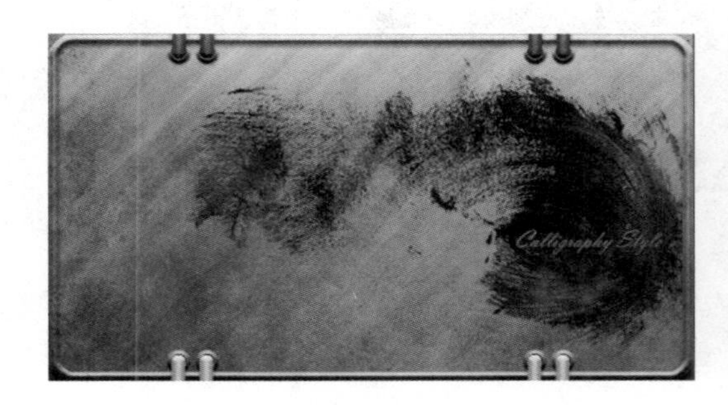

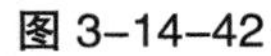
图 3-14-42

图 3-14-43

10. 渐变叠加

在“图层样式”对话框左侧，选择“渐变叠加”复选框，其面板参数如图 3-14-44 所示。

图 3-14-45 所示的是未添加“渐变叠加”的图像，为其添加“渐变叠加”后的效果如图 3-14-46 所示。

11. 图案叠加

在“图层样式”对话框左侧，选择“图案叠加”复选框，其面板参数如图 3-14-47 所示。

图 3-14-48 所示的是未添加“图案叠加”的图像，为其添加“图案叠加”后的效果如图 3-14-49 所示。

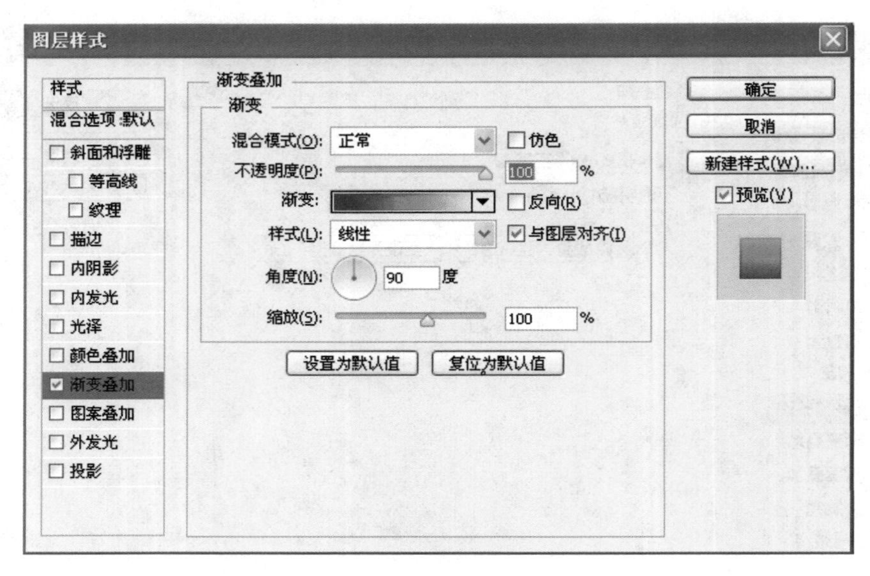

图 3-14-44

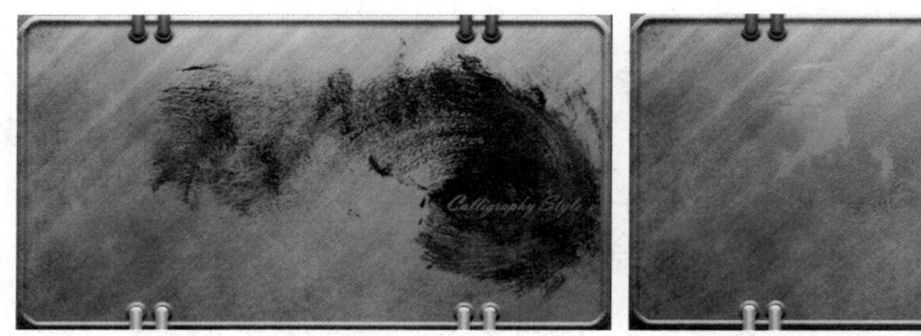

图 3-14-45

图 3-14-46

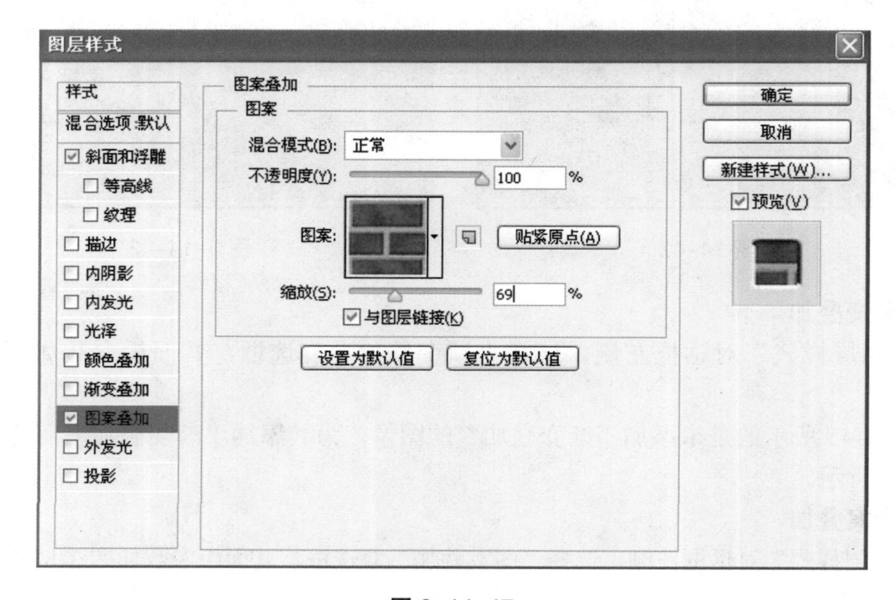

图 3-14-47

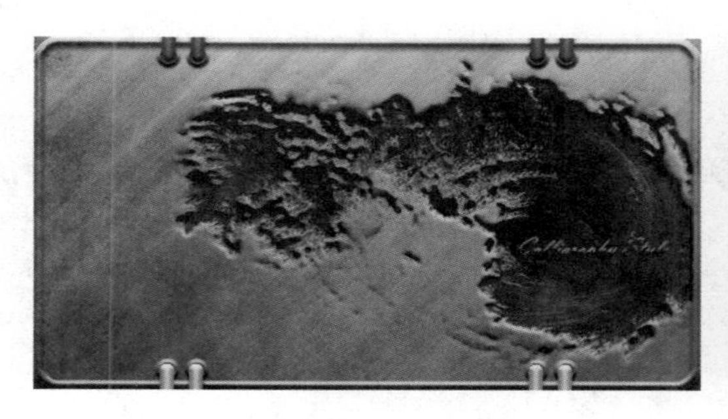

图 3-14-48

图 3-14-49

12. 描边

在“图层样式”对话框左侧，选择“描边”复选框，其面板参数如图 3-14-50 所示。

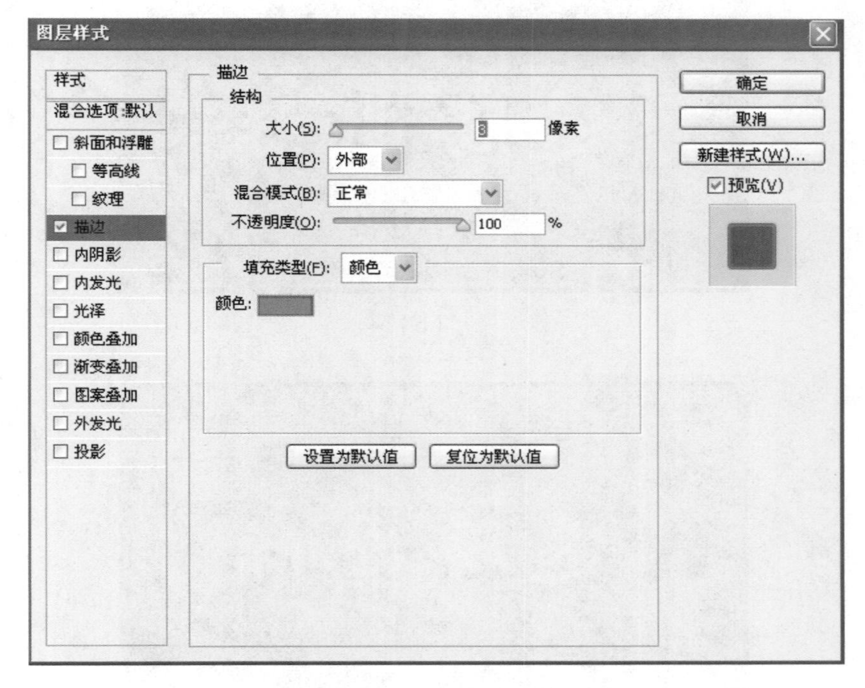

图 3-14-50

✓　大小：拖动滑块，或在其文本框内输入数字，可设置描边的粗细。

✓　位置：设置描边的位置，其下拉列表中有“外部”“内部”“居中”3 个选项。

✓　填充类型：其下拉列表中有“颜色”“渐变”“图案”3 个选项。默认为“颜色”，可改变描边的颜色；选择“渐变”时设置面板转换为相应的参数与“渐变叠加”中的相同；选择“图案”时设置面板转换为相应的参数与“图案叠加”中的相同。

图 3-14-51（a）所示的是“描边”的填充类型为颜色时的效果；图 3-14-51（b）所示的是“描边”的填充类型为渐变时的效果；图 3-14-51（c）所示的是“描边”的填充类型为图案时的效果。

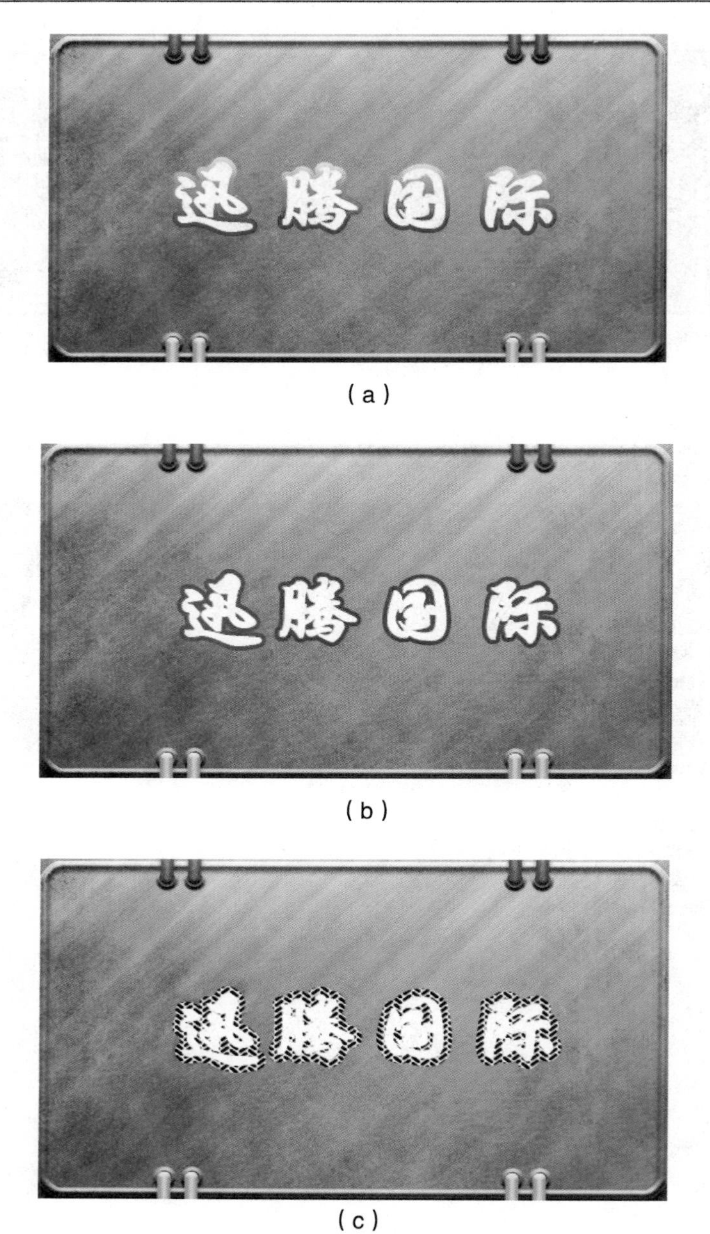

（a）

（b）

（c）

图 3–14–51

实例：MP4 制作

（1）打开 Photoshop 软件，按下［Ctrl+N］快捷键新建工程文件，设置名称为：ipod，大小为 500*600 像素，分辨率：300DPI，其余参数如图 3-14-52 所示。

（2）为当前图层添加图层样式：渐变叠加，具体参数如图 3-14-53 所示，效果如图 3-14-54 所示。

（3）绘制如图 3-14-55 所示矩形路径，使用钢笔工具分别在顶部和底部加点并调节形状，如图 3-14-56 所示。

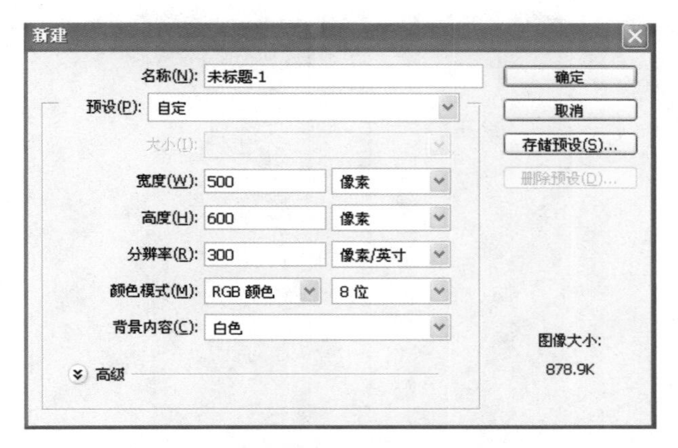

图 3-14-52

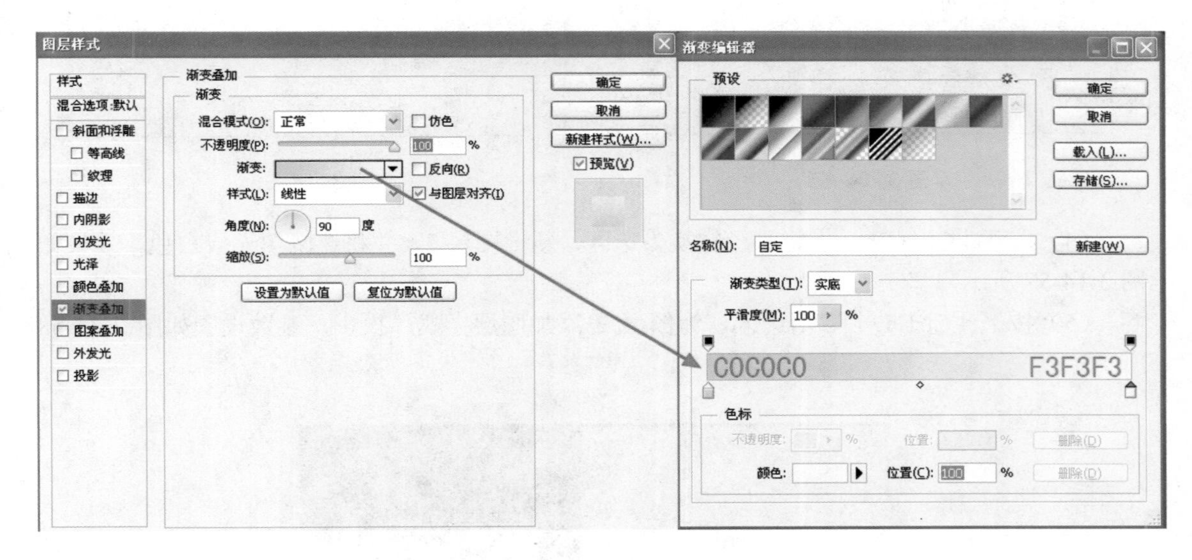

图 3-14-53

图 3-14-54

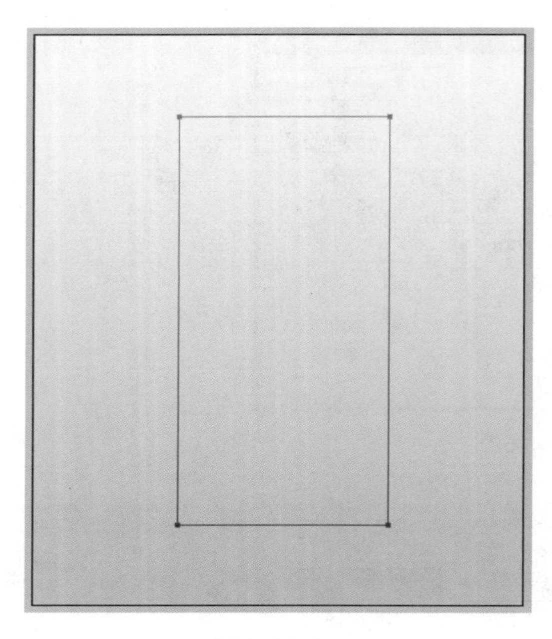

图 3-14-55

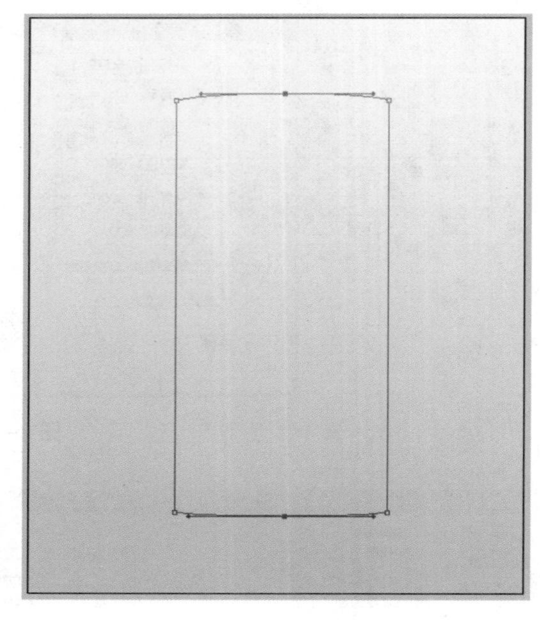

图 3-14-56

（4）按下［Ctrl+Enter］将路径转换为选区，新键图层 2，并将选区填充成白色，效果如图 3-14-57 所示。

（5）按下［Ctrl+D］取消选区，为图层 2 添加图层样式：投影，参数设置如图 3-14-58 所示。

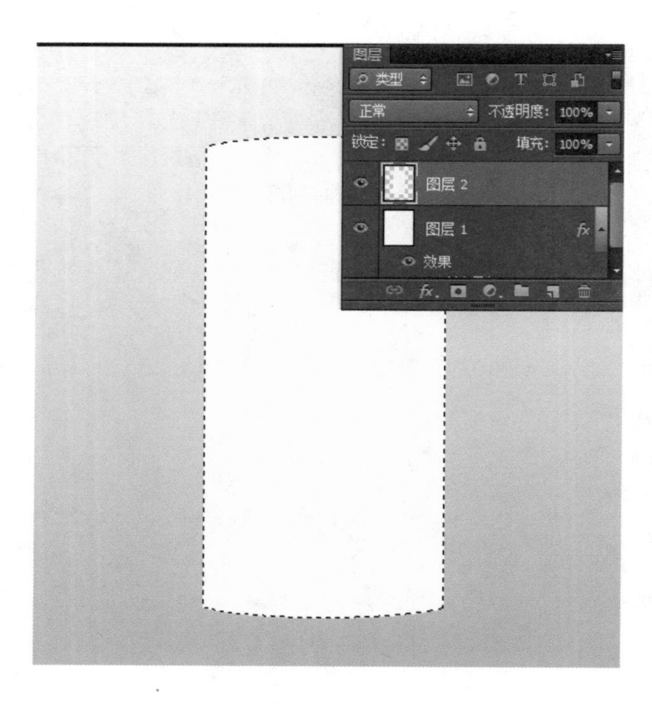

图 3-14-57

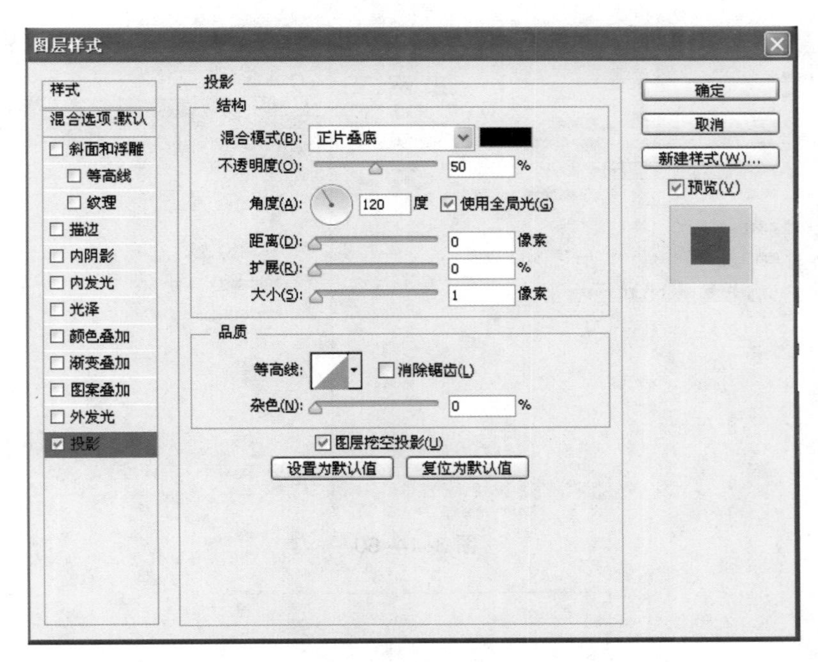

图 3-14-58

（6）继续为该图层添加图层样式：内发光，参数如图 3-14-59 所示。

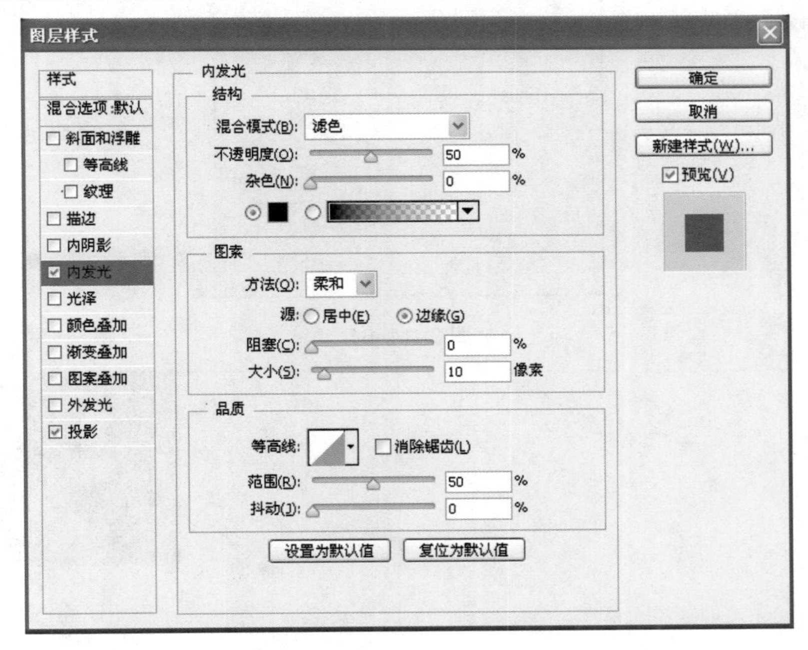

图 3-14-59

（7）继续为该图层添加图层样式：渐变叠加，参数如图 3-14-60 所示，效果如图 3-14-61 所示。

（8）新建图层 3，制作如图 3-14-62 所示选区，在图层 3 上将选区填充为白色，将图层 3 的透明度调节为 50，填充值调节为 60，如图 3-14-62 所示取消选区。

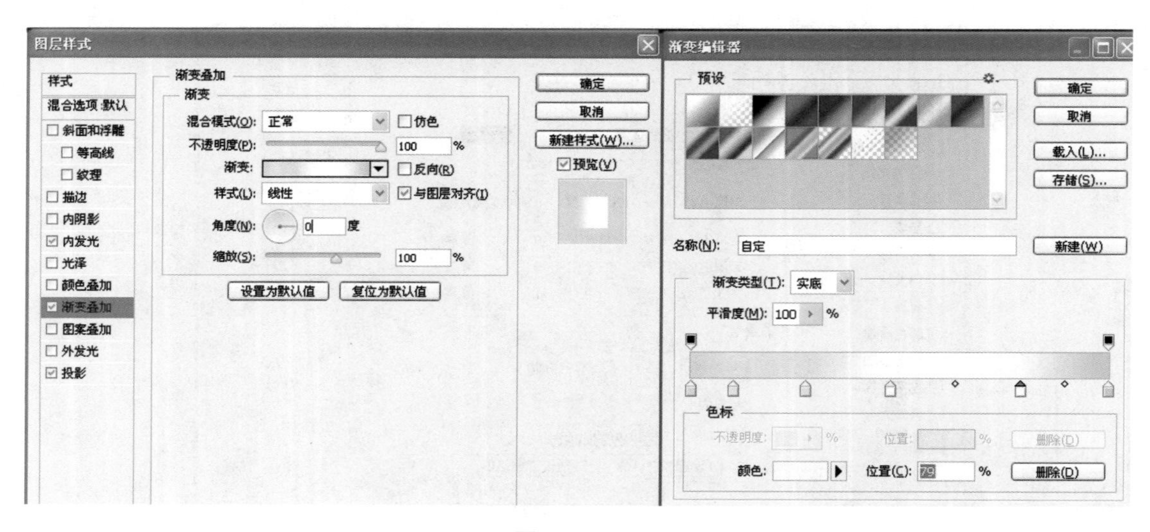

图 3-14-60

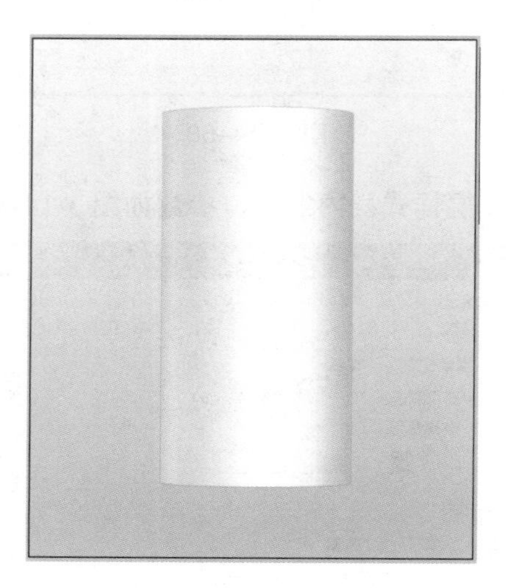

图 3-14-61

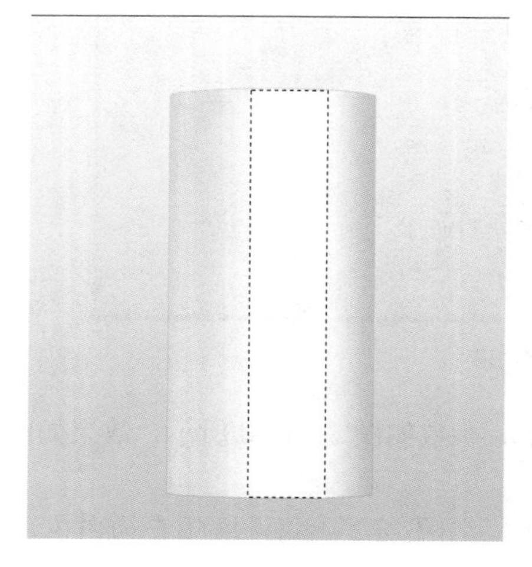

图 3-14-62

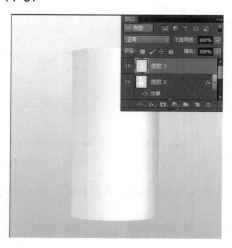

图 3-14-63

（9）新建图层 4，使用圆角矩形路径工具，绘制如图 3-14-64 所示路径，将路径转换为选区如图 3-14-65 所示，选择图层 4 将选区填充为黑色，如图 3-14-66 所示。

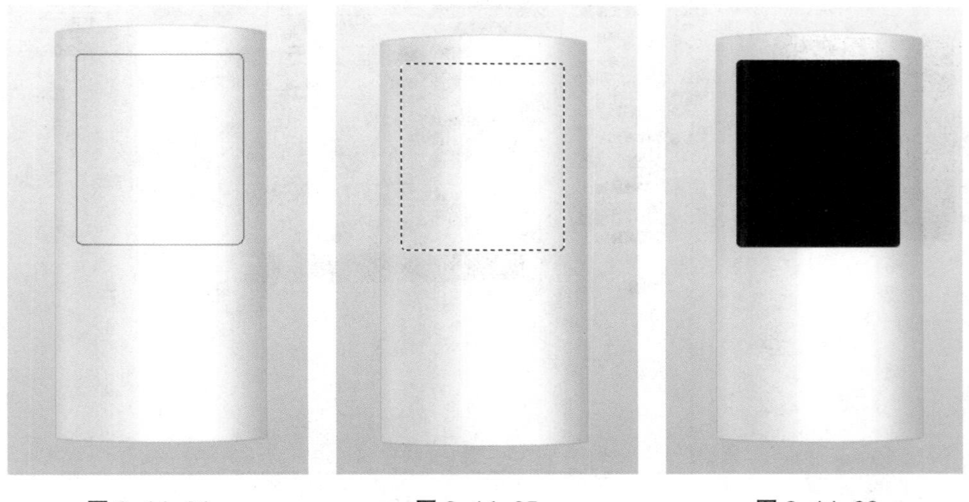

图 3–14–64　　图 3–14–65　　图 3–14–66

（10）为图层 4 添加图层样式：外发光，设置混合模式为正常，不透明度为 40%，设置渐变色为白色，扩展值为 80%，大小为 2 像素，详细参数见图 3-14-67 所示。添加外发光效果如图 3-14-68 所示。

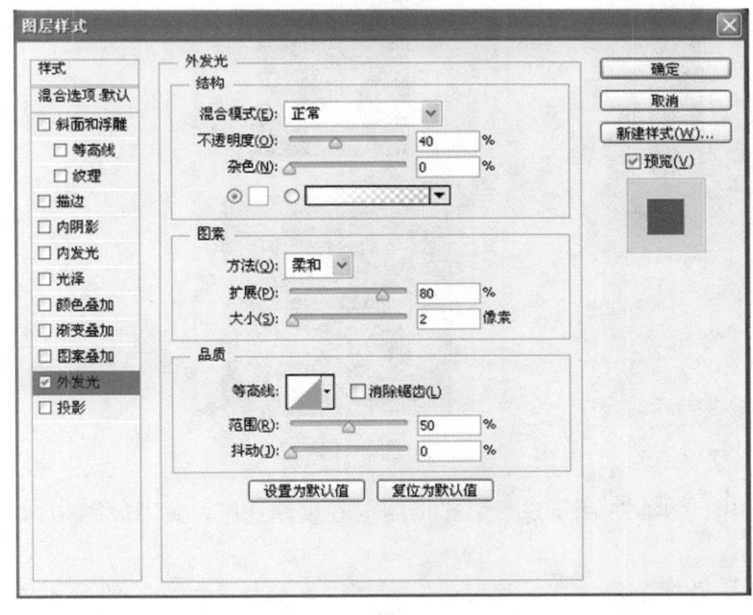

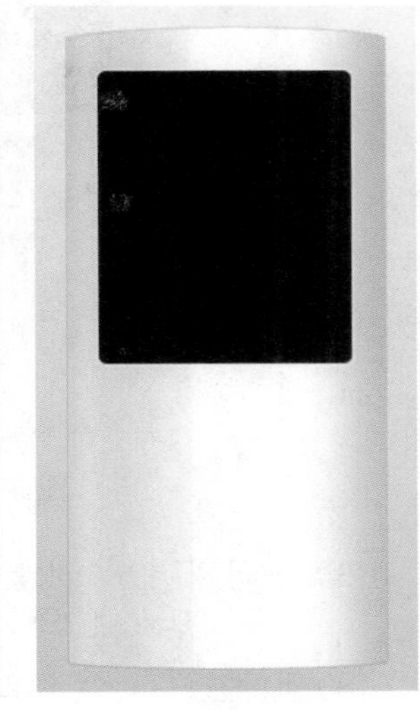

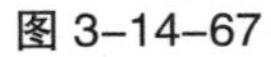

图 3–14–67　　图 3–14–68

（11）按住［Ctrl］键，单击图层 4 缩略图，产生选区，通过减选得到如图 3-14-69 所示选区，新建图层 5，选择图层 5 并填充选区，为图层 5 添加图层样式：渐变叠加，参数如图 3-14-70 所示。渐变叠加效果如图 3-14-71 所示。

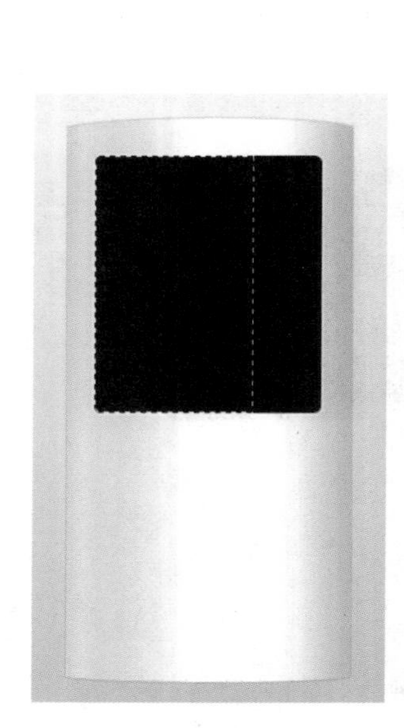

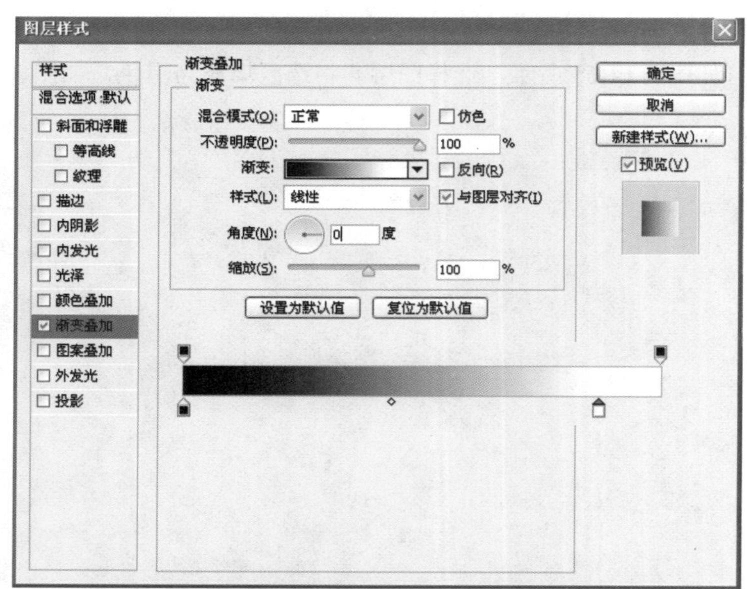

图 3–14–69　　图 3–14–70

（12）取消选区，调节图层 5 的透明度为 50%，效果如图 3-14-72 所示。

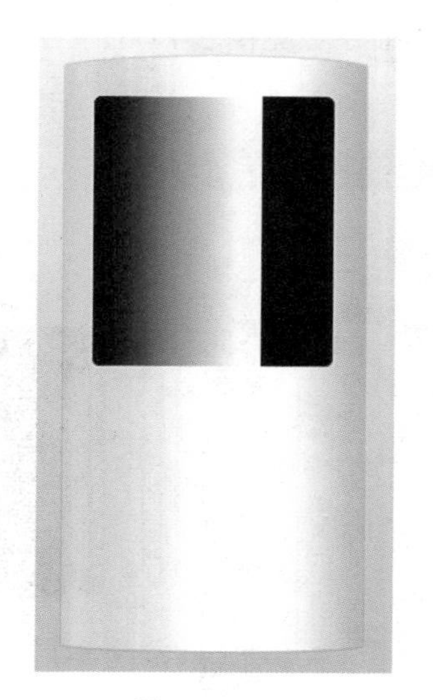

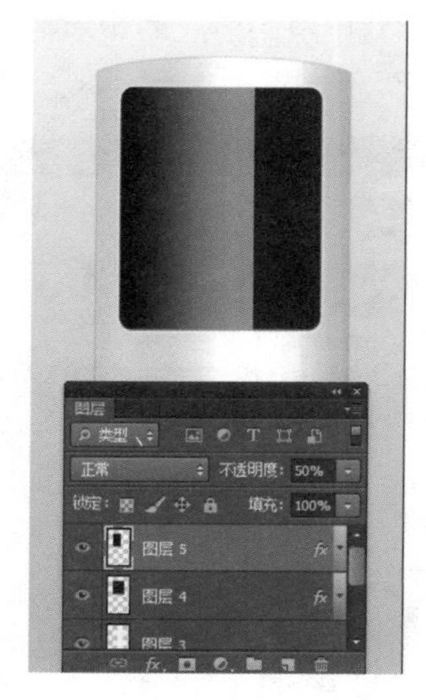

图 3–14–71　　图 3–14–72

（13）新建图层 6，创建如图 3-14-73 所示选区。选择图层 6 填充选区，效果如图 3-14-74 所示。

（14）取消选区，为该图层设置图层样式：外发光，设置混合模式为滤色，设置不透明度为 33%，设置扩展为 0，大小值为 3 像素。详细设置可参考图 3-14-75，效果如图图 3-14-76。

（15）按住［Ctrl］键，单击图层 6 缩略图，产生选区，通过减选得到如图 3-14-77 所示选区。新建图层 7，选择图层 7 并填充选区。为图层 7 添加图层样式：渐变叠加，参数如图 3-14-78 所示。渐变叠加效果如图 3-14-79 所示。

（16）调节图层 7 的透明度为 40%，效果如图 3-14-80 所示。

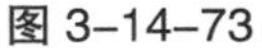
图 3–14–73

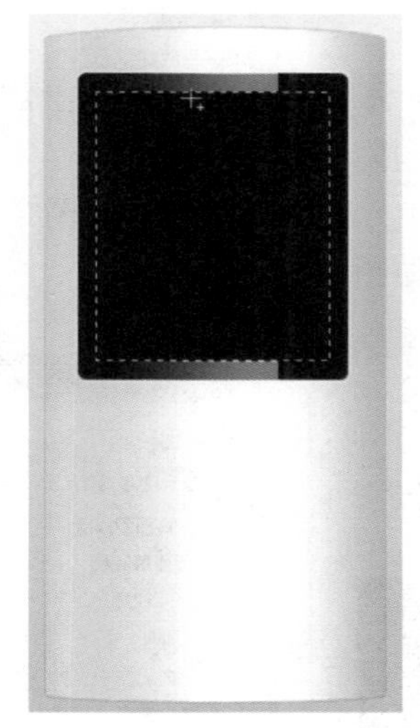

图 3–14–74

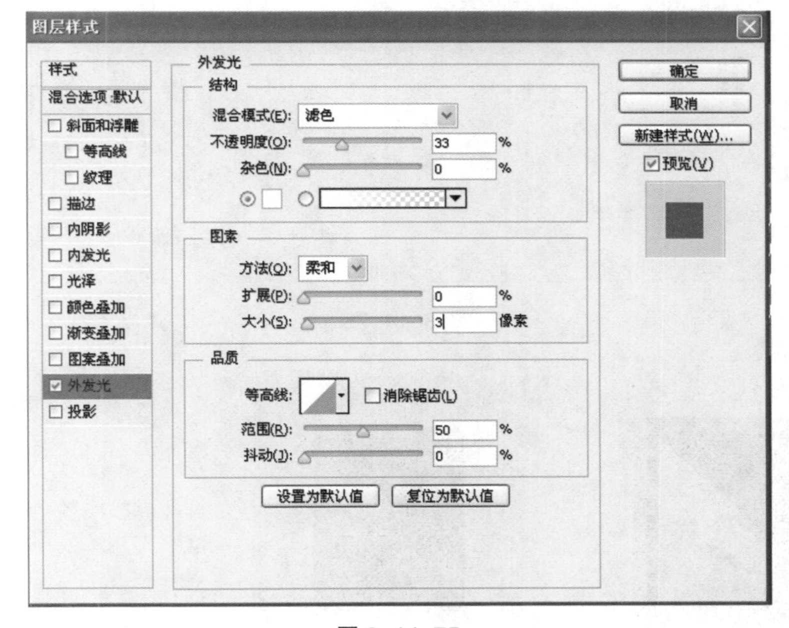

图 3–14–75

图 3–14–76

（17）新建图层 8，创建如图 3-14-81 所示选区，选择图层 8 并填充选区。为图层 8 添加图层样式：内阴影，参数设置如图 3-14-82 所示。

（18）继续为图层 8 添加图层样式：内发光，参数设置如图 3-14-83 所示。

（19）新建图层 9，创建如图 3-14-84 所示选区，选择图层 9 并填充选区。为图层 9 添加图层样式：渐变叠加与投影，参数设置参见图 3-14-85 和图 3-14-86。

（20）最后添加一些按钮，如图 3-14-87 所示。

（21）为 MP4 添加阴影。在图层 1 上创建新图层，命名新图层为：阴影，使用画笔工具在 MP4 底部绘制如图 3-14-88 所示。对阴影图层执行“滤镜/模糊/高斯模糊”参数设置如图 3-14-89

所示。

（22）为 MP4 添加倒影，选择最上部图层，按快捷键［Ctrl + Alt + Shift + E］盖印图层，将盖印图层移动到阴影图层下方。

（23）［Ctrl+T］调节盖印图层如图 3-14-90 所示。为盖印图层添加蒙版，使用渐变工具填充蒙板，效果如图 3-14-91 所示。

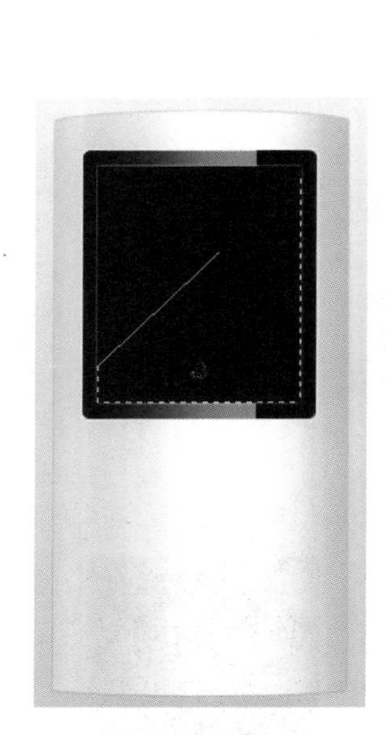

图 3–14–77

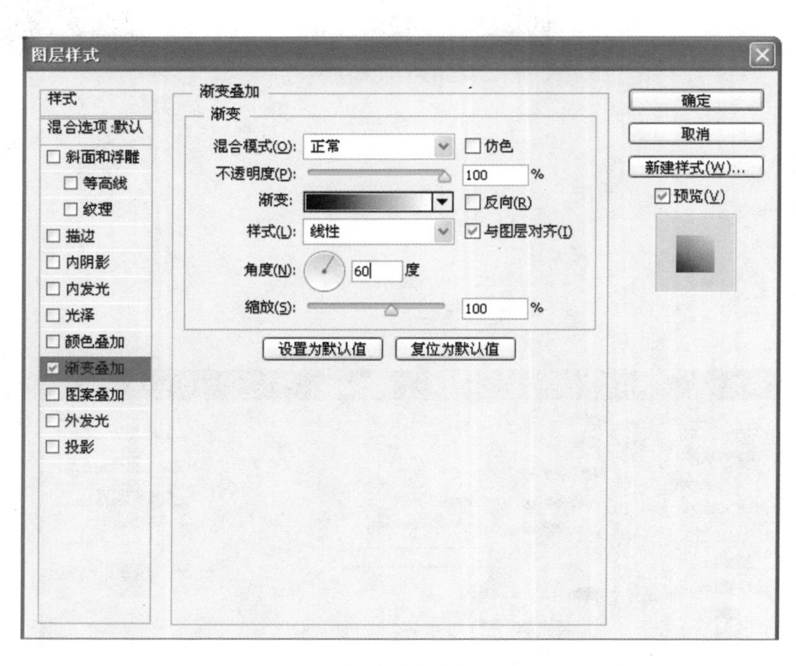

图 3–14–78

图 3–14–79

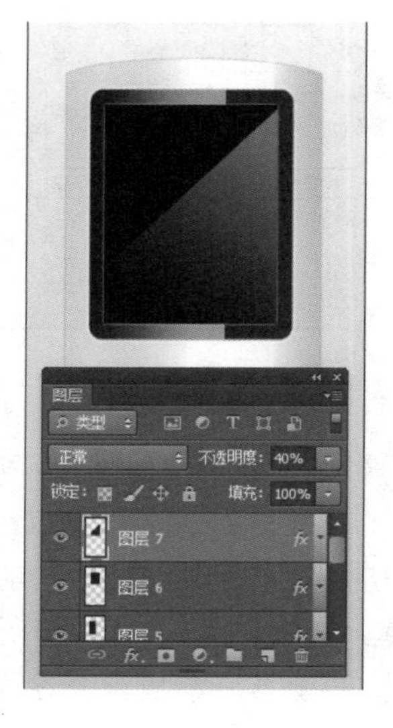

图 3–14–80

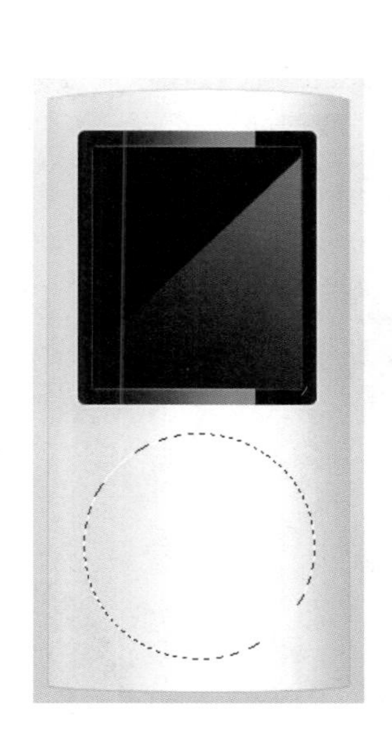

图 3-14-81

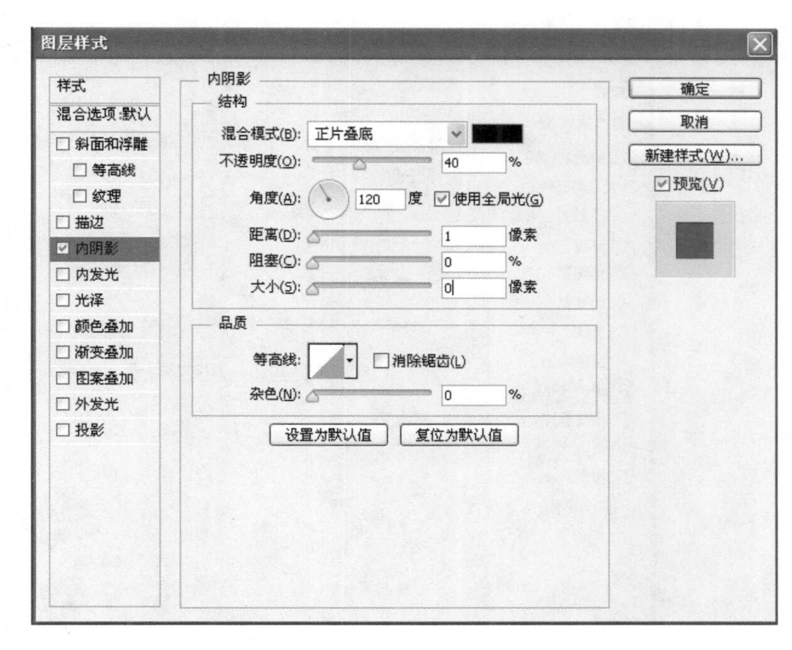

图 3-14-82

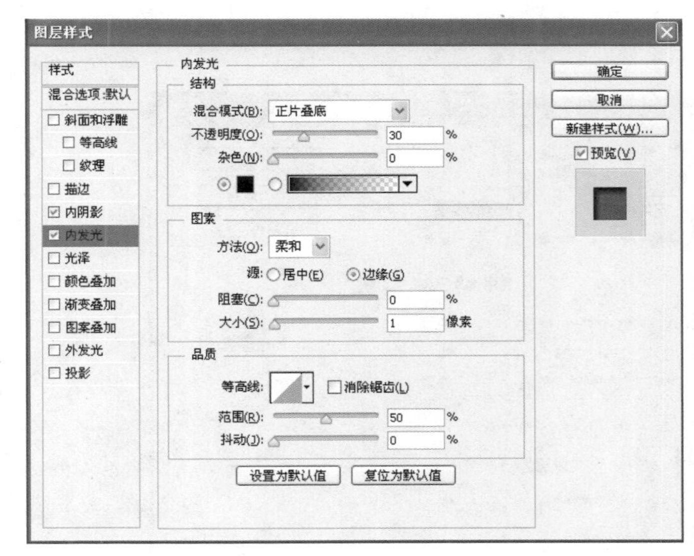

图 3-14-83

图 3-14-84

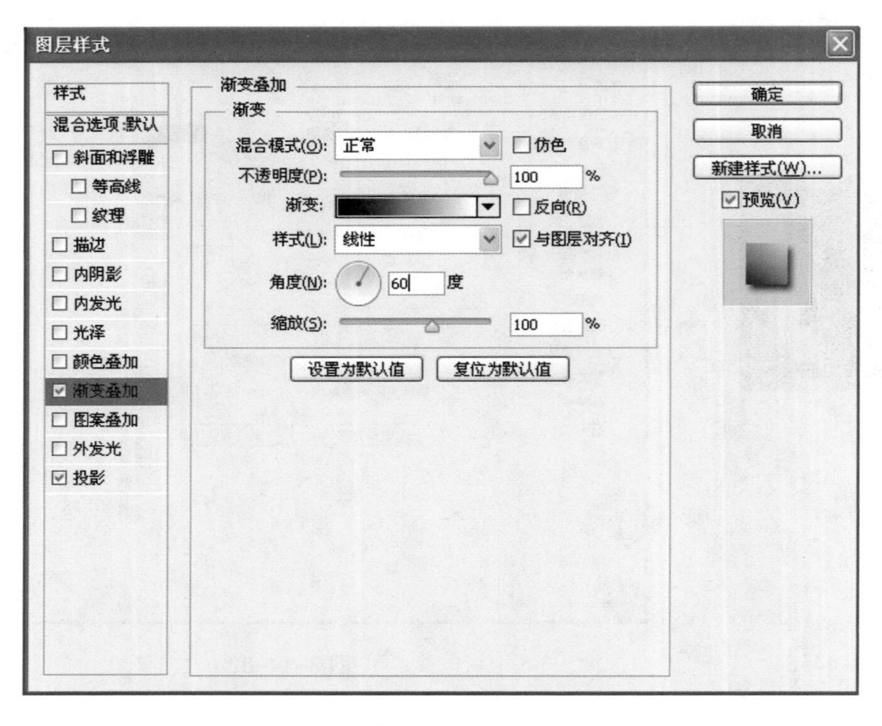

图 3-14-85

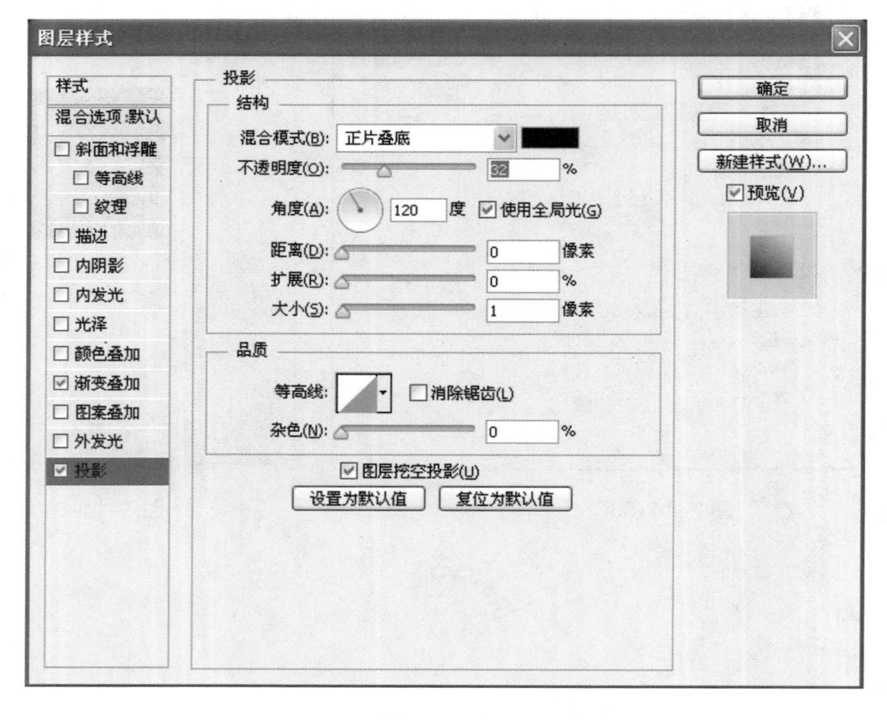

图 3-14-86

图 3-14-87

图 3-14-88

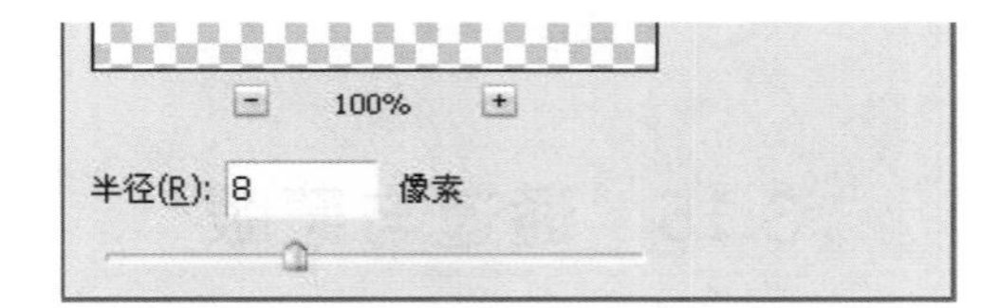

图 3-14-89

图 3-14-90

图 3-14-91

3.15 通道与蒙版

3.15.1 蒙版

图层蒙版可以理解为在当前图层上面覆盖一层玻璃片，这种玻璃片有：透明的和黑色不透明两种，前者显示全部，后者隐藏部分。然后用各种绘图工具在蒙版上（即玻璃片上）涂色（只能涂黑白灰色）。涂黑色的地方蒙版变为不透明，看不见当前图层的图像；涂白色则使涂色部分变为透明可看到当前图层上的图像。涂灰色使蒙版变为半透明，透明的程度由涂色的灰度深浅决定。

图层蒙版可以用来在图层与图层之间创建无缝的合成图像，并且不对图层中的图像进行破坏。

1. 创建蒙版的方法

在实际应用中往往需要在图像中创建不同的蒙版。在创建蒙版的过程中不同的样式下会创建不同的图层蒙版，在创建图层蒙版的过程中可以分为整体蒙版和选区蒙版。下面就为大家介绍一下各种蒙版的创建方法。

2. 整体图层蒙版

整体图层蒙版指的是在当前图层中创建一个将当前图层进行覆盖遮片的效果，具体的创建方法如下：

（1）执行菜单“图层/蒙版/显示全部”命令，此时在图层调板的该图层上便会出现一个白色蒙版缩略图；在“图层”调板中单击【添加图层蒙版】按钮，可以快速创建一个白色蒙版缩略图，如图 3-15-1 所示。此时蒙版为透明效果。

（2）执行菜单“图层/蒙版/隐藏全部”命令，此时在图层调板的该图层上便会出现一个黑色蒙版缩略图；在“图层”调板中按住［Alt］键单击【添加图层蒙版】按钮，可以快速创建一个黑色蒙版缩略图，如图 3-15-2 所示。此时蒙版为不透明效果。

图 3–15–1

图 3–15–2

3. 选区蒙版

（1）如果图层中存在选区。执行菜单“图层/蒙版/显示选区”命令，或在“图层”调板中单击【添加图层蒙版】按钮，此时选区内的图像会被显示，选区外的图像会被隐藏，如图 3-15-3 所示。

（2）如果图层中存在选区，执行菜单“图层/蒙版/隐藏选区”命令，或在“图层”调板中按住［Alt］键单击【添加图层蒙版】按钮。此时选区内的图像会被隐藏，选区外的图像会被显示，如图 3-15-4 所示。

4. 调节蒙版方法

修改图层蒙版可以通过以下几种形式：

（1）使用橡皮工具对蒙版进行调整。

（2）通过画笔工具对蒙版进行调整。

（3）通过加深减淡工具对蒙版进行调整。

（4）通过油漆桶或渐变工具对蒙版进行调整。

下面通过一个实例来学习蒙版的调节方法。

实例：破碎的男人

（1）打开素材文件夹\3-15\男人.tif 文件，如图 3-15-5 所示。

（2）按［Shift+Ctrl+U］组合键，将“图层 1”去色，效果如图 3-15-6 所示。

（3）单击“图层”调板上的【添加图层蒙版】按钮，为该图层添加图层蒙版，并应用“画笔工具”对蒙版进行编辑，使其效果如图 3-15-7 所示。

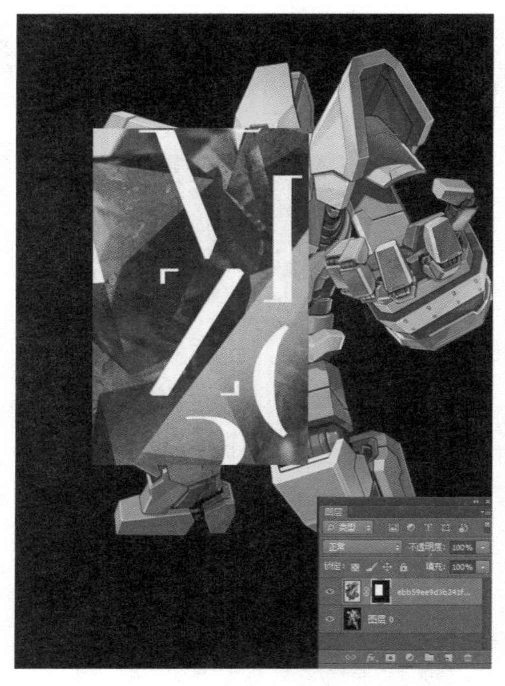

图 3–15–3

图 3–15–4

（4）执行“文件/打开”命令，或按［Ctrl+O］组合键，打开素材文件夹\3-15\砖墙.jpg 文件，如图 3-15-8 所示。

（5）选择工具箱中的“移动工具”，将素材拖移到当前文件中，并按［Ctrl+T］组合键，调整素材的大小、位置，按［Enter］键确定，如图 3-15-9 所示。

（6）按［Shift+Ctrl+U］组合键，将该图层去色，效果如图 3-15-10 所示。

（7）在“图层”调板中设置“图层混合模式”为正片叠底，效果如图 3-15-11 所示。

（8）单击“图层”调板上的【添加图层蒙版】按钮，为该图层添加图层蒙版，并应用“画笔工具”对蒙版进行编辑，使其效果如图 3-15-12 所示。

（9）执行“文件/打开”命令，或按［Ctrl+O］组合键，打开素材文件夹\3-15\纹理 2.jpg 文件，如图 3-5-13 所示。

图 3–15–5

图 3–15–6

图 3–15–7

图 3–15–8

图 3–15–9

图 3–15–10

图 3–15–11

图 3–15–12

（10）选择工具箱中的【移动工具】，将素材拖移到当前文件中，并按［Ctrl+T］组合键，调整素材的大小和位置，按［Enter］键确定，如图 3-15-14 所示。

（11）在“图层”调板中设置“图层混合模式”为正片叠底，效果如图 3-15-15 所示。

（12）单击“图层”调板上的【添加图层蒙版】按钮，为该图层添加图层蒙版，并应用“画笔工具”对蒙版进行编辑，最终效果如图 3-15-16 所示。

图 3–15–13

图 3–15–14

图 3-15-15

图 3-15-16

综合实例讲解：阿凡达效果

（1）打开素材文件夹\3-15\素材.jpg 文件，如图 3-15-17 所示。确保照片光线充足，使它有足够锐利的细节可见。

（2）调节面部颜色：从“工具”窗口中选择“硬”笔刷，并将其“模式”设置为“颜色”，其“不透明度”为 50%。从调色板上选择蓝色。在整个皮肤上涂抹，忽略头发，眼睛和衣服。

现在使用不同色调的蓝色重复几次。可以使用这些颜色重复涂抹几次：#5d7a99 – #32576a – #3c6986 – #54809b。因为每一张照片是不同的，所以可以选择自己喜欢的不同色调的蓝色。最后，选择紫#472a50，使用小笔刷，不透明度设置为 10%，在嘴唇上涂抹，然后随机在脸部涂抹，使它看起来更“自然”。如图 3-15-18 所示。

图 3–15–17

图 3–15–18

（3）处理人物脸上的胡茬：纳威人的脸上似乎是没有胡子的，可以使用“仿制图章工具”删除了胡茬。如图 3-15-19 所示。

图 3–15–19

必须按键盘上的［Alt］键放大所选的源区，单击一次，然后放开，正常涂抹。务必使你选择的源区域看起来与你想复制到的区域最相似，如果看起来不好，尝试不同的源区。

（4）删除耳朵：用黑色涂抹了它们，使其与背景融合。

可以自己画纳威人的耳朵，或是载入素材图片如图 3-15-20 所示。

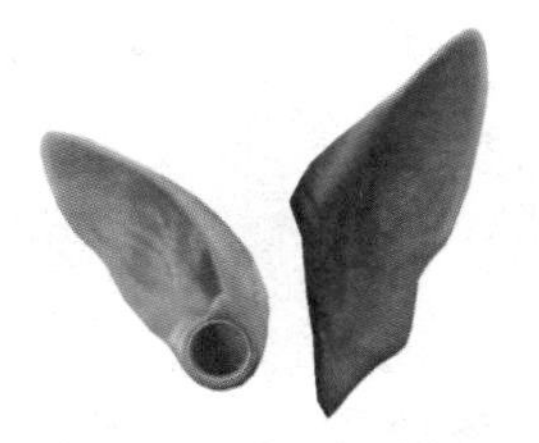

图 3-15-20

（5）在工具窗口选择“多边形套索工具”，并在导入的耳朵周围创建蒙版。拖动图片到你的文件里。它现在是一个新的图层，你可以在“图层”窗口看到。现在，放置载入的耳朵，可能需要调整它的大小［Ctrl+T］，点击“移动工具”，并把它移到合适的地方。如图 3-15-21 所示。因为脸是正面的，所以只需右击耳朵图层，选择“复制层”。然后选择“水平翻转”，将耳朵移动到合适的位置。如图 3-15-22 所示。

图 3-15-21

图 3-15-22

（6）下一步，我们要放大眼睛。首先，复制图层，然后使用“多边形套索工具”，在菜单中选择“添加选择”（这样你可以同时选择几个区域）。分别选择两个眼睛区域，包括眼皮和眉毛，删除多余部分。[Ctrl+T]自由变形命令调节眼睛大小，调节眼睛的位置，如图 3-15-23 所示。

图 3-15-23

（7）现在，可以使用“橡皮擦工具”，擦去眼睛周围重叠的部分和边界线。这样做将露出下面的图层，所以不要删除太多。如图 3-15-24 所示。

图 3-15-24

（8）这是较难的部分—鼻子。需要一段时间，尽可能地尝试。

使用“矩形选框工具”，并选择鼻子和它周边的区域。从主菜单选择“滤镜”，并点击“液化”。一个新的窗口打开，你可能要放大一点。选择“向前变形工具”，“笔刷密度”和“笔刷压力”设置为 100。现在，纳威人的鼻成型了。如果你做错了，可以使用“重建工具”。

它可能看起来有些奇怪，但这也没什么，点击【确定】，它看起来应该像图 3-15-25。

（9）这一步仍然是相当困难的。现在，你需要使用“加深”和“减淡”工具。其“范围”设置为“中间调”，“曝光”设置为 5%，继续小心地修饰鼻子和眼睛。要揣摩照片上的光的来源。

用“减淡”工具，设置为“中间调”和“高光”，加亮眼睛的虹膜。给鼻尖染少量粉红色。使用笔刷工具设置为“颜色”，这个颜色可以使用“吸管工具”从耳朵上采样。效果如图 3-15-26 所示。

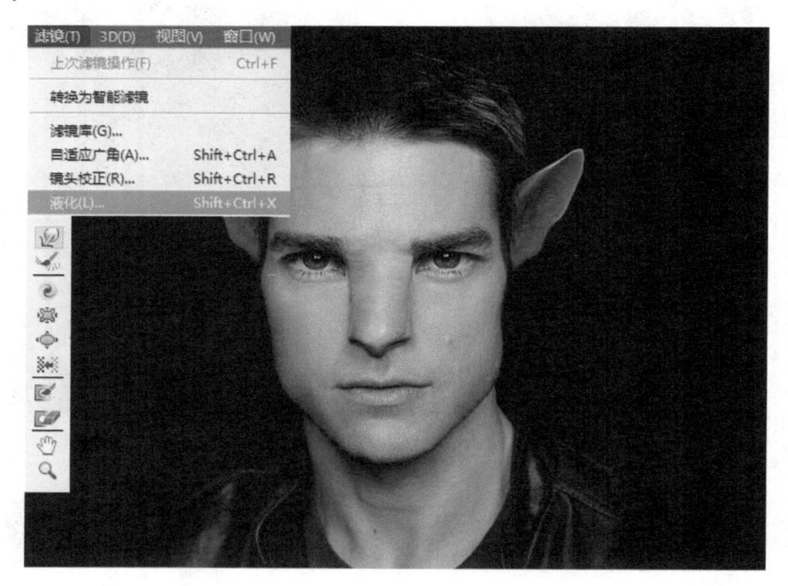

图 3-15-25

图 3-15-26

（10）继续使用“加深”工具，结合“中间调”和“阴影”，给整个面部做进一步补充。继续对鼻子进行液化调整。对比图像 3-15-26 和图 3-15-27 的差别。

（11）现在感觉整体形象有点太暗。去图层窗口，在底部点击【创建新的填充或调整图层】按钮，并选择“色阶…”。现在，一个新的窗口打开了，按图 3-15-28 设置，点击【确定】。但是，这种选项并不总是能改善图像，所以可能要尝试移动滑块调整。或者，如果图片过轻或过浅，也可以使用滑块更改。

（12）在该模式下点缀脸部，使用“加深”工具（设置中间调和阴影），以及“画笔工具”这次是圆形，其硬度 50%，约 10%的不透明度 ，建立色彩深度，“模式”设置为“正常”。需要多次尝试，才能得到好的效果。如图 3-15-29 所示。

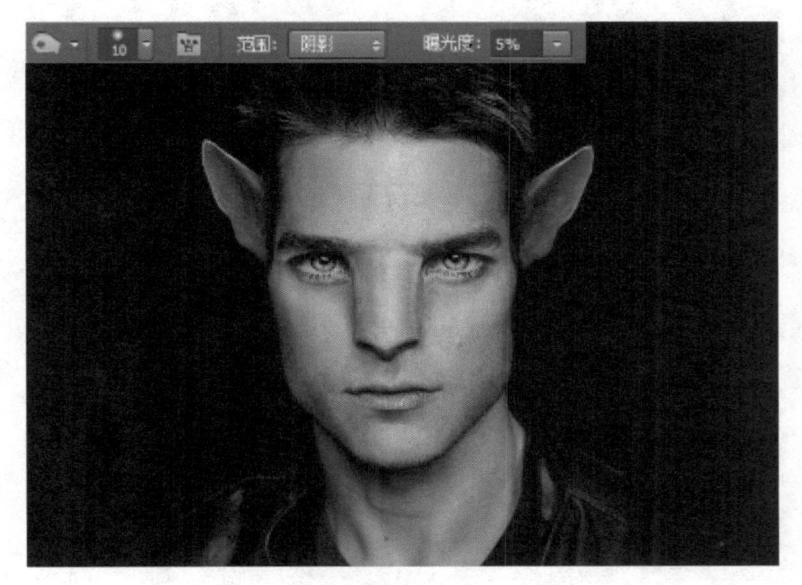

图 3–15–27

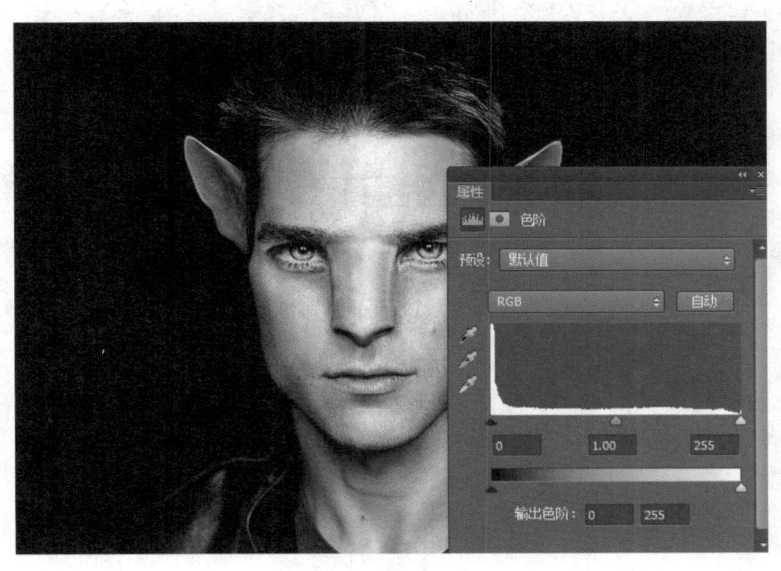

图 3–15–28

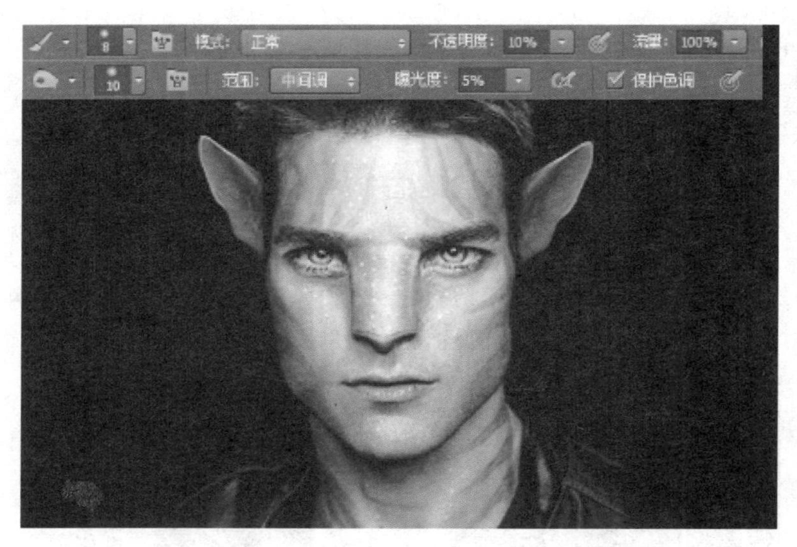

图 3–15–29

（13）现在扩大眼睛的瞳孔。基本上我们在这里重复步骤6。调到你满意的大小与位置后，使用“橡皮擦工具”擦除图层下方的眼睑。如图 3-15-30 所示。

图 3–15–30

（14）最后做一些细节的调整。使用“加深工具”“减淡工具”进行调节，直到满意为止。最终效果如图 3-15-31 所示。

图 3–15–31

3.15.2　通道

通道在很多初学者看来是难以理解的，尽管很多书籍对通道的介绍数不胜数，但是由于通道应用的灵活性，还是让很多读者感到困惑，甚至觉得它有些神秘。那么，通道究竟是什么呢？可以很简单地理解它，其实通道就是一种选区。无论通道有多少种表示选区的方法，它终归还是选区。

在 Photoshop 中有四种通道类型：一是复合通道，它是同时预览并编辑所有颜色信道的一个快捷方式。二是颜色通道，它们把图像分解成一个或多个色彩成分，图像的模式决定了颜色通道的数量。RGB 模式有 3 个颜色通道，CMYK 图像有 4 个颜色通道，灰度图只有 1 个颜色通道。三是专色通道，它是一种特殊的颜色通道，它可以使用除了青色、洋红、黄色、黑色以外的颜色来指定油墨印刷的附加印版。四是 A1pha 通道，它最基本的用处在于可将选择范围存储为 8 位灰度图像，并不会影响图像的显示和印刷效果。

比如 RGB 颜色模式的图像有 3 个默认的颜色通道，分别为红（R）、绿（G）、蓝（B）；并可以在其“通道”调板中添加 Alpha 通道，如图 3-15-32 所示。

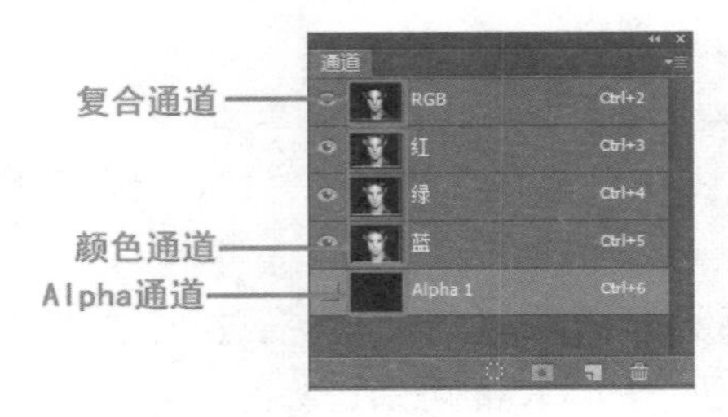

图 3–15–32

通道能记录图像的大部分信息，其作用大致有以下几点：

（1）记录选择的区域。在“信道”调板中，每个通道都是一个 8 位的灰度图像。其中，白色的部分表示所选的区域。

（2）记录不透明度。通道中黑色部分表示透明，白色部分表示不透明，灰色部分表示半透明。

（3）记录亮度。通道是以用 256 级灰阶来表示不同的亮度，灰色程度越大，亮度越低。

1. 信道基本操作

利用“信道”调板可以对通道进行复制、分离、合并等基本操作。

在“通道”调板中可通过调板前面的眼睛图标显示或隐藏通道。按住［Shift］ 键单击需要选择的通道，可同时选中多个通道。执行“窗口/通道”命令，可以显示“通道”调板，如图 3-15-33 所示。

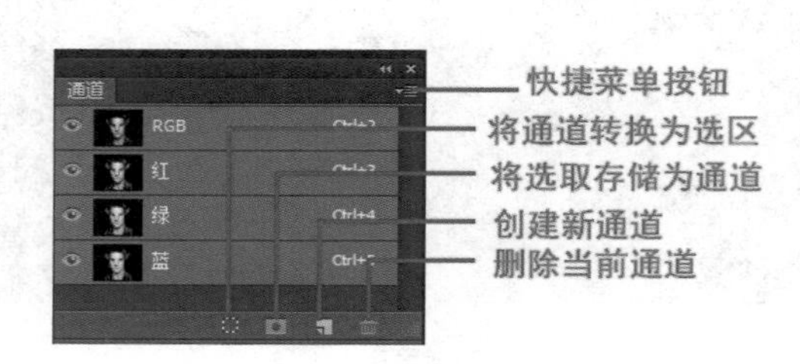

图 3–15–33

“通道”调板上各参数的解释如下：

✓ 将通道作为选区载入：可以将通道的内容以选区的方式表现，即将信道转换为选区。

✓ 将选区存储为通道：单击该按钮，可将图像中的选区存储为一个新的 A1pha 通道。执行“选择/存储选区”命令，可达到相同目的。

✓ 创建新通道：创建一个新的 Alpha 通道。

✓ 删除当前通道：单击该按钮，可以删除当前选择的通道。拖动通道到该按钮释放，也可将其删除。

2. Alpha 通道

Alpha 通道是 8 位灰度图像，可以将选区转换为黑白图像存放在 A1pha 通道中，而且并不对图像造成任何的影响。其中，A1pha 通道中的白色图像是存放的选区，黑色部分是未选择区域。

用以下几种方法，都可以创建一个 Alpha 通道。

（1）单击“通道”调板中的【创建新通道】按钮。

（2）在图像上创建一个选区，单击【将选区存储为通道】按钮，将选区存储为信道，该信道为 A1pha 信道。

（3）单击“通道”调板上的【快捷菜单】按钮，在其快捷菜单中执行“新建通道”命令，打开“新建通道”对话框，如图 3-15-34 所示。可在“名称”文本框内，设置新通道的名称，单击【确定】按钮，即可创建一个 Alpha 通道。

（4）创建一个选区，执行“选择/存储选区”命令，打开“存储选区”对话框，如图 3-15-35 所示。

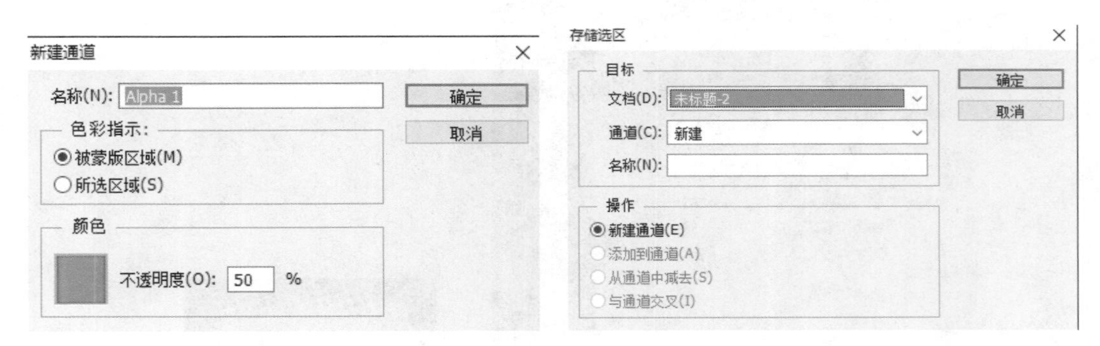

图 3–15–34　　　图 3–15–35

通道实例：彩色半调边框

（1）打开素材 3-15\通道\原图.jpg，如图 3-15-36，进入通道面板，新建一个通道，做一选区如图 3-15-37 所示，羽化值为 15，填充白色。如图 3-15-38 所示。

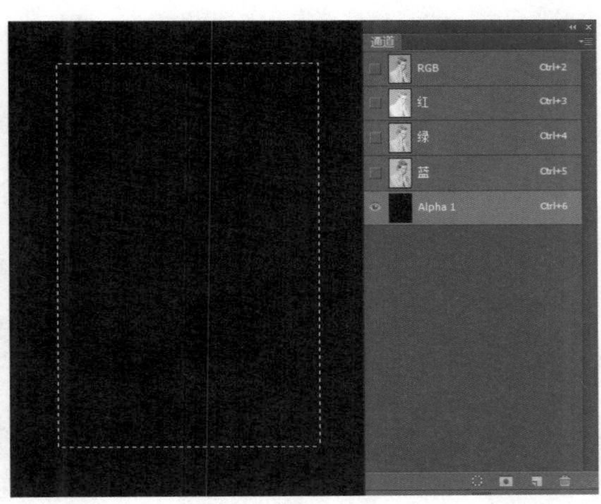

图 3–15–36　　　图 3–15–37

图 3–15–38

（2）点击滤镜的彩色半调如图 3-15-39 所示，数值为 10px，得到效果如图 3-15-40 所示。

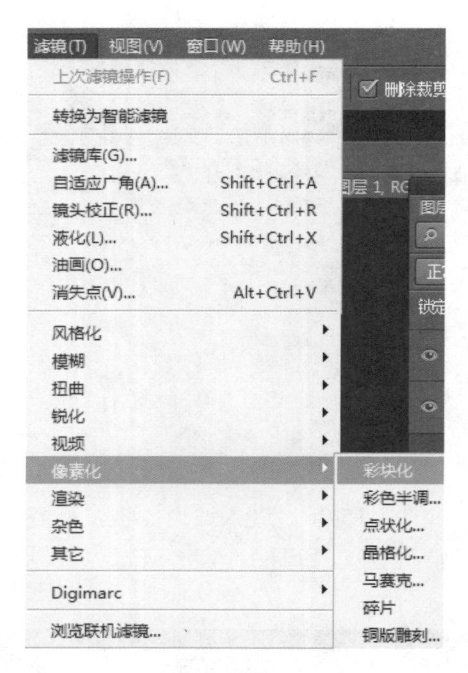

图 3-15-39

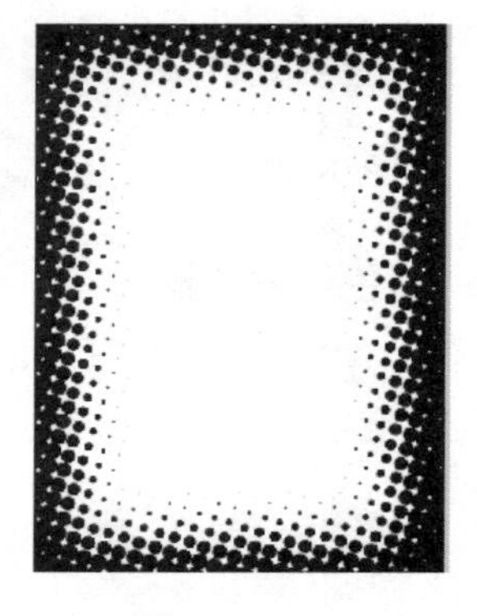

图 3-15-40

（3）按住［Ctrl］健，左健单击 Alpha 1 缩略图，载入选区，开启复合通道（R、G、B）。［Shift+Ctrl+I］进行反选，然后进行填充。得到效果如图 3-15-41 所示。

图 3-15-41

3.16 文字与滤镜

本节主要讲解 Photoshop 中的文字工具的基本使用方法和常用命令、滤镜的概念和常用滤镜的使用方法。

3.16.1　文字

文字在图像处理中往往都是与其密不可分的，尤其在广告的制作上，文字起到了重要的作用，是其重要的构成部分。在优秀的作品中，文字的适当使用往往对画面起到画龙点睛的作用，也完美地修饰了画面中空缺的部分。

1. 文字的基础应用

首先来了解一下文字与图层的关系。当应用文字工具在图像中创建文字时，会在“图层”调板中自动产生一个文字图层，如图 3-16-1 所示。文字图层是一个独立的图层，它有矢量特性，可以在输入文字后，对其进行缩放。在文字图层上无法进行像素性质的编辑，也无法使用滤镜。

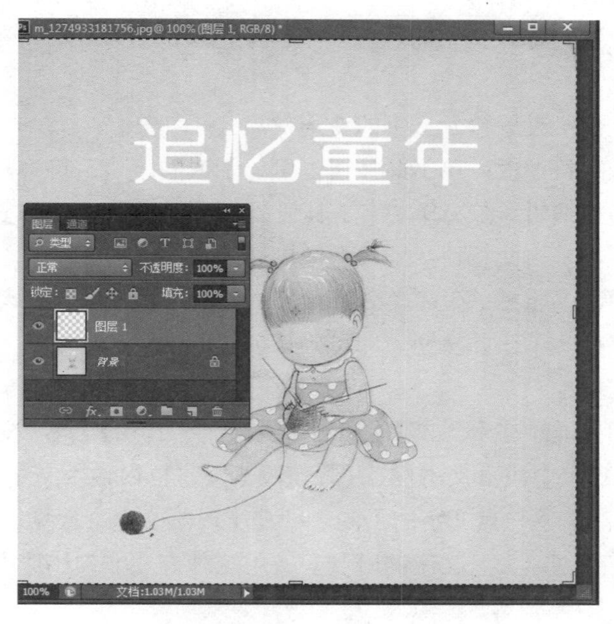

图 3–16–1

（1）创建点文字

点文字是一种不会自动换行的文字，通常用于简短文字输入，选择工具箱中的【横排文字工具】或【竖排文字工具】，在图像窗口中任意位置单击鼠标，即出现字符输入光标，此时即可输入横排或者竖排的文字，文字工具的属性栏如图 3-16-2 所示，其中输入文字后，单击属性栏中的【提交所有当前编辑】✔按钮，即可确认输入。

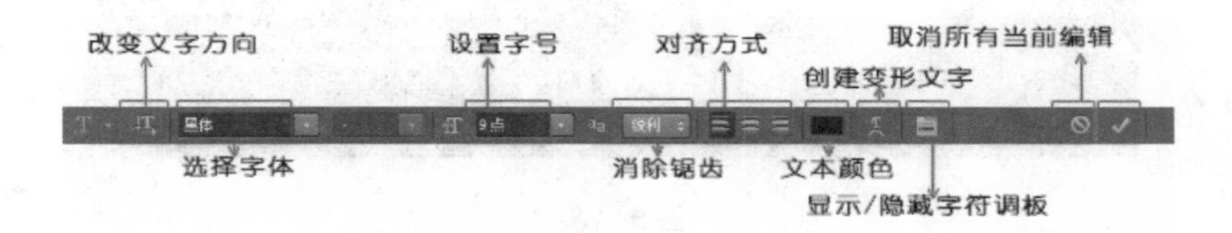

图 3–16–2

✓ 改变文本方向：单击该按钮，可以将文字在水平或垂直方向转换。

✓ 选择字体：选择输入文字所用的字体。

✓ 选择字型：可以在其下拉菜单中设置输入文字使用的字体形态。

✓ 设置字号：设置文本大小，在其下拉菜单中可以选择需要的字号，也可以在其文本框中直接输入文字字号。

✓ 消除锯齿：设置文字消除锯齿的方式，其中包含“无”“锐利”“犀利”“浑厚”和“平滑”5 种方式。

✓ 对齐方式：当选择T和T工具时，对齐方式按钮显示为，分别表示左对齐、水平中心对齐和右对齐；当选择T和T工具时，对齐方式按钮显示为，分别表示顶对齐、垂直中心对齐和底对齐。

✓ 文本颜色：决定输入文字的颜色。单击此色块，可以在打开的“拾色器"对话框中修改选择文字的颜色。

✓ 创建变形文字：设置输入文字的变形效果。

✓ 显示 / 隐藏字符调板：单击此按钮，可显示或隐藏“字符”和“段落”调板。

✓ 取消所有当前编辑：在选择文字工具后尚未进行输入时，该按钮将不会在属性栏中显示。当输入文字后，单击此按钮，即可取消创建的文字。

✓ 提交所有当前编辑✓：在选择文字工具后尚未进行输入时，该按钮将不会在属性栏中显示。当输入文字后，单击此按钮，即可确认创建的文字。

（2）创建段落文字

选择工具箱中的【横排文字工具】T或【竖排文字工具】T，按住鼠标左键不放，在窗口中拖动鼠标，创建一个段落文本框，并且在段落文本框内输入文字，即可创建段落文字，如图 3-16-3 所示。段落文字与点文字的不同之处在于段落文字会根据所创建的文本框的宽度进行自动换行。当需要创建大量文字的时候，应用这种方法非常快捷方便。

图 3-16-3

（3）字符调板

在“字符”调板中，可以设置文字的字体、字号、字型以及字间距或行间距等，在文字工具箱属性栏中单击【隐藏/显示字符调板】按钮，或执行“窗口/字符”命令，即可打开“字符”调板，如图 3-16-4 所示。

“字符”调板中的“设置字体”“设置字型”“设置字号”“设置文字颜色”和“消除锯齿选项”与属性栏中的【选项功能】相同。其他参数解释如下：

✓　行距：设置字符行与行之间的距离，数值越大行距越大。图 3-16-5 所示为不同行距文字的比较效果。

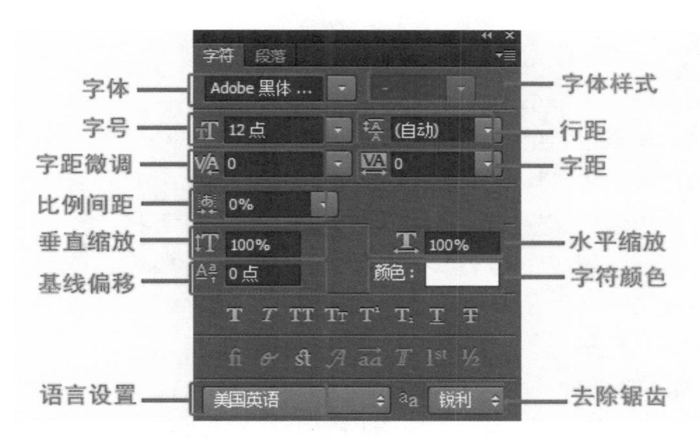

图 3–16–4

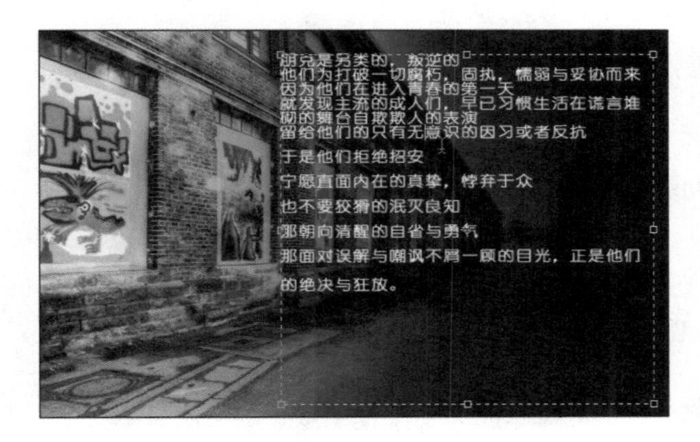

图 3–16–5

✓　字距微调：在其下拉菜单中，可设置两个字符之间的距离。

✓　设置字距：设置多个字符之间的间距。而在“微调字距”中每次只能调整两个字符间距。如图 3-16-6 所示是不同字距间的效果比较。

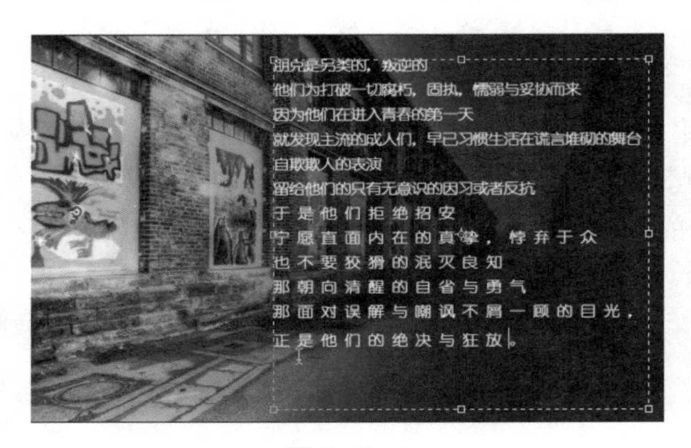

图 3–16–6

✓　水平缩放：调整字符的宽度比例。

✓　垂直缩放：调整字符的高度比例。

✓　基线偏移：调整文字与文字基线的距离，可以升高或降低行距的文字以创建上标或下标效果。输入值为正值则文字上移，输入值为负值则文字下移。

✓　语言设置：该设置决定对文本拼写和语法错误进行检查时参考何种语言。

在字符调板中提供了 8 种预设的字符样式供选用，这些样式的基本含义如下：

T 仿粗体：按下该按钮，当前选择的文字呈加粗显示。

T 仿斜体：按下该按钮，当前选择的文字呈倾斜显示。

TT 全部大写字母：按下该按钮，当前选择的字母全部变为大写字母。

Tт 小型大写字母：按下该按钮，当前选择的字母变为小型大写字母。

T¹ 上标：按下该按钮，当前选择的文字变为上标显示。

T₁ 下标：按下该按钮，当前选择的文字变为下标显示。

T 下画线：按下该按钮，当前选择的文字下方添加下画线。

T 删除线：按下该按钮，当前选择的文字中间添加删除线。

2. 文字的高级应用

在建立好文字后，可以通过文字的高级应用对文字进行进一步的编辑，达到理想效果。文字的高级应用包括对文字进行变形操作，在路径上创建文字，将文字转换为形状并进行编辑等。

（1）文字变形

在 Photoshop 中，可以对输入的文字进行变形处理，而且应用了“变形”功能进行变形的文字，依然可以对文本内容进行编辑。选择工具箱中的文字工具，单击属性栏上的【变形文字】按钮，打开“变形文字”对话框，在该对话框的“样式”中，可以对文字的变形样式进行选择，例如在“样式”中选择“扇形”变形样式，如图 3-16-7 所示。

当打开“变形文字”对话框，尚未选择变形样式时，对话框中的“水平”“垂直”“弯曲”“水平扭曲”“垂直扭曲”等编辑，如图 3-16-7 所示。变形文字对话框项将呈灰色不可编辑状态。当选择变形样式以后，编辑选项将成可编辑状态，即可通过编辑选项对文字的变形样式进行调整。

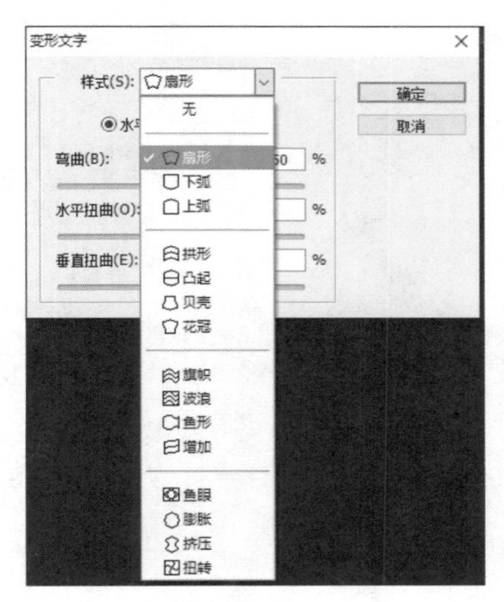

图 3–16–7

✓　样式：在其下拉菜单中，罗列了 15 种变形样式可供选择，当选中某个样式后，下面的参数将被激活。

✓　水平：水平调整变形文字。

✓　垂直：垂直调整变形文字。

✓　弯曲：设置文字的变形强度。

✓　水平扭曲：文字在水平方向进行透视变形。

✓　垂直扭曲：文字在垂直方向进行透视变形。

例如，使用“变形文字”对话框，对文字进行“扇形”样式变形，变形后的效果，如图 3-16-8 所示。

图 3–16–8

（2）创建路径文字

在路径上创建的文字，可以根据路径的轮廓进行扭曲。应用这种手法可以制作出形象生动的文字效果。

创建路径文字首先需要绘制一条路径，然后选择文字工具 T，当鼠标移动到路径上时会出现图标，这时候可以制作路径上的变形文字，效果如图 3-16-9 所示。当鼠标移动到封闭的路径内部时会出现图标，这时可以制作路径内的变形文字，效果如图 3-16-10 所示。

图 3-16-9

图 3-16-10

3.16.2 滤镜

在《动漫视听语言》中我们已经对滤镜的相关知识做了详细讲解。滤镜的功能强大，可以帮助我们快速地实现各类图片效果，比如版画、水彩、铅笔画、变形、抠图等，是我们工作学习中常用的工具。在本节中不再重复已经讲解过的内容，只是对常用的滤镜知识做一些补充。

USM 锐化

“USM 锐化”命令可以通过增加图像边缘的对比度来锐化图像，使模糊的图像变得清晰起来。例如，执行“滤镜/锐化/USM 锐化”命令，打开“USM 锐化”对话框，如图 3-16-11 所示。应用“USM 锐化”滤镜的前后对比如图 3-16-12 所示。将模糊的照片变得清晰，而又不会出现杂点。

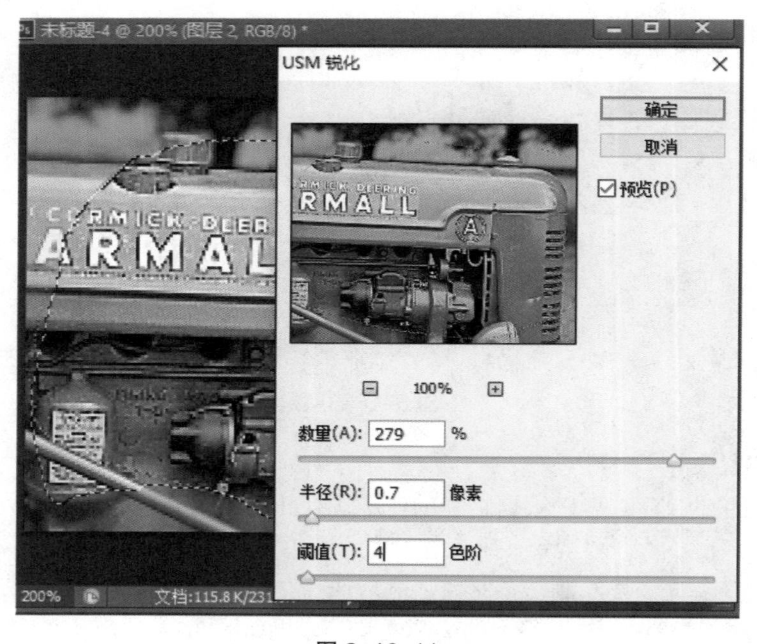

图 3-16-11

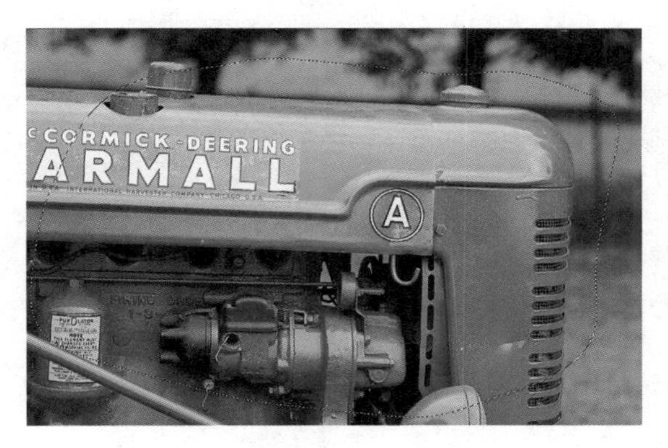

图 3-16-12

“USM 锐化”对话框中的各项参数解释如下。

✓　数量：设置锐化程度。数值越大，效果越明显。

✓　半径：设置图像边缘锐化的范围。

✓　阈值：设置像素的色阶与相邻区域相差多少时才被锐化。

第 4 章　照片处理技术进阶

知识重点

- ✧ 了解图像修整与润色流程；
- ✧ 掌握数码照片合成技术；
- ✧ 熟练掌握人像抠图、调色、合成、修整技术。

引　言

本章主要针对照片的合成、修改技术进行讲解，通过多个实例进行技术的分析，使学员能够更早、更快接触到项目制作，通过案例教学使课堂与实际工作的距离缩短。

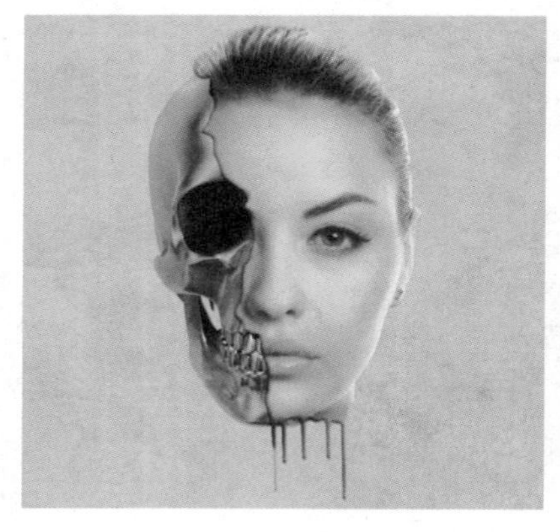

4.1　图片合成

4.1.1　抠图技术

抠图，也就是传说中的“移花接木”术，是学习 Photoshop 的必修课，是图像处理中最常做的操作之一。将图像中需要的部分从画面中精确地提取出来，我们就称为抠图，抠图是后续图像处理的重要基础。初学者都认为抠图不好掌握，其实抠图不难，只要你有足够的耐心和细心，掌握最基础的 Photoshop 知识就能完美地抠出图片。在这一节里，整理了 Photoshop 中抠图的相关技巧和实例，相信通过学习这个专题，你可以掌握更简便、快速、高效的抠图方法。

抠图也是 Photoshop 最重要的功能之一。纵观所有抠图方法无外乎两大类：一是做选区抠图；二是运用滤镜抠图。

（1）选区抠图工具包括两大类

直接选区：选框工具、套索工具、魔棒工具、橡皮擦工具等。

间接选区：蒙版、通道、色彩范围、混合颜色、图层模式等。

（2）滤镜抠图工具包括两大类

自带滤镜：抽出。

外挂滤镜。

稍难点的抠图就是“抠发抠婚纱”。抠发，指的是抠细小的物体，如毛发等；抠婚纱，就是抠透明质感的物体，如婚纱、玻璃杯等。下面来解析 Photoshop 抠图。

1. 一步抠图——最原始最没有技术含量的抠图方法

（1）双击 Photoshop 窗口灰色区域或执行快捷键［Ctrl+O］，打开相应的素材文件夹，打开两张素材图片，如图 4-1-1 和图 4-1-2 所示。

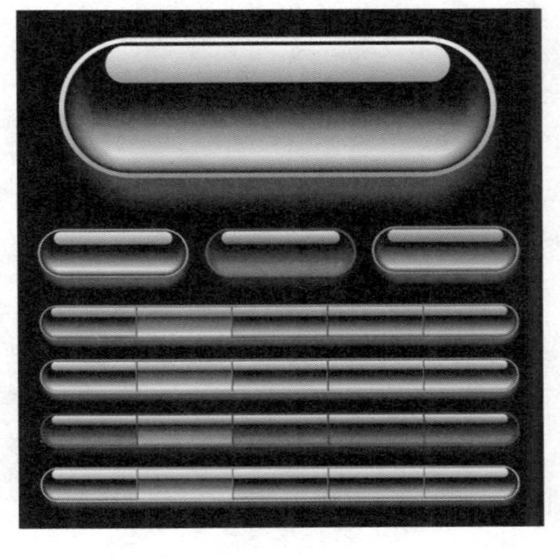

图 4–1–1

图 4–1–2

（2）移动图片至想要的背景图片上，把所在层的模式改为“滤色”。如图 4-1-3 所示。

图 4–1–3

（3）总结一下，黑色背景的图片用“滤色”模式；白色背景的图片用“正片叠底”模式。

（4）这种方法对于白色背景的图片，效果不是太好；所以我们就用另一种更简便的方法——魔术棒工具。必要时进行加减选区，有时还需要反选一下。

说明一下，［Shift+选区工具］=加选区；［Alt+选区工具］=减选区；［Ctrl+Shift+I］=反选。

首先移动图片至想要的背景图片上，如图 4-1-4 所示。然后使用魔棒工具制作选区，并删除选区内容，如图 4-1-5 所示。最终效果如图 4-1-6 所示。

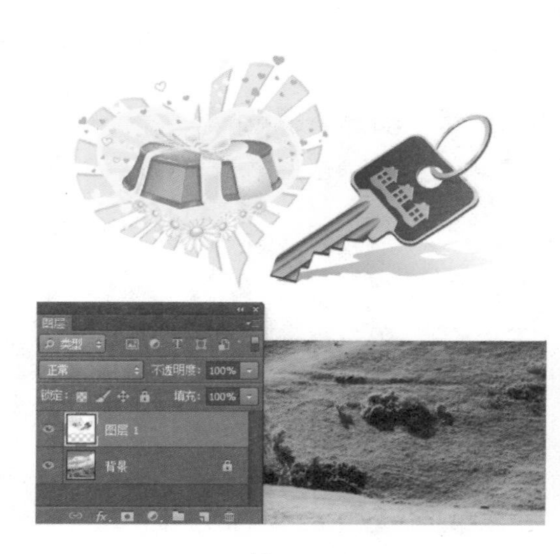

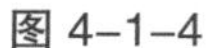

图 4–1–4

图 4–1–5

图 4-1-6

（5）除用魔术棒工具外，利用套索工具和钢笔工具也是不错的选择，但最好用带磁性的套索工具和钢笔工具，在这里就不再赘述了。另外再说一点，就是在 Photoshop CS3 以后的版本中有一个比魔术棒工具功能更加强大的“快速选择工具”可以使用。

（6）除了用工具直接进行选择外我们还可以用色彩范围进行选区的选择。注意一下，颜色容差值的不同得到的选区也就不会相同。不仅仅是色彩范围，所有带容差参数的均适用这个原理，所以我们在设置参数时多琢磨一下。打开图像素材如图 4-1-7 所示。

图 4-1-7

（7）使用色彩范围制作选区，如图 4-1-8 所示。

图 4–1–8

（8）将选区内的图像移动到新的图像中，得到最终效果图。如图 4-1-9 所示。

图 4–1–9

这种一步抠图的方法只适用于图像成分比较简单、对图像质量要求不高的作品。

学习重点：选区的创建

扩展思路：

在选择哪种方法之前，应先分析一下图像的色彩构成，再灵活地运用各种工具及菜单命令来创建选区，达到事半功倍的效果。

我们更多的时候是希望得到高品质的图像，所以就必须掌握高级的抠图方法。

2. 高级抠图：通道+历史记录画笔工具

（1）打开素材图片，如图 4-1-10 所示。

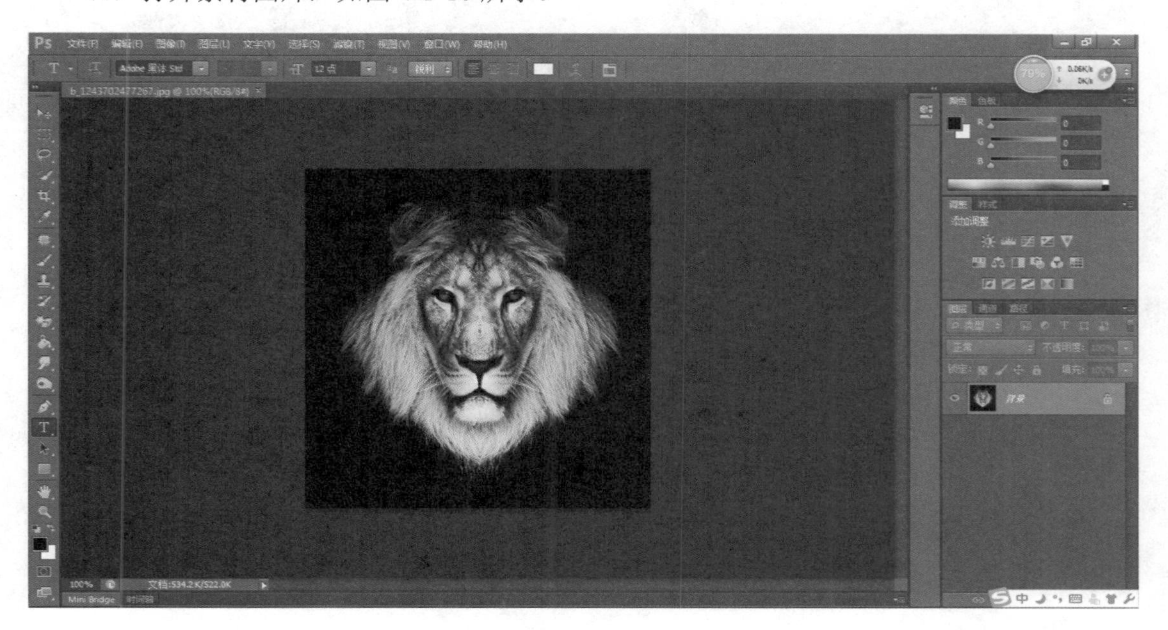

图 4-1-10

（2）新建三层，分别命名 R、G、B。如图 4-1-11 所示。

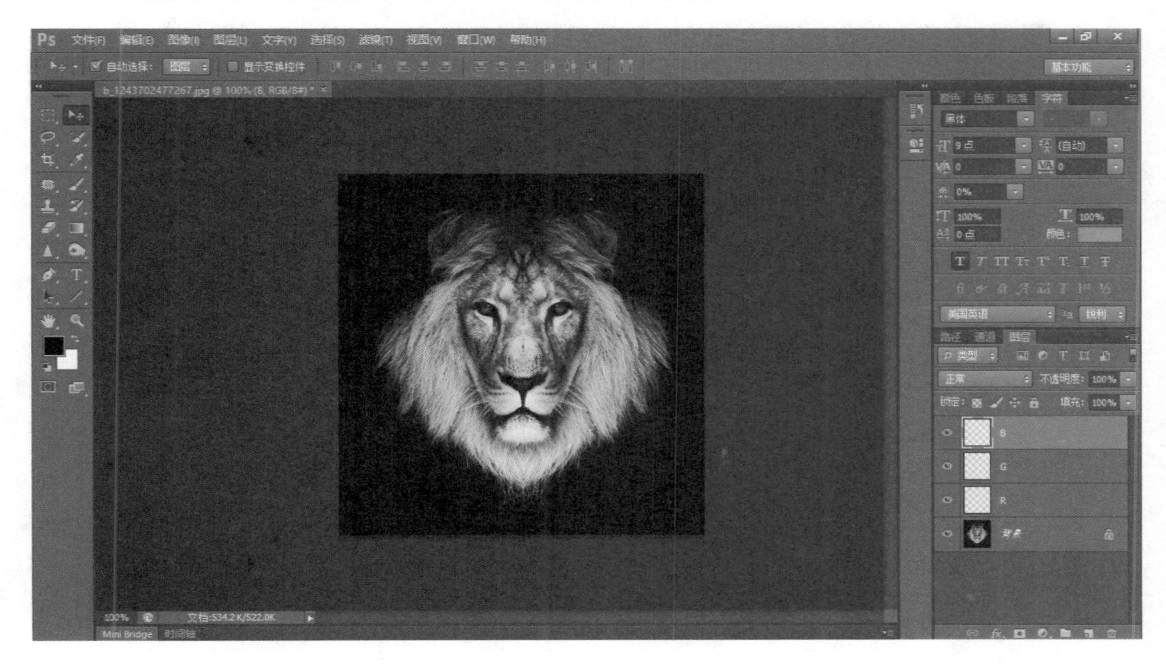

图 4-1-11

（3）在通道面板，按住［Ctrl］单击红色通道，载入选区。如图 4-1-12 所示。

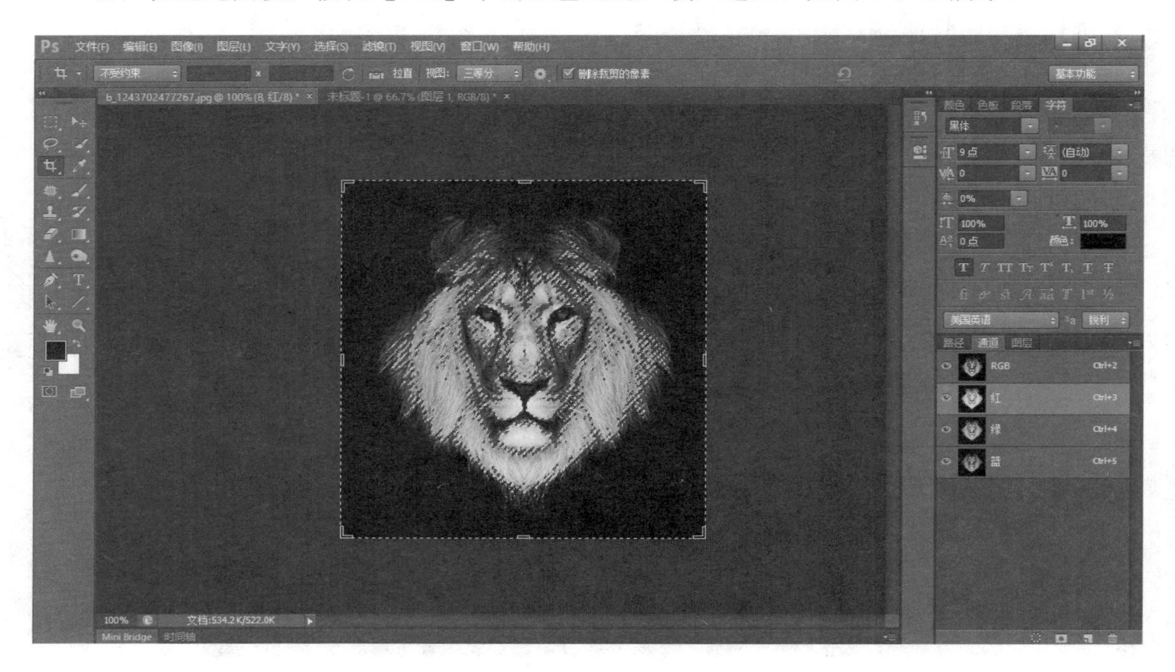

图 4-1-12

（4）回到图层面板，在 R 层填充红色（R255）。如图 4-1-13 所示。

图 4-1-13

（5）［Ctrl+D］，取消选区。如图 4-1-14 所示。

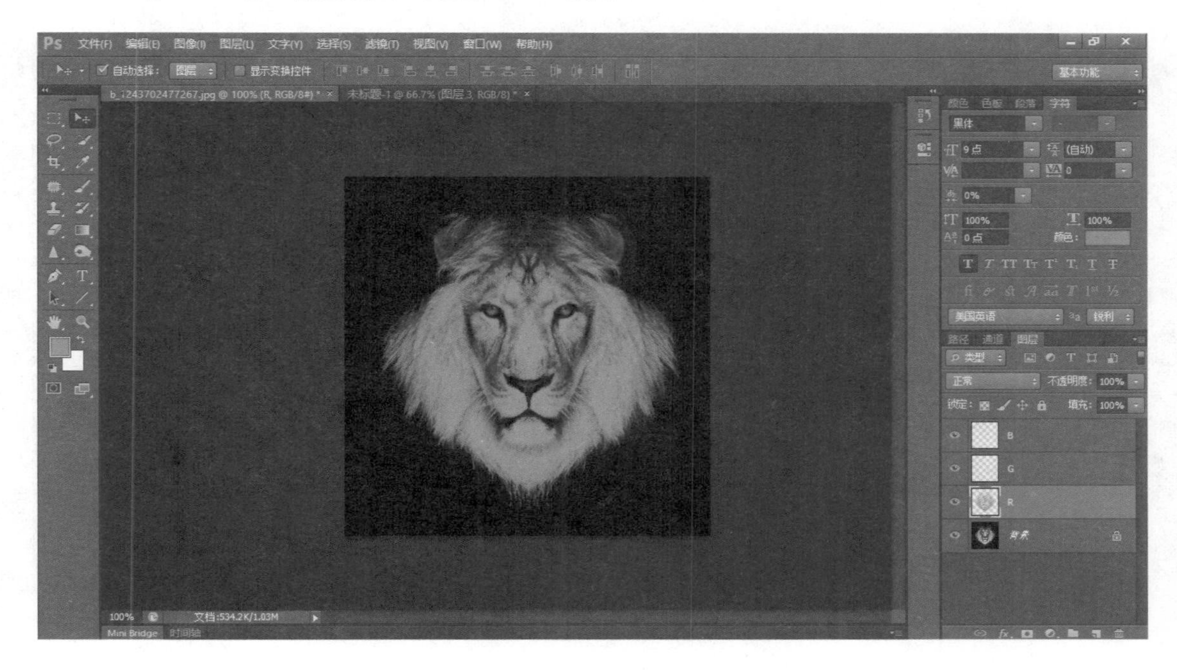

图 4–1–14

（6）隐藏 R 图层，以同样的方法，在通道面板按住［Ctrl］单击绿色通道，载入选区。如图 4-1-15 所示。

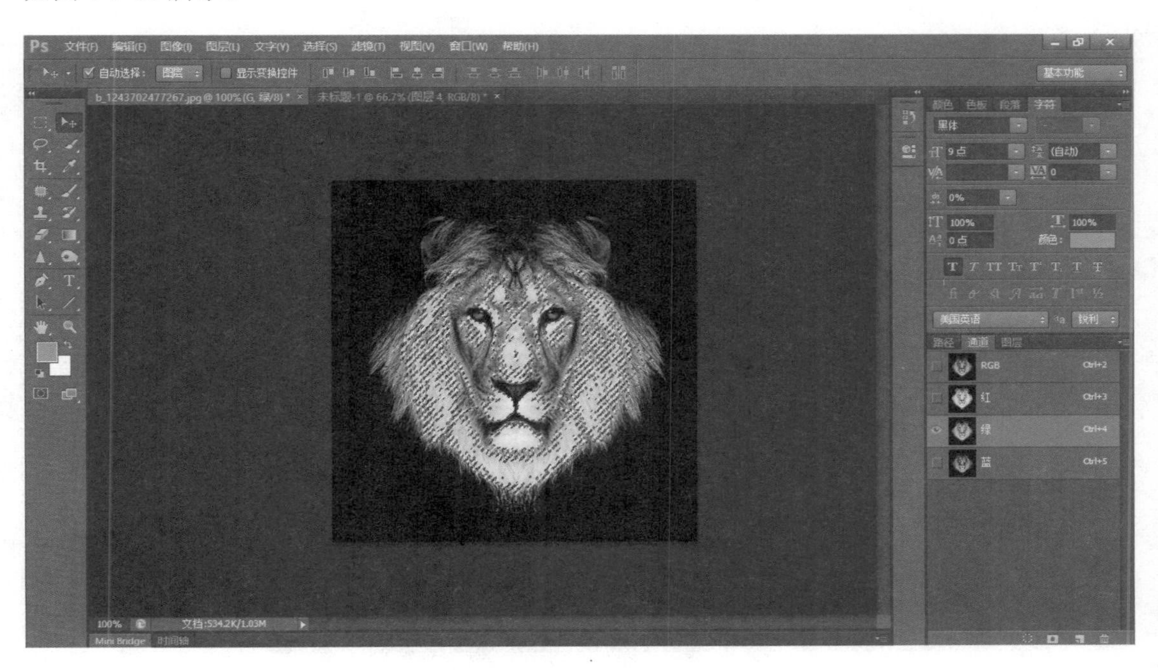

图 4–1–15

（7）回到图层面板，在 G 层填充绿色，如图 4-1-16 所示。

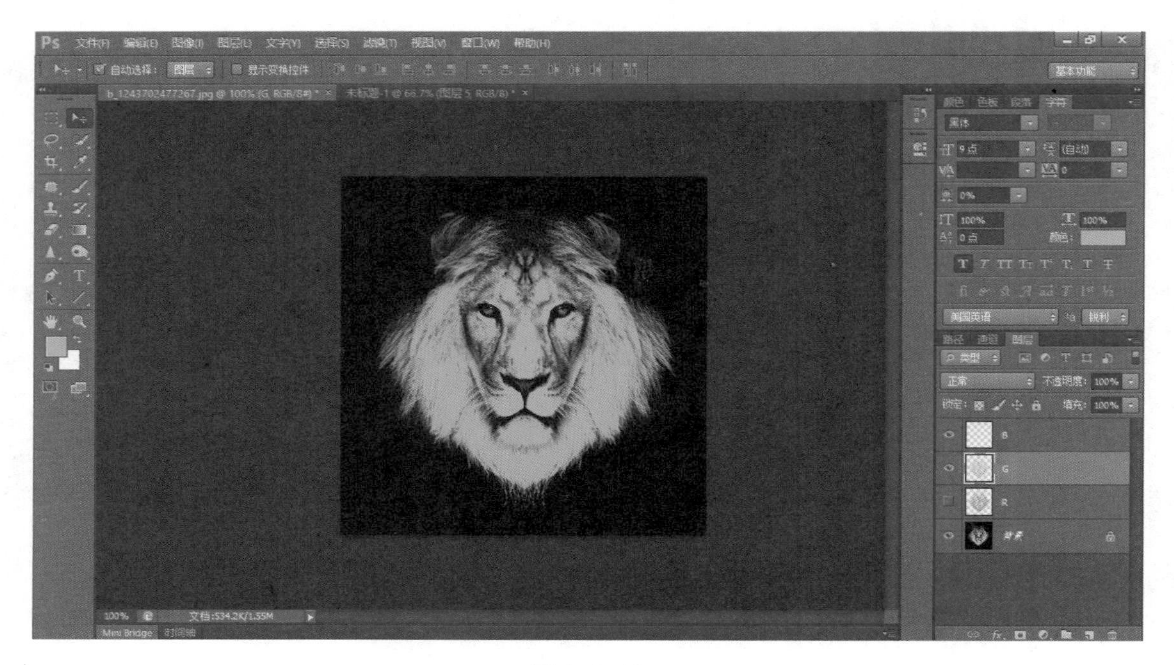

图 4–1–16

（8）用同样的方法，先取消选区，隐藏 G 图层，［Ctrl］键配合单击信道面板蓝色信道创建选区，在 B 层填充蓝色（B255），如图 4-1-17 所示。

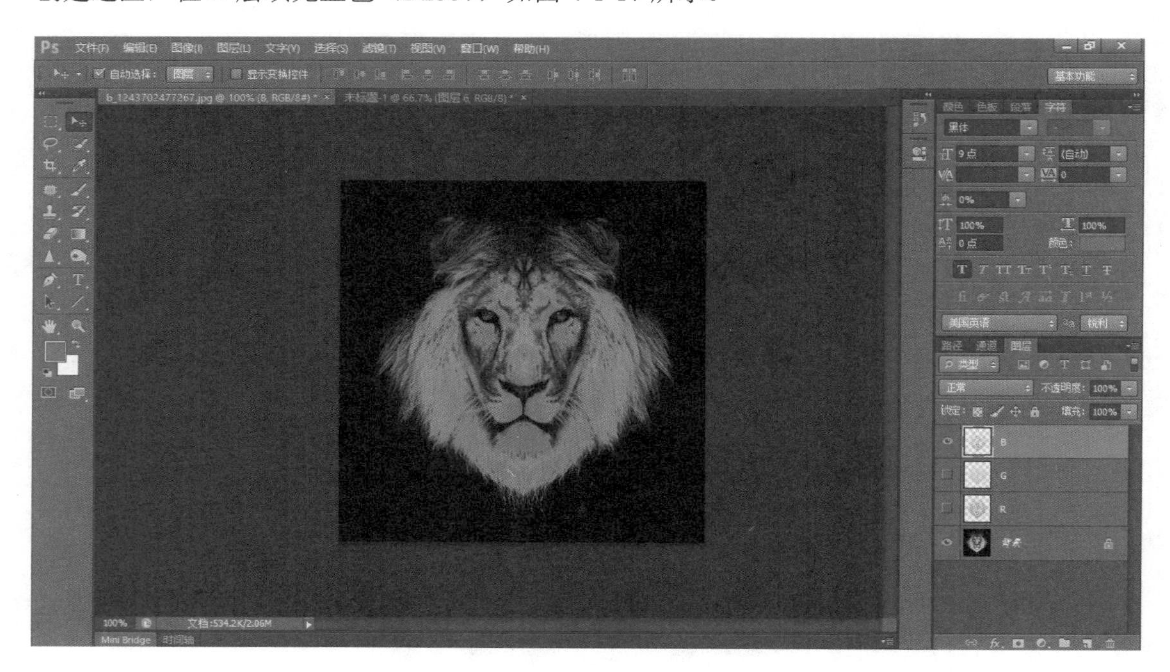

图 4–1–17

（9）取消选区，将 R、G 两图层显示，背景图层关闭，更改 R、G、B 的混合模式为“滤色”。如图 4-1-18 所示。

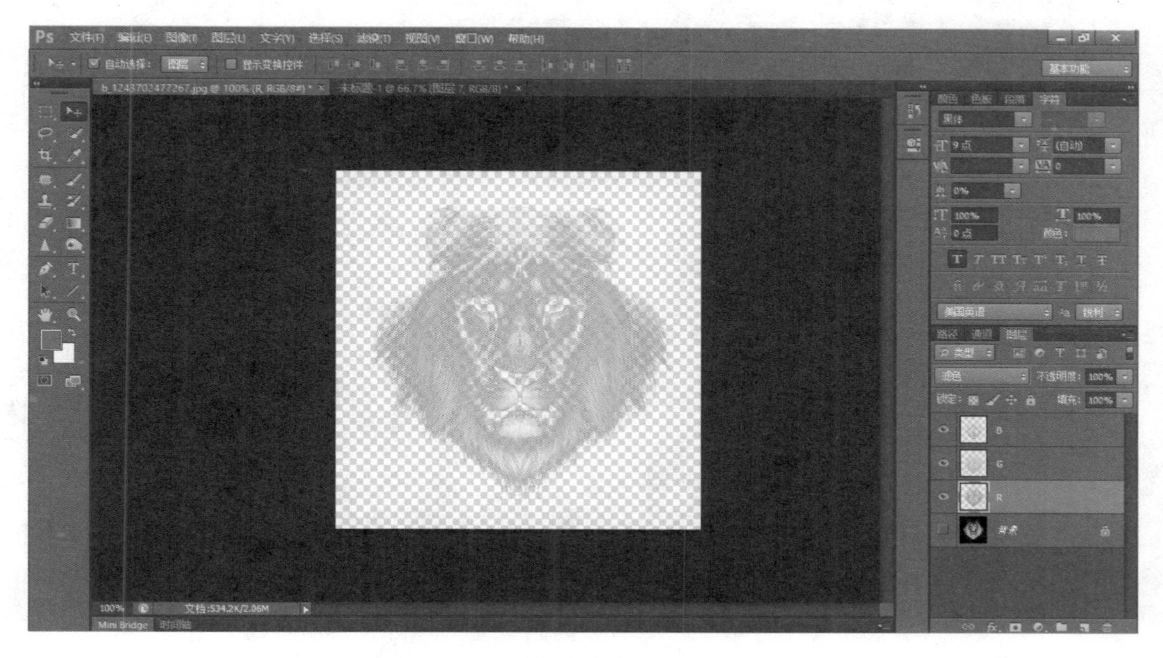

图 4-1-18

（10）拖入背景图片，观看一下效果如何。如图 4-1-19 所示。

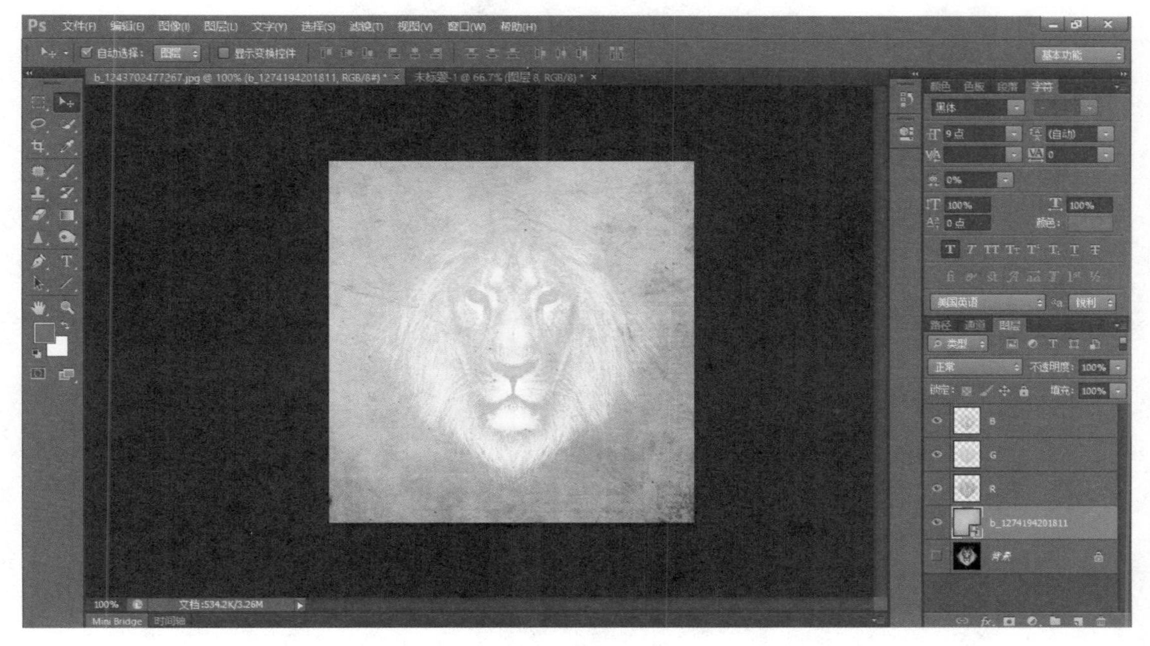

图 4-1-19

（11）用历史记录画笔工具涂抹一下。如图 4-1-20 所示。

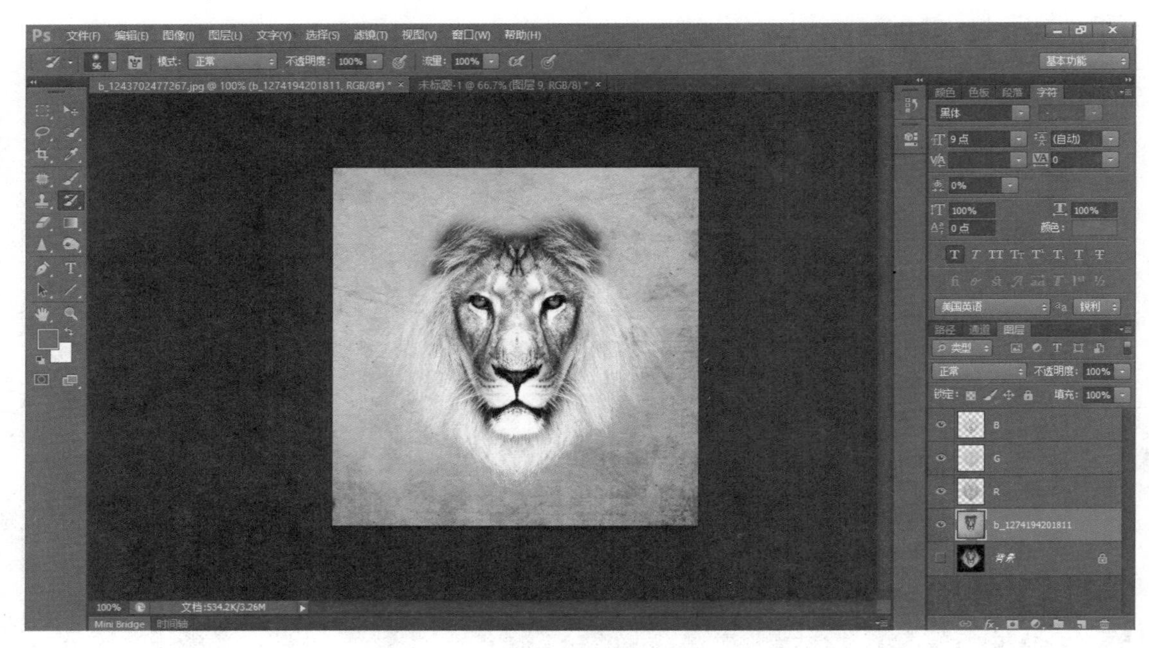

图 4–1–20

（12）进行细微处的调整，得到最终效果图。如图 4-1-21 所示。

图 4–1–21

4.1.2 利用蒙版进行图片合成

实例：艺术图片制作

（1）打开 Photoshop，打开图所示的背景纹理素材。

（2）选择纸张纹理，如图 4-1-22 所示。然后进入“图像/调整/色相”和“饱和度”。减少饱和-100，增加亮度 42。如图 4-1-23 所示。

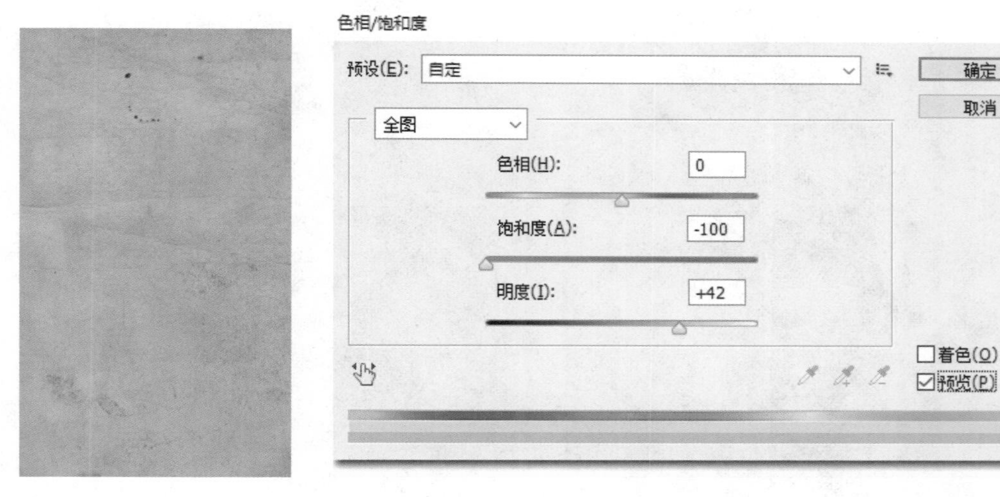

图 4-1-22　　图 4-1-23

（3）打开素材图片金属骷髅，如图 4-1-24 所示，用钢笔抠出来，将金属骨头选择并将其放置在设计中心。如图 4-1-25 所示。

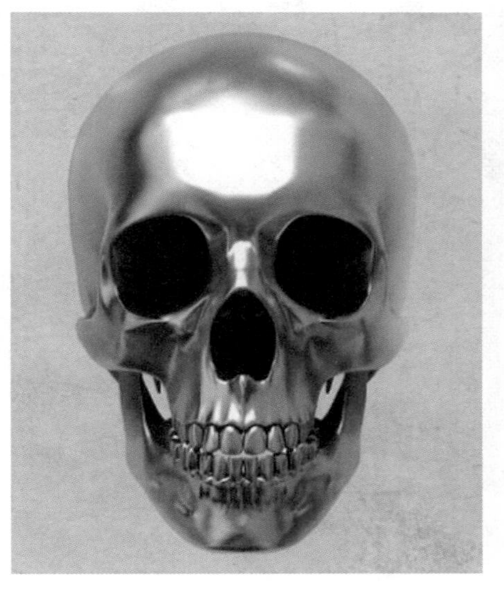

图 4-1-24

图 4-1-25

（4）导入一个女孩的照片，如图 4-1-26 所示。再次单独提取（抠图）女孩的头像，放置在颅骨层的前面。如图 4-1-27 所示。

（5）减少女孩的照片不透明，使你可以进行对齐。也许你还需要调整其大小使其对齐。如图 4-1-28 所示。

（6）使用套索工具选中不需要的部分。然后打开“图层/图层蒙版/隐藏”。如图 4-1-29 所示。

（7）打开“图层/图层样式/投影”。混合模式为“线性加深”，并选择黑色。使用不透明度 35%，角度采用 53 度角。

图 4-1-26

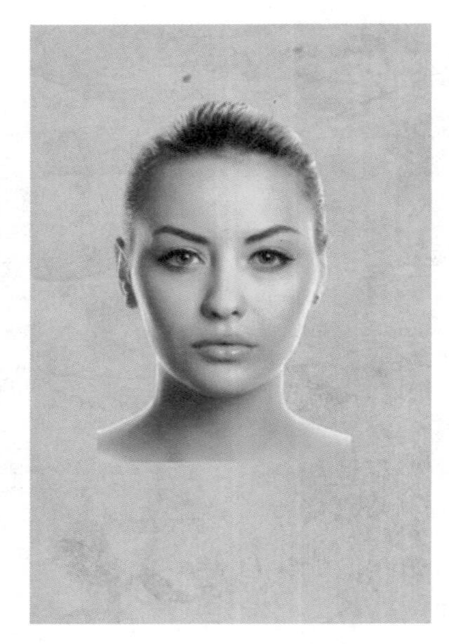
图 4-1-27

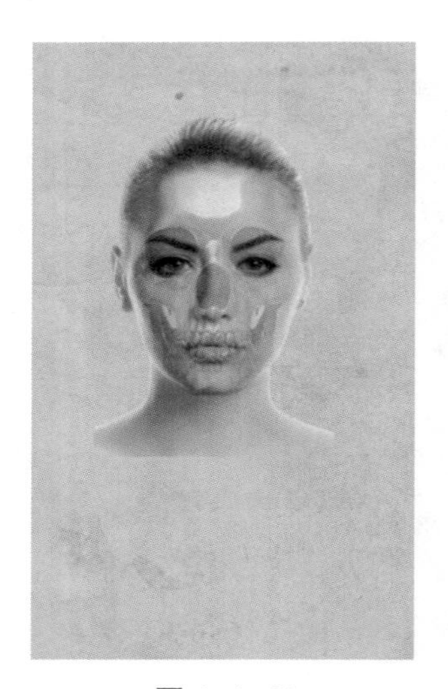
图 4-1-28

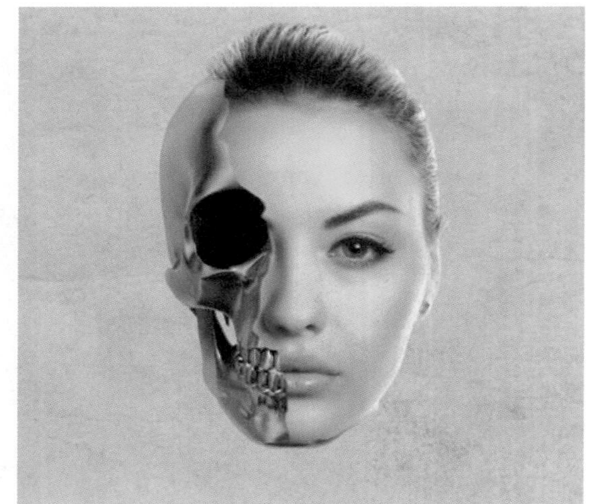
图 4-1-29

距离：5 像素。
扩展：0 像素。
大小：10 像素。之后，选择斜面和浮雕。
样式：内斜面。
方法：平滑。
深度：110%。
方向：上。
大小：16 像素。
软化：15 像素。
阴影：53。

高度 37。

为了突出显示，高光模式：滤色，使用不透明度 100％的白色；阴影模式：线性加深，使用不透明度 35％的黑色，如图 4-1-30。

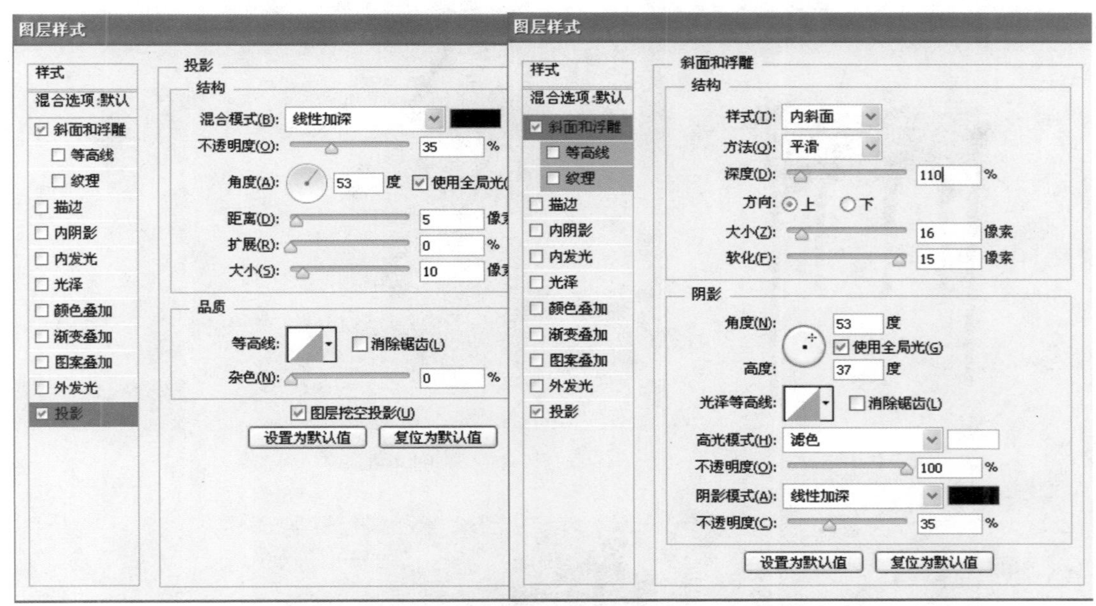

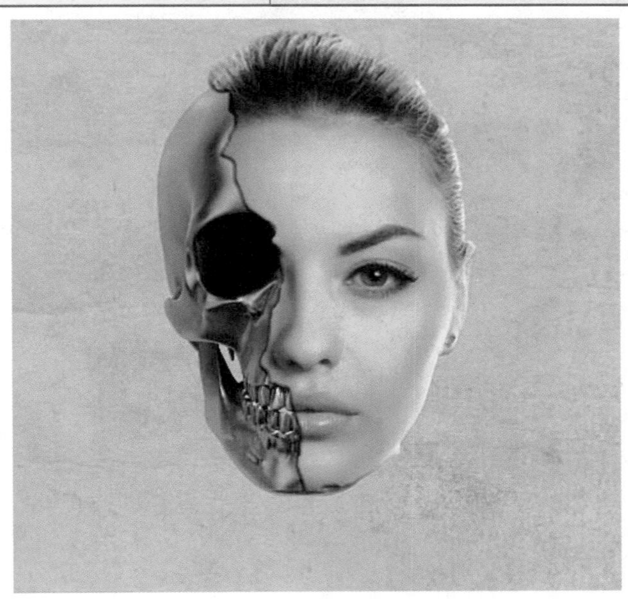

图 4-1-30

（8）打开熔浆素材，抠除白色背景。如图 4-1-31 所示。

（9）为该图层添加蒙版，以配合脸型，使其融合得更好。如图 4-1-32 所示。

（10）改变巧克力的混合模式为“柔光”。

选择女孩的层，然后点击图层蒙板。用画笔工具（B）和黑色的颜色开始画所需的区域，使女孩的皮肤与巧克力融合。需要达到如图 4-1-33 的效果。

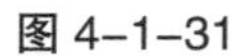

图 4-1-31

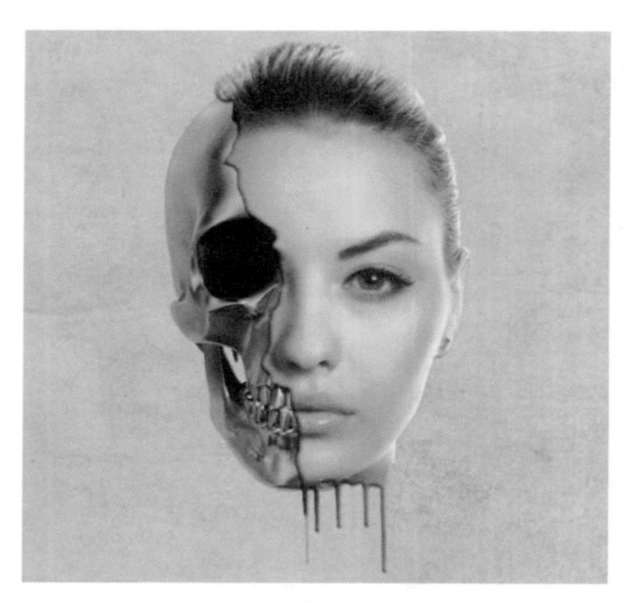

图 4-1-32

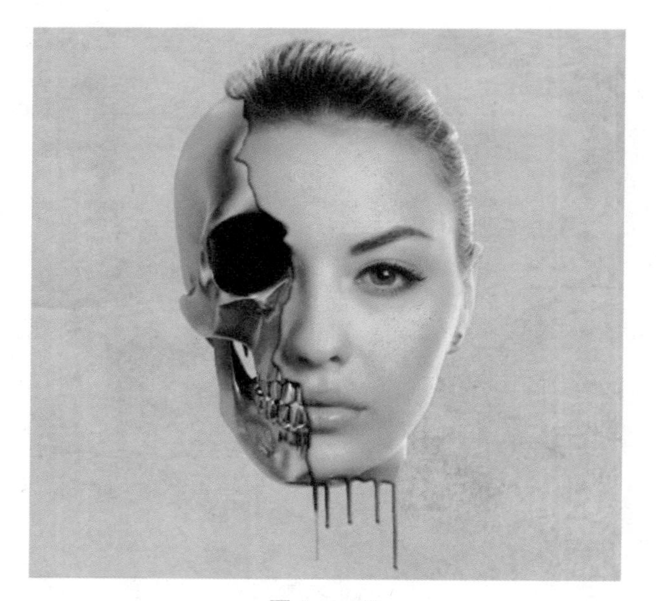

图 4-1-33

4.2 照片修整与润色

4.2.1 去除红眼

“红眼”在照片中就是指被照的人物或动物瞳孔变成了红色，这主要是在黑暗环境中闪光灯的强光投射在视网膜后的毛细血管上反射回来的原因。这种现象大多出现在相机镜头与闪光灯之间夹角比较小的机型中，如各种轻巧的数码相机，就因便携性的考虑而将相机中的不同元素设计得相当紧凑，从而在作品中易产生“红眼”现象。下面我们通过一个实例讲解如何快速去除照片中的红眼。

实例：去除红眼

（1）执行快捷键［Ctrl+O］打开素材文件夹 4-2\去除红眼原图.JPG，如图 4-2-1 所示。

图 4–2–1

（2）复制背景图层，得到背景副本，如图 4-2-2 所示。

图 4–2–2

（3）选择工具箱中“红眼工具”，在工具选项栏上调节“瞳孔大小”100%，“变暗量”100%，如图 4-2-3 所示。框选双眼红眼区域，如图 4-2-4 所示。

（4）调整之后感觉效果不太理想，我们可以选择工具箱中“椭圆选框工具”制作选区，进行单独调色。在“椭圆选框工具”的选项栏上选择“添加到选区”式，框选两只眼睛区域，如图 4-2-5 所示。

图 4-2-3

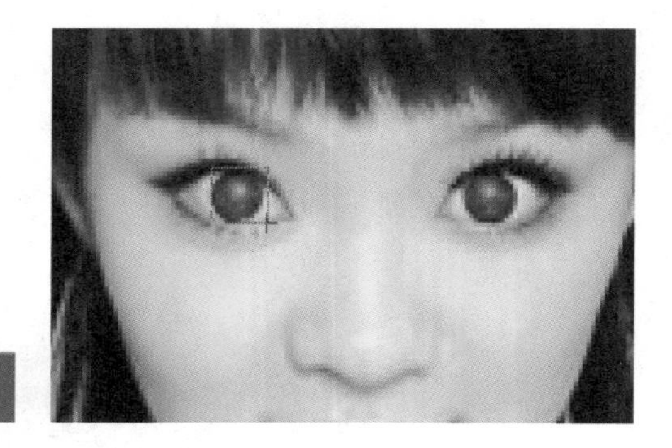

图 4-2-4

（5）执行“选择/修改/羽化”命令，对选区进行羽化，参数为 2，如图 4-2-6 所示。

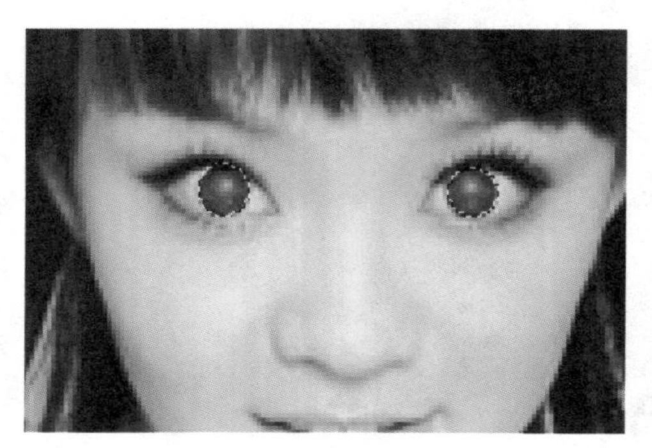

图 4-2-5

图 4-2-6

（6）单击图层面板上“创建新的填充或调整图层”，选择“亮度 / 对比度”，亮度“0”对比度“60”。如图 4-2-7 所示。

（7）按［Ctrl+单击图层蒙版缩略图］重新将眼睛的选区创建出来，如图 4-2-8 所示。

（8）单击图层面板上“创建新的填充或调整图层”，选择“可选颜色”，选择“红色”，参数“0”“-88”“0”“0”，继续选择“黑色”，参数“0”“0”“0”“53”，确定。最终效果如图 4-2-9 所示。

图 4-2-7

图 4-2-8

图 4-2-9

4.2.2　去除面部皱纹

本节中我们将通过实例讲解去除人物面部皱纹的一些技巧。

实例：去除面部皱纹

（1）执行快捷键［Ctrl+O］打开素材文件夹中的“除去面部皱纹原始图.JPG”图片，如图 4-2-10 所示。

（2）选择“通道”面板，找到皮肤褶皱对比最强烈的信道即蓝色信道（其他图片就不一定了），方便我们更好地除皱纹，如图 4-2-11 所示。复制该通道图层，如图 4-2-12 所示。

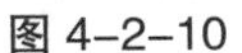

图 4-2-10

图 4-2-11

图 4–2–12

（3）对复制出来的“蓝副本”图层执行“滤镜/其他/高反差保留”，这一步操作很重要，数据大小决定了我们的选择区域，所以参数要适当。设置“半径”值为 7.3，如图 4-2-13 所示。

（4）使用画笔工具将我们不需要的区域用相近颜色涂出来。如图 4-2-14 所示。

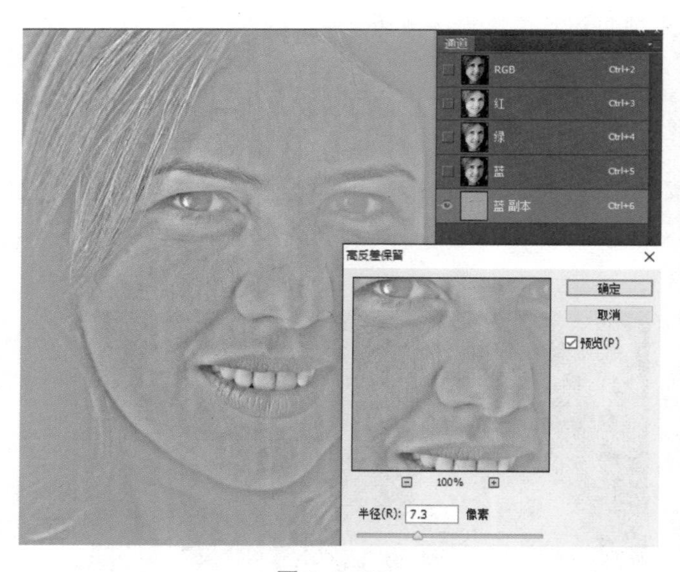

图 4–2–13

图 4–2–14

（5）对“蓝副本”进行计算。计算的目的是强化我们的选择区域。在这里我们选择“强光”，因为强光可以把 50%的灰暗区域变得更暗，50%的灰亮区域变得更亮，增强了对比，强化了选区。参数如图 4-2-15 所示。计算完成后得到新的通道“Alpha 1”。 如图 4-2-16 所示。

（6）对新通道再次进行计算，连续计算 3 次，参数设置相同，得到通道“Alpha 3”。这时候基本达到我们想要的效果了，如图 4-2-17。计算次数是不固定的，根据图片和效果决定。

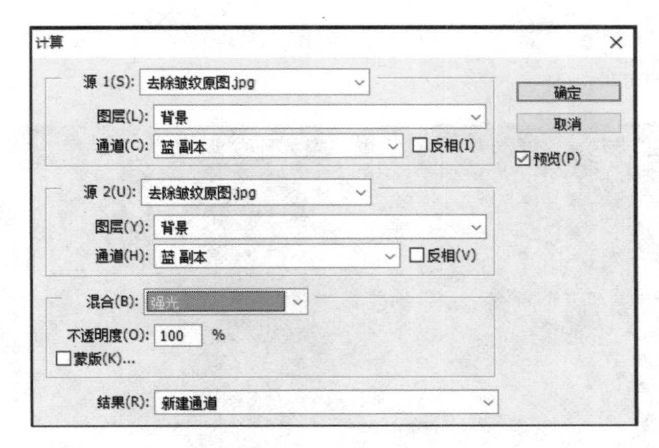

图 4-2-15

图 4-2-16

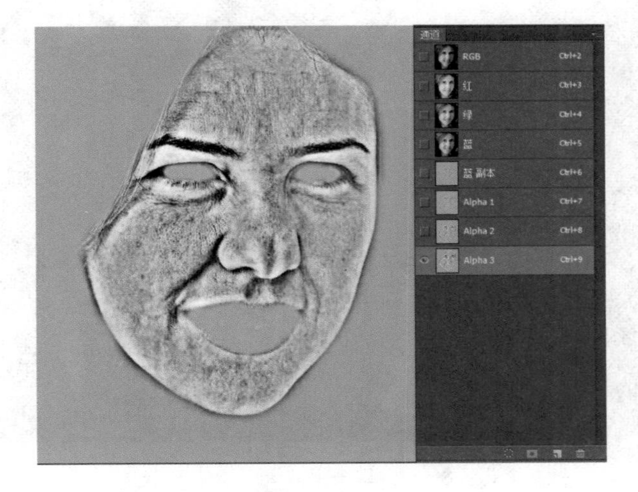

图 4-2-17

（7）选择通道“Alpha 3”，按住［Ctrl］单击“通道缩略图”，载入选区。选择“RGB”通道。如图 4-2-18 所示。

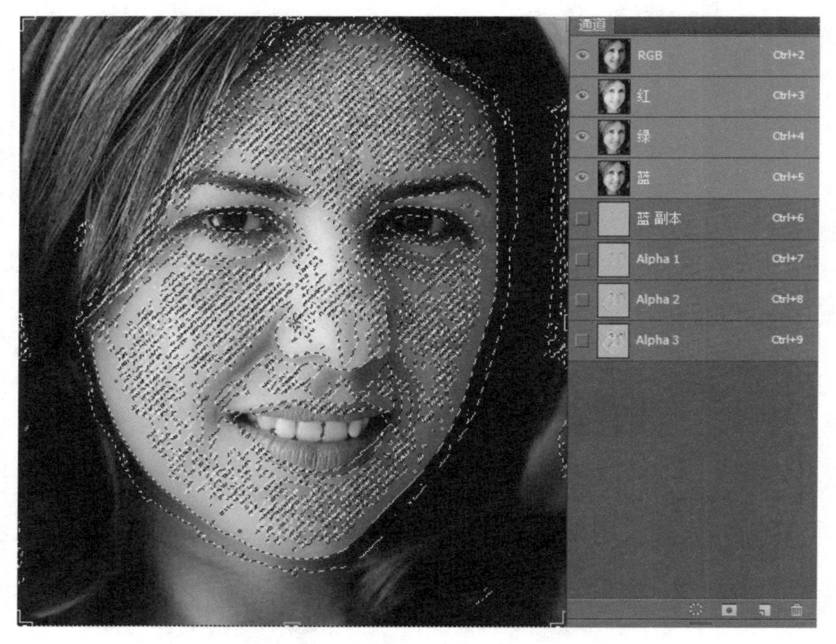

图 4–2–18

（8）回到图层面板，单击图层面板上【创建新的填充或调整图层】/【建立曲线调整图层】，选择中部点轻轻向下拉。如果感觉不好控制，可以用上下左右方向键微调，边调边看效果，直到最佳。如图 4-2-19 所示。

图 4–2–19

因为图片中的皱纹主要是由于色阶不统一造成的，这一步主要是将色阶统一，初步去除皱纹。

（9）对曲线中的蒙版进行“USM 锐化”，让皱纹部分更突出。参数如图 4-2-20 所示。

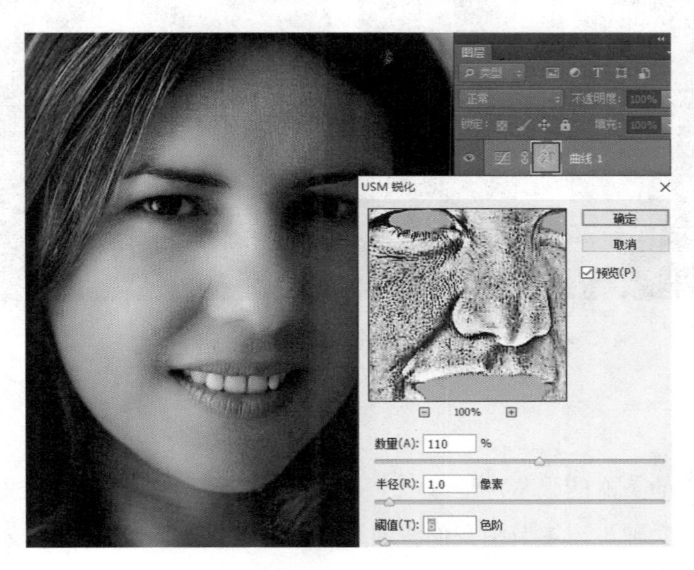

图 4–2–20

注意：这时候不宜再计算通道，那样效果会太强烈。通过锐化滤镜，方便进行细微调节。

（10）如感觉效果不够理想，可以再次进行选区载入（按住［Ctrl］单击“曲线 1”图层蒙版），单击图层面板上【创建新的填充或调整图层】/【建立曲线调整图层】，进行细致调节，如图 4-2-21。最终效果对比如图 4-2-22 所示。

图 4–2–21

图 4–2–22

4.2.3 增大眼睛

拥有一双大大的美丽的眼睛，是每一个人都希望的，我们可以通过 CG 技术实现。不要羡慕那些非主流美女帅哥，本节中我们将通过实例讲解增大眼睛的一些技巧。

实例：增大眼睛

（1）执行快捷键［Ctrl+O］打开素材文件夹中的“增大眼睛.JPG”图片，如图 4-2-23 所示。

图 4–2–23

（2）复制背景图层，执行【滤镜】→【模糊】→【高斯模糊】→设置半径“4”。如图 4-2-24 所示。

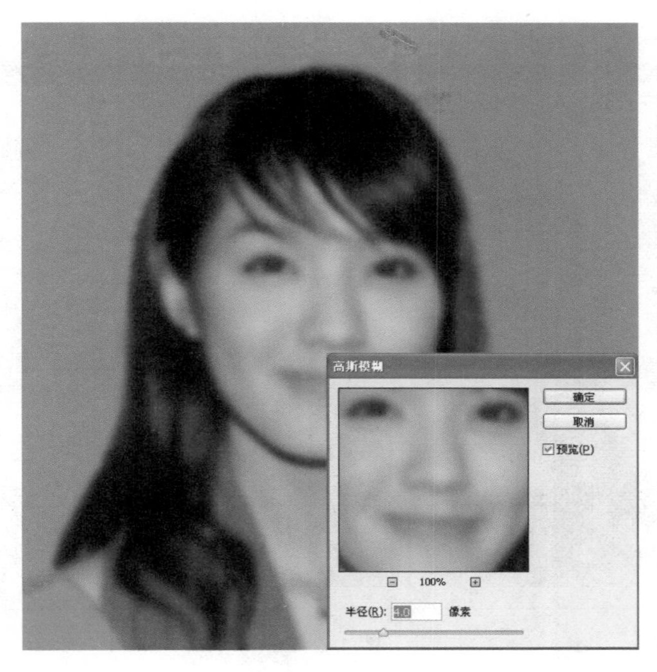

图 4–2–24

（3）背景副本图层混合模式设置为“柔光”。效果如图 4-2-25 所示。

图 4–2–25

（4）执行组合快捷键［Ctrl +Alt +Shift+E］盖印图层。在盖印图层上执行“滤镜/液化/设置画笔大小”“50”左右，画笔密度“50”，画笔压力“50～100”。如图 4-2-26 所示。

图 4–2–26

（5）使用“向前变形工具”与“膨胀工具”，调整眼睛大小（根据需要调节笔刷大小与画笔压力），效果如图 4-2-27 所示。

图 4–2–27

（6）用“钢笔工具”把眼睛勾上，如图 4-2-28。把路径转化为选区［Ctrl+Enter］。使用工具栏中的“加深工具”，曝光度“10”，调整上眼皮颜色。如图 4-2-29 所示。

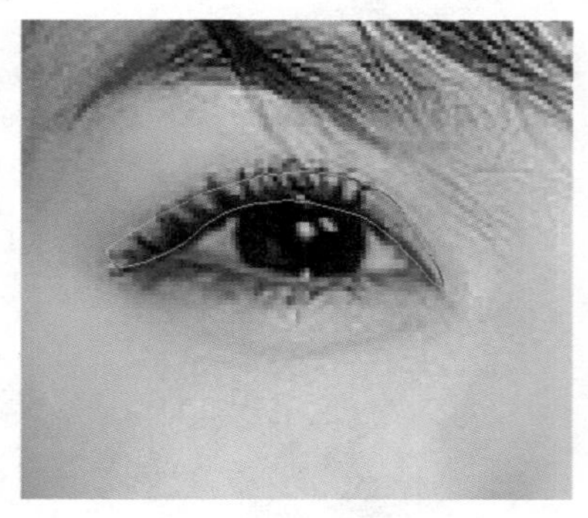
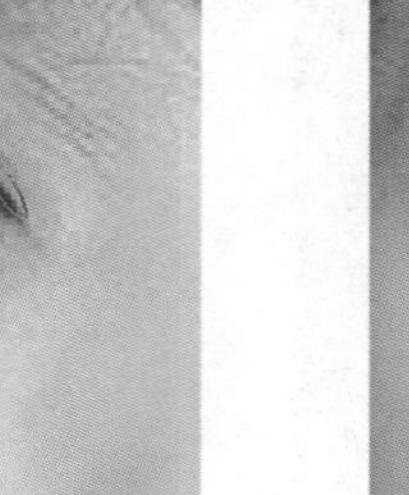
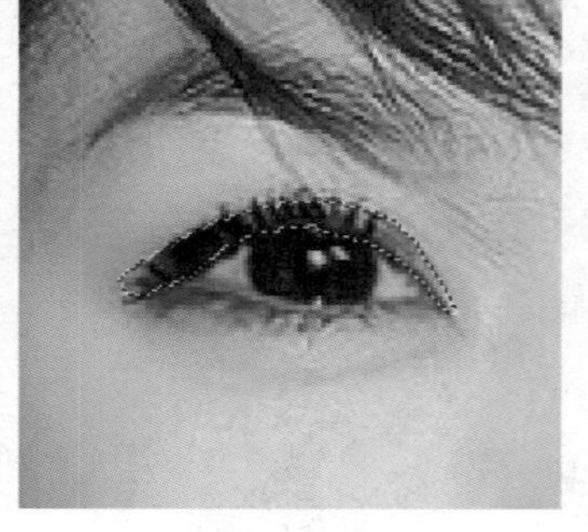

图 4-2-28　　图 4-2-29

图 4-2-30

4.2.4　打造靓丽肤色

本节主要是介绍人物“磨皮”及“美白”方法，有些人物照片可能是光线不够，脸部会有大量的杂色，这些处理起来非常麻烦。处理不能一步到位只能慢慢地把杂色范围缩小，方法也有很多。比如：“历史画笔工具”配合“高斯模糊”“历史画笔工具”配合“添加杂色”“通道磨皮”等。

下面我们通过一个简单实例，讲解一个效果很好的快速美白技巧。

实例：打造靓丽肤色

（1）打开素材图像，如图 4-2-31 所示。按［Ctrl + J］把背景图层复制一份，把副本图层的混合模式改为“滤色”（或者叫“屏幕”），图层不透明度改为 80%。效果如图 4-2-32 所示。

图 4-2-31

图 4-2-32

（2）新建一个图层按［Ctrl + Shift + Alt + E］盖印图层，执行菜单“滤镜/模糊/高斯模糊”数值为 5，如图 4-2-33 所示。确定后加上蒙版，用“黑色柔边画笔工具”把除人物脸部的皮肤部分都擦出来。如图 4-2-34 所示。

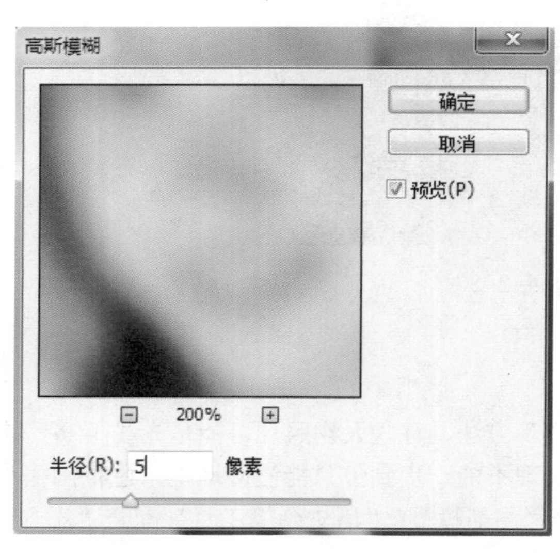

图 4-2-33

图 4-2-34

（3）新建一个图层按［Ctrl + Shift + Alt + E］盖印图层，选择“模糊工具”选择适当的压力，在人物的鼻子及嘴巴等有杂色的地方涂抹，如图 4-2-35 大致效果如图 4-2-36 所示。

注意：模糊工具的画笔要羽化，涂抹的时候要均匀。

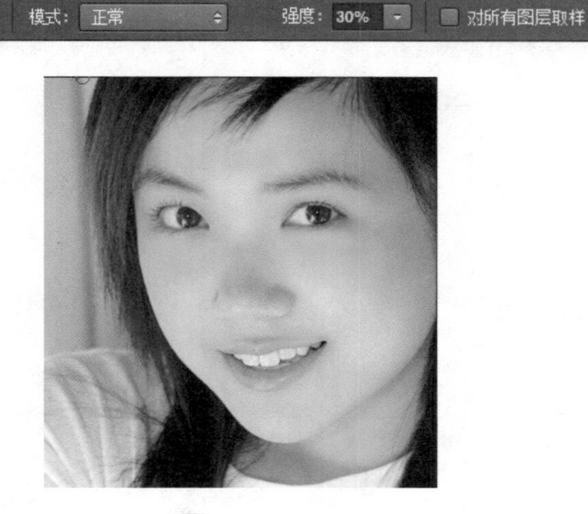

图 4–2–35

4.3　表现效果

4.3.1　风格练习

图片风格制作有很多类，下面我们通过一个实例练习如何表现艺术照片效果。

（1）执行快捷键［Ctrl+O］打开素材图片，风格原图.jpg。新建一个图层，选择“渐变工具”，颜色设置如图 4-3-1 所示。色标从左到右依次为：#FFEB9B、#416241、#000231。

然后由下至上绘制如图 4-3-2 所示的“线性渐变”，确定后把图层混合模式改为“正片叠底”，效果如图 4-3-3 所示。

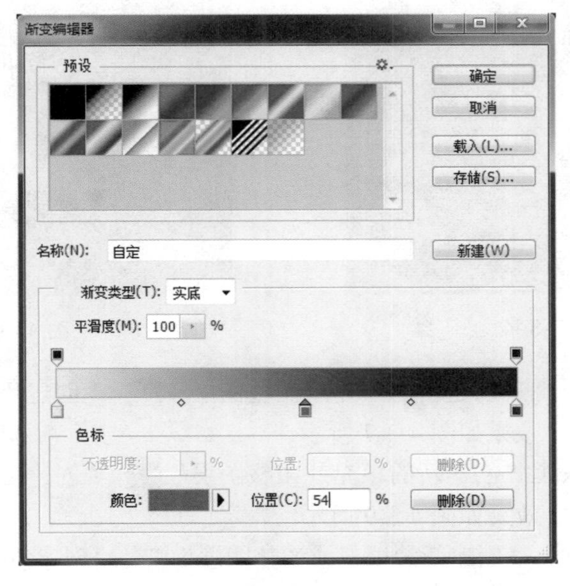

图 4–3–1

图 4-3-2

图 4-3-3

（2）创建“色相/饱和度”调整图层，参数设置如图 4-3-4 所示，效果如图 4-3-5 所示。

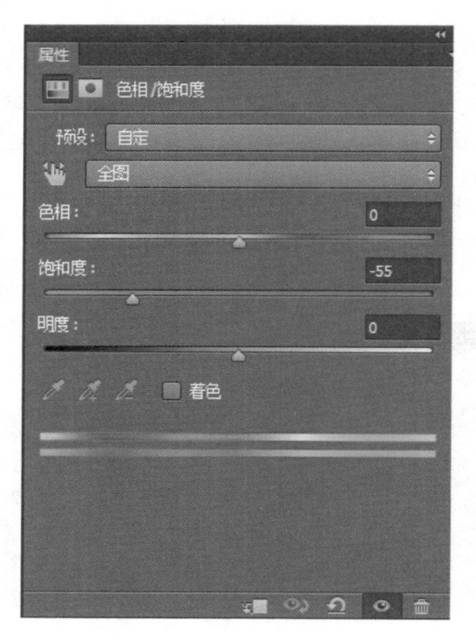

图 4-3-4

图 4-3-5

（3）单击图层面板上“创建新的填充或调整图层”，“创建色彩平衡调整图层”，参数设置如图 4-3-6 所示，效果如图 4-3-7 所示。

（4）单击图层面板上“创建新的填充或调整图层”，“创建可选颜色调整图层”，参数设置如图 4-3-8 所示，效果如图 4-3-9 所示。

（5）单击图层面板上“创建新的填充或调整图层”，“创建色相/饱和度调整图层”，参数设置如图 4-3-10 所示，效果如图 4-3-11 所示。

图 4–3–6

图 4–3–7

图 4–3–8

图 4–3–9

（6）新建一个图层，按［Ctrl + Alt + Shift + E］组合键盖印图层，执行“滤镜/模糊/高斯模糊”，数值为 3，如图 4-3-12 所示。确定后把图层混合模式改为“滤色”。效果如图 4-3-13 所示。

（7）单击图层面板上“创建新的填充或调整图层”，“创建曲线调整图层”，参数设置如图 4-3-14 所示，效果如图 4-3-15 所示。

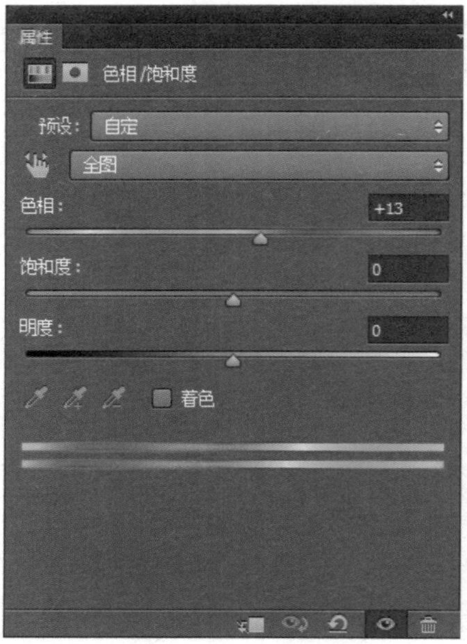

图 4-3-10

图 4-3-11

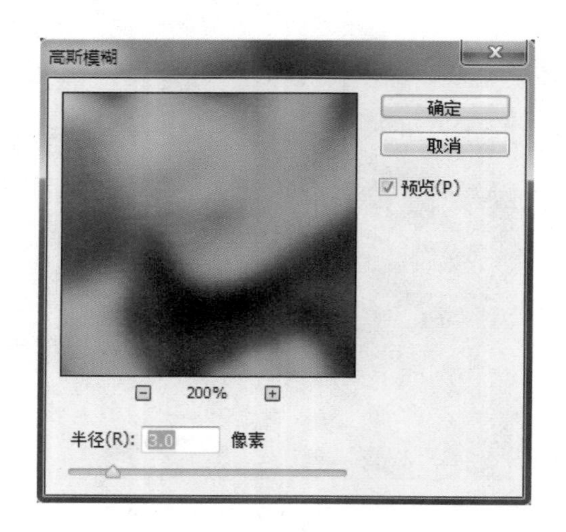

图 4-3-12

图 4-3-13

（8）新建一个图层，按[Ctrl + Alt +～]组合键调出高光选区，填充颜色为#F9AE96，确定后把图层混合模式改为“颜色加深”，图层不透明度改为 25%。效果如图 4-3-16 所示。

（9）单击图层面板上“创建新的填充或调整图层”，“创建通道混合器调整图层”，参数设置如图 4-3-17 所示，效果如图 4-3-18 所示。

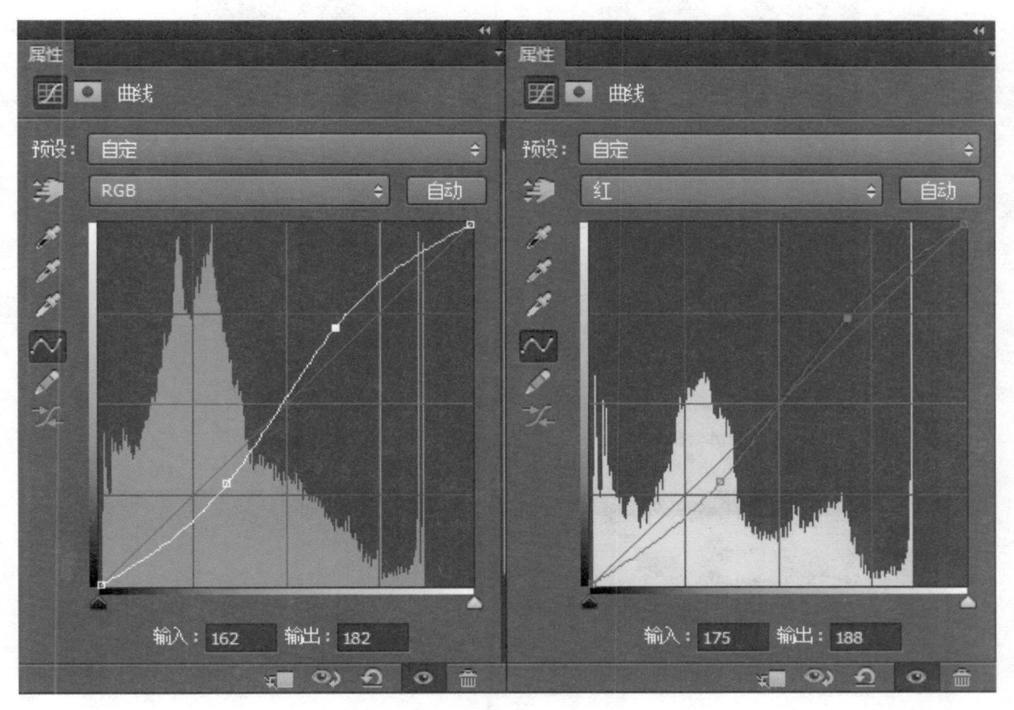

图 4-3-14

图 4-3-15

图 4-3-16

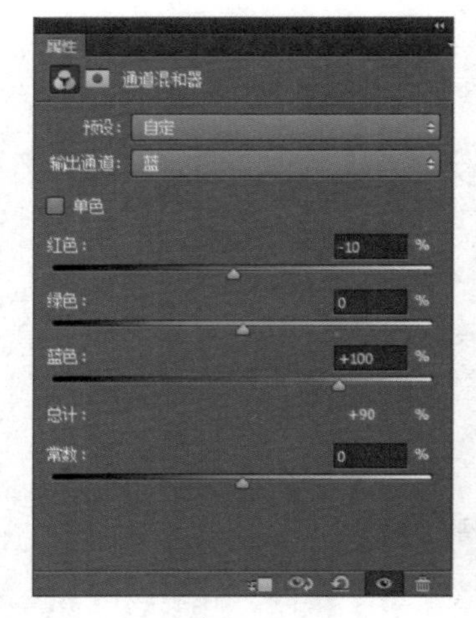

图 4-3-17

图 4-3-18

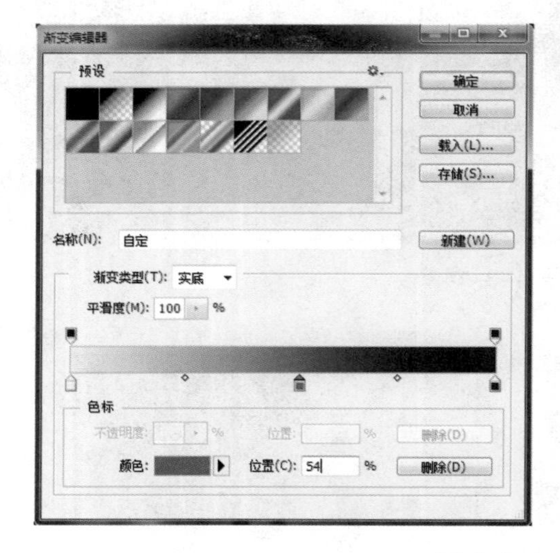

图 4-3-19

图 4-3-20

（10）选择“渐变工具”，颜色及渐变效果如图 4-3-19 所示，色标从左到右依次为#FFEB9B、#416241、#000231。确定后把图层混合模式改为“正片叠底”，图层不透明度改为 50%。效果如图 4-3-20 所示。

（11）单击图层面板上“创建新的填充或调整图层”，“创建曲线调整图层”，参数设置如图 4-3-21，效果如图 4-3-22 所示。

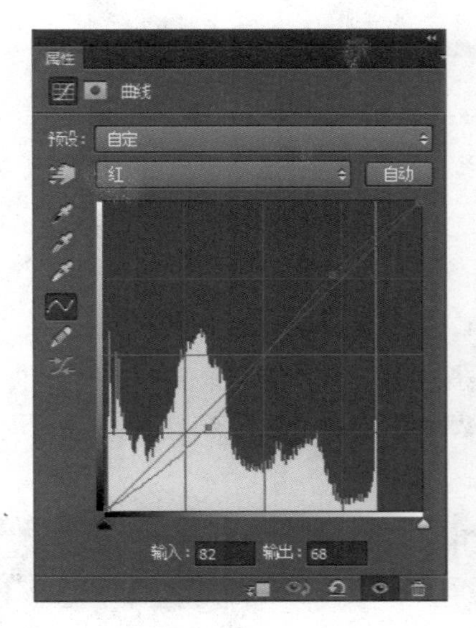

图 4-3-21

图 4-3-22

（12）新建一个图层，填充颜色为#940A29，然后把图层混合模式改为“柔光”，图层不透明度改为：50%，加上图层蒙版把人物部分用黑色画笔擦出来。效果如图 4-3-23 所示。

图 4-3-23

（13）单击图层面板上“创建新的填充或调整图层”，“创建亮度/对比度调整图层”，参数设置如图 4-3-24 所示，确定后盖印图层。效果如图 4-3-25 所示。

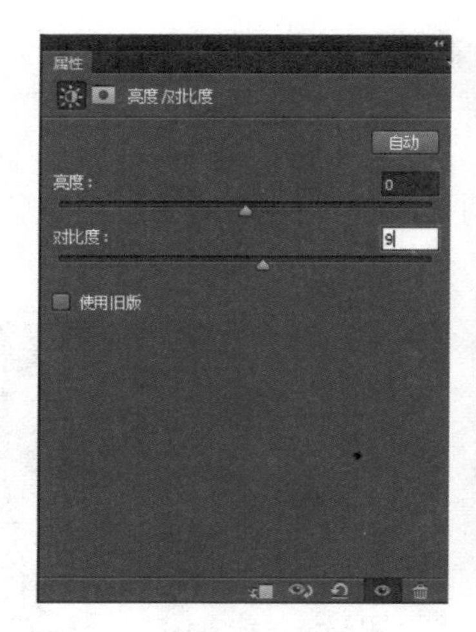

图 4-3-24

图 4-3-25

（14）新建一个图层，按[Ctrl + Alt + Shift + E]组合键盖印图层，执行“滤镜/Topaz Vivacity/Topaz Sharpen”（锐化插件），参数如图 4-3-26 所示，最终效果如图 4-3-27 所示。

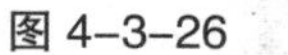

图 4-3-26

图 4-3-27

4.3.2 LOMO 怀旧风格练习

LOMO 风格是很经典的一种风格，特点是色阶更为强烈，通过模拟小光圈暗角效果，突出主题。其实用 Photoshop 制作 LOMO 效果的方法是多种多样的，下面总结出以下几点：①加大画面的对比度。②加大画面的色彩饱和。③对暗角处画面进行羽化，模拟景深效果。⑤颜色对比的强调，可根据画面的主要色彩选择补色叠加。

下面我们通过一个实例来看看 LOMO 风格的制作。

实例：幻影古城

（1）执行快捷键［Ctrl+O］打开素材图片：LOMO 原图.jpg，如图 4-3-28 所示。［Ctrl+J］复制背景图层，调节图层混合模式为“滤色”。如图 4-3-29 所示。

图 4–3–28

图 4–3–29

（2）［Ctrl+J］复制图层，调节图层混合模式为柔光。执行“滤镜/模糊/高斯模糊”，参数：3，如图 4-3-30 所示。效果如图 4-3-31 所示。

图 4–3–30

图 4–3–31

（3）单击图层面板上“创建新的填充或调整图层”，“创建色相/饱和度调整图层”，参数设置如图 4-3-32 所示，效果图如 4-3-33 所示。

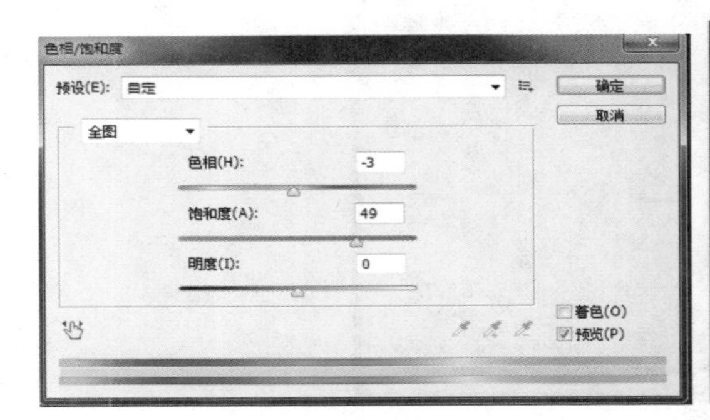

图 4–3–32

图 4–3–33

（4）新建图层，填充# 266ca8 蓝颜色，设置图层混合模式为：柔光。效果如图 4-3-34 所示。

图 4-3-34

（5）新建图层，按［Ctrl + Alt + Shift + E］组合键盖印图层。使用“套索工具”绘制出如图 4-3-35 所示的选区，反选［Ctrl+Shift+I］。对选区执行羽化［Ctrl+Alt+D］，35 像素。效果如图 4-3-36 所示。

图 4-3-35

图 4-3-36

（6）单击图层面板上“创建新的填充或调整图层”，“创建色相/饱和度调整图层”，参数设置如图 4-3-37 所示，制作暗角。效果如图 4-3-38 所示。

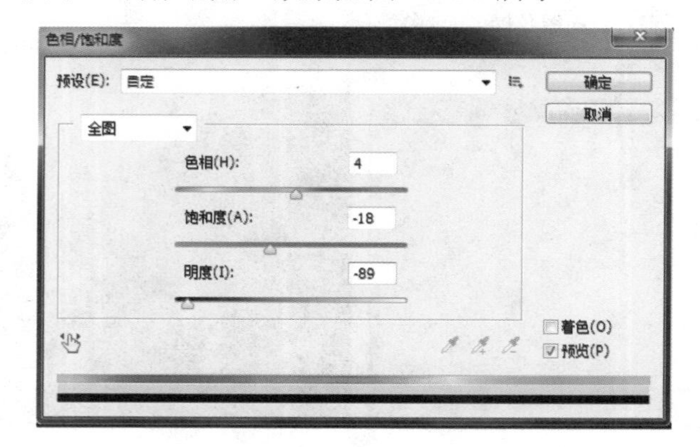

图 4-3-37

图 4–3–38

（7）新建图层，按［Ctrl + Alt + Shift + E］组合键盖印图层。为图层添加杂色，参数数量为 3、分布为高斯模糊、勾选单色。最终效果如图 4-3-39 所示。

图 4–3–39

第 5 章　海报设计进阶

知识重点

✧　了解海报设计的理念；

✧　掌握行业海报设计的基本流程与规范；

✧　熟练掌握 Photoshop 海报设计制作相关技术，灵活运用图层、合成、特效等命令。

引　言

本章主要讲授海报设计理念与各类海报设计的操作技能，通过多个案例教学使学生能够较快掌握海报设计的流程与技术，并通过实训独立制作海报作品。

5.1　海报概述

5.1.1　海报的概念

海报这一名称，最早起源于上海。旧时，上海人通常把职业性的戏剧演出称为“海”，而把从事职业性戏剧的表演称为“下海”。作为剧目演出信息的具有宣传性的招揽顾客性的张贴物，也许是因为这个关系的缘故，人们便把它叫做“海报”。海报就是戏剧、电影等演出或球赛等活动的招帖。

“海报”一词演变到现在，它的范围已不仅仅是职业性戏剧演出的专用张贴物了。它已变为向广大群众报道或介绍有关戏剧、电影、体育比赛、文艺演出、报告会等消息的招贴，有的还加以美术设计。因为它同广告一样，具有向群众介绍某一物体、事件的特性，所以，海报又是广告的一种。但海报具有在放映或演出场所、街头广以张贴的特性，加以美术设计的海报，又是电影、戏剧、体育宣传画的一种。招贴又名“海报”或“宣传画”，属于户外广告，分布在各街道、影剧院、展览会、商业闹区、车站、码头、公园等公共场所。国外也称之为“瞬间”的街头艺术。招贴相比其他广告具有画面大、内容广泛、艺术表现力丰富、远视效果强烈的特点。

海报是人们极为常见的一种招贴形式，多用于电影、戏剧、比赛、文艺演出等活动。海报中通常要写清楚活动的性质，活动的主办单位、时间、地点等内容。海报的语言要求简明扼要，形式要做到新颖美观。

5.1.2　海报的特点

1. 广告宣传性

海报希望社会各界的参与，它是广告的一种。有的海报加以美术的设计，以吸引更多的人加入活动。海报可以在媒体上刊登、播放，但大部分是张贴于人们易于见到的地方。其广告性色彩极其浓厚。

2. 否商业性

海报是为某项活动作的前期广告和宣传，其目的是让人们参与其中。演出类海报占海报中的大部分，而演出类广告又往往着眼于商业性目的。当然，学术报告类的海报一般是不具有商业性的。

5.1.3　海报的分类

一般来讲，海报从内容上看可以分为下列几类：

1. 电影海报

这是影剧院公布演出电影的名称、时间、地点及内容介绍的一种海报。这类海报有的还会配上简单的宣传画，将电影中的主要人物画面形象地描绘出来，以扩大宣传的力度。

2. 文艺晚会杂技体育比赛等海报

这类海报同电影海报大同小异，它的内容是观众可以身临其境进行娱乐观赏的一种演出活动。这类海报一般有较强的参与性，海报的设计往往要新颖别致，引人入胜。

3. 学术报告类海报

这是一种为一些学术性的活动而发布的海报，一般张贴在学校或相关的单位。学术类海报具有较强的针对性。

4. 个性海报

自己设计并制作，具有明显 DIY 特点的海报。

5.1.4　海报用途

1．广告宣传海报

可以传播到社会中，为满足人们的利益。

2．现代社会海报

较为普遍的社会现象，为大多数人所接纳，提供现代生活的重要信息。

3．企业海报

为企业部门所认可，它可以用来激励员工的一些思想，引发思考。

4．文化宣传海报

所谓文化是当今社会必不可少的，无论是多么偏僻的角落，多么寂静的山林，都存在着文化。

5.2　海报案例 1

案例说明：本例介绍平面海报设计，建筑宣传海报。

制作要点：讲解在设计时的步骤，图层样式以及混合模式的应用，图案的应用，文字的输入及应用效果等。

启动 Photoshop，单击“文件/新建”命令或按［Ctrl+N］快捷键，新建一个名为“建筑宣传海报”的 CMYK 模式的文件，“宽度”和“高度”分别为 2497 像素和 3425 像素，分辨率为 300 像素/英寸，“背景内容”为“白色”。

打开素材图像如图 5-2-1 所示，将素材图像拖至“建筑宣传海报”文档中，将素材图像进行缩放至文档大小如图 5-2-2 所示（缩放图像快捷键［Ctrl+T］）。

图 5-2-1

图 5-2-2

下面我们对图片中空白区域添加一个边框，将素材拖动到“建筑宣传海报”文档中，并将其进行缩放，使得整体与“建筑宣传海报”文档融合，如图 5-2-3 所示。

图 5–2–3

现在用一个 Photoshop 的调色插件“NikColorEfexPro3.0”对“建筑宣传海报”整体风景进行一个调色。如图 5-2- 4 所示。

图 5–2–4

我们选择其中风景调色栏里面的偏振镜，如图 5-2-5 所示。

图 5–2–5

为图像添加一个控制点，并调整控制范围和不透明度选项，如图 5-2-6 所示。

图 5–2–6

获得最后效果，如图 5-2-7 所示。

图 5–2–7

打开素材文件，为“建筑宣传海报”添加素材文件，摆放到适当位置。如图 5-2-8 所示。

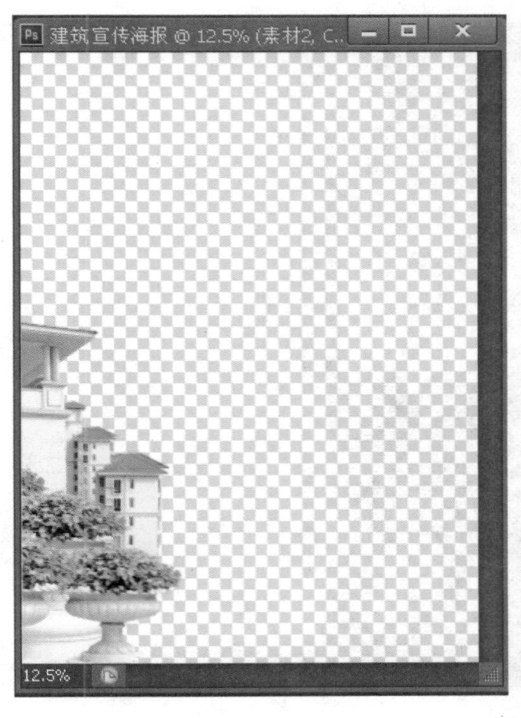

图 5–2–8

下面我们为“建筑宣传海报”文档，加入整体标题“山境”，如图 5-2-9 所示。

图 5-2-9

接下来为“建筑宣传海报”文档加入 logo 与公司介绍、地址，如图 5-2-10 所示。

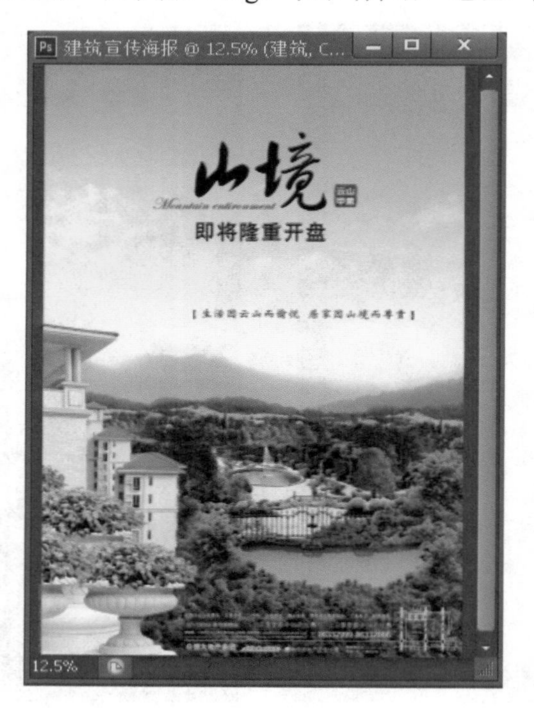

图 5-2-10

5.3　海报案例 2

案例说明：本例介绍的平面海报设计为水墨山水宣传海报。

制作要点：讲解在设计时的步骤，图层样式以及混合模式的应用，图案的应用，文字的输入及应用效果，重点是图层中的蒙版应用。

启动 Photoshop，单击“文件/新建”命令或按［Ctrl+N］快捷键，新建一个名为“水墨山水宣传海报”的 CMYK 模式的文件，“宽度”和“高度”分别为 3096 像素和 2060 像素，分辨率为 300 像素/英寸，“背景内容”为“白色”。

新建一个灰色图层，为了与我们底层的白色图层做一个区分。然后把所给古建筑图层拖入到“水墨山水宣传海报”文档中，如图 5-3-1 所示。

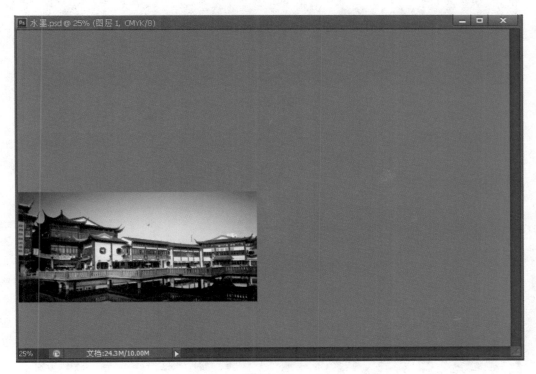

图 5–3–1

我们使用蒙版把图片不需要的部分擦出，如图 5-3-2 所示。

接下来把素材桥、树木、小船放入到“水墨山水宣传海报”文档中，并对其中羽化部分进行修改，如图 5-3-3 所示。

加入一张背景素材，使用“蒙版调节”使得海报整体绿化明显。如图 5-3-4 所示。

古建后面处比较空旷，加入素材放入一颗古树，使得海报整体感更强烈。给古树加一些绿色阴影，与画面整体配色更加协调。如图 5-3-5 所示。

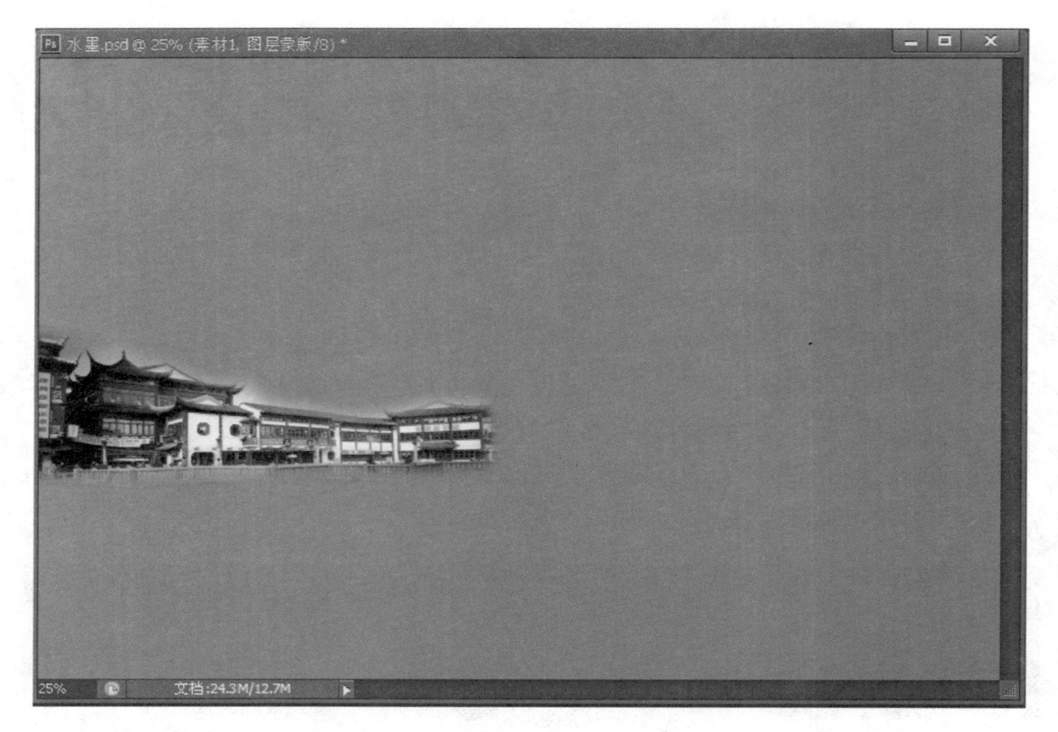
水墨.psd @ 25% (素材1, 图层蒙版/8) *
25%
文档:24.3M/12.7M

图 5-3-2

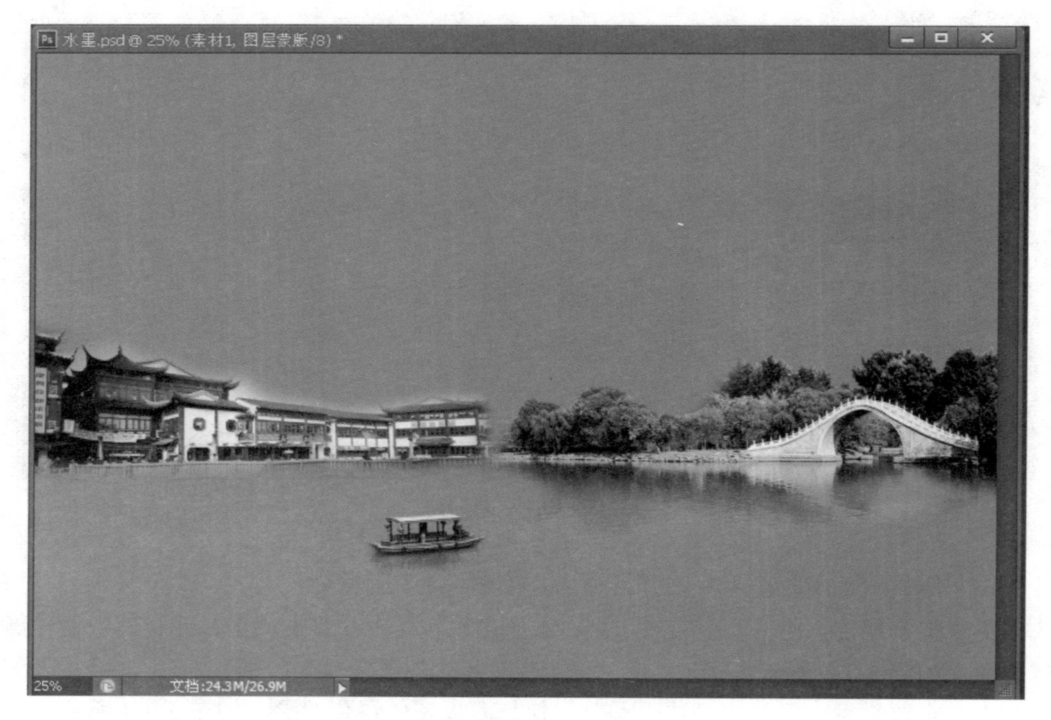
水墨.psd @ 25% (素材1, 图层蒙版/8) *
25%
文档:24.3M/26.9M

图 5-3-3

图 5–3–4

图 5–3–5

为了使得水墨风格更加强烈，我们为“水墨山水宣传海报”加入一些水墨的痕迹，如图 5-3-6 所示。

图 5–3–6

整体基本完成。再为“水墨山水宣传海报”加入一个白色的背景层，图片效果可以呈现出来。同时把白色背景层的不透明度调节为 90%，使得灰色层与白色背景层颜色融合更加接近于水墨效果。如图 5-3-7 所示。

图 5–3–7

现在要使用一个 Photoshop 的插件 Candy，如图 5-3-8 所示。

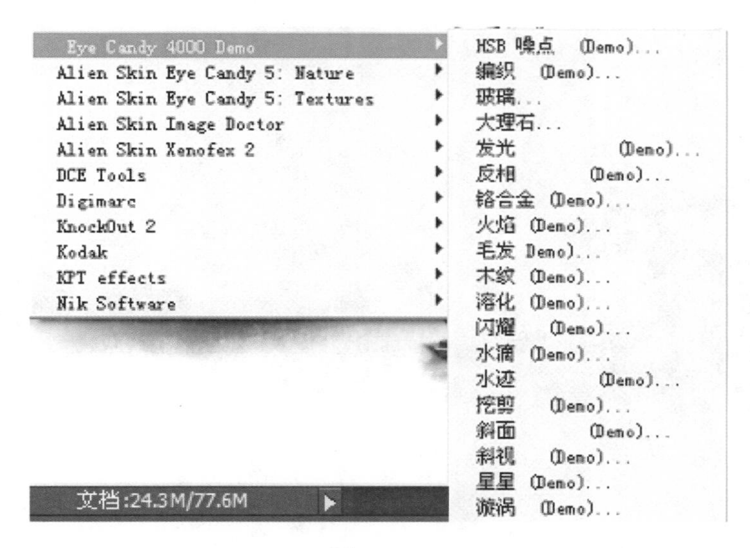

图 5–3–8

使用 Candy 插件里面的大理石效果，制作一个大理石图层，如图 5-3-9 所示。

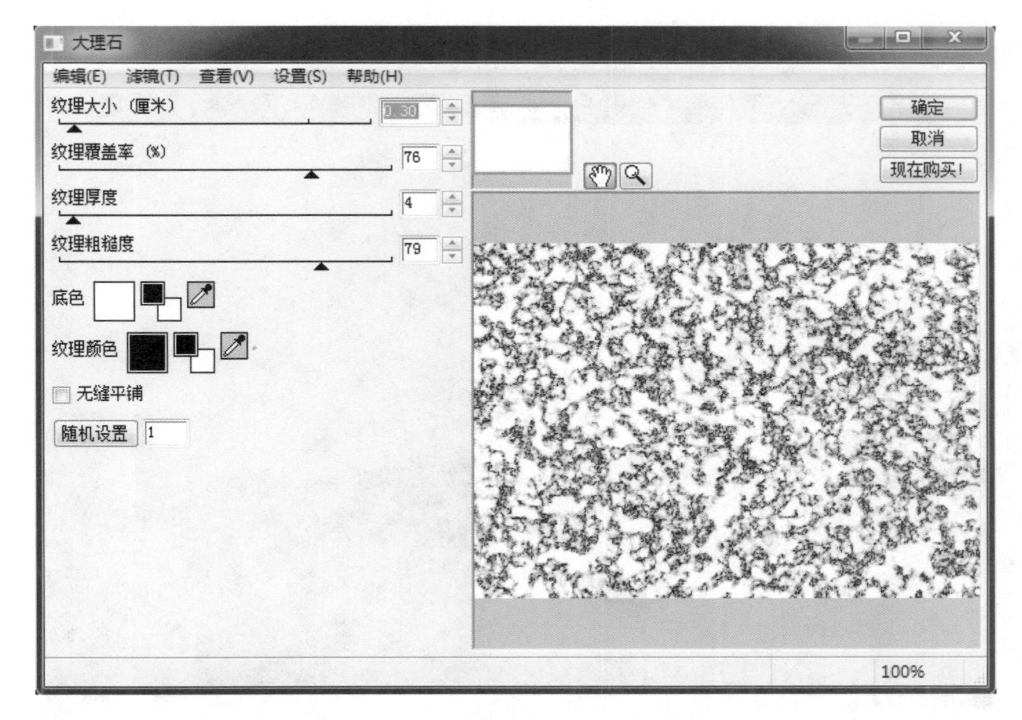

图 5–3–9

制作出的大理石图层调整不透明度为 70%，图层显示为亮光效果。如图 5-3-10 所示。

图 5-3-10

加入素材荷花，使得整体感官更加强烈，如图 5-3-11 所示。

图 5-3-11

最后加入一些修饰的文字与介绍，整体完成。如图 5-3-12 所示。

图 5-3-12

5.4　海报案例 3

案例说明：本例介绍的平面海报设计是百事极度宣传海报。

制作要点：讲解在设计时的步骤，图层样式以及混合模式的应用，图案的应用，文字的输入及应用效果，重点是图层中的蒙版应用，对于图层的调色等。

启动 Photoshop，单击“文件/新建”命令或按［Ctrl+N］快捷键，新建一个名为“百事极度宣传海报”的 CMYK 模式的文件，“宽度”和“高度”分别为 3543 像素和 2862 像素，分辨率为 300 像素/英寸，“背景内容”为“白色”的文件。

新建一个文件组，在组内加入一个新的填充或调节图层，选择其中的纯色，如图 5-4-1 所示。

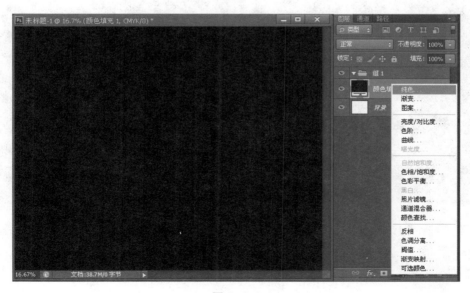

图 5-4-1

进入纯色选项，调整其颜色，如图 5-4-2 所示。

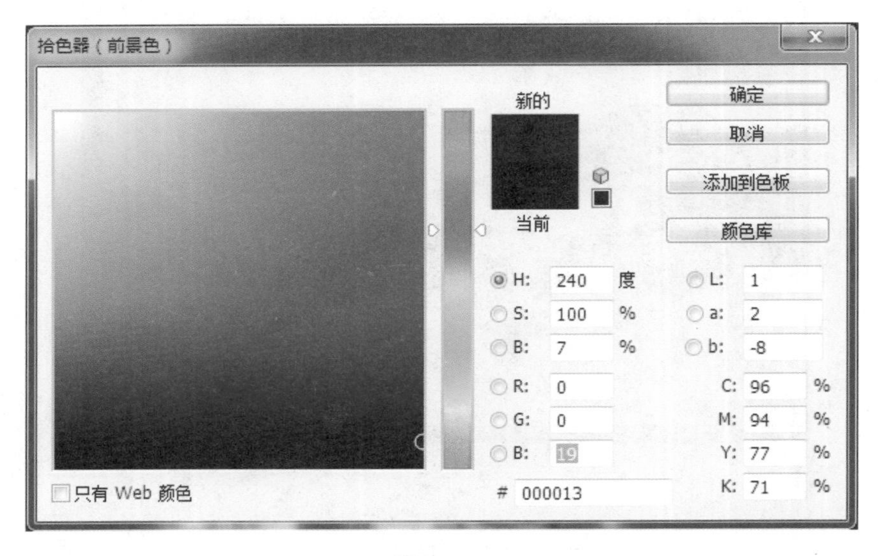

图 5-4-2

打开素材文件，拖动到“百事极度宣传海报”文档中，如图 5-4-3 所示。

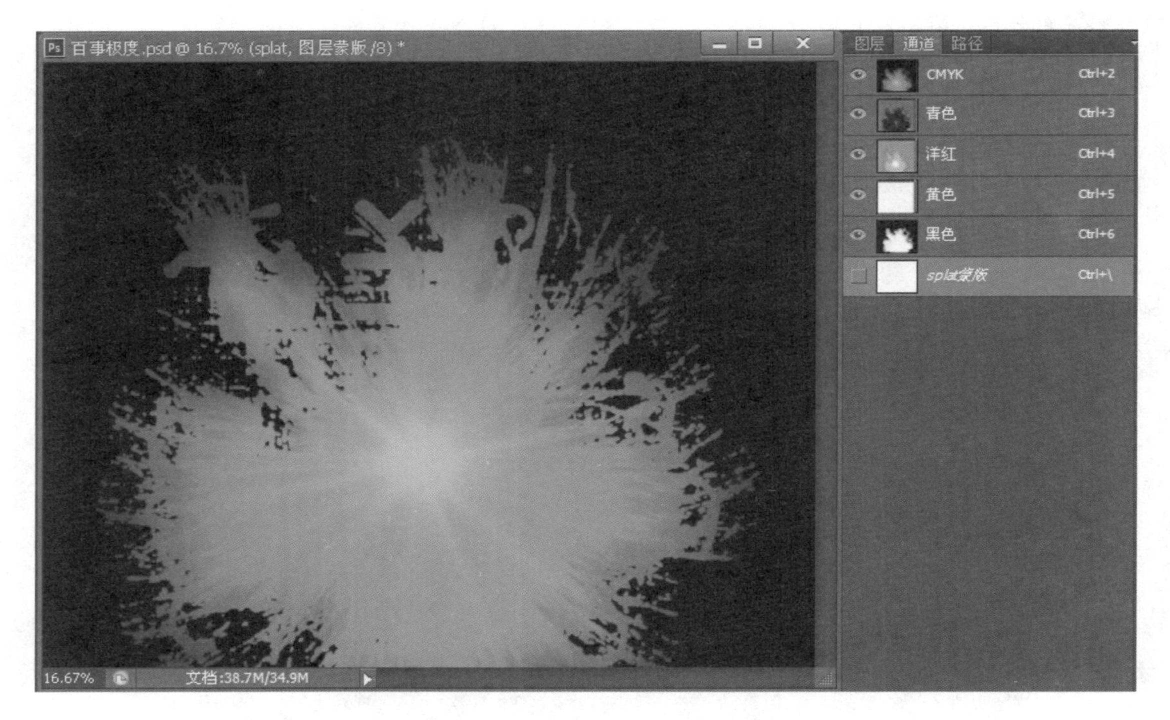

图 5-4-3

为素材添加蒙版，并使用“通道分离”图层修改蒙版，如图 5-4-4 所示。

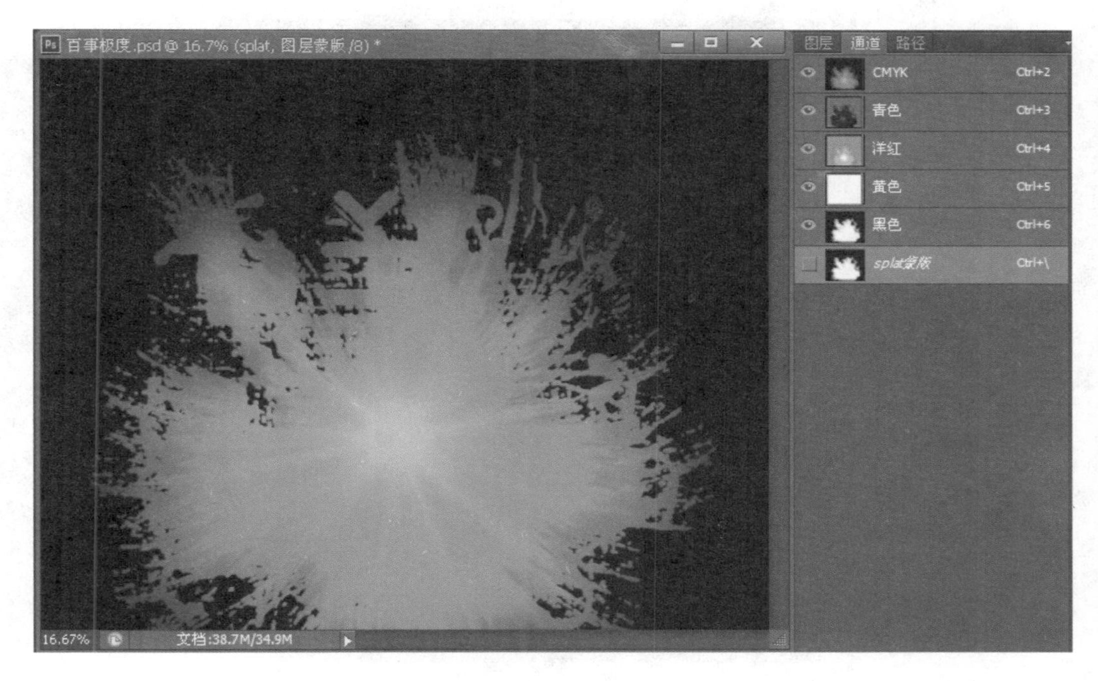

图 5–4–4

为图片整体添加一个调色，选择加入一个新的填充或调节图层，添加一个曲线选项。如图 5-4-5 所示。

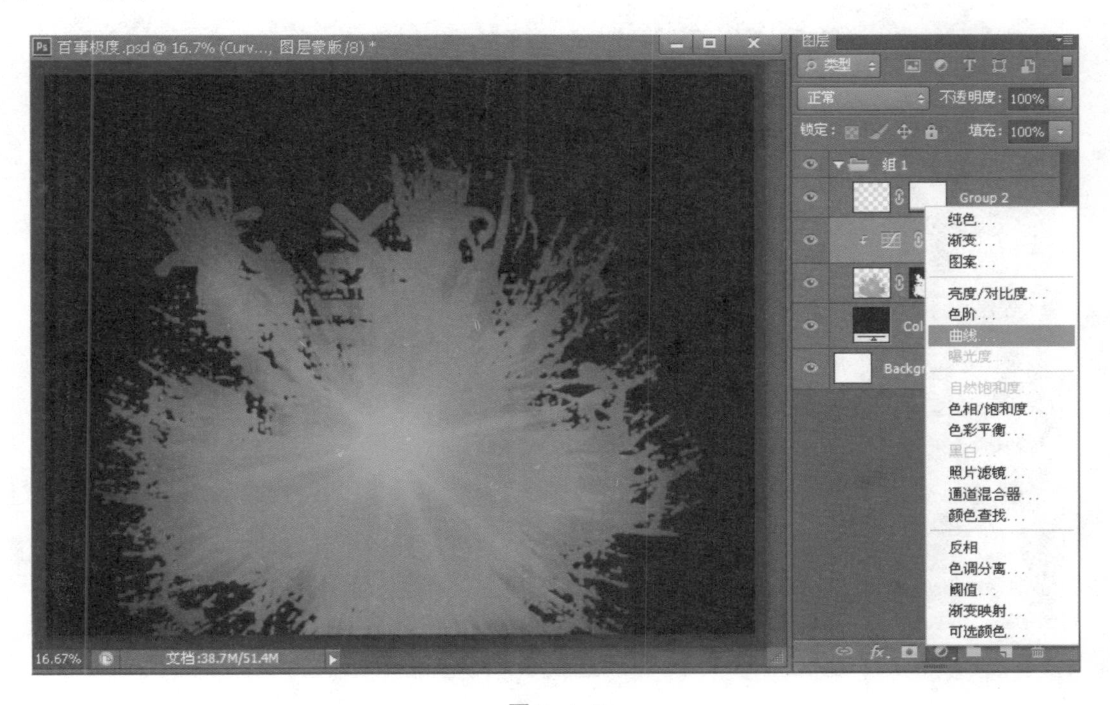

图 5–4–5

调整曲线数值，如图 5-4-6 所示。

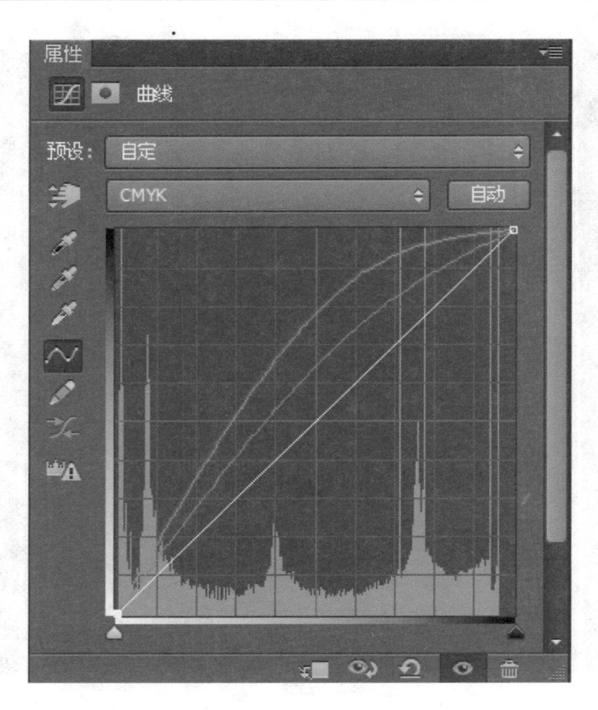

图 5–4–6

添加一个空图层，加入蒙版，对蒙版使用渐变效果。如图 5-4-7 所示。

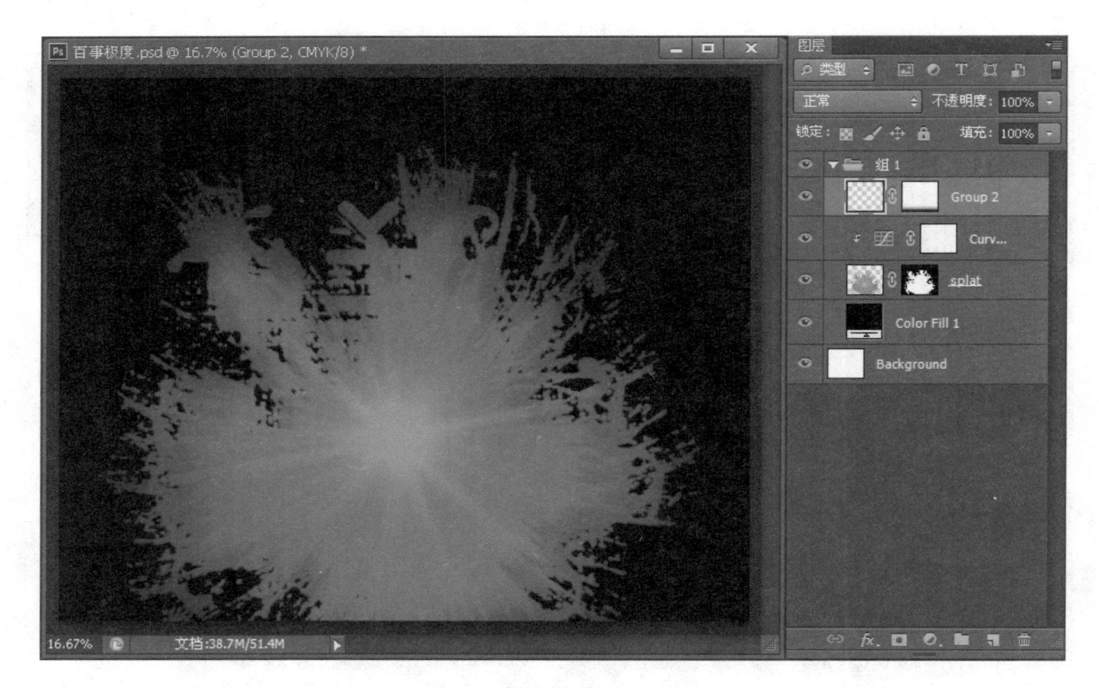

图 5–4–7

现在完成了海报的底层内容的制作，下面来制作海报整体最重要的部分。打开素材文件，如图 5-4-8 所示。

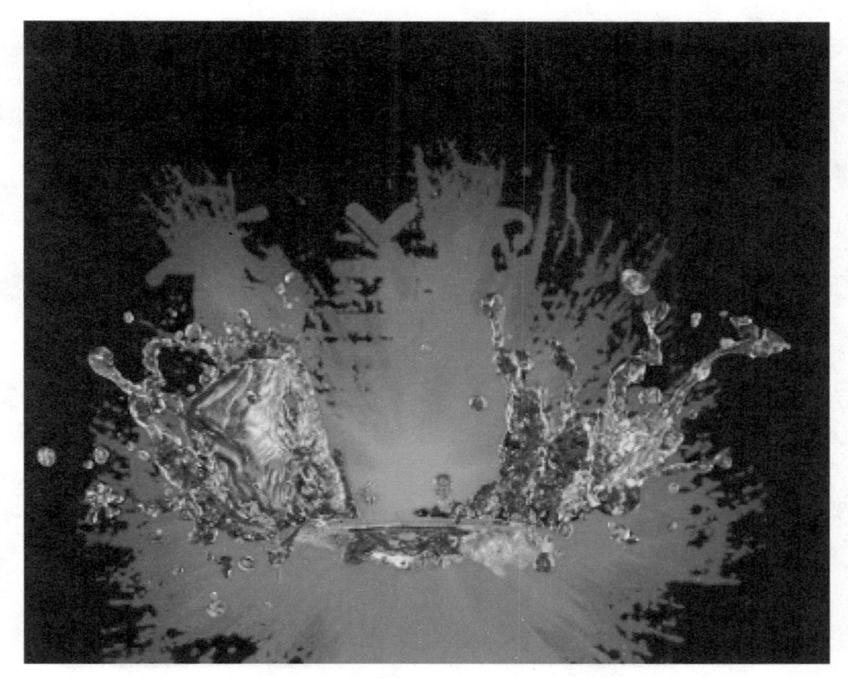

图 5–4–8

同时打开另一张素材图片，如图 5-4-9 所示。

图 5–4–9

使用蒙版工具，对其中多余部分进行擦除，如图 5-4-10 所示。

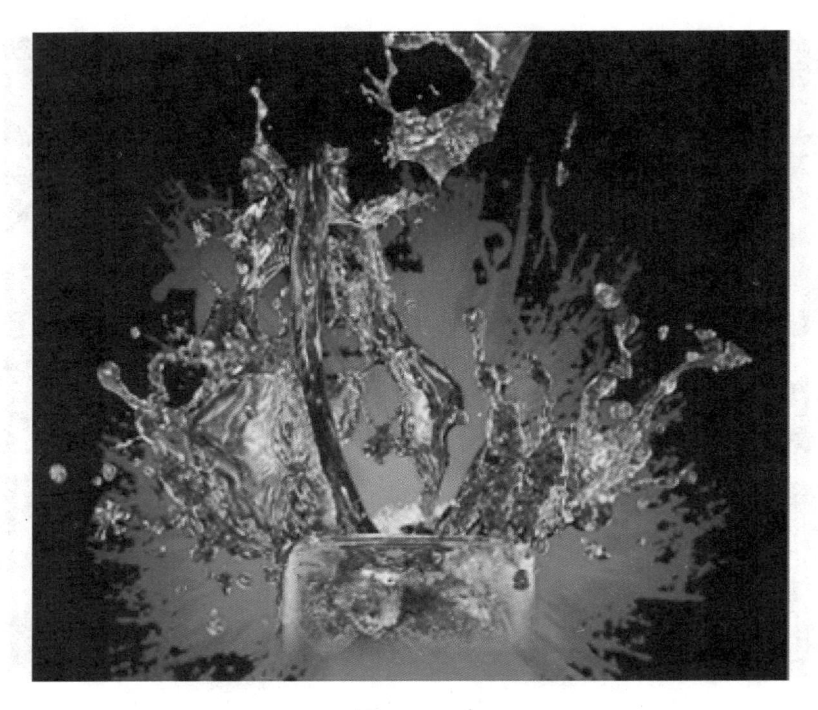

图 5–4–10

新建一个 Layer 2 图层，为海报中杯子的边缘添加一圈光。我们用矩形工具框出一个矩形，并在其边缘加入渐变效果。如图 5-4-11 所示。

图 5–4–11

为矩形添加外发光图层样式，如图 5-4-12 所示。

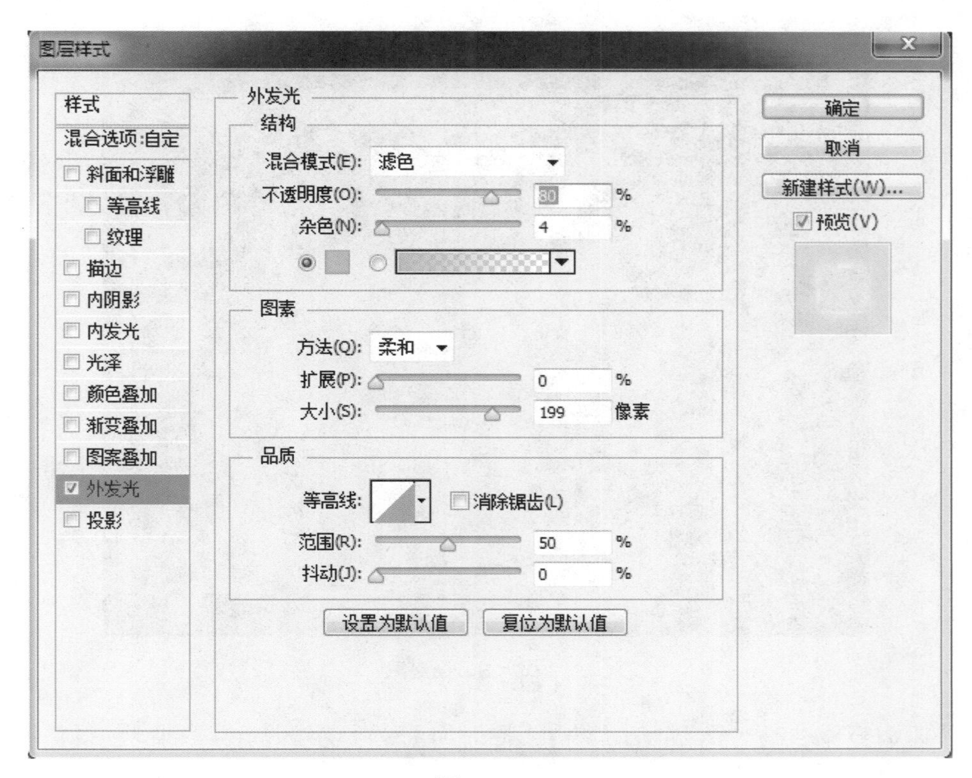

图 5-4-12

效果如图 5-4-13 所示。

图 5-4-13

打开隐藏的两个图层，整体效果如图 5-4-14 所示。

图 5–4–14

接下来为整体添加一个飞散的水效果，同时加入蒙版整体调节其效果，使得整体更加真实。如图 5-4-15 所示。

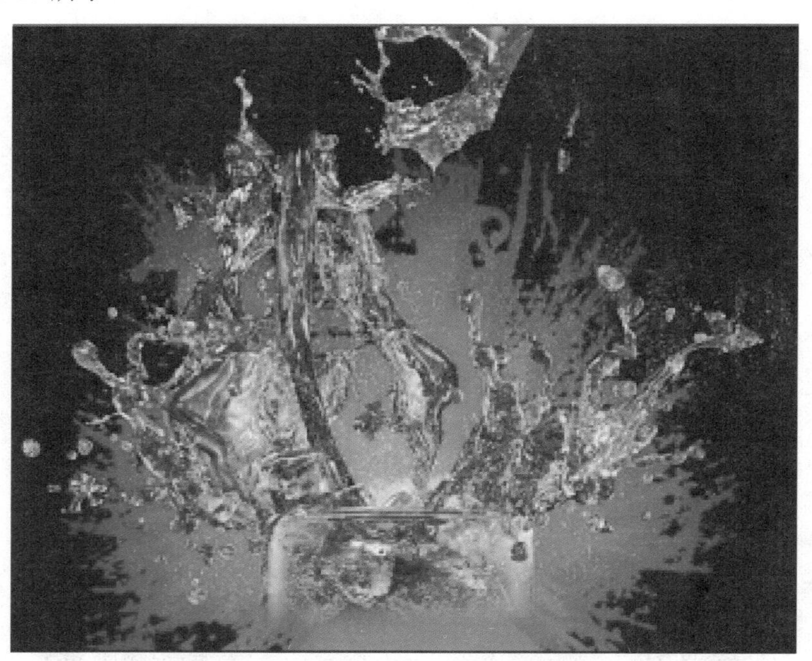

图 5–4–15

为杯子表面添加一个高光效果，复制杯子素材，添加蒙版除用鼠标擦出非高光区域。如图 5-4-16 所示。

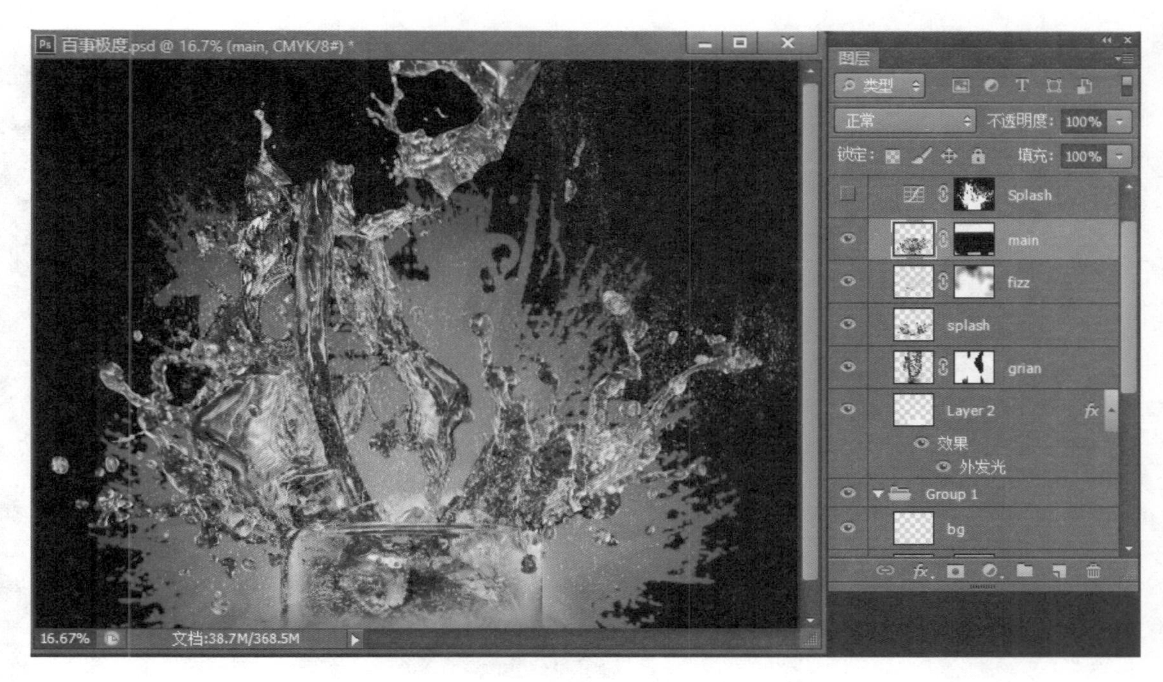

图 5–4–16

整体颜色偏淡，为可乐部分添加一个曲线，调节其参数。如图 5-4-17 所示。

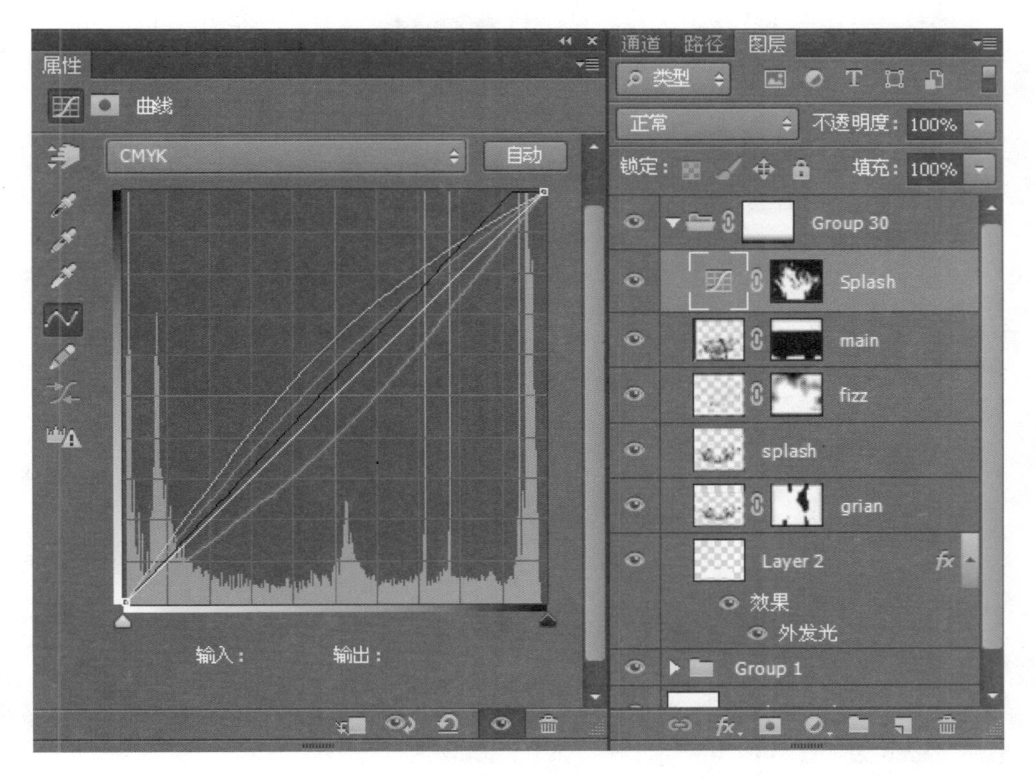

图 5–4–17

得到效果如图 5-4-18 所示。

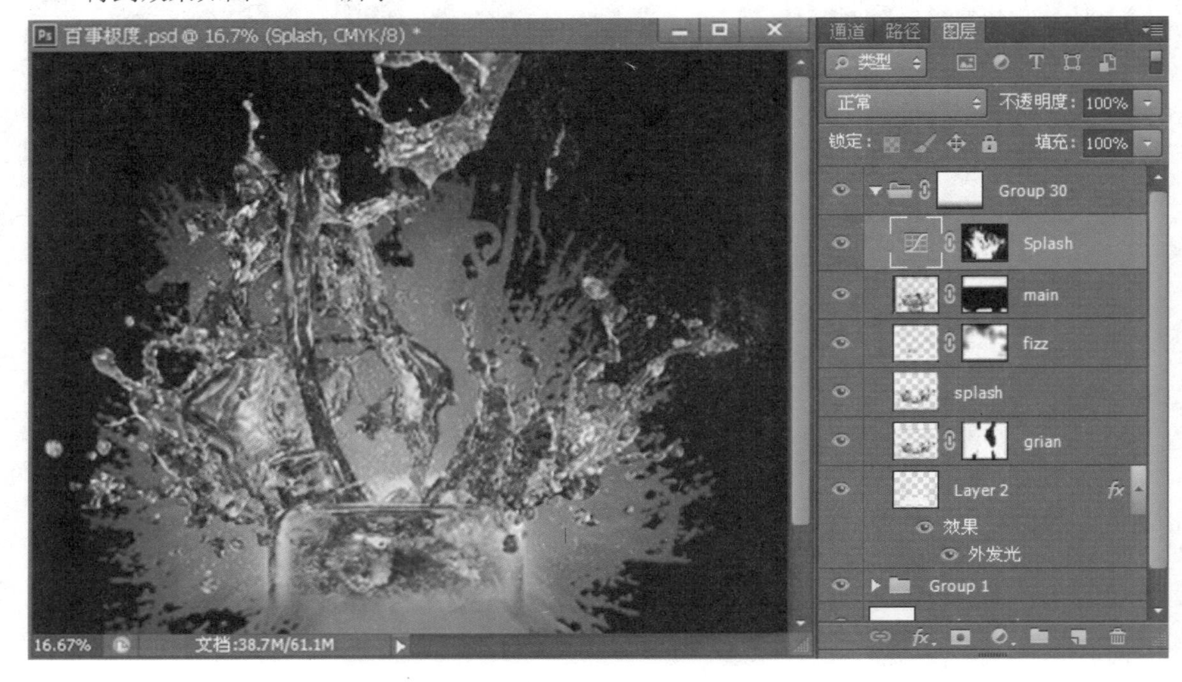

图 5–4–18

海报的整体效果基本完成，现在要设计 LOGO 部分。设置百事极度 LOGO 并加入一个外发光效果，如图 5-4-19 所示。

图 5–4–19

最后完成效果如图 5-4-20 所示。

图 5–4–20

5.5　海报案例 4

案例说明：本例介绍的平面海报设计是娱乐宣传海报。

制作要点：讲解在设计时的步骤，图层的摆放设计感官与整体配色的协调。

启动 Photoshop，单击“文件/新建”命令或按［Ctrl+N］快捷键，新建一个名为“建筑宣传海报”的 CMYK 模式的文件，“宽度”和“高度”分别为 2480 像素和 3508 像素，分辨率为 300 像素/英寸，“背景内容”为“黑色”的文件。

设计一个海报首要是选择其配色，什么为主色，适合什么样子的海报。本例讲解的是一个娱乐海报，所以我选用当今比较流行的紫色为主色。打开素材，缩放到我们的素材中，如图 5-5-1 所示。

图 5–5–1

下面位置比较空，加入素材文件，如图 5-5-2 所示。

图 5–5–2

打开素材，加入一些常用的圈圈效果，如图 5-5-3 所示。

图 5–5–3

加入素材，如图 5-5-4 所示。

图 5–5–4

整体效果基本已经出来了，现在要对局部进行处理，使得内容更加丰富。加入素材，如图 5-5-5 所示。

图 5–5–5

把素材放入到海报中，调节图层叠加方式为颜色减淡，如图 5-5-6 所示。

图 5–5–6

打开素材，为海报上半部分添加叠加效果，如图 5-5-7 所示。

图 5–5–7

为海报加入素材，如图 5-5-8 所示。添加广告文字，如图 5-5-9 所示。

图 5–5–8

图 5–5–9

5.6　海报案例 5

案例说明：本例介绍的平面海报设计是时尚海报。

制作要点：讲解在设计时的步骤，滤镜的调节与颜色的调节。

制作的时候先利用 3D 工具建立一些简单的立体图形，然后适当用画笔或选区等工具加上一些斑点。把做好的斑点加到立体图形里面，适当地变换处理，就可以得到漂亮的光束。新建长 900、宽 500 像素文档。填充黑色，新建图层。在 3D 菜单添加圆柱体形状，如图 5-6-1 所示。

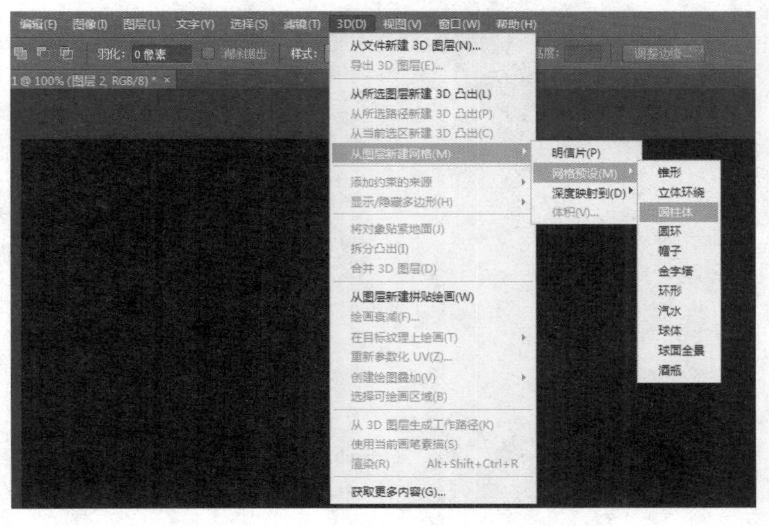

图 5–6–1

选择 3D 旋转工具，我们可以拖动此圆柱体做 360 度全方位移动，如图 5-6-2 所示。

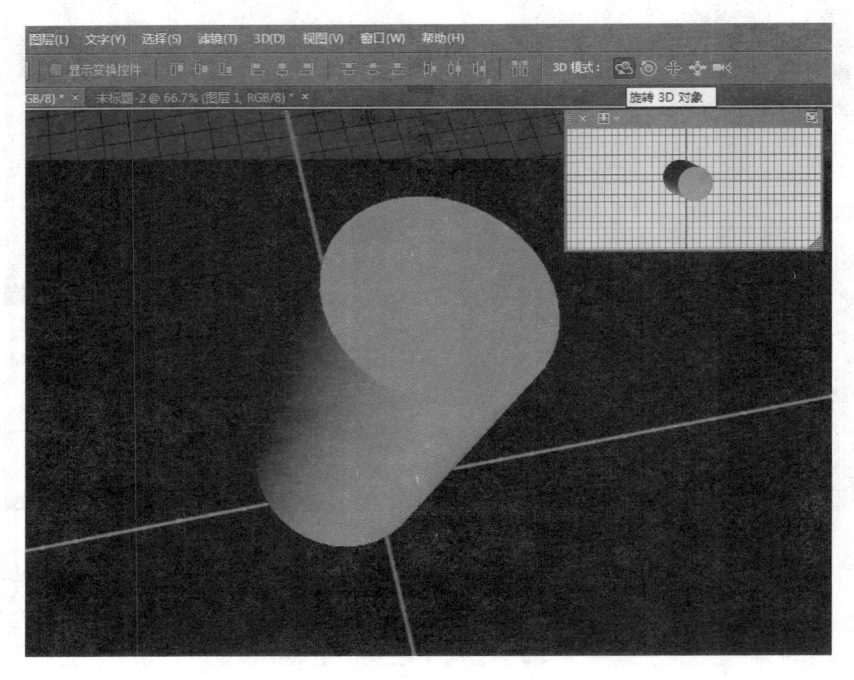

图 5-6-2

在窗口菜单打开 3D 工具栏，如图 5-6-3 所示。

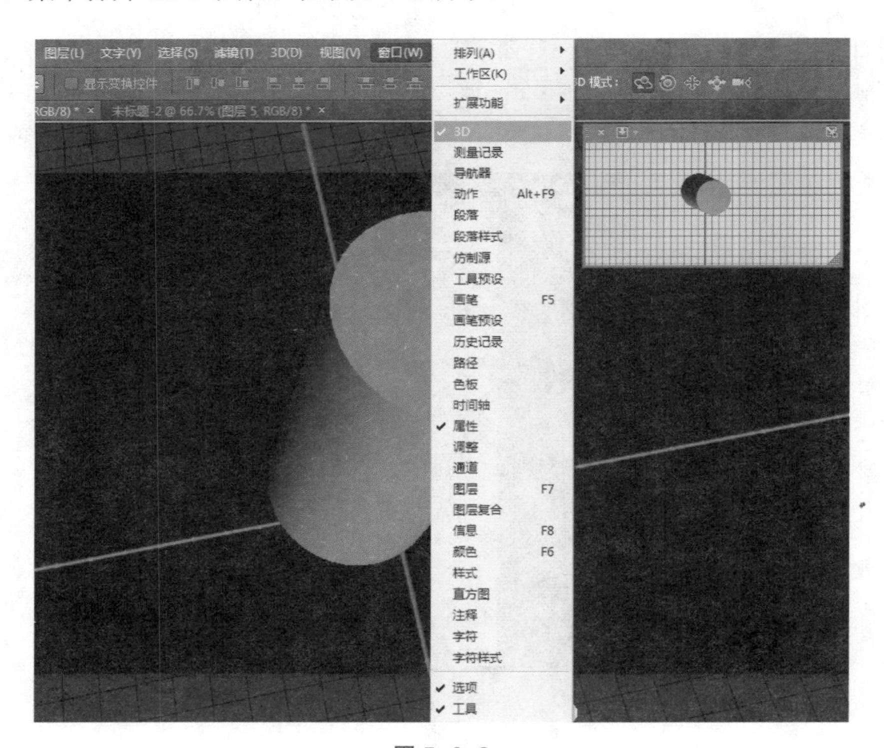

图 5-6-3

我们只要圆柱体的外表面即可，因此在场景中把圆柱体的顶部材质和底部材质的不透明度降为 100%，如图 5-6-4 所示。

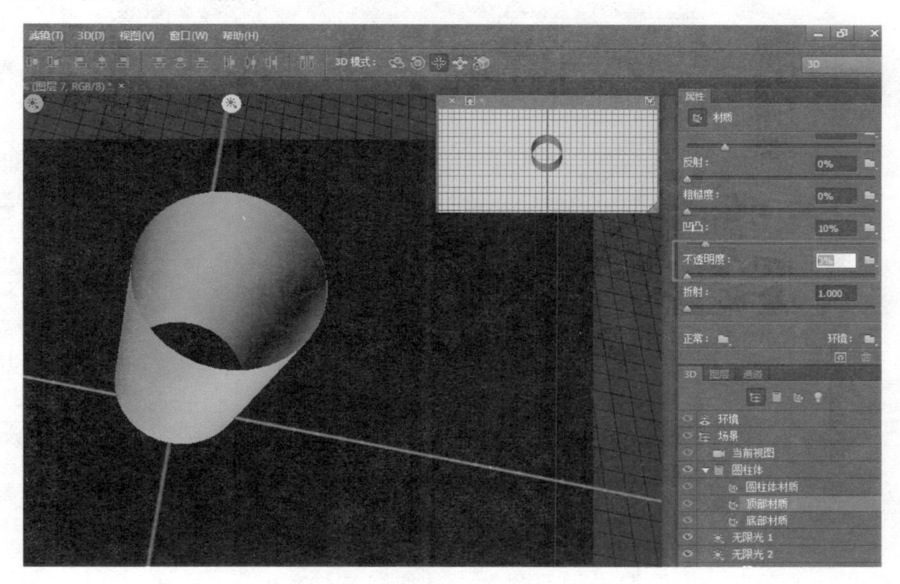

图 5–6–4

点击材料图标，在不透明度栏目新建纹理，如图 5-6-5 所示。

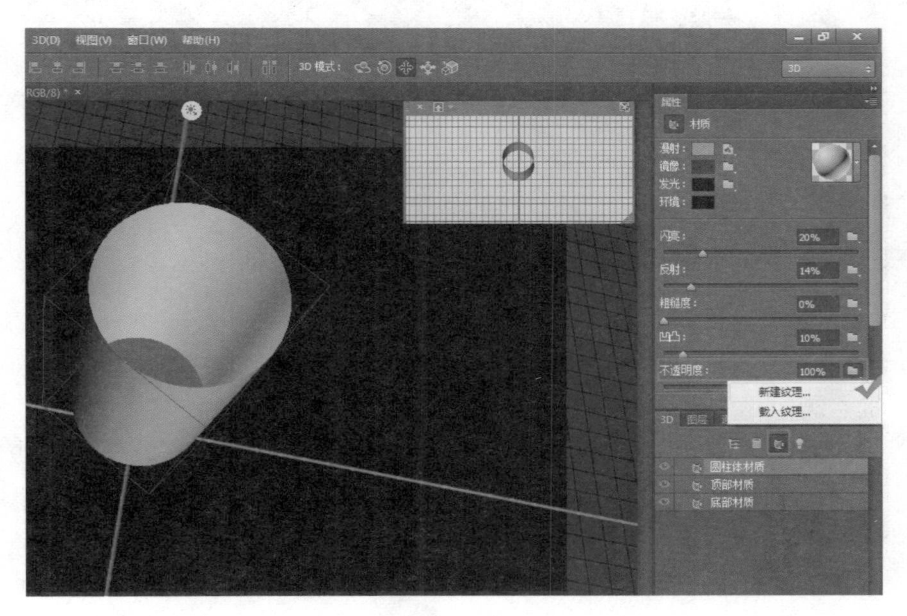

图 5–6–5

同样新建 900×500 像素文档，背景填充黑色，如图 5-6-6 所示。

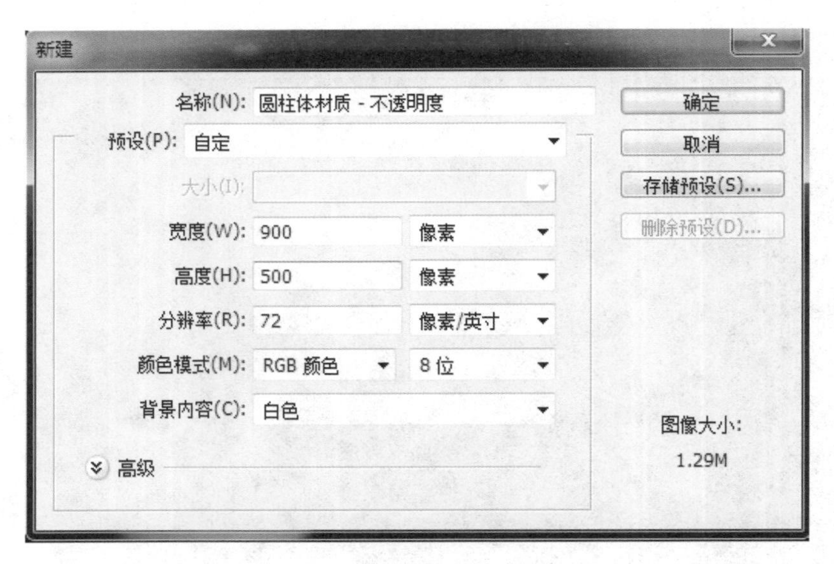

图 5–6–6

打开纹理，接下来我们要编辑纹理图案了，如图 5-6-7 所示。

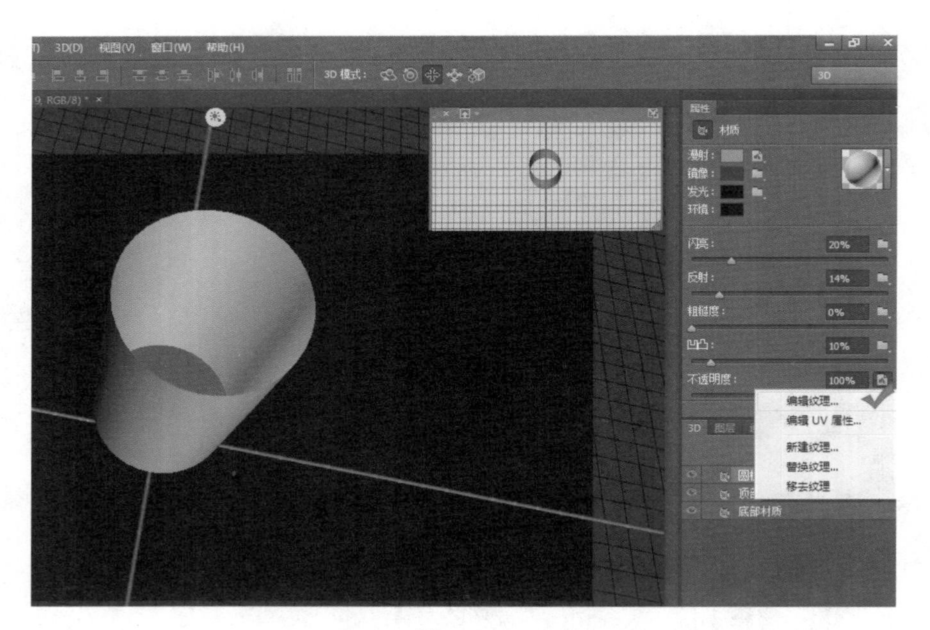

图 5–6–7

将前景色设为白色，选择 45 像素画笔，硬度为 0。按图 5-6-8 所示参数依次设定。

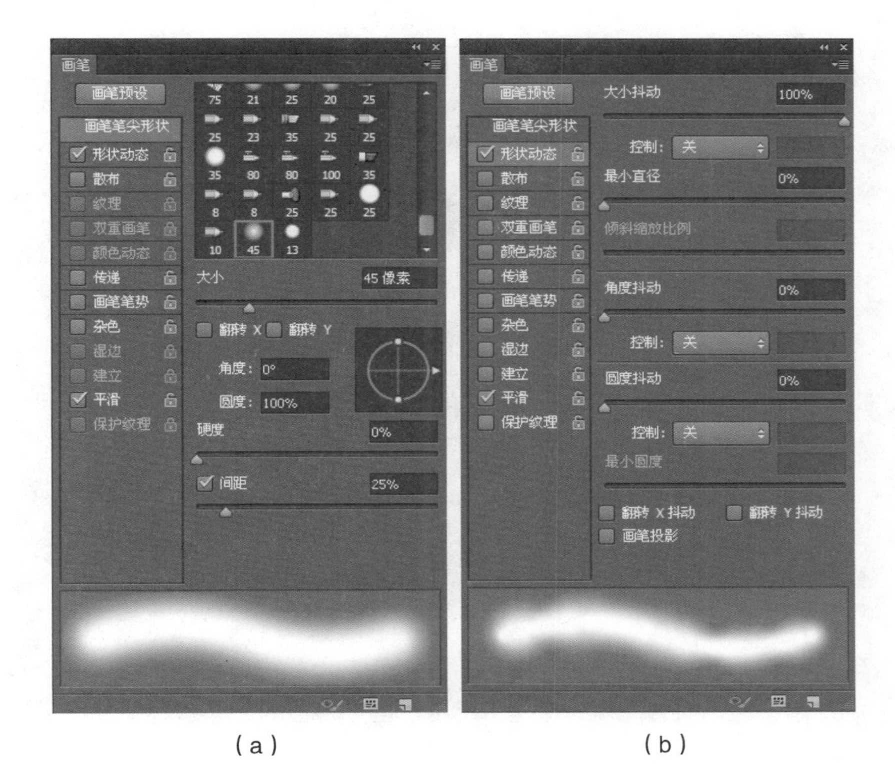
画笔
画笔预设
画笔笔尖形状
形状动态
散布
纹理
双重画笔
颜色动态
传递
画笔笔势
杂色
湿边
建立
平滑
保护纹理
大小　45 像素
翻转 X　翻转 Y
角度：0°
圆度：100%
硬度　0%
间距　25%
大小抖动　100%
控制：关
最小直径　0%
倾斜缩放比例
角度抖动　0%
圆度抖动　0%
最小圆度
翻转 X 抖动　翻转 Y 抖动
画笔投影

（a）　（b）

（c）

图 5-6-8

新建图层，用鼠标拖出白点图形，如图 5-6-9 所示。

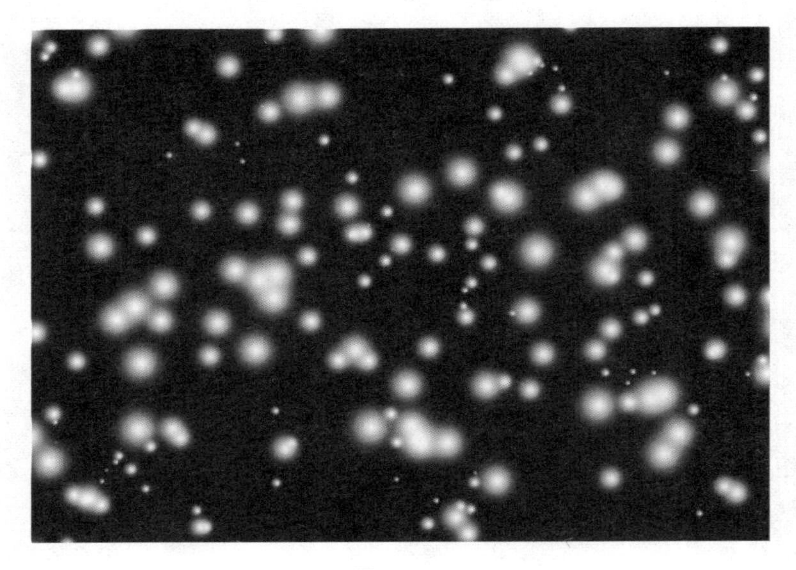

图 5–6–9

［Ctrl+J］复制图层，动感模糊。将此图层不透明度设为 60%，保存后退出。如图 5-6-10 所示。

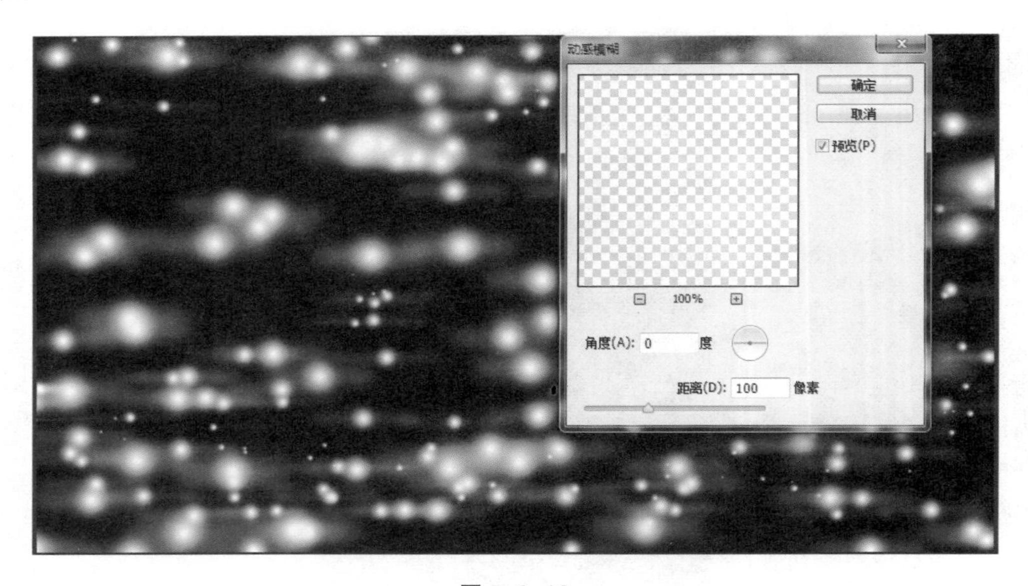

图 5–6–10

此时刚刚建立的纹理已经应用到此圆柱体表面。现在看起来偏暗了一些，选择“自发光”，如图 5-6-11 所示。

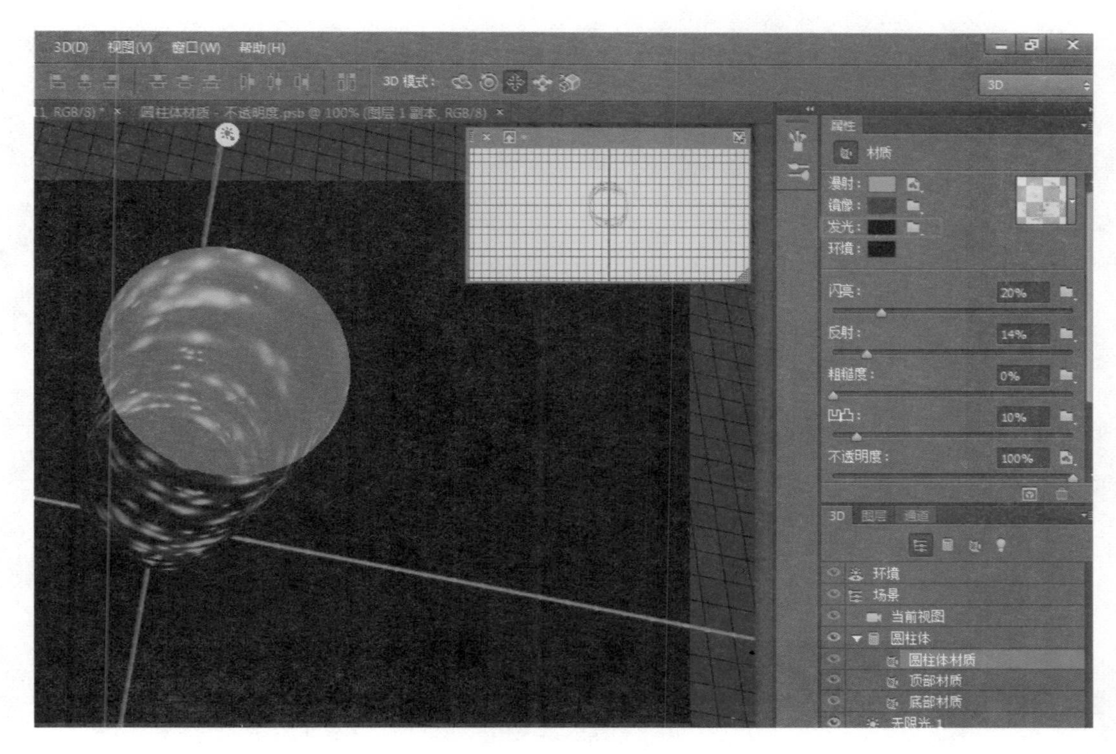

图 5-6-11

将“自发光”设为白色，现在看起来漂亮多了，如图 5-6-12 所示。

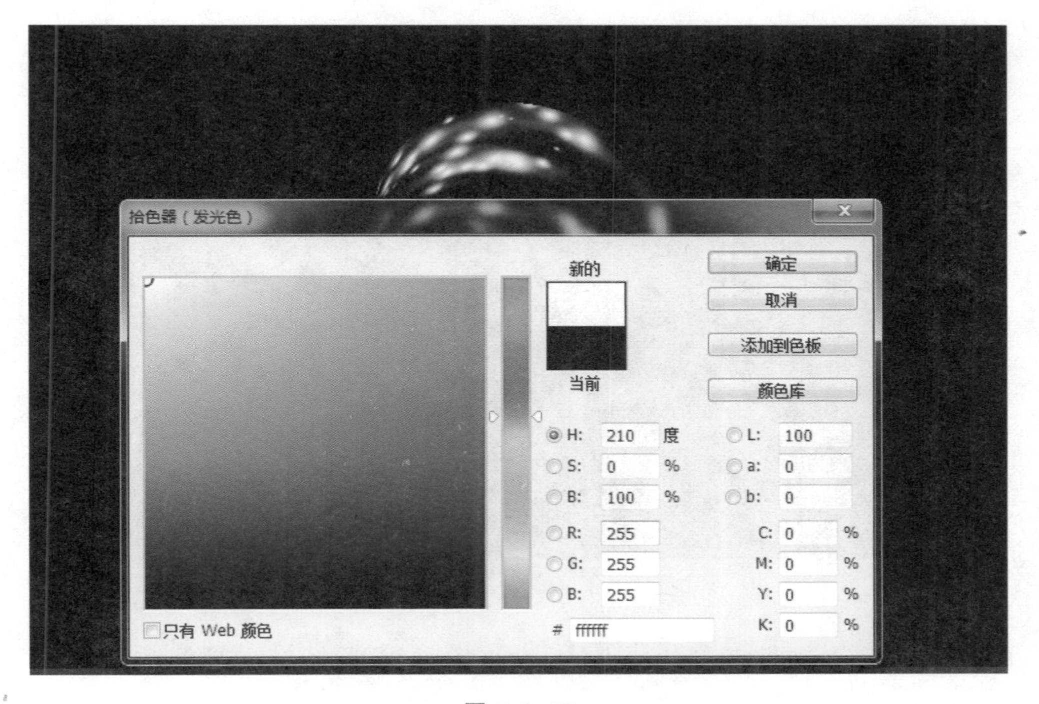

图 5-6-12

添加外发光图层样式，如图 5-6-13 所示。

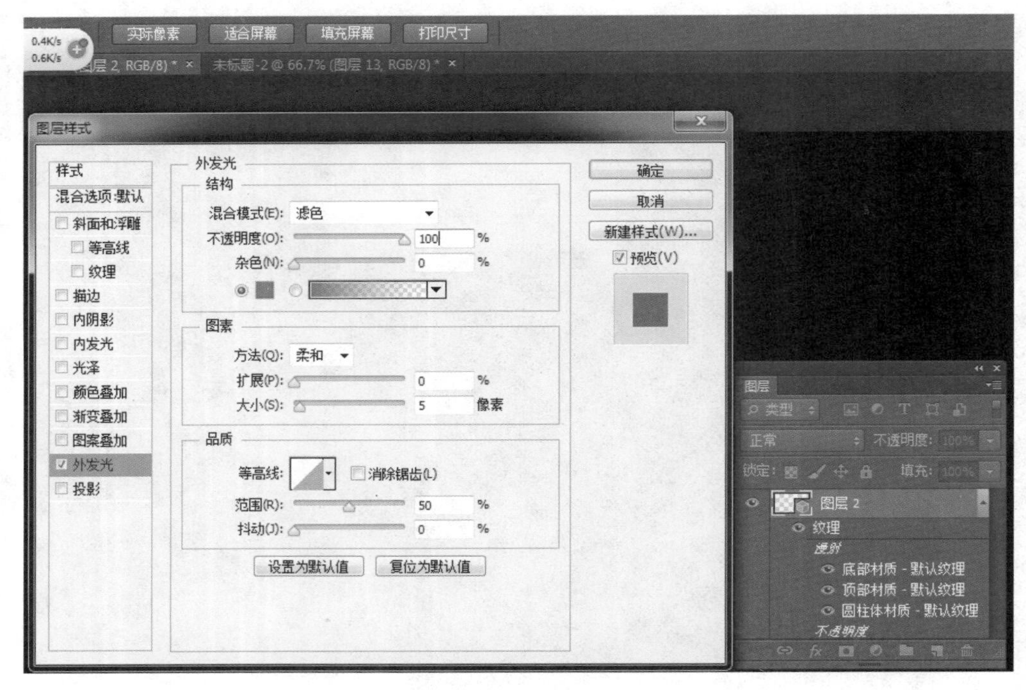

图 5–6–13

选择 3D 旋转工具，将此圆柱体高度变短（具体操作方法见下图说明，X 轴和 Z 轴分别控制横向和纵向长度，Y 轴是控制高度的）。如图 5-6-14 所示。

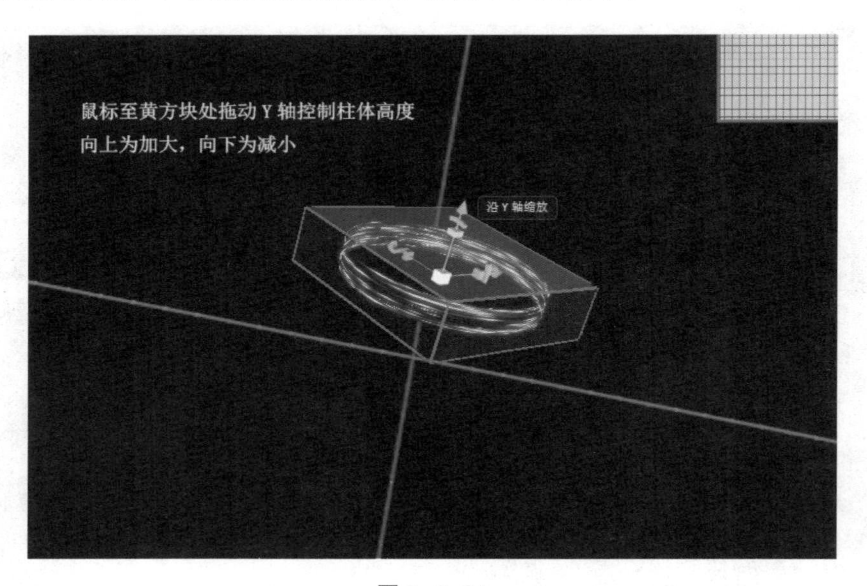

图 5–6–14

同样方法拖动 X 轴和 Z 轴将圆柱体放大。与 Y 轴不同的是，向左是缩小，向右是放大。至此，炫光制作完成。如图 5-6-15 所示。

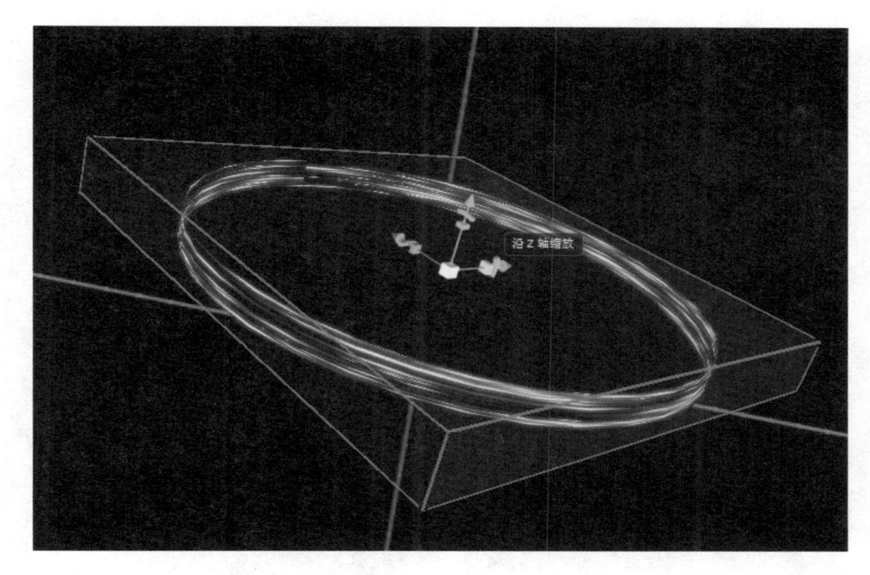

图 5-6-15

打开素材图片，将制作好的 3D 炫光拖入素材，使用 3D 旋转工具调整大小和位置。添加图层蒙版，将不需要的部分去除。如图 5-6-16 所示。

最终效果如图 5-6-17 所示。

图 5-6-16　　图 5-6-17

5.7　海报案例 6

案例说明： 本例介绍的平面海报设计是时尚海报。

制作要点： 讲解在设计时的步骤，滤镜的调节与颜色的调节。

突出运动流畅效果，画面用了不少动感元素，如流畅的线条，运动产生的火花等。效果非常生动。

打开一个新文件（600×800px）并创建一个新层叫做“background”。用线性渐变颜色从 3B3B3B 到 595959 填充画布。如图 5-7-1 所示。

现再创建一个新层叫做“stars（星星）”。用黑色填充然后转到“滤镜/杂色/添加杂色”，设置数量为 12%，高斯分布，单色。如图 5-7-2 所示。

现在转到“图像/调整/亮度/对比度”，将对比度设置为 +30。然后将图层的混合模式改为叠加。如图 5-7-3 所示。

图 5-7-1

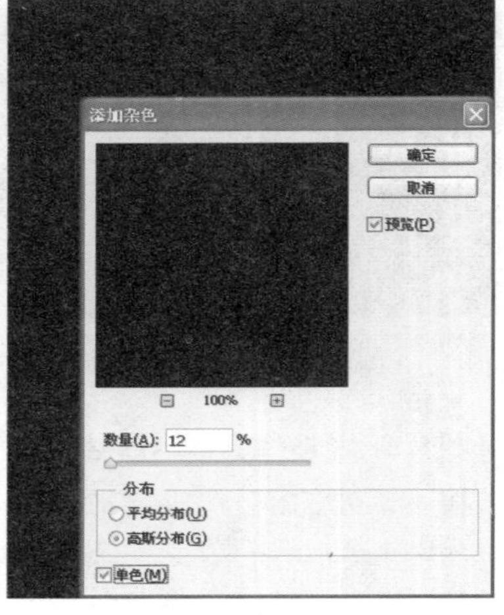

图 5-7-2

图 5-7-3

创建一个新层叫做“cloud render”。转到“滤镜/渲染/云彩”，然后将层的混合模式改为叠加。这是给图像随机地添加光线修补。如图 5-7-4 所示。

图 5–7–4

云彩素材见图 5-7-5。现在往画布底部粘贴一些云朵。选择“图像/调整/去色”使图像展现灰阶效果。再使用一个大的软的笔刷来刷去云素材中顶部的云。将你的图层混合模式改为强光， 将图层的不透明度降到 10%。如图 5-7-6 所示。

图 5–7–5

图 5–7–6

再创建一个新层叫做“color marks”。使用非常大的软笔刷在画布上轻轻地绘制彩色标记，接着降低这个层的不透明度到 7%。如图 5-7-7 所示。

图 5–7–7

将鞋子粘贴上。转到“编辑/变换/旋转”，旋转缩放图片使它放置在画布的中心。如图 5-7-8 所示。

图 5–7–8

现在执行“图像/调整/色相/饱和度”，将饱和度设置为-25。如图 5-7-9 所示。

现在，在新的顶层上粘贴火焰的图片。接着调整大小并旋转图像将它放置在鞋尖的趾头的位置。使用一个软橡皮擦修改使它更加适合鞋子。复制火焰图层 3 次使火焰效果更加强烈，然后向下合并，这样只有一个火焰图层。如图 5-7-10 所示。

我想让火焰更加激烈，所以使用“图像/调整/亮度/对比度”将亮度增加到+100。为了再次使火焰更加富有激情，将火焰复制 3 次或更多次，然后向下合并为一个火焰图层。不断地用软橡皮擦修饰使图像更加整洁。如图 5-7-11 所示。

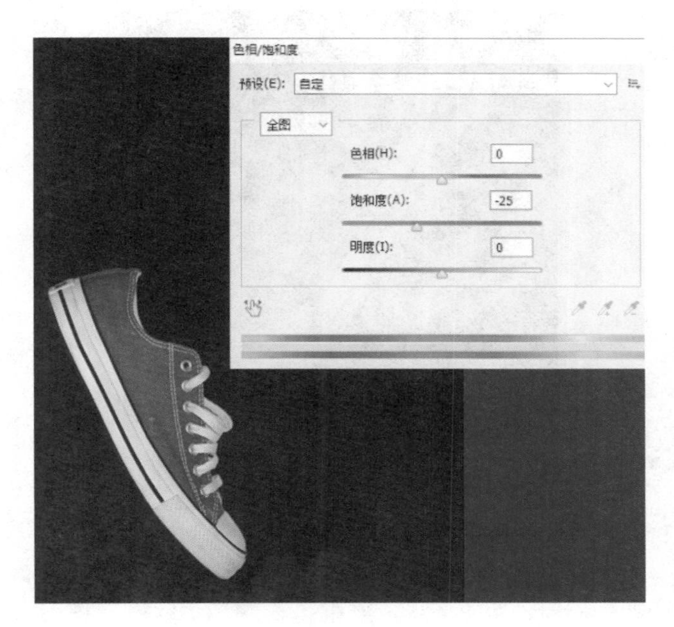

图 5-7-9

图 5-7-10

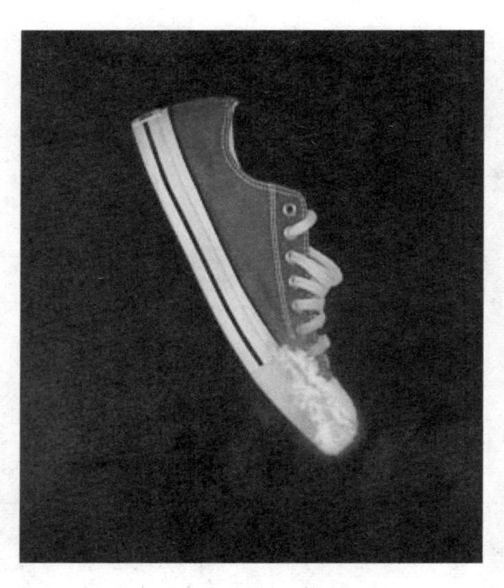

图 5–7–11

现在选择一个 60px 的白色画笔，0% 硬度，在火焰上绘制白色的斑点，然后将图层的不透明度降到 40%。这样就创造了更加激烈的火焰效果，如图 5-7-12 所示。

使用涂抹工具，将强度设置为 95%。选择火焰图层，接着使用 1px 的画笔涂抹火焰的部分。试着往鞋上涂抹火焰的溅出效果，如图 5-7-13 所示。

现在在火焰和白点层下创建一个新层“white line”，使用钢笔工具创建一个波浪路径，接着保持 4px 白色画笔处于选中状态，选择路径在路径上右击使用画笔描边，一旦描完边右击删除路径，应该看起来像个白线如图 5-7-14 所示。

转到“编辑/变换/斜切”，将缩小顶部的白线。然后转到“编辑/变换/透视增加底部线的宽度”。应该呈现的感觉是这个线正变得越来越小并远离鞋子，如图 5-7-15 所示。

图 5–7–12

图 5–7–13

图 5–7–14

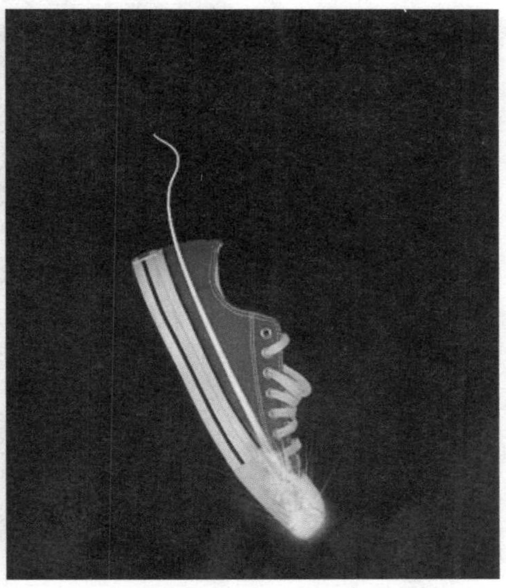

图 5–7–15

转到图层混合选项，应用外发光效果，如图 5-7-16 所示。其效果见图 5-7-17。

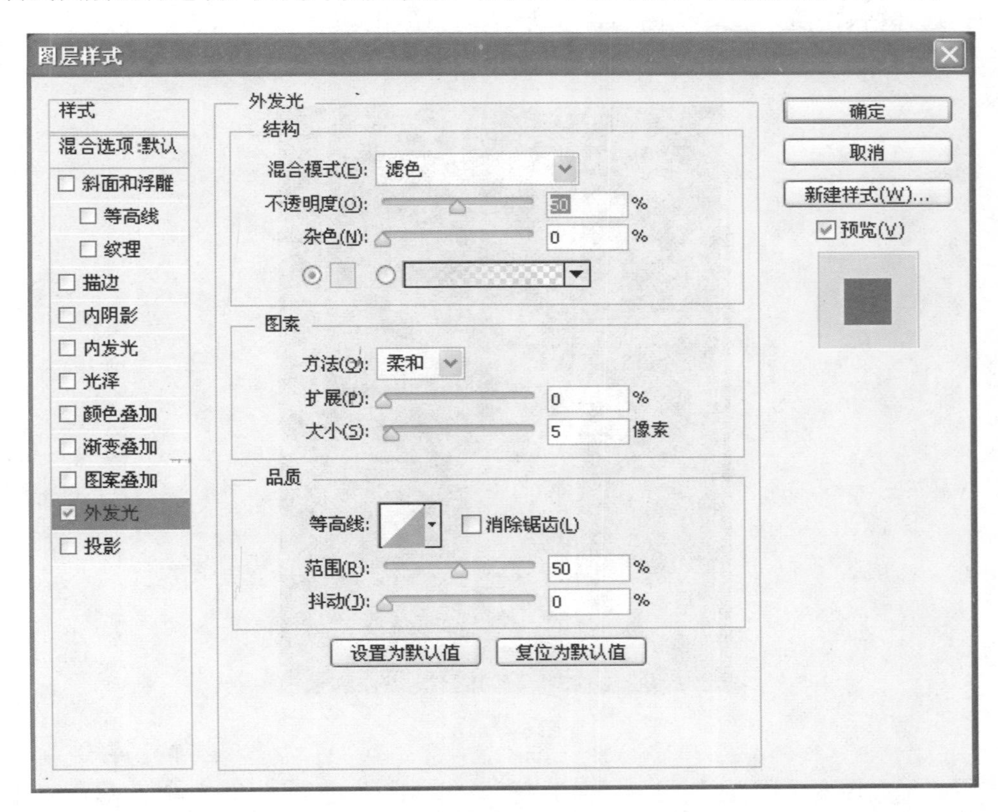

图 5–7–16

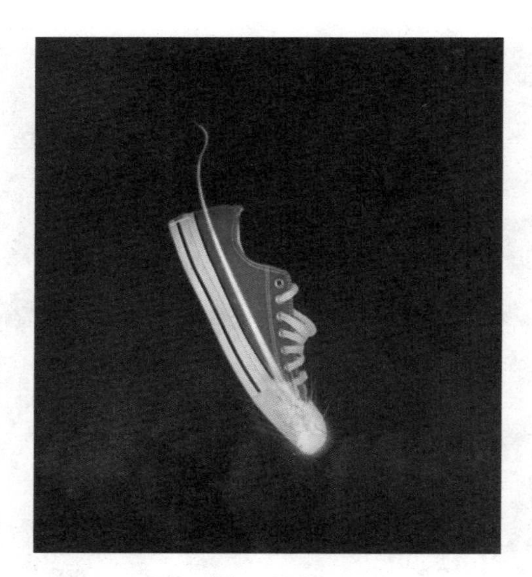

图 5–7–17

现在，应用更多的线条，确保一些线条在鞋子下方，还有一些在上面。在线条中应用一些外发光效果。在图层调板上右击起初的线条图层，选择拷贝图层样式。然后在新的线条图层上右击选择粘贴图层样式。如图 5-7-18 所示。

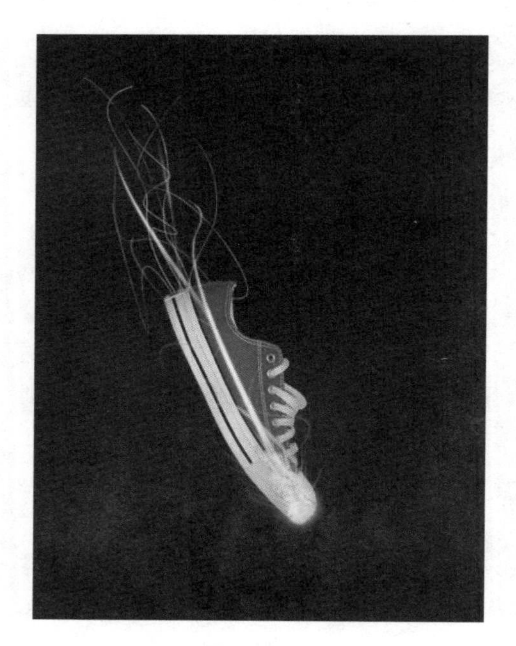

图 5–7–18

选择“径向渐变工具”，使用“径向渐变工具”制作一些微小的“光点”。尽量使这些光点的颜色与线条的颜色匹配。如图 5-7-19 所示。

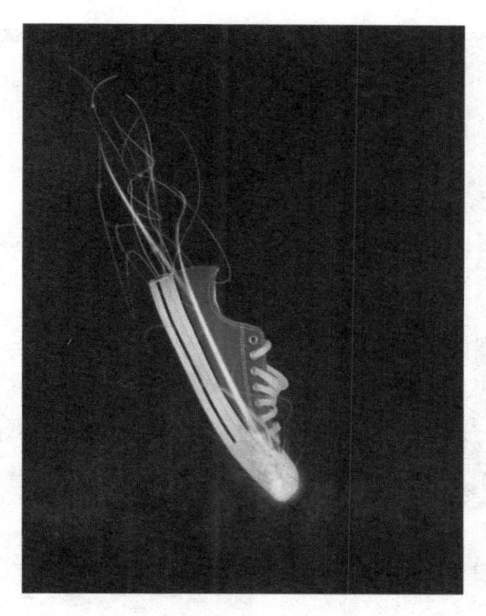

图 5–7–19

在运动鞋后创建一个大的光源。紧接着“滤镜/模糊/动感模糊”向上来模糊光源。然后把这个图层复制 3 次使它更加明显，再合并为一个图层。如图 5-7-20 所示。

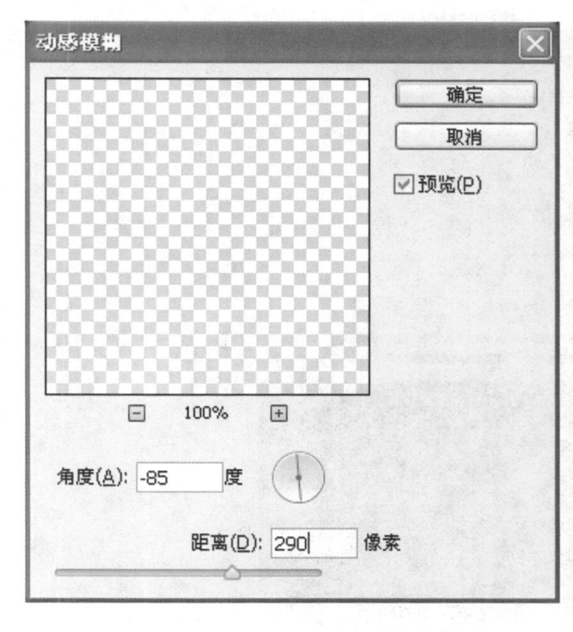

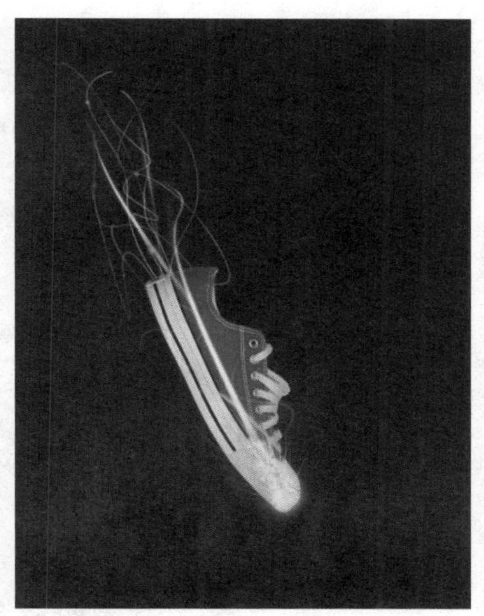

图 5–7–20

添加更多的模糊线条，如图 5-7-21 所示。

选择运动鞋图层，接着转到“图像/调整/色阶”。具体的设置可以参考图 5-7-22。这样加强阴影就给鞋子更多的运动感，如图 5-7-22 所示。

复制火焰图层向下合并为一个图层。然后转到“图像/调整/色相/饱和度”，将对比度增

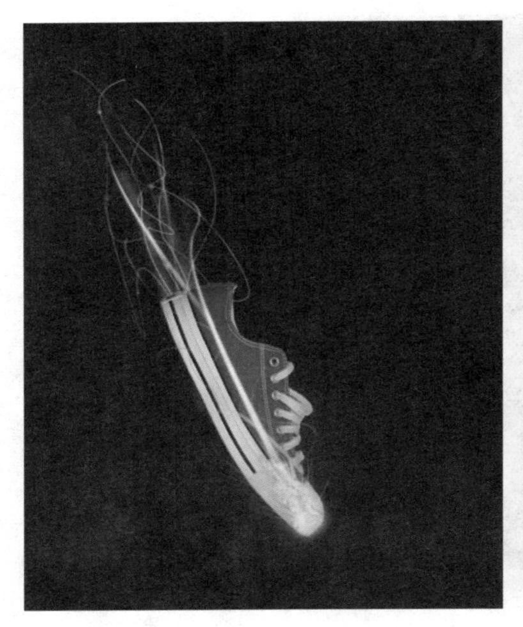

图 5–7–21

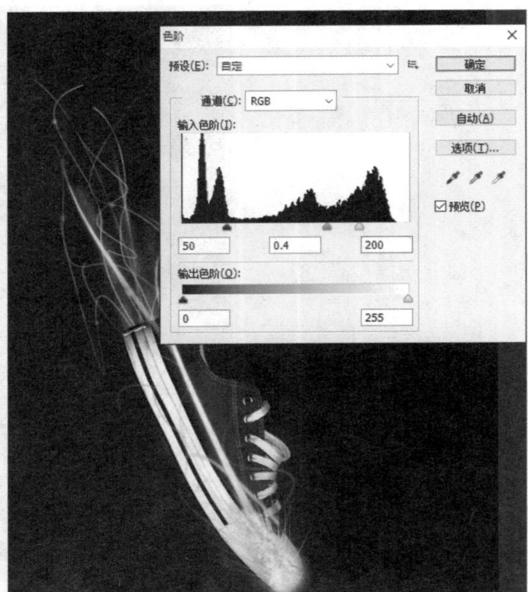

图 5–7–22

加到+20，将亮度减少到-20。最后使用软橡皮稍微地擦掉顶部的一些火焰。如图 5-7-23 所示。

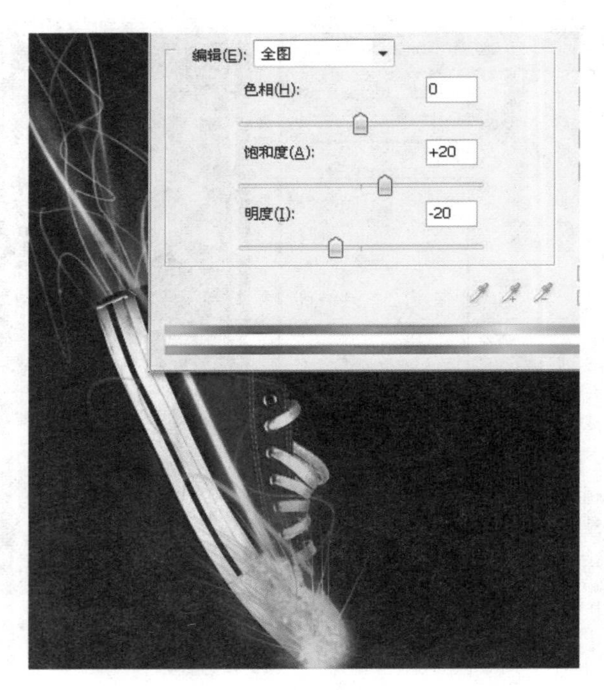

图 5–7–23

选取 Photoshop 画笔中的水彩画笔，笔刷的设置可以参考图 5-7-24。然后在鞋子上绘制白色的标记创造一种散落效果。如图 5-7-25 所示。

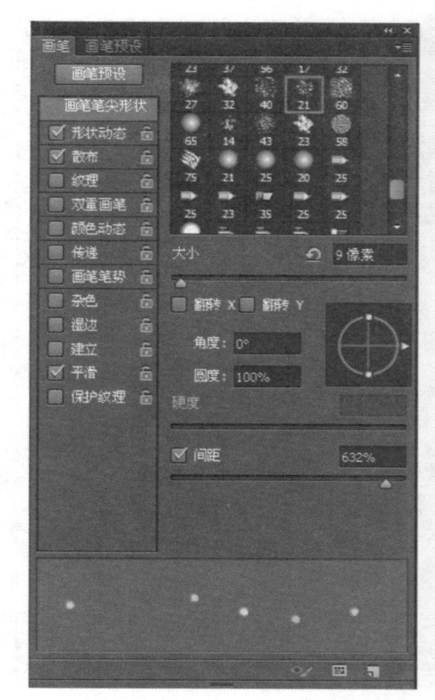

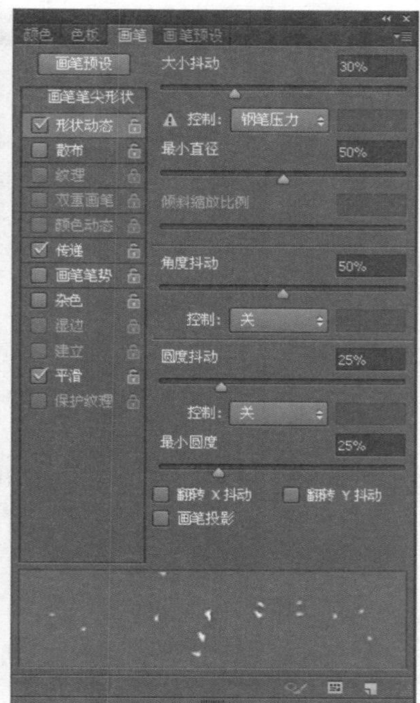

图 5-7-24

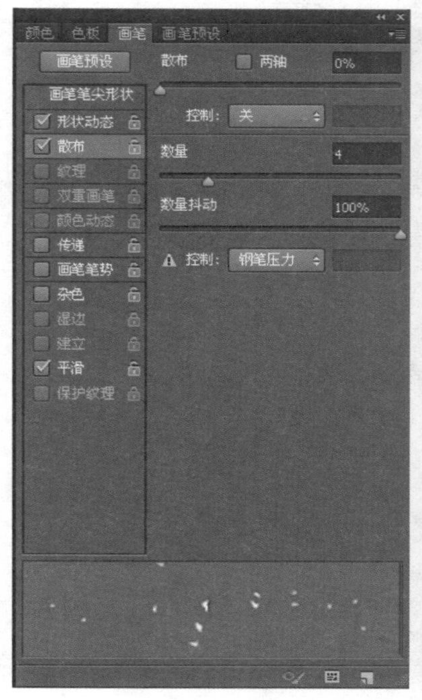

图 5-7-25

转到“图层混合模式”，设置“笔触图层”的图层样式，应用投影“渐变叠加”和具体设置如图 5-7-26 和图 5-7-27 所示。

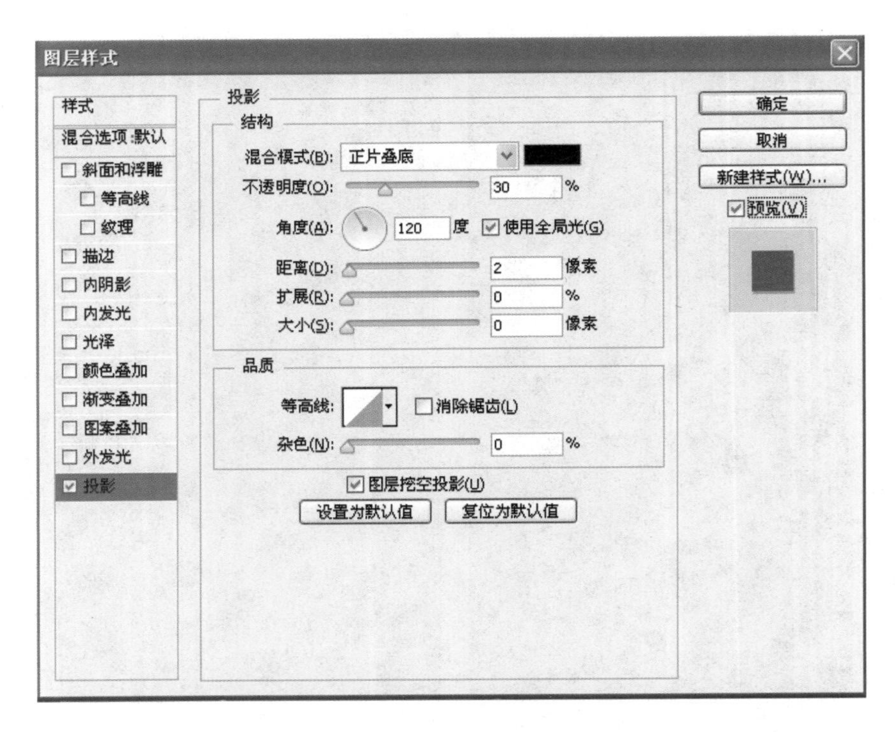

图 5-7-26

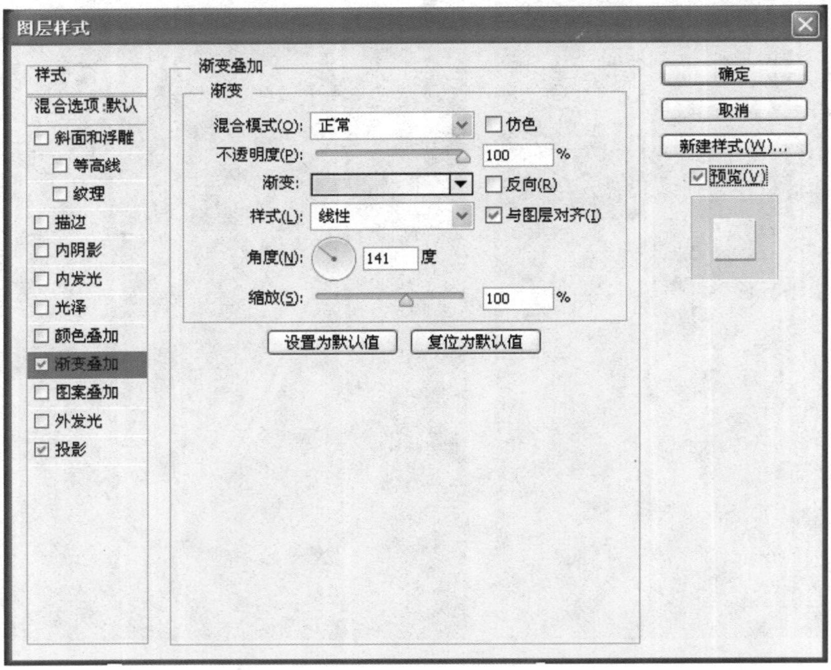

图 5-7-27

最终效果如图 5-7-28 所示。

图 5-7-28

5.8　海报案例 7

案例说明：本例介绍的平面海报设计是时尚海报。

制作要点：讲解在设计时的步骤，滤镜的调节与颜色的调节。

新建一个大小为：500×500 px，背景为黑色的文件。 在背景的中间建立一个 130 像素的正圆形选区，用白色描边，描边的宽度为 20 个像素，位置为“居内”。如图 5-8-1 所示。

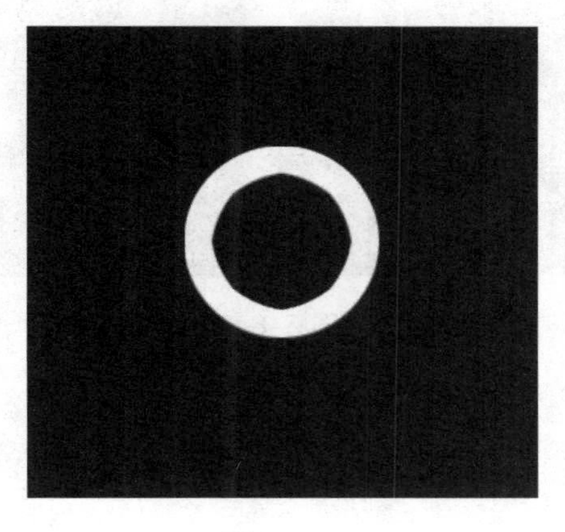

图 5-8-1

按［Ctrl+D］去掉选区，选择“扭曲”滤镜中的“海洋波纹”，参数设置：波纹大小 6，波纹幅度 14。如图 5-8-2 所示。

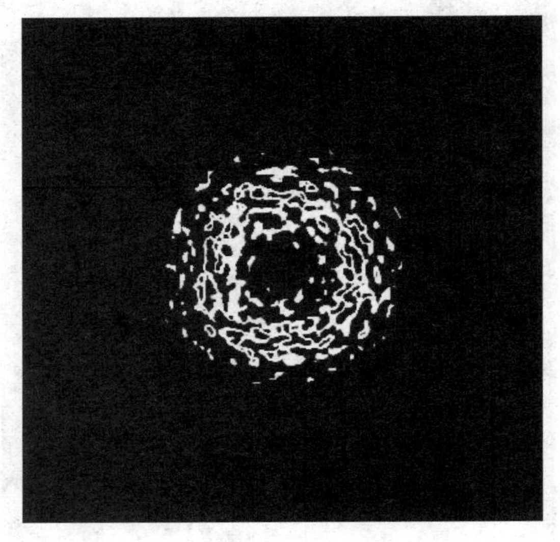

图 5–8–2

执行“径向模糊滤镜”，参数设置：数量为 100，模糊方式为缩放，品质为最好。完成后如果效果不佳，再按［Ctrl+F］，重复一次滤镜效果。如图 5-8-3 所示。

图 5–8–3

用按［Ctrl+J］，复制一层。再次应用“扭曲”滤镜中的“海洋波纹”，参数设置：波纹大小 15，波纹幅度 18，也可以根据自己的喜好设置。如图 5-8-4 所示。

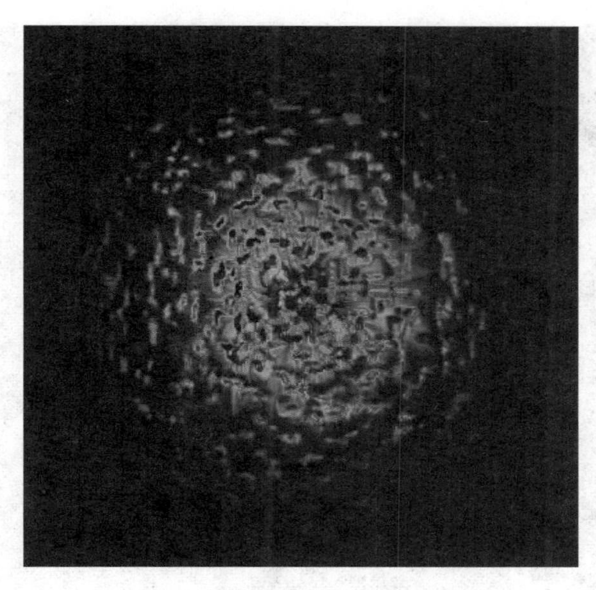

图 5–8–4

再按［Ctrl+J］，将此层复制一份，运用“滤镜/模糊/径向模糊”，参数不变。将此层的混合模式变成“颜色减淡”，此层下面的图层混合模式变成“变亮”。如图 5-8-5 所示。

在所有图层的最上方建立一个新的图层，将前景色改为橘色，背景色改为红色，用“径向渐变”填充该图层。将该层的混合模式改为“颜色”。如图 5-8-6 所示。

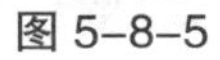

图 5–8–5

图 5–8–6

选择图层菜单中的拼合图层，所有图层都合并在背景层上。按［Ctrl+J］复制一份，命名为 BZW，并将背景层填充成黑色。

将爆炸物移到背景的左上角，用“扭曲”滤镜中的“挤压工具”，数量为 100。如图 5-8-7 所示。

图 5–8–7

按［Ctrl+J］复制一份，运用“滤镜/模糊/动感模糊”，角度为 45 度，距离为 36。将图层的混合模式改为“滤色”。用“橡皮工具”将爆炸物的中心点的动感模糊擦掉。如图 5-8-8 所示。

图 5–8–8

将 BZW 图层复制一份，图层的混合模式改为“颜色减淡”。用图形选择工具在爆炸物的中心点建立一个羽化值为 5 像素的选区，按［Ctrl+Shift+I］反选后，按［Del］键，让爆炸物的点温度显得更高一些。如图 5-8-9 所示。

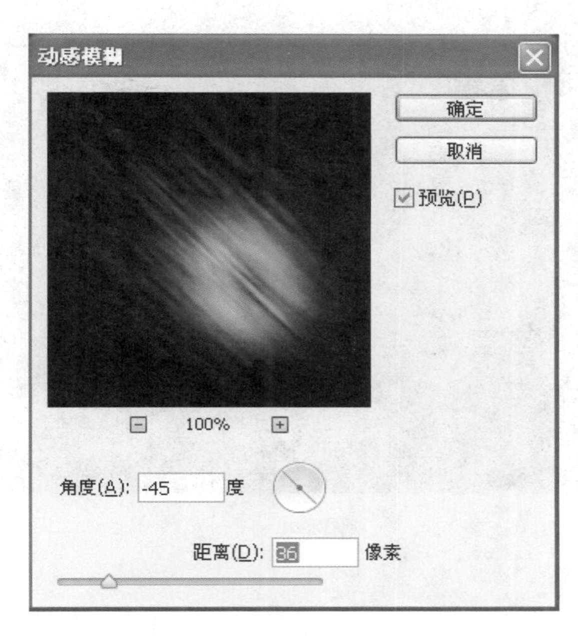

图 5–8–9

接下来，由你去描绘你心中的那颗永不陨落的星。图层模式为“滤色”，用橡皮擦工具擦除中间部分，如图 5-8-10 所示。

再次复制图层，图层模式改为“颜色减淡”，用椭圆工具选取中间部分，然后进行羽化，数值为 5，反选，然后按［Del］删除。如图 5-8-11 所示。最终效果如图 5-8-12 所示。

图 5–8–10

图 5–8–11

图 5-8-12

5.9 海报案例 8

案例说明：本例介绍的平面海报设计是时尚海报。

制作要点：讲解在设计时的步骤，滤镜的调节与颜色的调节。

（1）建立一新文档。这里我用 800×600 像素的文档，你也可以用比这还要大些的文档。打开我们需要的素材文件，如图 5-9-1 所示。

图 5-9-1

（2）建立一新图层并命名为“First Smoke”，然后用钢笔工具创建蘑菇形路径，如图 5-9-2 所示。

图 5–9–2

（3）建立一新图层。务必将前景色设置为白色，背景色设置为黑色。然后执行“滤镜/渲染/云彩”。云彩制作完后，我们用［Ctrl+T］自由变换命令调整它的大小，方便为后面的爆炸效果添加更多的细节。如图 5-9-3 所示。

图 5–9–3

（4）现在回到路径面板，按住［Alt］键点选路径面板中的【将路径作为选区载入】按钮，在弹出的对话框中将羽化值设置为 10 像素。之后，再回到图层面板中的云彩图层，执行图层菜单中的“图层/图层蒙版/显示选区”，如图 5-9-4 所示。

（5）在最上层建立一个新的图层文件夹，命名为“Little Smokes”，然后在这个新文件夹中建立一新图层。我们一会儿将在这个新文件夹中分别建立 3 个不同形状的“蘑菇云”的“蘑菇柱”。重复第三步建立一个新图层。然后用套索工具建立一椭圆选区，然后在重复第四步骤（这次只要将羽化值设置为 2 个像素）。然后再分别建立另外 2 个图层，将该步骤重复 2 次或直到你满意为止，如图 5-9-5 所示。

图 5–9–4

图 5–9–5

（6）我们在“Little Smokes”图层文件夹上建立一新图层，将此图层命名为“moke 2”然后再次重复第三步、第四步，但是这次我们只要做一个“蘑菇云状”的选择区即可。在重复其中的第四步的时候，我们再给它使用一个球面化滤镜“滤镜/扭曲/球面化”。如图 5-9-6 所示。

（7）现在我们再来给蘑菇云加入一些细节。建立一个新文件夹命名为“Smoke Details”并在文件夹中建立一新图层。再重复第三步，接着执行“滤镜/扭曲/挤压”。然后用橡皮擦工具，将橡皮擦的画笔硬度设置为 0，大小为 20 像素，修去边缘的一些“毛刺”部分。重复这个步骤多次直到满意为止。如图 5-9-7 所示。

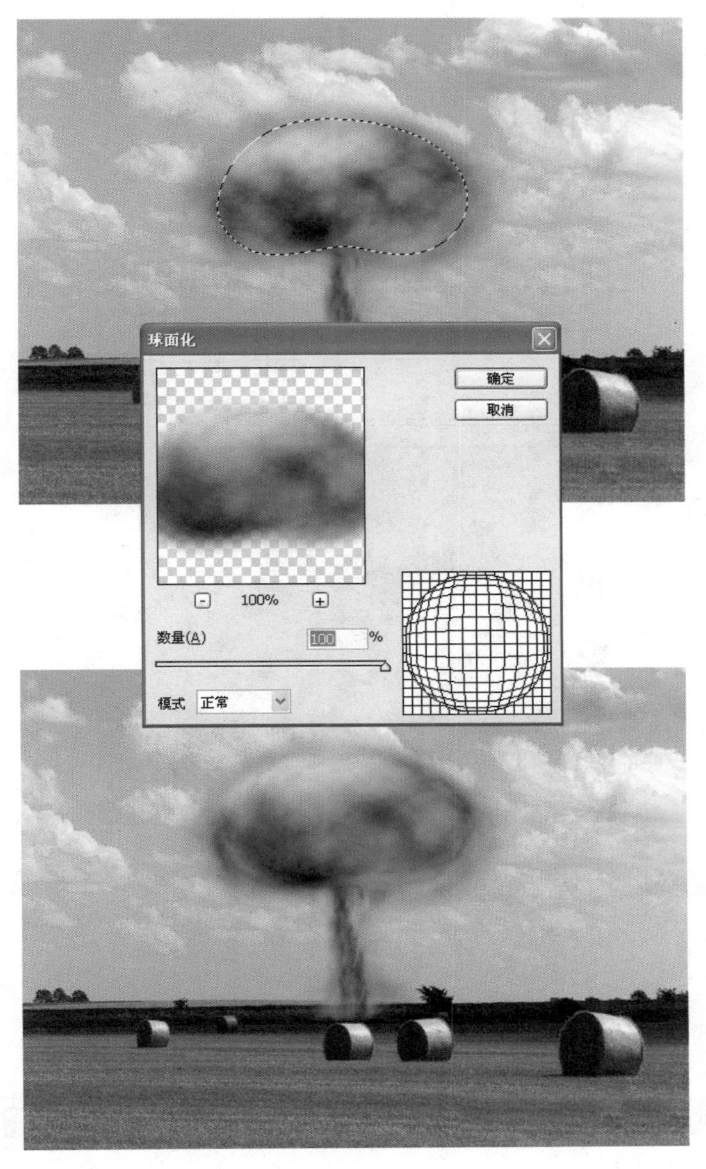

图 5–9–6

（8）将“First Smoke”和“Smoke 2”图层的“图层混合模式”设置为强光，并且将它们各自所在的图层文件夹的“图层混合模式”也设置为强光。现在回到背景层上，在其上面执行图层菜单中的“图层/新调整图层/色相/饱和度”，如图 5-9-8 所示。

（9）再回到“First Smoke”层上。执行图层菜单中的“图层/新调整图层/色阶”，如图 5-9-9 所示。

（10）再执行“图层/新填充图层/渐变”，渐变色用#ffa200 和#2f2200，其他设置如下所示。然后将该图层的图层混合模式设置为叠加，之后再将该层复制一份以加强效果，如图 5-9-10 所示。

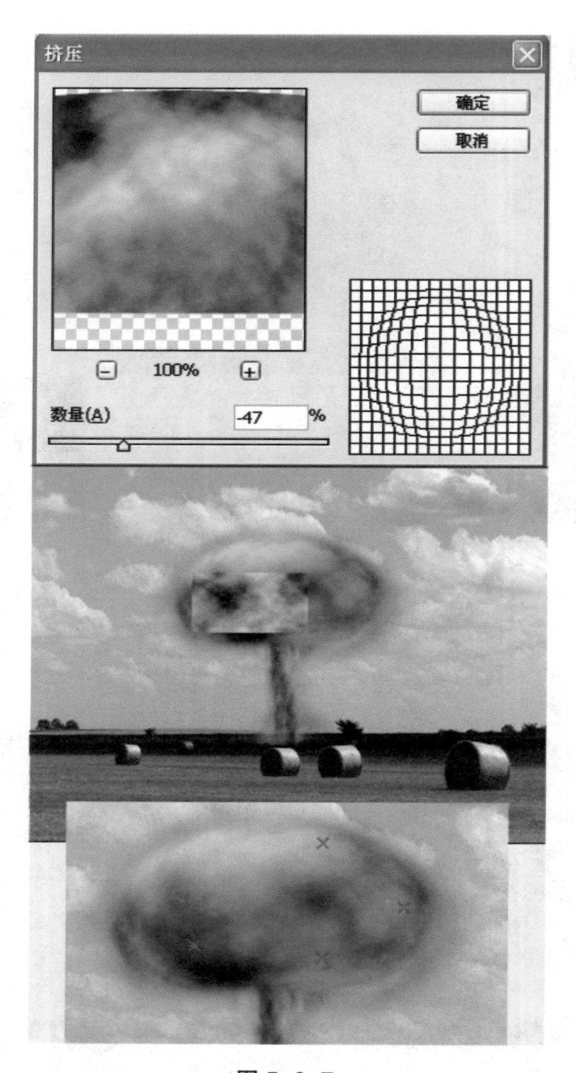
挤压
确定
取消
100%
数量(A)
-47
%

图 5–9–7

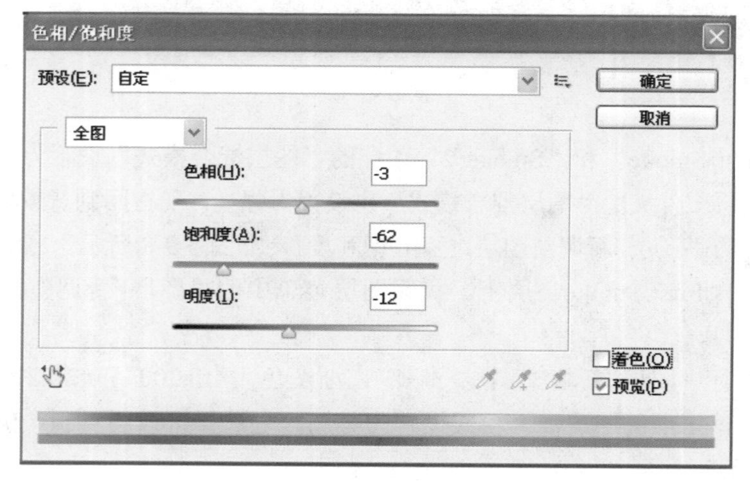
色相/饱和度
预设(E):
自定
确定
取消
全图
色相(H):
-3
饱和度(A):
-62
明度(I):
-12
着色(O)
预览(P)

图 5–9–8

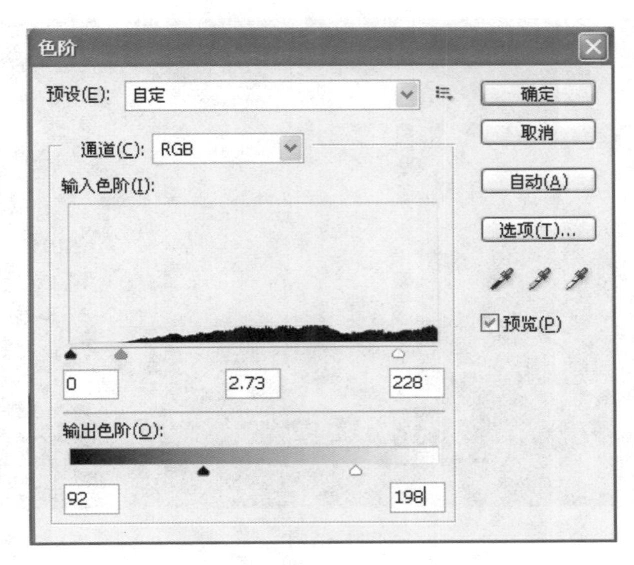

图 5–9–9

图 5–9–10

（11）现在再用“加深、减淡工具”处理一下蘑菇云的高光与暗调部分以加强真实感，如图 5-9-11 所示。

（12）下面我们再来制作地面上的烟雾效果。同样地按照步骤三的方法制作，但是这次需要将选择区制作得稍小一些。可能需要将这个步骤重复制作 2～3 次，因为这个地面烟雾的效果相对需要宽阔些。然后用橡皮擦工具修去一些毛边部分。最后再用“图像/调整/色阶”命令做一下调整。如图 5-9-12 所示。

图 5-9-11

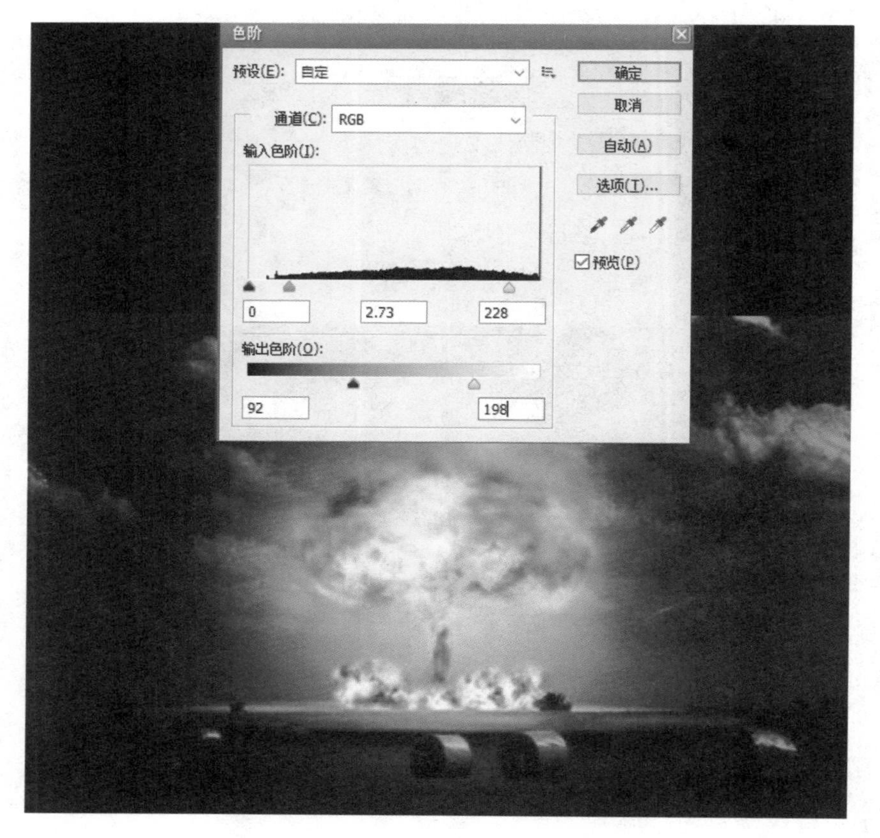

图 5-9-12

（13）重复上一步，用橡皮擦工具擦出云彩中的不规则区域。然后再将图层混合模式设置为“颜色减淡”。如图 5-9-13 所示。

（14）再双击图层加入颜“色叠加”图层样式，如图 5-9-14 所示。

图 5–9–13

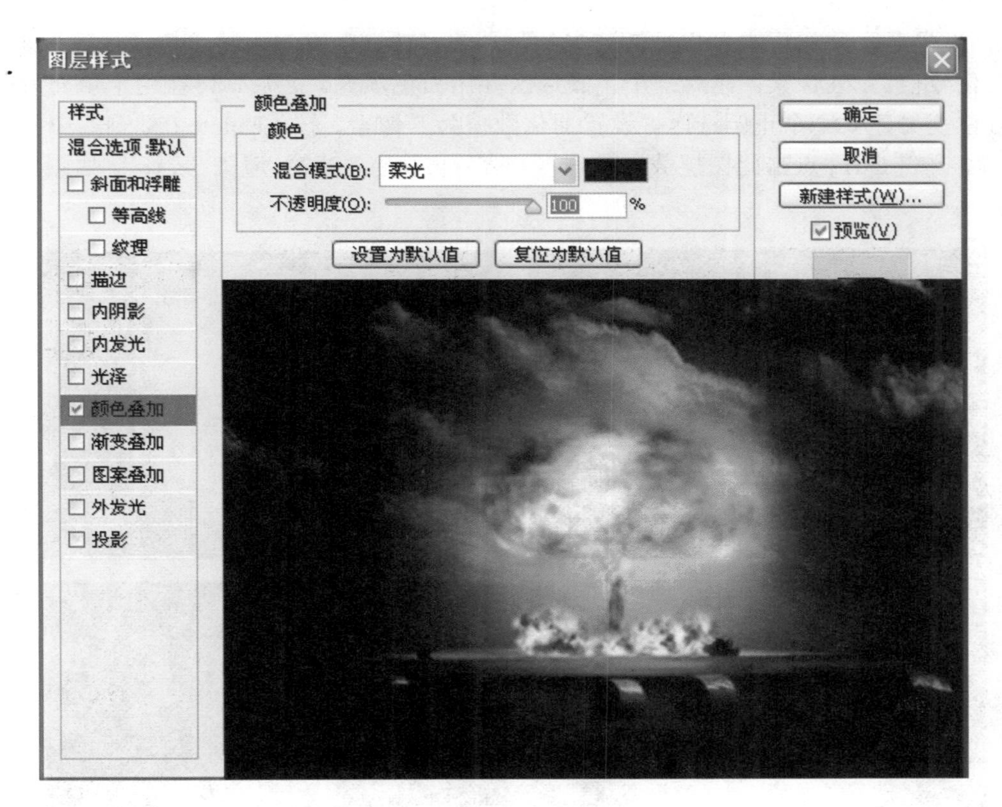

图 5–9–14

（15）再次重复上面那一步，用橡皮擦工具擦出云彩中的不规则区域。这次将“图层混合模式”设置为“强光”。你可以多次重复步骤（12），如果你想让火焰效果更加真实，展现更多的细节部分，建议你这样做。如图 5-9-15 所示。

图 5–9–15

（16）最后，我们再来制作扩散开来的蘑菇云。选择工具箱中的“椭圆选框”工具、设置羽化数值为 20 像素。建立一个正圆选区并用白色填充。之后，再在这个填充后的选区中心位置另建立一个正圆选区。设置羽化数值为 5 像素、按［Delete］键删除中间的像素。之后，按［Ctrl］点击此图层载入其选区。然后再执行“滤镜/渲染/云彩”。如图 5-9-16 所示。

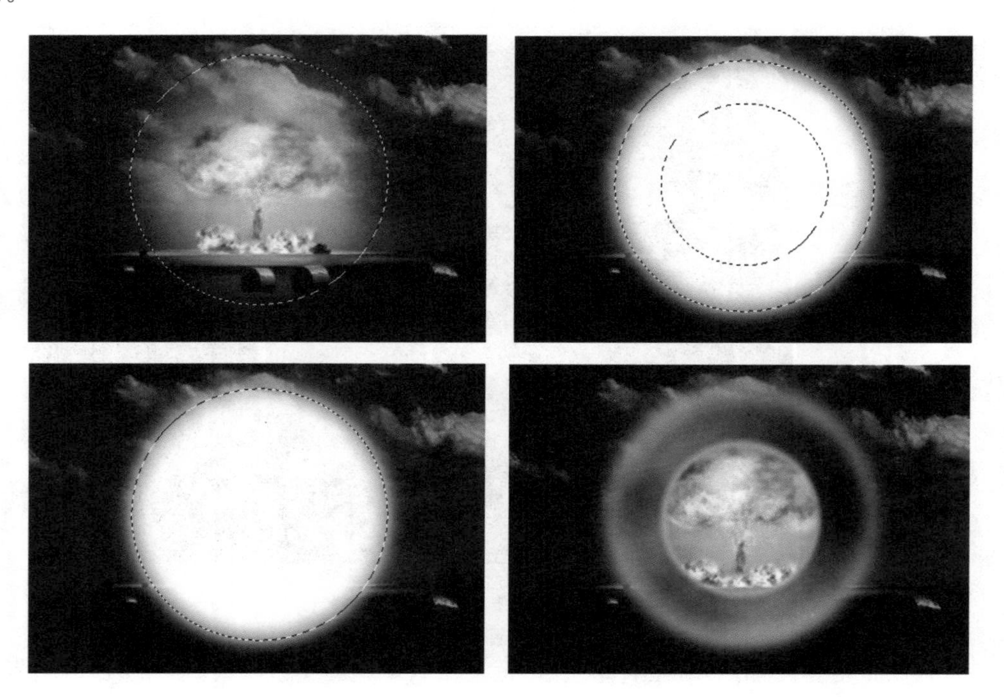

图 5–9–16

（17）再执行“编辑/变化/扭曲”，将选区做如下调整，如图 5-9-17 所示。

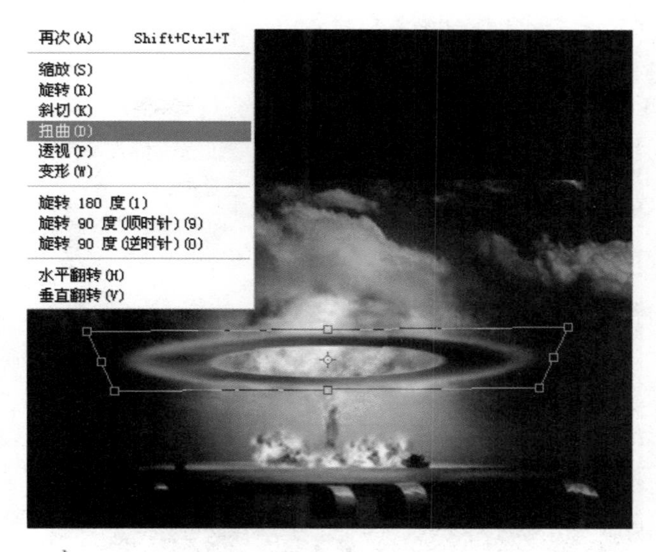

图 5–9–17

（18）现在执行“图像/调整/色阶”，然后再用“图像/调整/色相/饱和度”进行调整。如图 5-9-18 所示。

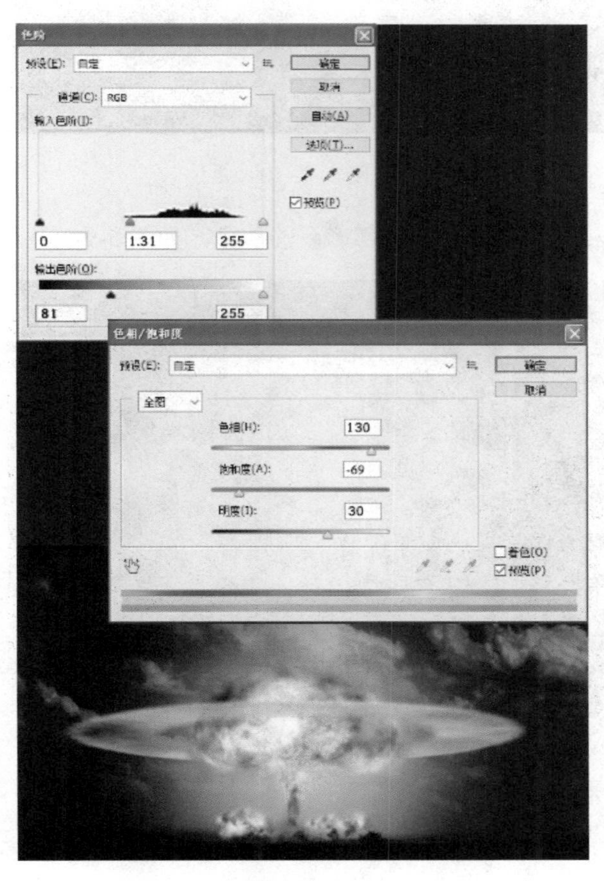

图 5–9–18

（19）复制该图层，然后将复制层移动到原始层之下，再执行滤镜-模糊-高斯模糊，之后设置此图层的图层混合模式为滤色，如图 5-9-19 所示。

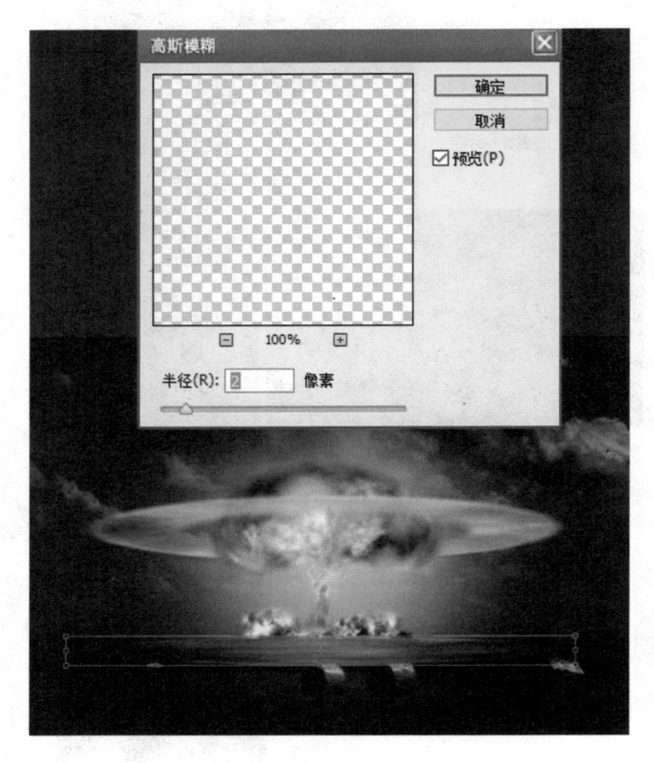

图 5-9-19

（20）最后，再用橡皮擦工具擦去底部多余的部分，如图 5-9-20 所示。

图 5-9-20

第 6 章　Illustrator 矢量图形设计进阶

知识重点

- ✧ 了解矢量图形设计的理念；
- ✧ 掌握矢量图形设计的基本流程与规范；
- ✧ 熟练掌握 Illustrator 矢量图形设计制作技术。

引　言

本章主要讲授矢量图形设计理念与各类矢量图形设计的操作技能，通过多个案例教学使学，生能够较快掌握矢量图形设计的流程与技术。

6.1　Illustrator 基础

6.1.1　了解 Illustrator

Illustrator 是美国 ADOBE（奥多比）公司推出的专业矢量绘图工具，是出版、多媒体和在线图像的工业标准矢量插画软件。它被广泛应用于平面广告设计、网页图形设计、电子出版物设计等诸多领域。通过使用它，不但可以方便地制作出各种形状复杂、色彩丰富的图形和文字效果，还可以在同一版面中实现图文混排，甚至可以制作出极具视觉效果的图表。

安装 Illustrator 后，单击【开始】按钮，选择“程序/Adobe Illustrator”命令，可以打开

Illustrator 的工作界面。以后我们的教程是以 Illustrator CS6 为基础上来讲的，该界面由标题栏、菜单栏、控制调板、工具箱、工作区、调板、状态栏等多个界面元素组成。如图 6-1-1 所示。

图 6–1–1

默认状态下，“工具箱”一般位于工作界面的左侧。如果需要更改其位置，可以通过按下并拖动鼠标的方式，使其浮动在工作界面中的任意位置。在 Illustrator 中，工具箱是非常重要的一个功能组件，它包含了 Illustrator 常用的编辑、处理的操作工具，例如“选择”工具、“直接选择”工具、“套索”工具、“自由变换”工具、“渐变”工具等。用户需使用某个工具时，单击该工具按钮即可。如图 6-1-2 所示。

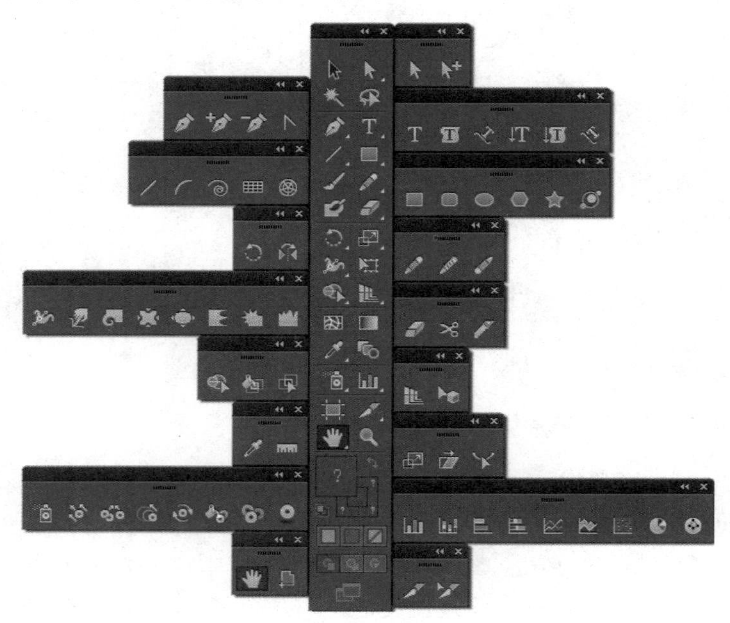

图 6–1–2

“调板”位于工作界面右侧，根据需要拖动调板使其浮动，将其放置到所需的位置。通过使用“调板”，可以很方便地对文本、图形等平面对象进行设置。例如，通过使用“颜色”调板来设置对象的颜色；通过使用“导航器”调板来设置显示的视图大小；通过使用“变换”调板来设置对象的大小等。在包含多个不同功能调板的“组合调板”中，只需单击所需调板的标签，即可显示所选的调板。通过选择“窗口”菜单中相应的调板命令，可以显示或隐藏调板。如图 6-1-3 所示。

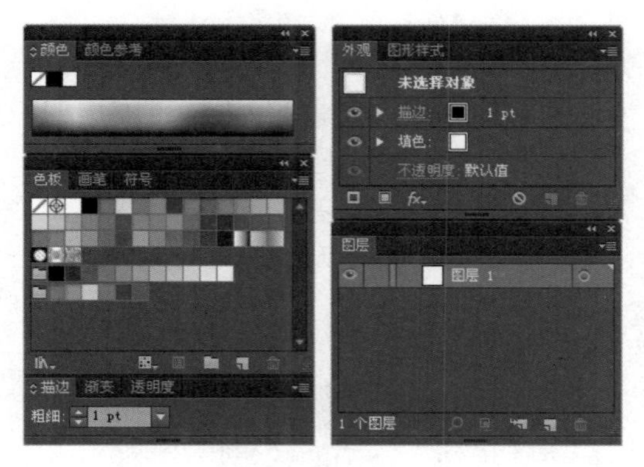

图 6–1–3

在 Illustrator 中，工作区是绘制图形、编辑对象的地方。可以将它分为 4 个区域，分别是可打印区域、不可打印区域、页面区域和草稿区域，如图 6-1-4 所示。

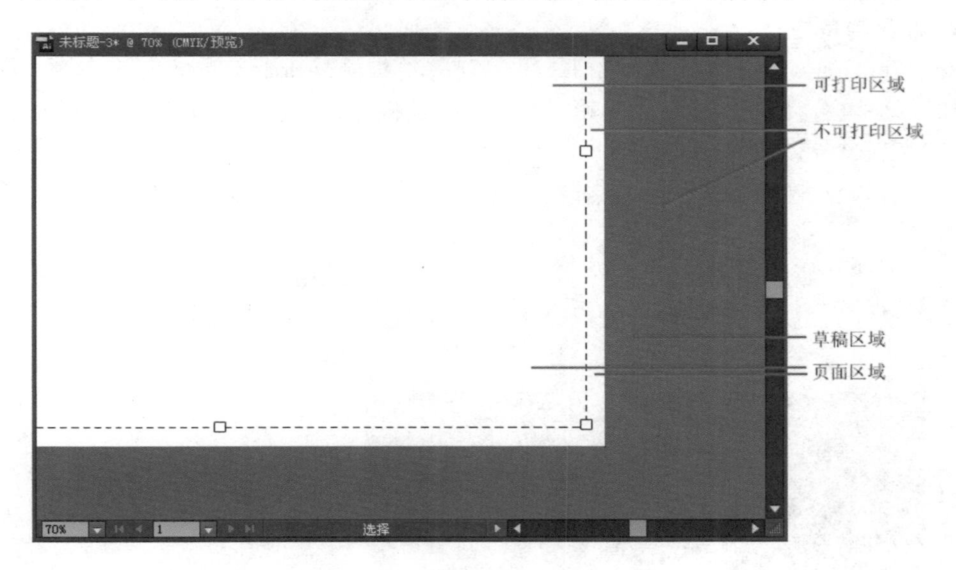

图 6–1–4

6.1.2　图像的基础知识

在学习 Illustrator 之前，首先需要了解一些图像的基础知识（这里的图像是泛指，包括图形）。计算机处理的图像通常有两种类型：位图图像和矢量图形。这两种图像类型在保存时有多种不同的文件格式，并且具有不同的颜色模式，因此，了解图像的基础知识有助于用户更加灵活地应用 Illustrator 制作出符合需求的设计作品。

1. 位图图像

位图图像又称为点阵图像，它是由许多颜色的小正方形组合而成的。组成图像的这些小正方形就是像素。由于位图图像是以排列的像素集合组成的，因此不能任意单独操作局部的位图像素。通过增加位图图像分辨率的方法可以更好地表现自然、真实效果的图像。需要注意的是，当位图图像增加分辨率时，其文件的大小也会随之增加。

2. 矢量图形

矢量图形的文件大小主要由图形的复杂程度来决定。例如，只勾勒了几个简单图形的宣传海报和由很多复杂图形构成的报纸广告相比，报纸广告占用的磁盘空间要比宣传海报所占用的大得多。因为矢量图形是由数学公式表达的，它的显示与分辨率无关，所以，在对矢量图形进行放大时，不仅不会产生如锯齿、形变、色块化等失真畸变的画面现象，而且通过打印机输出后的画面可能要比计算机中显示的图像画面更清晰。

6.1.3 视图的基本操作

Illustrator 拥有强大的图形绘制与编排功能。在编辑操作中，可以将当前编辑的对象放大数倍进行显示，对其进行更加精细、精确的编辑操作。Illustrator 提供了多个视图操作工具，帮助使用不同的显示倍率查看图形，如"放大"命令、"缩小"命令、"抓手"工具、"缩放"工具以及"导航器"调板等。另外，为了精确操作对象，还可以通过显示标尺，以及在工作区中创建参考线和显示网格线，精确地创建和编辑对象。

1. 标尺与单位

安装 Illustrator 后，单击【开始】按钮，选择"程序/Adobe Illustrator"命令，该界面由标题栏、菜单栏、控制调板、工具箱、工作区、调板、状态栏等多个界面元素组成。

（1）更改标尺的度量单位

"单位和显示性能"选项的"常规"下拉列表中，选择所需的度量单位后单击【确定】按钮即可。

除了上述介绍的操作方法之外，还可以在工作界面中的水平标尺或垂直标尺的任意区域上单击鼠标右键，然后在弹出的快捷菜单中选择所需的标尺的度量单位即可，如图 6-1-5 所示。

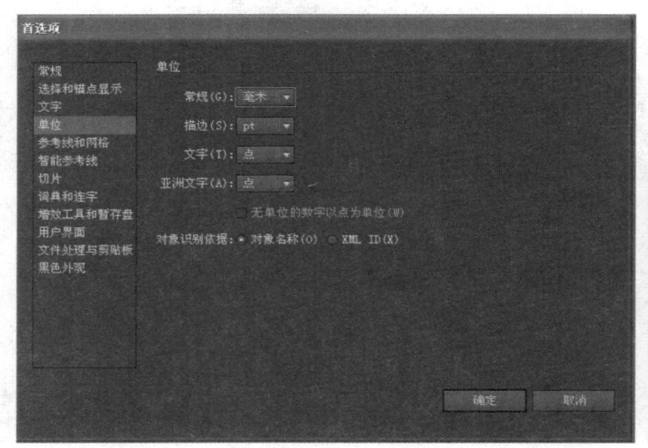

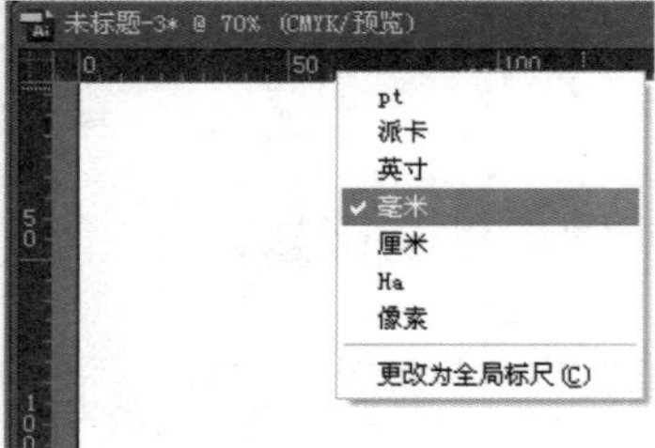

图 6-1-5

（2）改变标尺原点

默认情况下，标尺的原点位置在页面区域的左下角。用户可以根据需要改变标尺的原点位置，如图 6-1-6 所示。

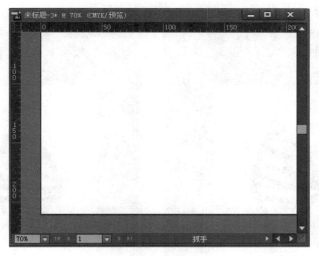

图 6–1–6

移动光标至工作界面中水平标尺与垂直标尺相交的位置处按下鼠标左键，这时光标将变成一个十字形状，然后向所需的位置拖动鼠标。光标拖动到指定的位置时，释放鼠标即可改变标尺的原点位置。如图 6-1-7 所示。

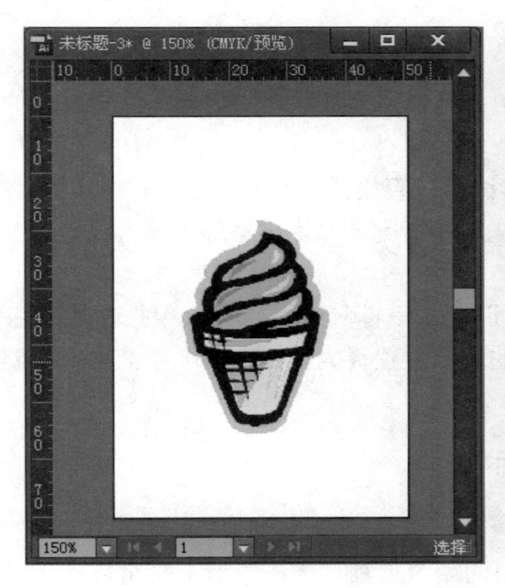

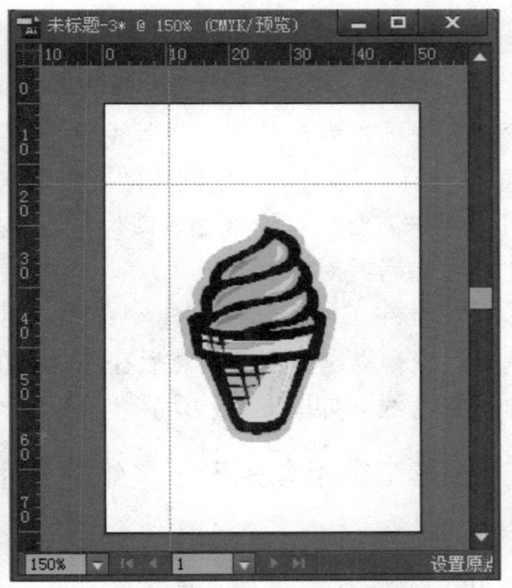

图 6–1–7

2. 网格参考线

在 Illustrator 中，网格的作用与参考线的作用相同，它们常被用于精确创建和编辑对象的辅助操作。在创建和编辑对象时，用户还可以通过选择“视图”菜单中的相关命令使对象能够自动对齐到网格上。

（1）显示与隐藏网格

选择“视图/显示网格”命令，或者按下［Ctrl+’］组合键，即可在工作界面中显示网格。在显示网格后，通过选择“视图/隐藏网格”命令，或者按下［Ctrl+’］组合键，可以将工作界面中所显示的网格隐藏起来。如图 6-1-8 所示。

图 6–1–8

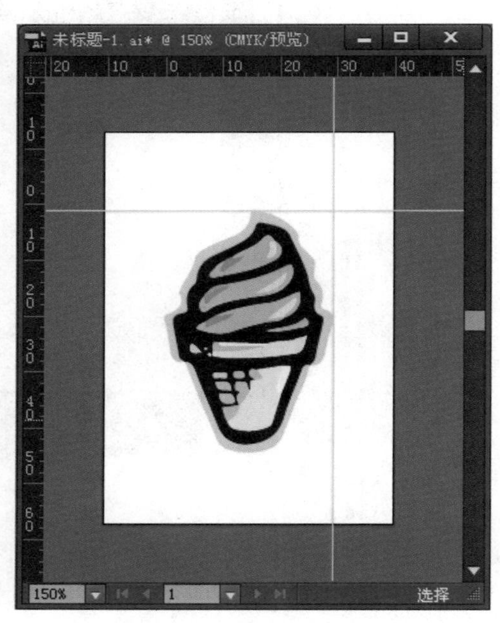

图 6–1–9

（2）对齐网格

在 Illustrator 中，参考线指的是放置在工作区中用于辅助用户创建和编辑对象的垂直和水平直线，也被称为辅助线。参考线的类型可分为两种：一种是普通参考线；另一种是智能参考线。在默认情况下，自由创建的各种参考线可以直接显示在工作区中，并且为锁定状态，但是可以根据需要将其隐藏或解锁。另外，在默认情况下，将对象移至参考线附近时，该对象将自动与参考线对齐。

如果需要在工作界面中创建参考线，可以在水平标尺或垂直标尺中按下鼠标左键并拖动，从标尺中拖动出参考线，然后在工作区的适当位置释放鼠标，即可在工作区中创建出水平或垂直参考线。如图 6-1-9 所示。

6.1.4 线形工具组和矩形工具组的使用

1. 线形工具

在 Illustrator 中，线形工具组是比较常用的绘图工具之一。线形工具组包括“直线段”工具、“弧形”工具、“螺旋线”工具、“矩形网格”工具和“极坐标网格”工具。

（1）直线

想要在工作区中绘制直线线段，可以在工具箱中选择“直线段”工具，然后在工作区中按下鼠标左键，并向需要绘制直线的方向拖动鼠标，拖动至合适的位置时释放鼠标左键，即可绘制出一条直线线段。如图 6-1-10 所示。

图 6-1-10

（2）弧形

弧形是许多矢量图形中不可缺少的组成部分，其操作方法与直线线段的绘制方法基本相同。使用弧形工具绘制出来的图形如图 6-1-11 所示。

图 6-1-11

（3）螺旋线

螺旋线是一种复杂而优美的曲线，它可以用于构成漂亮而简洁的图案。图形对象中的装饰花纹就是使用螺旋线工具绘制的，如图 6-1-12 所示。

图 6-1-12

（4）矩形网格

要绘制矩形网格，首先在工具箱中选择“矩形网格”工具，然后在工作区中按下鼠标左键并拖动，接着在合适的位置释放鼠标左键，即可绘制出一个矩形网格图形。桌布图形就是使用“矩形网格”工具进行绘制的，如图 6-1-13 所示。

图 6-1-13

（5）极坐标网格

绘制极坐标网格的方法和绘制矩形网格的方法相同，在绘制极坐标网格的过程中，也可以结合键盘的［Shift］键、［Alt］键、［～］键等按键，绘制出各种特殊的极坐标网格。结合不同的键盘按键所绘制出的极坐标网格图形如图 6-1-14 所示。

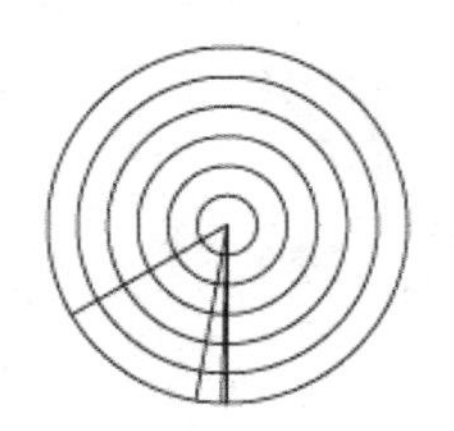
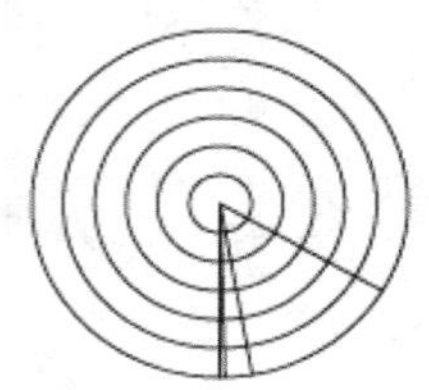
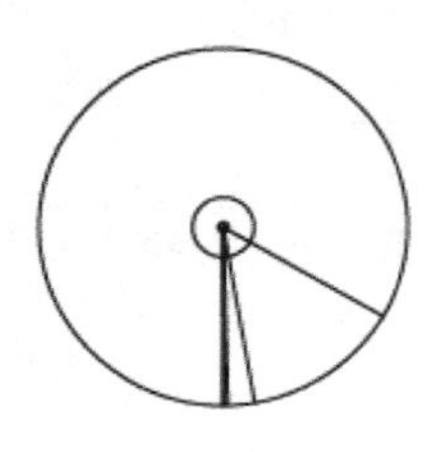

图 6-1-14

2. 矩形工具

在工作区中绘制多种几何形状的矢量图形。该工具组中的工具包括“矩形”工具、“圆角矩形”工具、“椭圆”工具、“多边形”工具、“星形”工具和“光晕”工具。下面将分别介绍这些工具的基本使用方法。

（1）绘制矩形

在工作区中按下鼠标左键并向任意方向拖动鼠标，这时系统将显示出一个蓝色的矩形框，将鼠标拖动至合适的位置后释放鼠标，即可完成矩形图形的绘制操作，如图 6-1-15 所示。

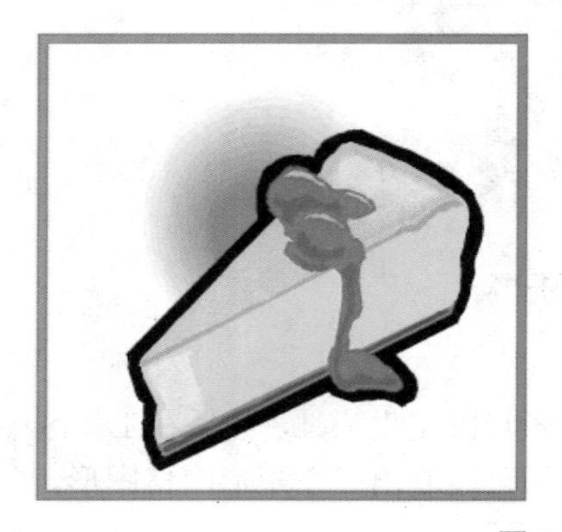
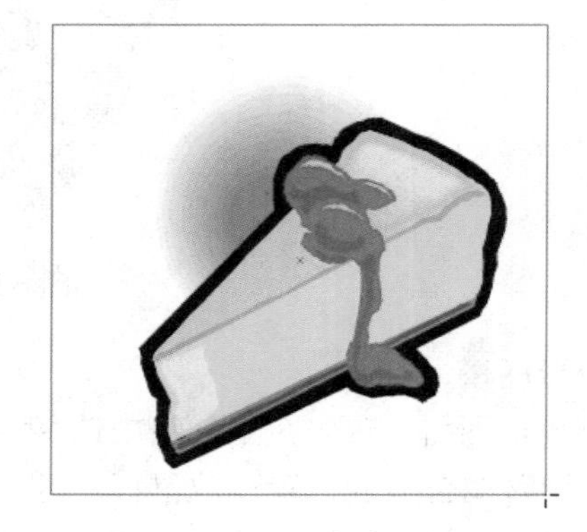

图 6-1-15

（2）绘制椭圆

想要在工作区中精确地绘制椭圆形图形，首先需要在工具箱中选择“椭圆”工具，然后在工作区中单击鼠标，系统将打开如左图所示的“椭圆”对话框。在该对话框的“宽度”和“高度”文本框中输入相应的数值，最后单击【确定】按钮，即可创建出一个椭圆形图形。另外，也可以在选择“椭圆”工具后，使用拖动鼠标的方法绘制椭圆形图形，其操作方法与绘制矩形图形的方法相同。如图 6-1-16 所示。

图 6–1–16

（3）绘制多边形

通过使用工具箱中的“多边形”工具所绘制出来的多边形图形都是规则的正多边形图形。

在工具箱中选择“多边形”工具，然后在工作区中单击鼠标左键，系统将打开“多边形”对话框，如图 6-1-17 所示。

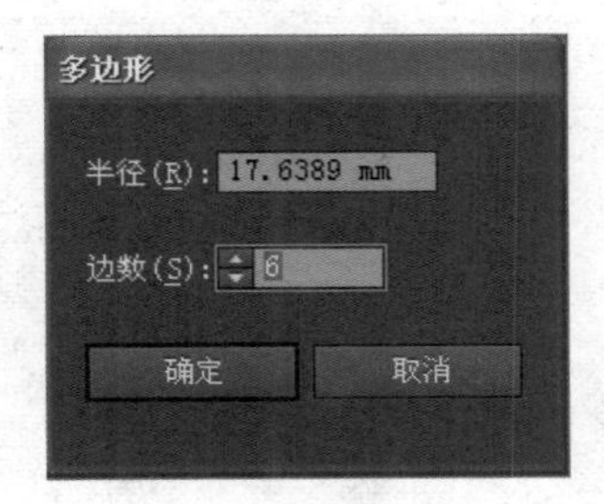

图 6–1–17

（4）绘制星形

与绘制矩形图形的方法相同，用户也可以在选择“星形”工具之后，通过拖动鼠标来绘制星形图形。需要注意的是，使用这种方法所绘制出来的星形图形，其内切圆和外接圆半径以及尖角数，将以上一次用户所设置的数值为标准进行绘制操作。绘制了星形图形的画面效果，如图 6-1-18 所示。

图 6-1-18

（5）绘制光晕

想要精确地绘制光晕图形，首先需要在工具箱中选择“光晕工具”，然后在工作区中需要绘制光晕图形的位置处单击鼠标左键，系统将打开“光晕工具选项”对话框，如图 6-1-19 所示。在该对话框中，用户可以设置光晕图形的居中点大小、亮度和模糊度等参数选项。设置完成后，单击【确定】按钮，即可在工作区中单击的位置处生成出光晕图形。

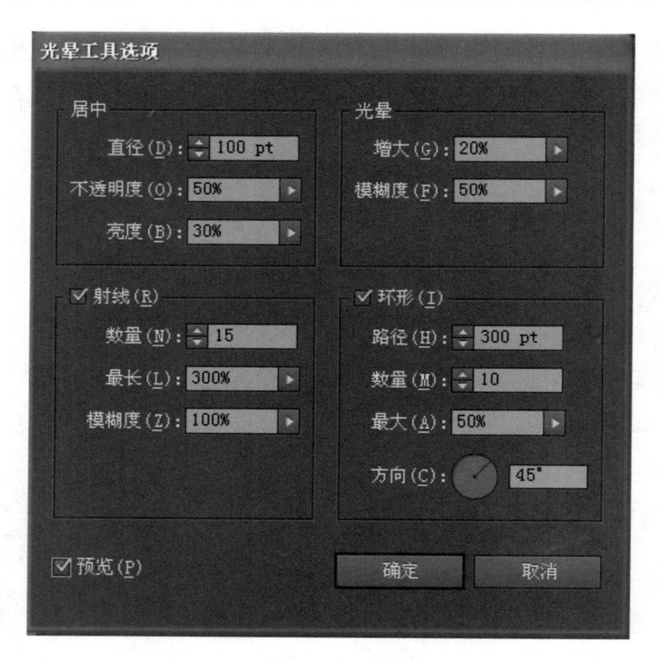

图 6-1-19

6.1.5 自由画笔工具组的使用

1. 自由画笔工具

通过使用工具箱的“自由画笔工具组”中的工具，可以在工作区中很方便地绘制出各种自由形状的图形。自由画笔工具组中的工具包括“铅笔”工具、“平滑”工具和“路径橡皮擦”工具 3 种。下面将分别介绍这些工具的使用方法。

（1）铅笔工具

想要使用“铅笔”工具绘制图形，首先需要在工具箱中选择“铅笔”工具，然后在工作区中按下鼠标左键并拖动鼠标，即可进行绘制操作。绘制完成后，释放鼠标即可结束绘制图形的操作。想要绘制闭合路径的曲线，可以在拖动鼠标的同时按住［Alt］键，这时光标将变成为形状，表示绘制的曲线为闭合路径曲线。完成绘制操作后，释放鼠标左键和［Alt］键，即可自动闭合所绘制的曲线。使用“铅笔”工具所绘制的图形如图 6-1-20 所示。

图 6–1–20

（2）平滑工具

想要使用“平滑”工具处理所绘制的路径，首先需要使用工具箱中的“选择”工具选择工作区中需要操作的路径对象。然后，选择工具箱中的“平滑”工具，在路径对象中需要平滑处理的位置外侧按下鼠标左键并由外向内拖动鼠标，然后释放鼠标左键，即可对所绘制的路径对象进行平滑处理。如图 6-1-21 所示。

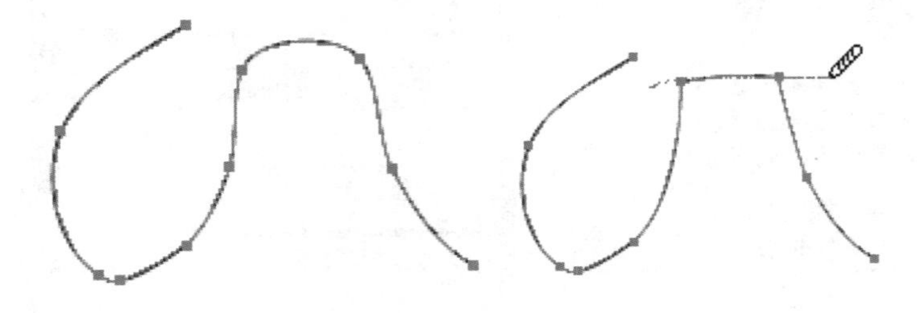

图 6–1–21

（3）路径橡皮擦工具

“路径橡皮擦”工具也是一种路径修饰工具，通过使用它能够擦除路径的全部或部分曲线。使用“路径橡皮擦”工具处理路径的方法很简单，只需在工具箱中选择“路径橡皮擦”工具，然后沿着需要擦除的路径按下鼠标左键并拖动鼠标进行擦除。操作完成后释放鼠标左键，即可将鼠标所经过的路径曲线擦除掉。这时可以看到，擦除操作后的路径末端将会自动创建一个新的节点，并且擦除后的路径将处于选中状态。如图 6-1-22 所示。

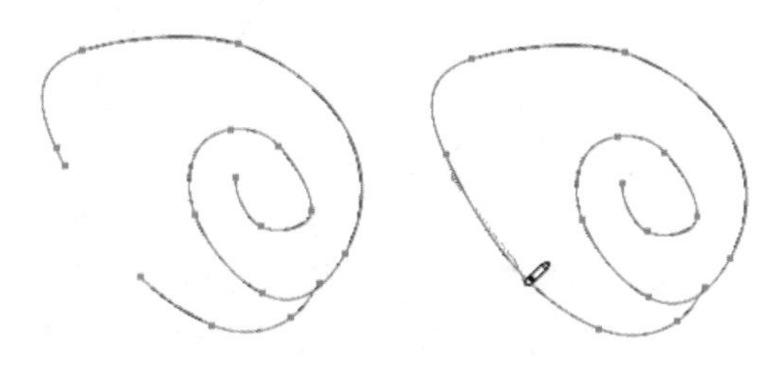

图 6-1-22

2. 画笔设置

通过使用“画笔”工具，不仅可以绘制路径，而且还可以结合“画笔”调板中的画笔笔触，绘制出带有特殊画面效果的图形。

在“画笔”调板中，不但可以为绘制的路径图形选择预设的画笔笔触，同时也可以编辑所选择的画笔笔触，而且还可以在该调板中自行创建和保存设置的画笔笔触，方便今后再次使用。

如果工作界面中没有“画笔”调板，可以选择“窗口/画笔”命令，将其显示在工作界面中。还可以单击“画笔”调板右上方的黑色小三角按钮，打开调板控制菜单。如图 6-1-23 所示。

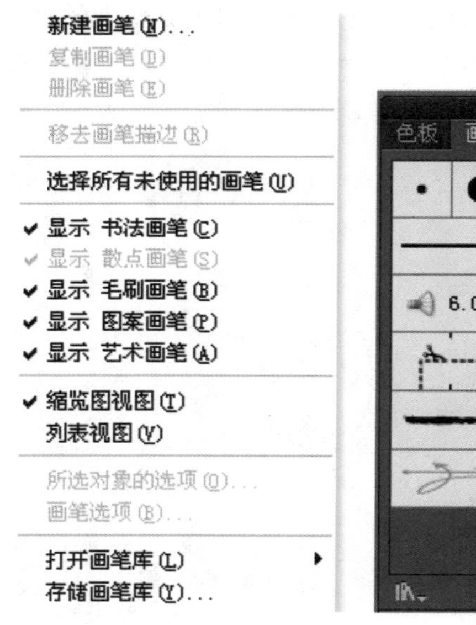

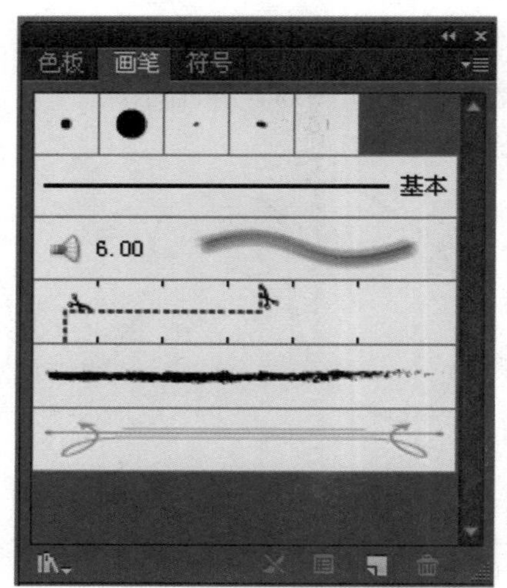

图 6-1-23

6.1.6 贝塞尔曲线和路径的应用

1. 绘图工具曲线

通过使用工具箱中的绘图工具所绘制的所有图形对象，无论是曲线还是规则的基本图形，甚至是使用文本工具输入的文本对象，它们的轮廓线都被称为路径，因此，路径是矢量绘图中一个很重要的概念。

（1）贝塞尔曲线

“贝塞尔曲线”指的是在工作区中通过锚点与方向点、方向线创建的曲线。所创建的贝塞尔曲线的两个端点被称为锚点，两个锚点之间的曲线部分被称为“线段”。每选中一个锚点时，都可以从锚点位置拖动出方向线与方向点，它们分别用于控制线段的弧度与弯曲方向。如图 6-1-24 所示。

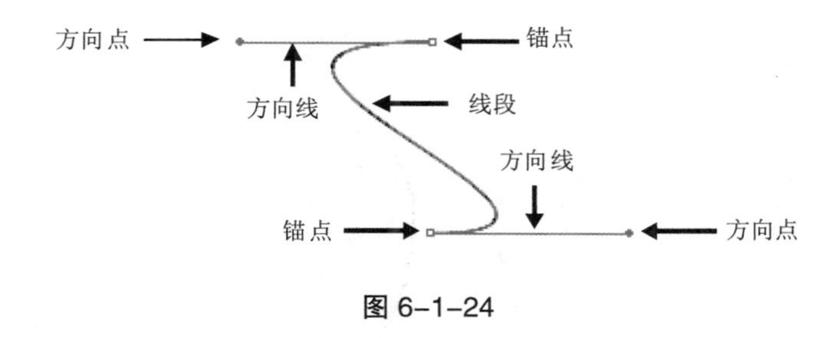

图 6–1–24

（2）路径

“路径”是通过绘图工具所创建的任意线条，它可以是一条直线，也可以是一条曲线，还可以是多条直线和曲线相连接所组成的线段。一般路径由锚点和锚点间的线段所构成。由路径所组成的矢量图形如图 6-1-25 所示。

“路径”指的是由一条或多条线段组成的曲线，“锚点”指的是这些线段从开始到结束之间的结构点。因此，“路径”可以通过这些结构点来创建其轮廓形状。“锚点”是“路径”的基本载体，是“路径”中线段与线段之间的交点。

图 6–1–25

2. 绘图工具路径

在绘制路径时，“钢笔工具组”是最常用的工具组。“钢笔工具组”工具包括“钢笔”工具、“添加锚点”工具、“删除锚点”工具和“转换锚点”工具四种工具。

（1）绘制路径

在绘制路径的过程中，使用“钢笔”工具绘制两条以上的线段后，将鼠标移动至起始锚点处，“钢笔”工具的光标将会变成闭合路径的光标形状。这时单击鼠标，即可闭合所绘制的开放路径。如图 6-1-26 所示。

（2）“信息”调板

在绘制路径的过程中，还可以参考“信息”调板中所显示的坐标参数数值进行绘制路径。

可以选择“窗口/信息”命令，或者按［F8］快捷键，在工作区中显示“信息”调板。如图 6-1-27 所示。

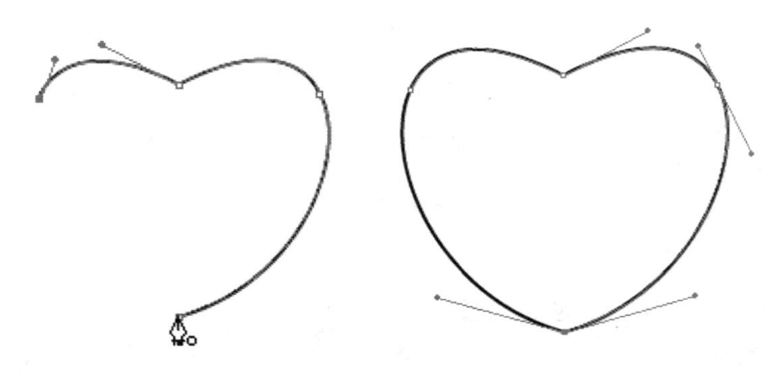

图 6–1–26

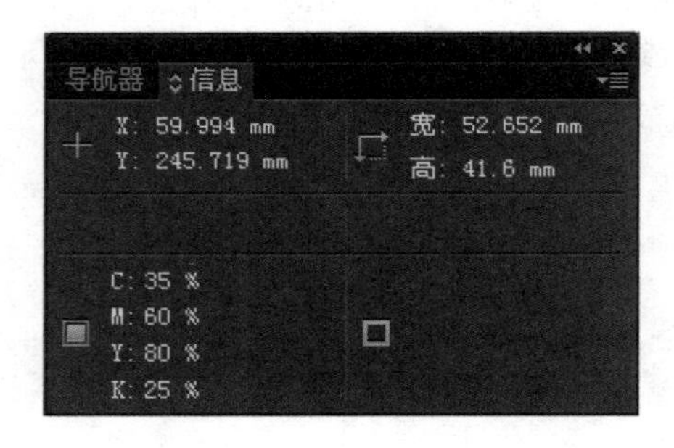

图 6–1–27

3. 调整与编辑路径对象

路径绘制完成后，需要对所绘制的路径进行调整与编辑操作。但是，在调整与编辑路径之前，还需先通过“选择类工具”选中需要操作的路径中的对象，这样才能有针对性地调整与编辑路径对象。下面将介绍这些“选择类工具”及其操作方法。

（1）选择工具

通过使用工具箱中的“选择”工具，可以直接单击选中整条路径，也可以通过选择路径上的任意一个锚点从而选中整条路径。

通过使用“选择”工具或按住［Shift］键并单击路径对象的方法，可以在工作区中选择一个或多个路径对象。被选中的路径对象，将会显示其控制框。默认情况下，被选择的多个对象将以整体方式显示控制框。可以通过对象显示的控制框进行移动、复制、缩放和变形等操作。如图 6-1-28 所示。

图 6–1–28

（2）直接选择

通过使用工具箱中的“直接选择”工具，可以从编组的路径对象中，直接单击选中其中任意的路径对象，并且还可以单独选中路径对象的锚点。

在使用“直接选择”工具进行操作的过程中，当移动“直接选择”工具的光标至路径对象上时，光标将变成选择光标的形状；当移动“直接选择”工具的光标至路径对象的锚点上时，光标将变成可编辑光标的形状。通过“直接选择”工具单击锚点的方向线和方向点，可以调整方向线和方向点，改变路径线段的形状。如图 6-1-29 所示。

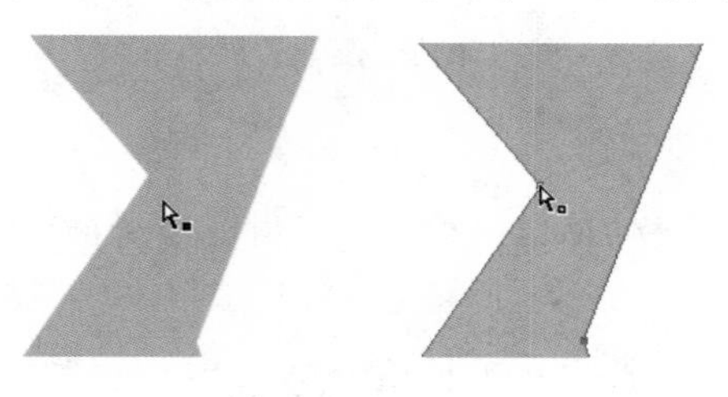

图 6–1–29

（3）套索工具

通过使用“套索”工具，可以在工作区中任意选择一个或多个路径对象。其操作方法很简单，只需在要选择的路径对象的周围按下鼠标左键并由外向内拖动鼠标，圈出需要选择的路径对象的部分区域，然后释放鼠标即可。想要选择多个路径对象，可以使用“套索”工具圈出需要选择的多个路径对象的部分区域即可。如图 6-1-30 所示。

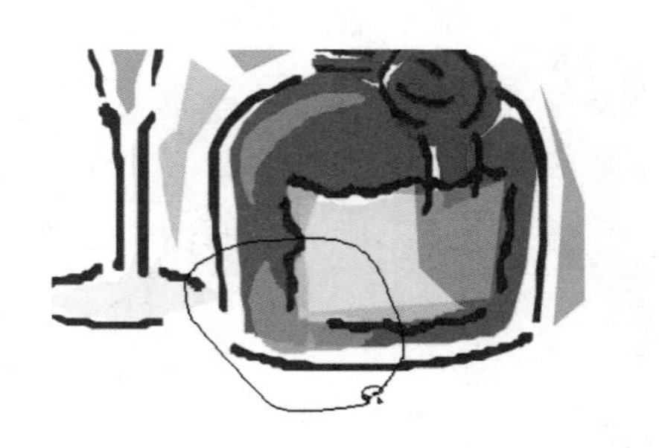

图 6–1–30

4. 编辑路径的锚点和线段

有时通过使用“钢笔”工具很难一次性地绘制出图形对象的路径轮廓形状。因此，在初次绘制完成后，需要重新编辑路径的锚点和线段，调整图形轮廓形状的路径方向、形状等，以得到所需的图形轮廓形状。

（1）继续绘制路径

想要对开放路径继续进行绘制操作，首先使用工具箱中的“直接选择”工具选择所需操作的路径，接着选择工具箱中的“钢笔”工具，将光标移动至被选中路径的起始点或终止点处，这时光标将变成继续绘制路径的形状。在该处单击鼠标左键，即可进入路径的绘制状态。如图 6-1-31 所示。

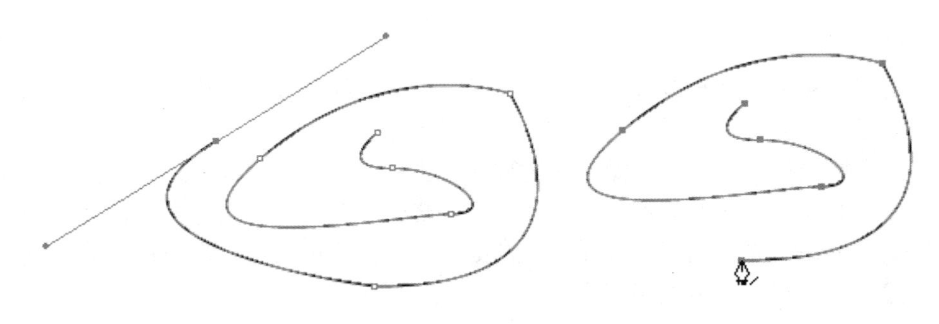

图 6–1–31

（2）转换路径锚点的类型

通过使用钢笔工具组中的“转换锚点”工具，可以很方便地将角点转换为平滑点，或将平滑点转换为角点。

想要将角点转换为平滑点，首先在工具箱中选择“转换锚点”工具，接着在路径线段中的需要操作的角点上，按下鼠标左键并向右拖动，然后调整线段弧度至合适的位置后释放鼠标左键即可。想要将平滑点转换为角点，通过使用“转换锚点”工具单击路径线段中需要操作的平滑点即可。如图 6-1-32 所示。

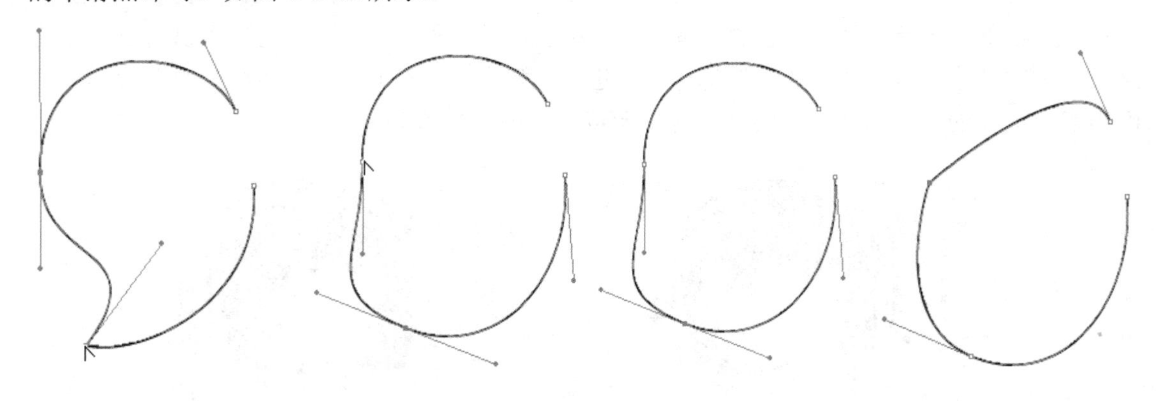

图 6–1–32

（3）改变路径线段形状

想要使用“改变形状”工具来改变路径的形状，可以先使用工具箱中的“直接选择”工具单击选择需要操作的路径对象。然后在工具箱中选择“改变形状”工具，在需要改变的路径线段上单击鼠标创建一个锚点，接着拖动该锚点即可。如图 6-1-33 所示。

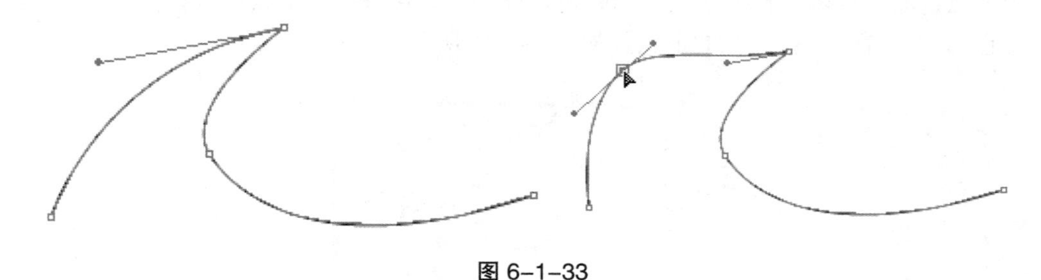

图 6-1-33

（4）添加和删除锚点

通过添加锚点，可以更好地控制路径的形状，还可以协助其他的编辑工具调整路径的形状。通过删除锚点，可以删除路径中不需要的锚点，以减少路径形状的复杂程度。

要添加锚点，首先在工具箱中选择“添加锚点”工具，然后在路径对象中需添加锚点的位置单击鼠标左键，即可在该位置处创建一个新的锚点。如图 6-1-34 所示。

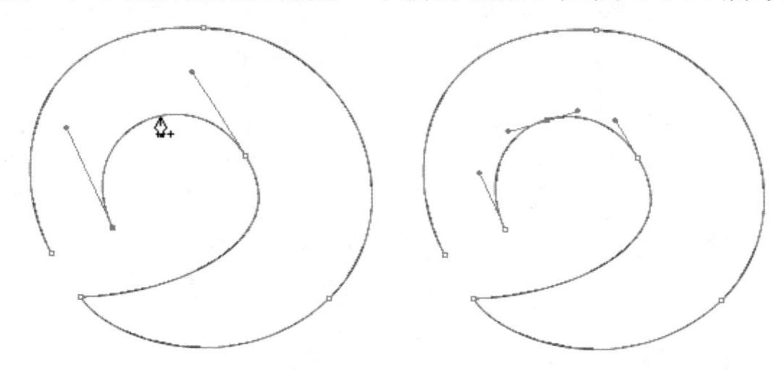

图 6-1-34

要删除锚点，首先在工具箱中选择“删除锚点”工具，然后在路径对象中需要删除的锚点上单击鼠标即可。如图 6-1-35 所示。

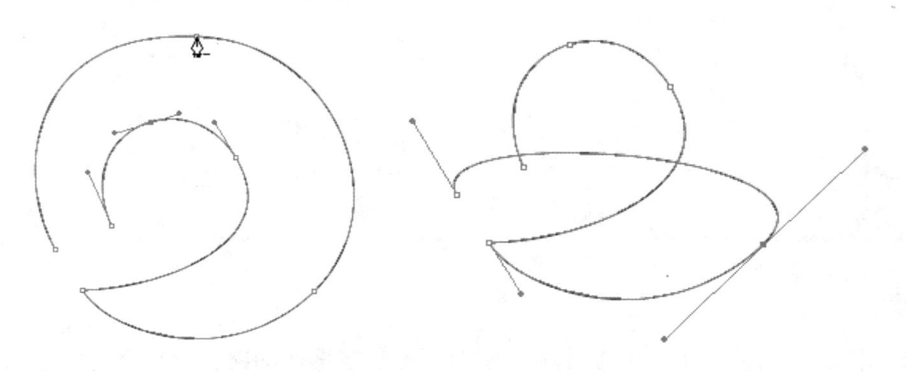

图 6-1-35

（5）“剪刀”工具的使用

通过使用工具箱中的“剪刀”工具，可以将开放路径对象分割成多个开放路径对象，也可以将闭合路径对象分割成多个开放路径对象。

在工具箱中选择“剪刀”工具，然后在路径线段上单击，该位置处将产生两个独立的且重合的锚点，即可分割该路径线段。这时可以使用“直接选择”工具或“转换锚点”工具分别移动它们的位置，调整路径的形状。如图 6-1-36 所示。

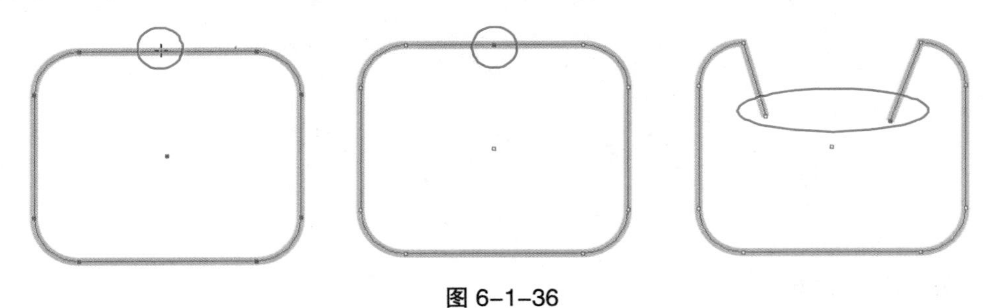

图 6-1-36

单击路径中原有的锚点，即可在单击的位置处分割路径线段并生成一个新的锚点。通过使用“直接选择”工具或“转换锚点”工具可以分别移动锚点的位置以调整路径的形状。如图 6-1-37 所示。

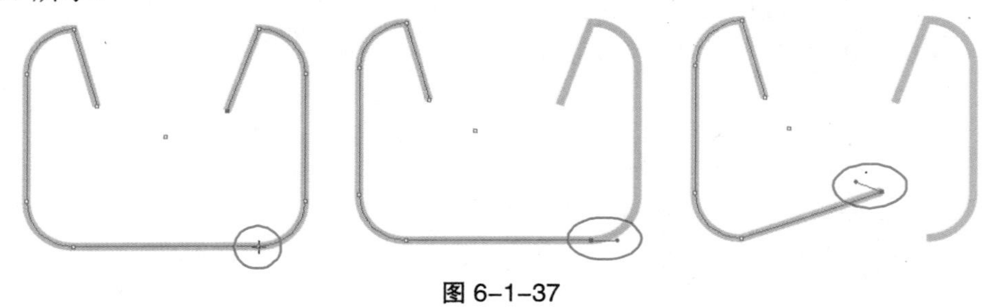

图 6-1-37

（6）“刻刀”工具的使用

使用“刻刀”工具来切割路径对象。用户只需在工具箱中选择“刻刀”工具，接着在路径对象之外按下鼠标左键并拖动鼠标经过路径对象，拖动至合适的位置后释放鼠标左键，即可自由地分割路径对象。接下来可以通过使用“编组选择”工具或其他的路径编辑工具调整分割后的路径对象。如图 6-1-38 所示。

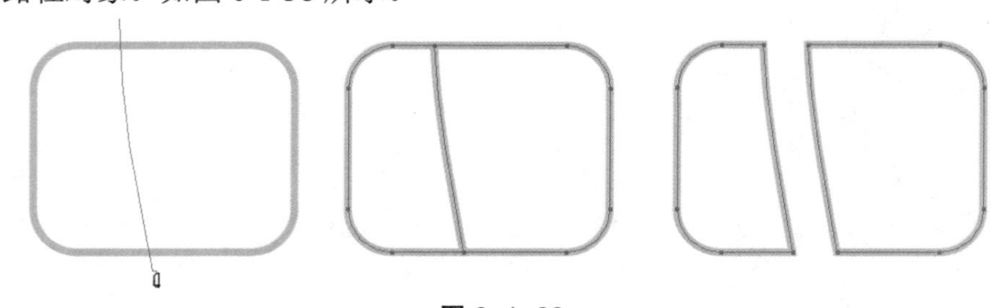

图 6-1-38

想要局部裁切路径对象，可以使用“刻刀”工具在操作的路径对象之外按下鼠标左键，然后在路径对象内部拖动的圈画出所需的区域，最后释放鼠标左键即可。操作完成后，可以使用“编组选择”工具或其他鼠标路径编辑工具，调整分割后的路径对象。如图 6-1-39 所示。

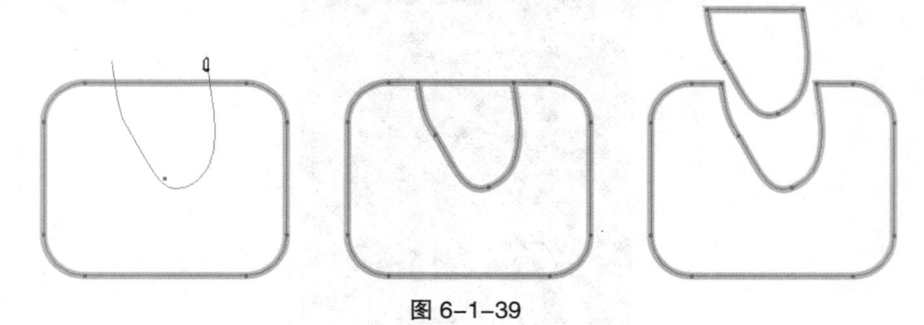

图 6-1-39

6.1.7　设置描边与填充

1. 设置描边

通过“描边”调板设置图形对象的描边参数属性。通过对描边的设置，不仅可以使图形对象具有丰富的变化性，并且使其具有多姿多彩的视觉效果。

（1）使用“描边”调板

想在工作界面中显示“描边”调板，可以选择“窗口/描边”命令，打开“描边”调板。想显示该调板的全部内容，可以单击“描边”调板右上方的黑色小三角，在打开的控制菜单中选择“显示选项”命令，即可显示“描边”调板中的所有选项。如图 6-1-40 所示。

图 6-1-40

（2）自定义虚线描边

默认情况下，所绘制的图形的描边为实线，想要以虚线方式表现图形的描边，可以通过“描边”调板创建出各种虚线。可以选择“窗口/描边”命令，在工作界面中打开“描边”调板。然后在“粗细”下拉列表中选择一个描边宽度，并选中“虚线”复选框。接着在“虚线”和“间隙”文本框中，分别输入线段和间隙的数值。通过设置“描边”调板中的参数数值所创建的虚线，如图 6-1-41 所示。

图 6–1–41

（3）对齐描边

对齐描边用于设置图形对象的描边沿图形轮廓基线对齐的方式。在“描边”调板中有“使描边居中对齐”方式、“使描边内侧对齐”方式和“使描边外侧对齐”方式三种。在“描边”调板的“对齐描边”选项区域中，单击不同的对齐方式按钮即可得到不同的描边效果。如图 6-1-42 所示。

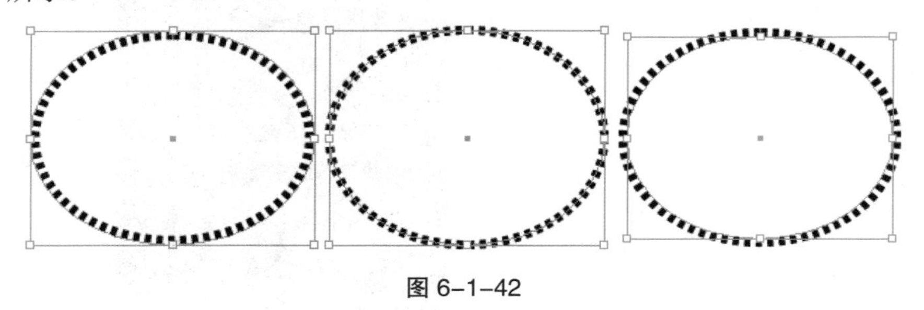

图 6–1–42

2. 设置填充

使用“颜色”调板设置填充和描边的颜色，还可以使用“色板”调板进行设置。默认情况下，“色板”调板显示的是 CMYK 颜色模式的颜色、颜色图案和渐变颜色等色板。

3. 渐变填充

“渐变填充”指的是能够在同一图形对象上进行两种或两种以上的颜色之间过渡的填充效果。可以使用工具箱中的“渐变”工具或者使用“色板”调板中的“渐变色板”进行“渐变填充”。在 Illustrator 中，根据渐变方式的不同，可以将“渐变填充”分为“线性渐变填充”和“径向渐变填充”两种。

（1）线性渐变填充

“线性渐变填充”是最常用的一种渐变填充类型，它能够实现两种或两种以上颜色之间以直线为方向的平滑过渡的填充效果。

在“渐变”调板的“类型”下拉列表中选择“线性”选项。单击“渐变”调板中渐变色条左边的起始色滑块，然后单击“颜色”调板右上角的黑色小三角按钮，在打开的调板控制菜单中选择一种颜色模式，接着在该调板中设置具体的颜色数值。如图 6-1-43 所示。

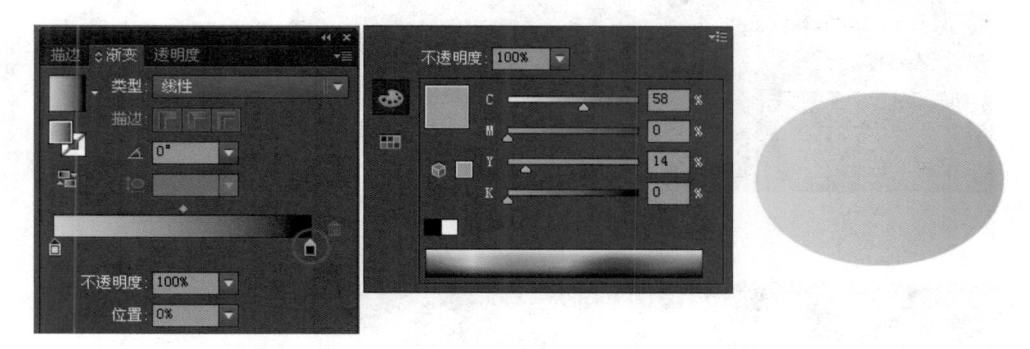

图 6–1–43

（2）径向渐变填充

“径向渐变填充”指的是将“渐变填充”的起始色和终止色由里向外以放射状渐变进行填充。

在“渐变”调板的“类型”下拉列表中选择“径向”选项。单击“渐变”调板中渐变色条左边的起始色滑块，然后单击“颜色”调板右上角的黑色小三角按钮，在打开的调板控制菜单中选择一种颜色模式，接着在该调板中设置颜色的具体数值。如图 6-1-44 所示。

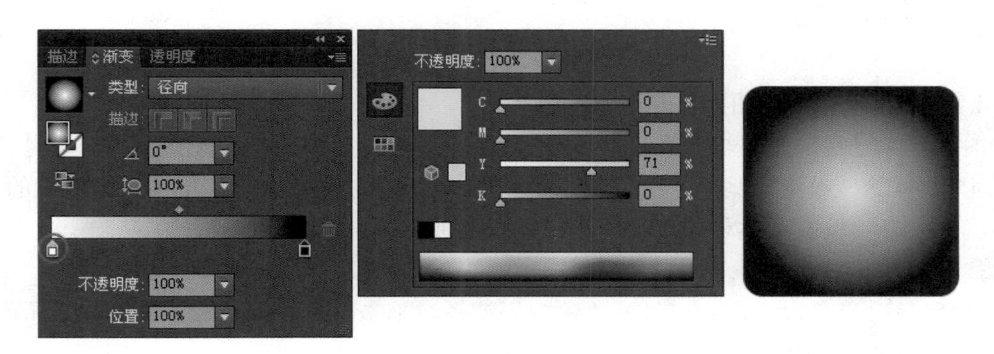

图 6–1–44

单击“渐变”调板中渐变色条右边的终止色滑块，然后单击“颜色”调板右上角的黑色小三角按钮，在打开的控制菜单中选择相同的颜色模式，并设置具体的颜色数值，如图 6-1-45（a）所示。

单击“渐变”调板中渐变色条右边的终止色滑块，然后按住［Alt］键并将滑块向左拖动至渐变色条的中间位置，系统将在渐变色条上创建出一个中间色滑块。然后在“位置”文本框中设置位置的百分比。接着单击“颜色”调板右上角的黑色小三角按钮，在打开的调板控制菜单中选择相同的颜色模式并设置具体的颜色数值，即可增加放射状渐变填充的中间颜色。想要删除中间色，只需在“渐变”调板中单击中间色滑块，将它拖动到调板外释放即可。如图 6-1-45（b）所示。

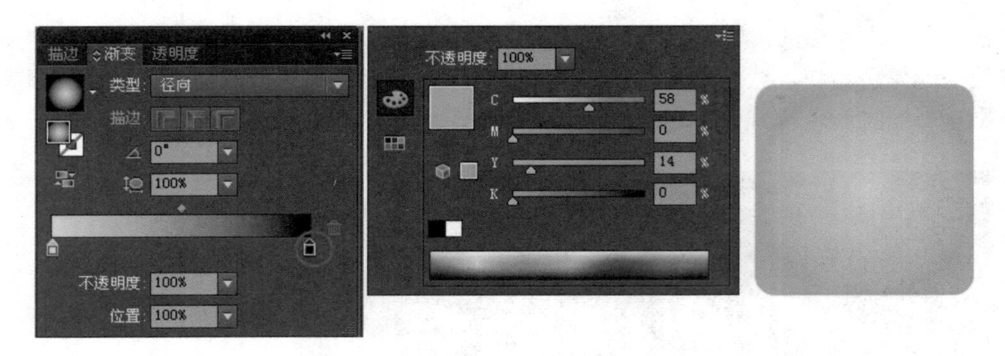

（a）

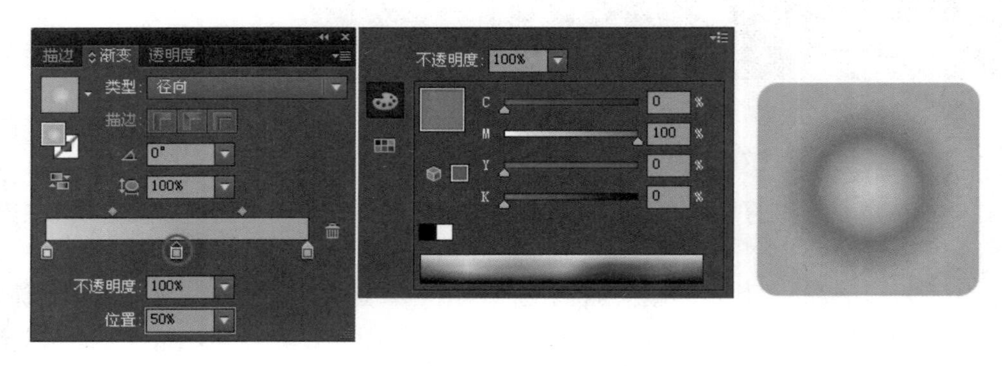

（b）

图 6-1-45

4. 图形对象进行“图案填充”

图形对象进行“图案填充”，所使用的填充图案可以是系统预设图案，也可以是自定义的填充图案。这些填充图案除了可以应用于图形的填充之外，还可以应用于图形对象的描边。下面就介绍将预设的图案和自定义填充图案应用于图形对象的基本操作方法。

预设填充图案的使用

选择“窗口/色板”命令，打开“色板”调板，单击“色板”调板下方的【显示图案色板】按钮，在调板中将只显示图案色板。

如果想对图形对象应用“预设图案”进行填充，可以先单击工具箱中的填充色块切换至填充工作模式。接着在工具箱中选择“选择”工具，在工作区中选中需要进行填充图案的图形对象。然后在“色板”调板中单击所需的填充图案即可。对图形对象应用图案填充前后的对比，如图 6-1-46 所示。

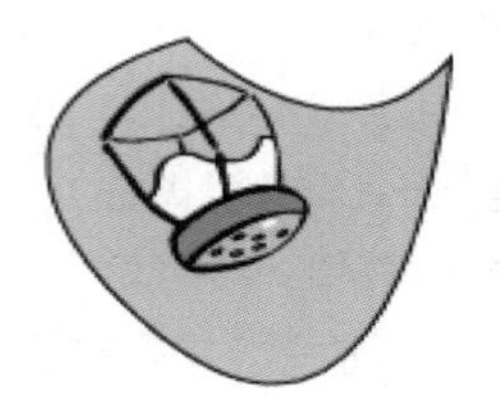
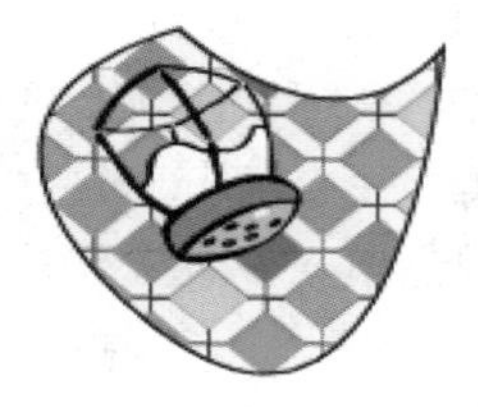

图 6-1-46

5. 网格渐变

“网格”工具是一个比较特殊的填充工具，它将贝塞尔曲线、网格和渐变填充等功能的优势综合地结合在一起，可以方便地调整填充渐变的效果。

（1）渐变网格

使用“网格”工具之前与使用“网格”工具之后的图形效果如图 6-1-47 所示。从该图中可以看出，对图形对象应用的“渐变网格”效果由“网格点”和“网格线”所组成，并且每个网格区域都是由 4 个“网格点”所构成。用户可以通过移动网格点和网格点上的方向线和方向点来调整各个网格点所应用的颜色之间的过渡方向和过渡距离。

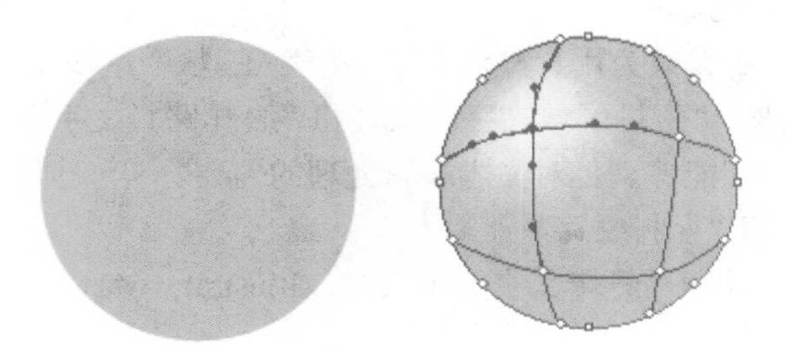

图 6–1–47

（2）创建渐变网格

想要通过菜单命令创建“渐变网格”效果，可以先使用选择类工具选中图形对象，然后选择“对象/创建渐变网格”命令，系统将会打开“创建渐变网格”对话框。在该对话框中设置相关参数的属性，然后单击【确定】按钮，即可将所设置的参数应用到选中的图形对象中。如图 6-1-48 所示。

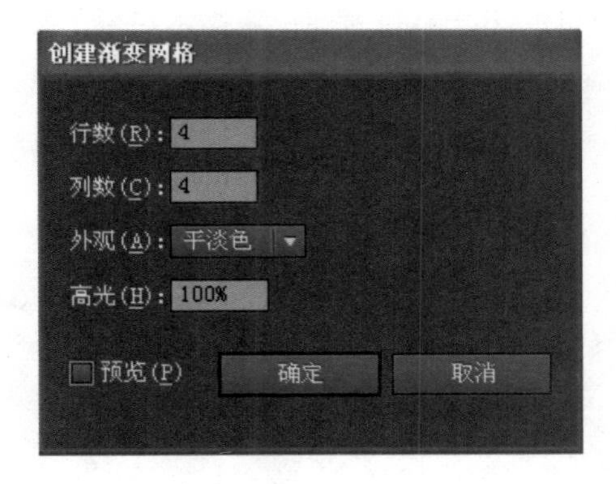

图 6–1–48

（3）渐变网格中的颜色编辑

通过使用“吸管”工具改变网格点的颜色。首先使用工具箱中的“网格”工具或“直接选择”工具选中需要改变颜色的网格点。然后在工具箱中选择“吸管”工具，在需要吸取的颜色区域单击鼠标，即可将网格点的颜色改变为所吸取到的颜色。如图 6-1-49 所示。

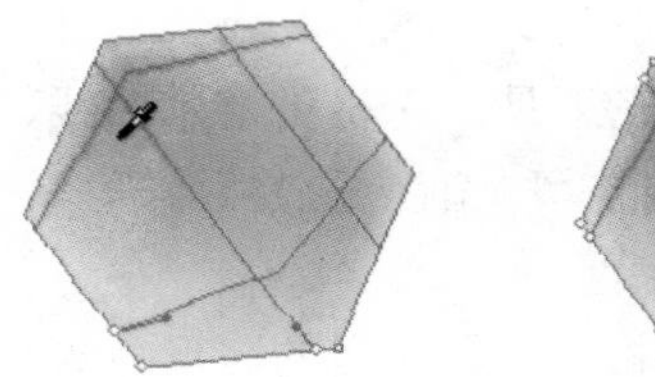
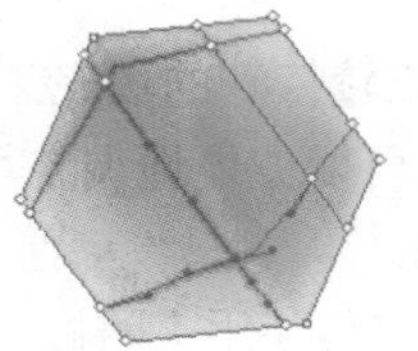

图 6-1-49

6.1.8 创建文本

1. 工具箱文本工具组

工具箱的“文本”工具组为用户提供了“文字”工具、“区域文字”工具、“路径文字”工具、“竖排文字”工具、“直排区域文字”工具和“直排路径文字”工具六种文本工具。在设计不同的版面时，它们能够满足对文本编辑处理的需要。

（1）“文字”工具和“竖排文字”工具

当使用“文字”工具和“竖排文字”工具时，Illustrator 允许用户在工作区中的任意位置创建文本对象。

在工具箱中选择“文字”工具或“竖排文字”工具，将光标移动至工作区中的适当位置单击鼠标，即可在单击鼠标的位置处输入文本，创建出点状文本对象。

（2）“区域文字”工具和“直排区域文字”工具

通过使用“区域文字”工具和“直排区域文字”工具，可以将文本对象放到任何闭合路径的图形对象内，以形成独特的文本框形状的区域文本对象。

在工具箱中选择用于绘制闭合路径的工具，或使用“铅笔”在工作区中绘制一个闭合路径。然后，在工具箱中选择“区域文字”工具或“直排区域文字”工具，将光标移动至闭合路径内后单击鼠标，这样即可在闭合路径内部设定文本对象的输入位置。最后在浮动光标处直接输入文本即可。如图 6-1-50 所示。

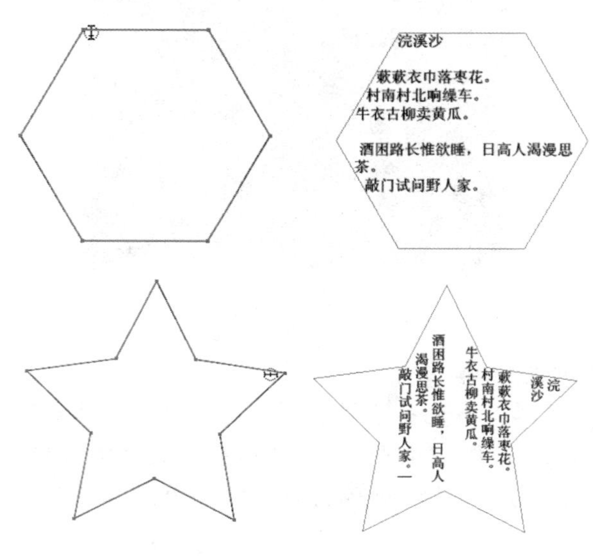

图 6-1-50

（3）“路径文字”工具和“直排路径文字”工具

通过使用“路径文字”工具和“直排路径文字”工具，不仅可以将文本对象沿着任意的路径进行排列，还可以根据需要，在适合的方向、位置上将它进行排列。需要注意的是，这里所说的任意的路径包括闭合路径和未闭合的路径。

想要创建沿路径排列的文本对象，首先必须在工作区中绘制任意的路径，然后在工具箱中选择“路径文字”工具或“直排路径文字”工具。将光标移动至绘制好的路径曲线上单击鼠标，这样即可在路径曲线上设定文本的输入位置。最后在浮动光标处直接输入文本即可。如图 6-1-51 所示。

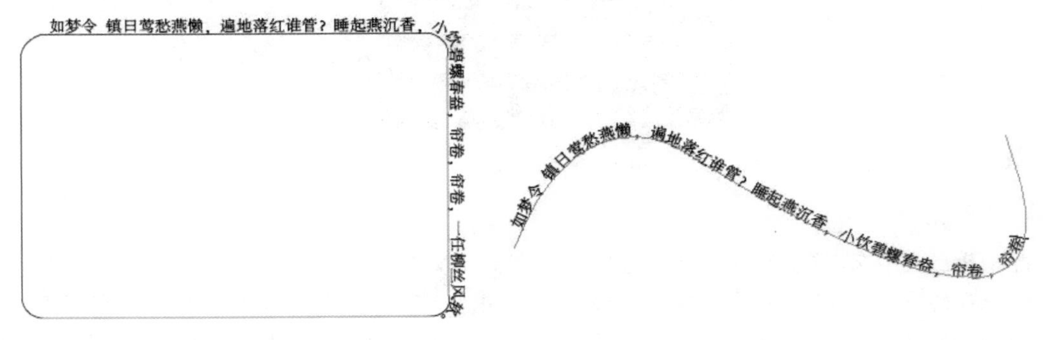

图 6–1–51

2. 文本对象字符格式

设置文本对象的字符格式，例如设置字体类型、字体大小、文字颜色等。这样可以更加自由地编辑文本对象中的文字，使其更符合整体版面的设计要求。

（1）“字符”调板

通过“字符”调板可以精确地控制与调整文本对象中的字符格式，这些属性包括字体类型、文字大小、文字行距、文字字距、文字的水平以及垂直比例、间距等。

通过选择“窗口/文字/字符”命令或者按［Ctrl+T］组合键，可以在工作区中显示或隐藏“字符”调板。在“字符”调板中，单击调板右上角的黑色小三角形按钮，系统将会打开“字符”调板的控制菜单。在该控制菜单中选择“显示选项”命令，即可完整地显示调板的参数选项，如图 6-1-52 所示。

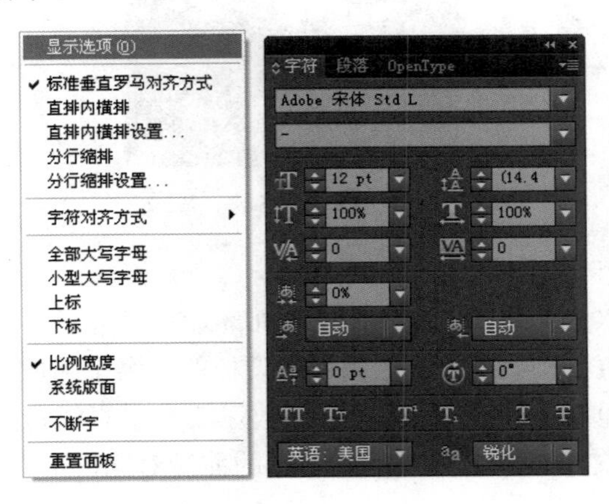

图 6–1–52

（2）字体类型和字体大小

可以通过“字符”调板来设置字体的类型，也可以通过“文字/字体”级联菜单中的命令进行设置。

在“字符”调板中，可以在“设置字体系列”下拉列表中选择需要的字体类型。用户也可以在“设置字体样式”下拉列表中设置字体样式。需要注意的是，这个选项只适用于英文字体。如图 6-1-53 所示。

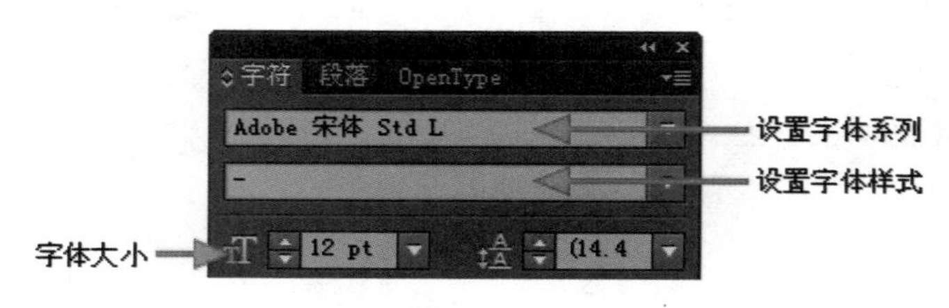

图 6–1–53

（3）行距

行距指的是文本对象中两行文字之间的间隔距离，即在文字高度之上额外增加的距离。用户可以在输入文本对象之前，在“字符”调板的“文字行距”文本框中设置文字行距，也可以在输入文本对象之后选中需要操作的文字，然后通过“字符”调板调整其行距数值。“字符”调板中的“文字行距”选项的数值可以通过下拉列表进行设置；也可以通过其文本框输入数值；还可以在下拉列表中选择“自动”选项，使得创建的文本对象能够根据字体大小自动设置合适的行距数值。下图 6-1-54 所示的是设置文本对象的行距的前后对比。

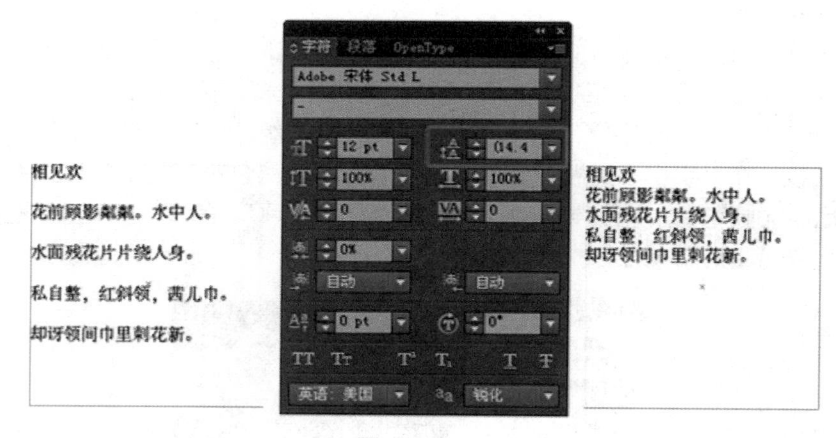

图 6–1–54

（4）字体水平和垂直比例

输入的字体默认的水平和垂直比例数值为 100%。有时为了实现特殊的文本效果，就需要调整字体的水平或垂直比例。可以在“字符”调板的“水平缩放”或“垂直缩放”下拉列表中选择预设的比例数值；也可以在“水平缩放”或“垂直缩放”的文本框中输入数值。图 6-1-55 所示的是设置文本对象的水平缩放比例的前后对比。

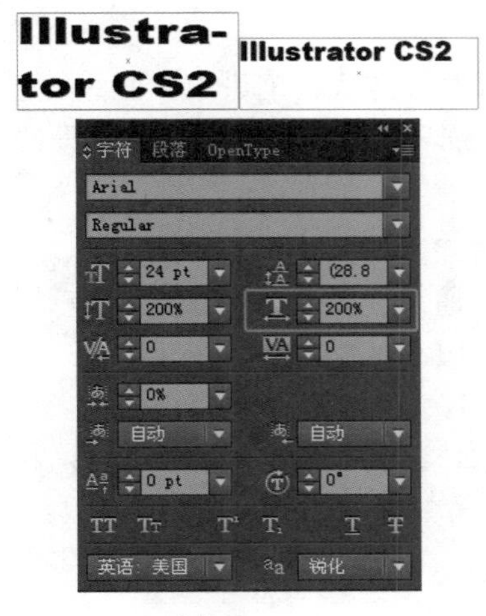

图 6–1–55

（5）字体基线与旋转

想要实现字体的偏移效果，首先使用“文本”工具选中需要操作的文本对象，然后在“字符”调板的“设置基线”文本框中输入数值，最后按［Enter］键确定即可。在“设置基线”文本框中输入负数时，系统将会使选中的文本对象向下偏移；如果输入的数值为正数，系统将会使选中的文本对象向上偏移。如图 6-1-56 所示。

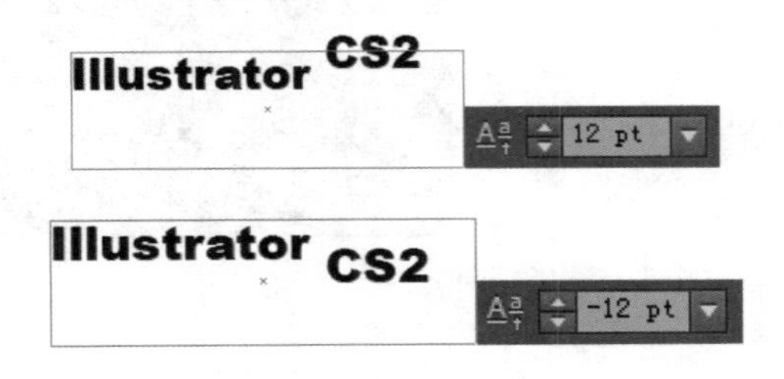

图 6–1–56

（6）下划线和删除线

想要为字体添加下划线和删除线效果，首先使用“文本”工具选中需要操作的文本对象，然后单击“字符”调板中的【下划线】按钮或【删除线】按钮。同时添加了删除线和下划线的文字效果，如图 6-1-57 所示。

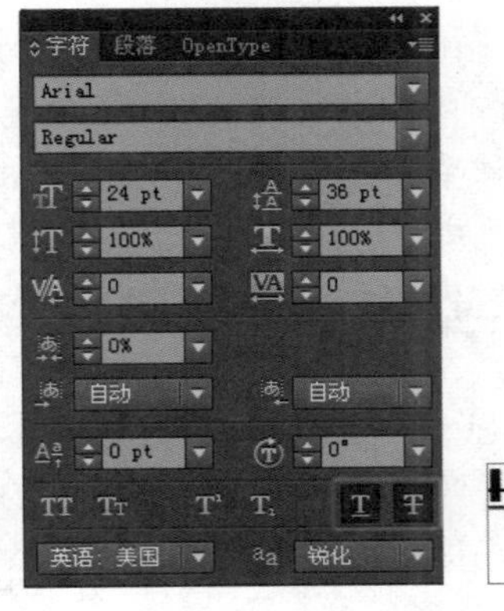

Illustrator CS2

图 6–1–57

3. 文本对象整体调整

还可以对整个文本对象进行对齐方式、缩进、段间距等段落格式的参数属性设置。这样可以使选中的文本对象形成更加统一的段落风格，使整个设计版面中的文本对象更具整体性。

（1）“段落”调板

如果以多行形式显示用户所输入的文本对象，那么该文本对象即可被称为段落文本。对于所创建的段落文本，用户可以通过“段落”调板方便地对其进行相应的参数设置和编辑，例如设置段落文本的对齐方式、段落的缩进方式等。

如果工作界面中没有显示“段落”调板，可以通过选择“窗口/文字/段落”命令在工作界面中显示“段落”调板。显示“段落”调板后，单击该调板右上角的黑色小三角形按钮，打开“段落”调板的控制菜单。在该控制菜单中，选择“显示选项”命令，即可将该调板完整地显示出来。如图 6-1-58 所示。

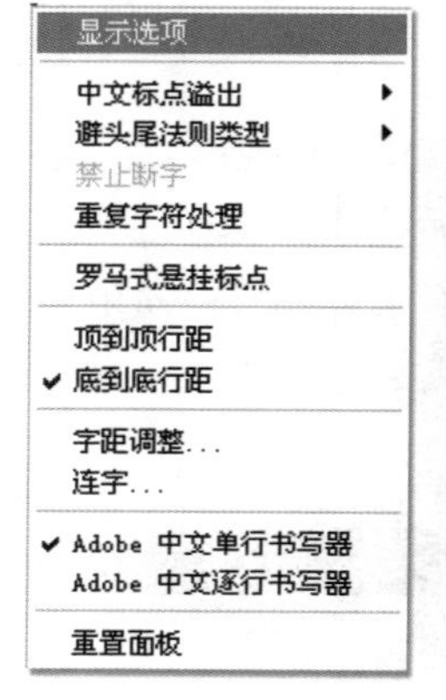

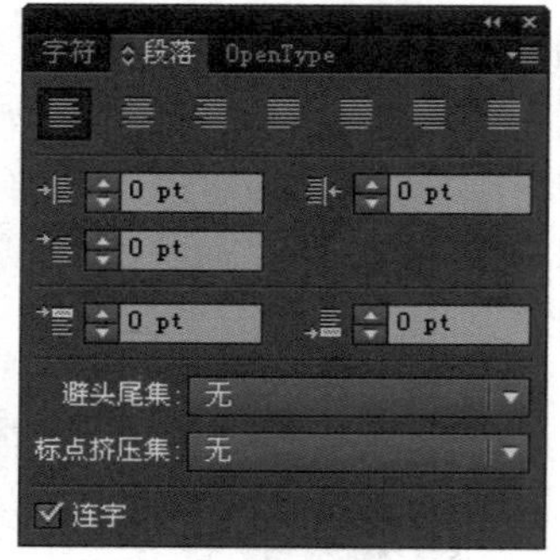

图 6–1–58

（2）段落的缩进方式

段落缩进量指的是段落的每行文本两端与文本框边界之间的间隔距离。在 Illustrator 中，不仅可以分别设置段落文本与文本框左、右边界的缩进量，还可以单独设置段落的第一行文本的缩进量。缩进量的数值范围为-1296～1296pt。

缩进量数值的设置只对选中的或光标所在行的文本对象起作用，可以很方便地在段落中设置文本对象的缩进量。首先使用“文本”工具选中需要操作的段落文本，也可以在需要操作的文本对象行上的任意位置单击鼠标，然后在“段落”调板的“左缩进”文本框或“右缩进”文本框、“第一行左缩进”文本框中设置所需的参数数值。设置完成后，按［Enter］键确定即可。图 6-1-59 是应用了“左缩进”和“右缩进”段落缩进方式的段落文本。

（3）段落间距

不仅可以设置段落的缩进量，还可以设置段落与段落之间的间隔距离。“段落”调板中提供了“段前间距”和“段后间距”的设置。

要设置段落间距，只需使用“文本”工具选中需要操作的段落文本，或者在需要操作的段落文本中的任意位置单击鼠标，然后根据需要设置“段落”调板中的“段前间距”和“段后间距”文本框中的参数数值，设置完成后，按［Enter］键确定即可。图 6-1-60 为分别设置了“段前间距”和“段后间距”的段落文本。

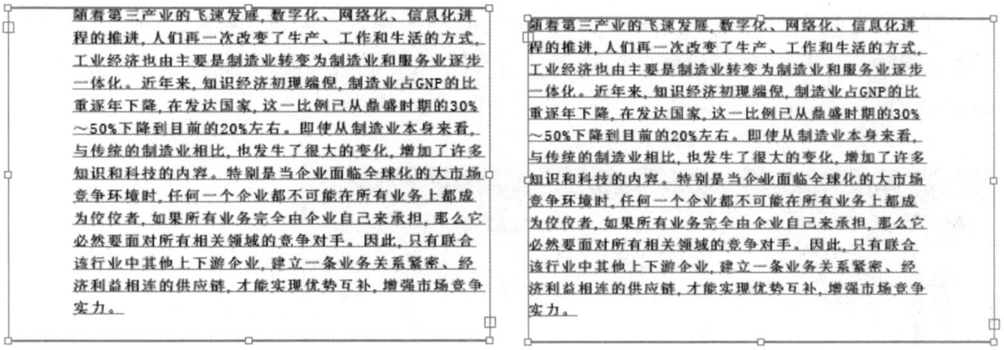

随着第三产业的飞速发展，数字化、网络化、信息化进程的推进，人们再一次改变了生产、工作和生活的方式，工业经济也由主要是制造业转变为制造业和服务业逐步一体化。近年来，知识经济初现端倪，制造业占GNP的比重逐年下降，在发达国家，这一比例已从鼎盛时期的30%～50%下降到目前的20%左右。即使从制造业本身来看，与传统的制造业相比，也发生了很大的变化，增加了许多知识和科技的内容。特别是当企业面临全球化的大市场竞争环境时，任何一个企业都不可能在所有业务上都成为佼佼者，如果所有业务完全由企业自己来承担，那么它必然要面对所有相关领域的竞争对手。因此，只有联合该行业中其他上下游企业，建立一条业务关系紧密、经济利益相连的供应链，才能实现优势互补，增强市场竞争实力。

随着第三产业的飞速发展，数字化、网络化、信息化进程的推进，人们再一次改变了生产、工作和生活的方式，工业经济也由主要是制造业转变为制造业和服务业逐步一体化。近年来，知识经济初现端倪，制造业占GNP的比重逐年下降，在发达国家，这一比例已从鼎盛时期的30%～50%下降到目前的20%左右。即使从制造业本身来看，与传统的制造业相比，也发生了很大的变化，增加了许多知识和科技的内容。特别是当企业面临全球化的大市场竞争环境时，任何一个企业都不可能在所有业务上都成为佼佼者，如果所有业务完全由企业自己来承担，那么它必然要面对所有相关领域的竞争对手。因此，只有联合该行业中其他上下游企业，建立一条业务关系紧密、经济利益相连的供应链，才能实现优势互补，增强市场竞争实力。

图 6-1-59

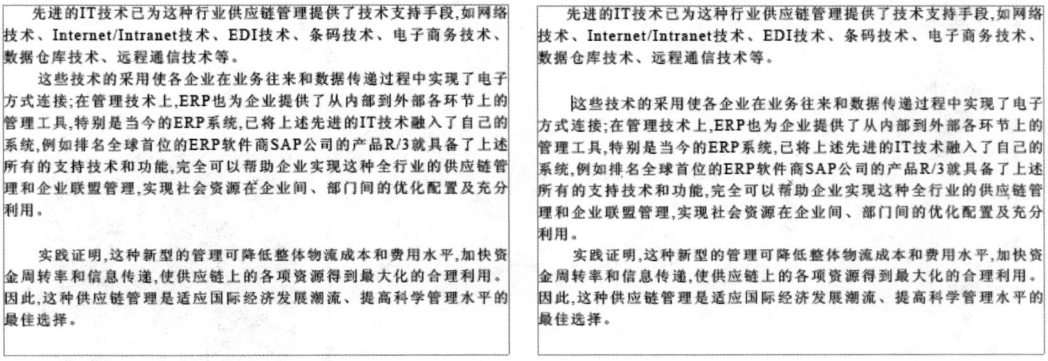

先进的IT技术已为这种行业供应链管理提供了技术支持手段,如网络技术、Internet/Intranet技术、EDI技术、条码技术、电子商务技术、数据仓库技术、远程通信技术等。

这些技术的采用使各企业在业务往来和数据传递过程中实现了电子方式连接;在管理技术上,ERP也为企业提供了从内部到外部各环节上的管理工具,特别是当今的ERP系统,已将上述先进的IT技术融入了自己的系统,例如排名全球首位的ERP软件商SAP公司的产品R/3就具备了上述所有的支持技术和功能,完全可以帮助企业实现这种全行业的供应链管理和企业联盟管理,实现社会资源在企业间、部门间的优化配置及充分利用。

实践证明,这种新型的管理可降低整体物流成本和费用水平,加快资金周转率和信息传递,使供应链上的各项资源得到最大化的合理利用。因此,这种供应链管理是适应国际经济发展潮流、提高科学管理水平的最佳选择。

先进的IT技术已为这种行业供应链管理提供了技术支持手段,如网络技术、Internet/Intranet技术、EDI技术、条码技术、电子商务技术、数据仓库技术、远程通信技术等。

这些技术的采用使各企业在业务往来和数据传递过程中实现了电子方式连接;在管理技术上,ERP也为企业提供了从内部到外部各环节上的管理工具,特别是当今的ERP系统,已将上述先进的IT技术融入了自己的系统,例如排名全球首位的ERP软件商SAP公司的产品R/3就具备了上述所有的支持技术和功能,完全可以帮助企业实现这种全行业的供应链管理和企业联盟管理,实现社会资源在企业间、部门间的优化配置及充分利用。

实践证明,这种新型的管理可降低整体物流成本和费用水平,加快资金周转率和信息传递,使供应链上的各项资源得到最大化的合理利用。因此,这种供应链管理是适应国际经济发展潮流、提高科学管理水平的最佳选择。

图 6-1-60

6.1.9　编辑文本

1. 多种文本对象的基本编辑

多种文本对象的基本编辑命令，通过使用这些命令可以轻松地实现“置入文本对象”“转换文字排列方向”以及“编辑文本对象”等操作。另外，还可以对所创建的文本对象进行文本框和颜色的设置调整操作。

（1）置入文本

想要置入其他软件创建的文本对象，可以先使用“文字”工具在工作区中单击鼠标，以确定所要置入的文字对象的位置，然后选择“文件/置入”命令打开“置入”对话框。在该对话框中，选择需要置入的文本文件，然后单击【置入】按钮。在“置入”对话框中选择了不同格式的文本文件并单击【置入】按钮后，系统将会打开不同的选项设置对话框。这时如果选择的文本文件是 Word 文档格式，系统将会打开“Microsoft Word 选项”对话框。在该对话框中设置所需的相关文件的置入参数，然后单击【确定】按钮即可将选中的文本文件中的文本对象置入到工作区中的指定位置。如图 6-1-61 所示。

（2）文本对象的剪切、复制和粘贴

想要对文字进行剪切操作，可以使用工具箱中的“文字”工具在所需操作的文本对象上按下鼠标左键并拖动光标以选择需要剪切的文字。然后选择“编辑/剪切”命令即可将选中的文本文字剪切到剪贴板中。

想要替换文本对象中某部分的文字，可以先使用“文字”工具选中需要复制的文字，接着选择“编辑/复制”命令将选中的文字复制到剪贴板中，然后使用“文字”工具在文本对象中选择需要替换的文字，最后选择“编辑/粘贴”命令将复制的文字替换当前选中的文字。如图 6-1-62 所示。

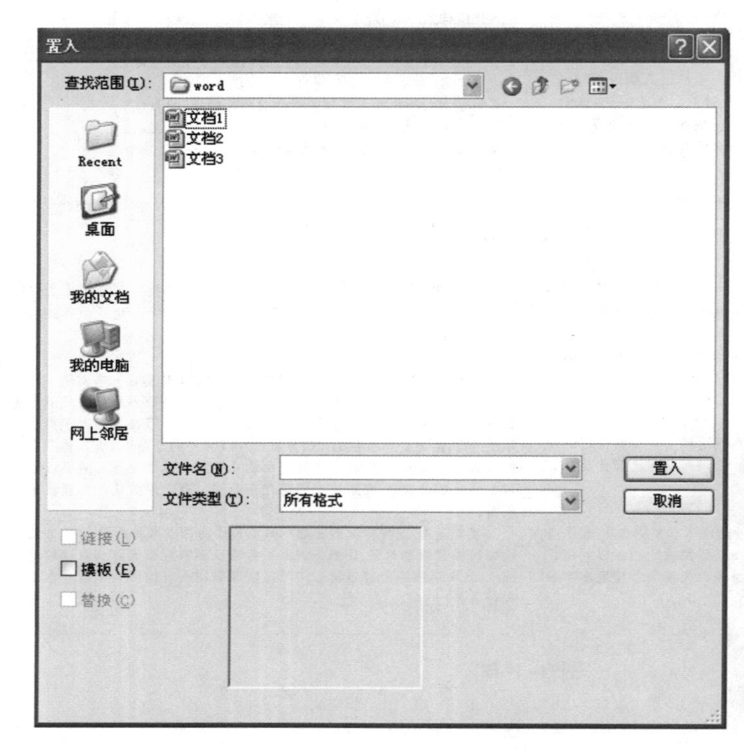

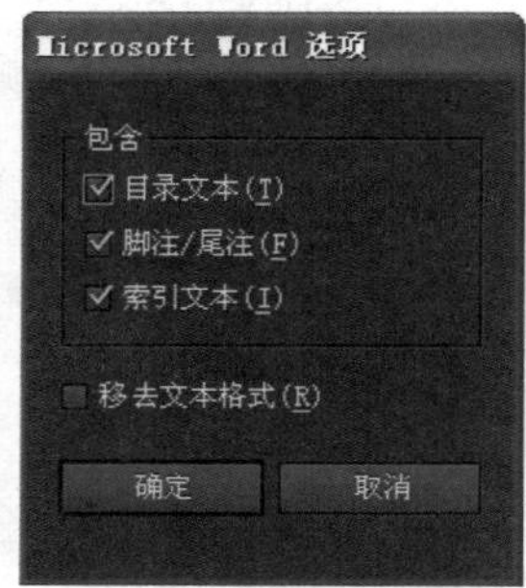

图 6-1-61

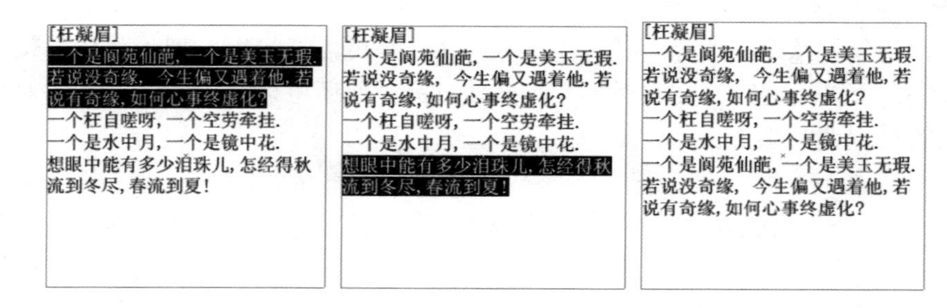

图 6-1-62

（3）转换文字排列方向

文本对象转换文字排列方向的功能并不复杂，只需在工作区中选中需要转换的文本对象，然后选择“文字/文字方向/水平”命令或“文字/文字方向”【垂直】命令，即可将选中的文本对象转换成水平或垂直排列方向。如图 6-1-63 所示。

（4）调整文本框

对文本对象的文本框进行编辑调整操作。想要调整文本框的大小，首先使用“选择”工具选中需要操作的文本对象，被选中的文本对象将会显示其文本框。在显示文本对象的文本框后，可以通过拖动文本框的角控制柄和边控制柄对其进行形状和大小的编辑操作。

如果调整的是区域文本对象，那么系统将会使文本对象随着文本框的缩放而改变排列的位置，如图 6-1-64 所示。

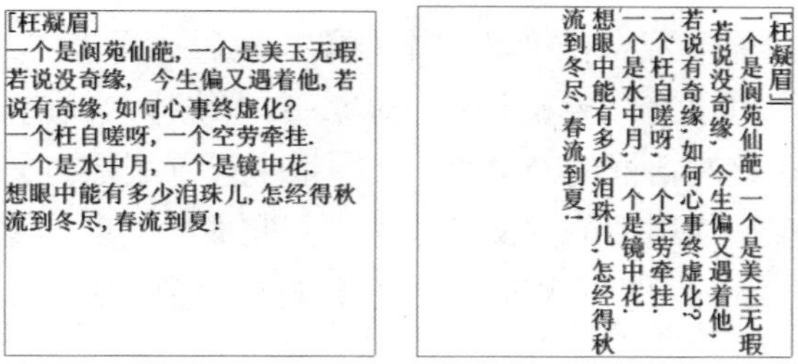

[枉凝眉]
一个是阆苑仙葩，一个是美玉无瑕.
若说没奇缘，今生偏又遇着他，若
说有奇缘，如何心事终虚化?
一个枉自嗟呀，一个空劳牵挂.
一个是水中月，一个是镜中花.
想眼中能有多少泪珠儿，怎经得秋
流到冬尽，春流到夏!

[枉凝眉]一个是阆苑仙葩，一个是美玉无瑕，若说没奇缘，今生偏又遇着他，若说有奇缘，如何心事终虚化？一个枉自嗟呀，一个空劳牵挂，一个是水中月，一个是镜中花，想眼中能有多少泪珠儿，怎经得秋流到冬尽，春流到夏！

图 6-1-63

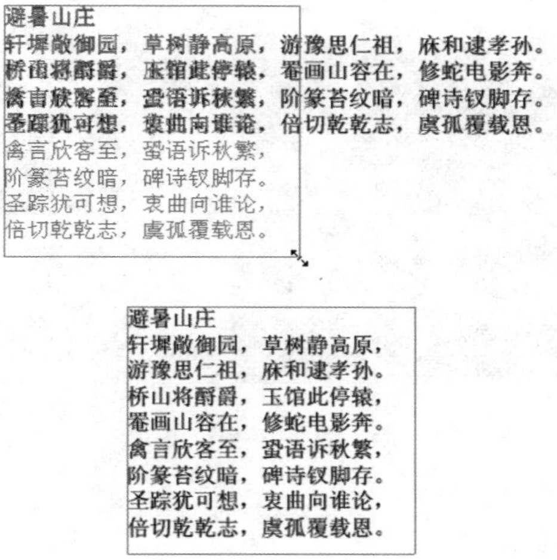

避暑山庄
轩墀敞御园，草树静高原，
游豫思仁祖，庥和逮孝孙。
桥山将爵爵，玉馆此停辕，
罨画山容在，修蛇电影奔。
禽言欣客至，蛩语诉秋繁，
阶篆苔纹暗，碑诗钗脚存。
圣踪犹可想，衷曲向谁论，
倍切乾乾志，虞孤覆载恩。

图 6-1-64

（5）设置文字颜色

文本对象和图形对象一样，也可以对它设置不同颜色的描边和填充。想要对文本对象填充颜色，首先使用工具箱中的“选择”工具或“文本”工具选中所需操作的文字，然后单击工具箱中的“填充”色块切换至填充模式，接着在打开的“颜色”调板中选择所需的填充颜色，设置完成后，按［Enter］键将选择的颜色应用到选中的文本对象上。也可以在选中需要操作的文本对象之后，在工具箱的填充色块上双击鼠标左键，在打开的“拾色器”对话框中进行颜色设置。设置了不同颜色填充之后的文字如图 6-1-65 所示。

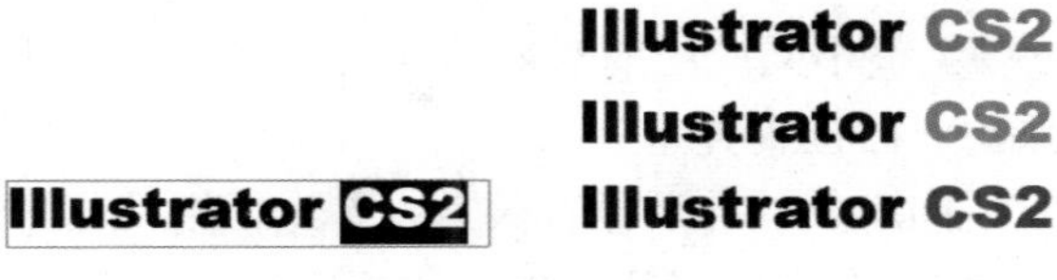

Illustrator CS2
Illustrator CS2
Illustrator CS2　Illustrator CS2

图 6-1-65

2. 文本对象编辑

图文混排、文本对象的分栏与链接以及文本对象的转换等高级编辑操作。通过这些高级编辑操作，可以使文本对象的应用范围变得更加广泛，从而满足设计者对于文本对象编辑的需求。

首先在工作区中创建需要混合排列的文本对象，然后选择“文件/置入”命令置入图像对象，并将其移动到文本对象上。接着选择“对象/文本绕排/文本绕排选项”命令打开“文本绕排选项”对话框。在该对话框的“位移”文本框中设置图像与文字之间的间隔距离，选中“预览”复选框可以观察应用后的图文效果。设置完成后，单击【确定】按钮。最后选择“对象/文本绕排/建立”命令，即可实现图文混合排列。图像对象与文本对象的规则图文混排效果如图 6-1-66 所示。

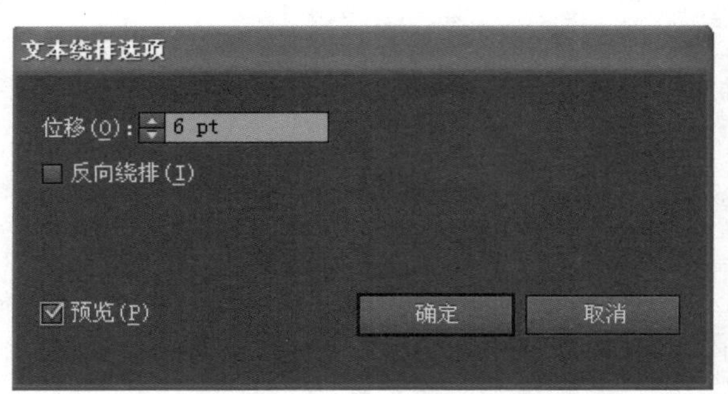

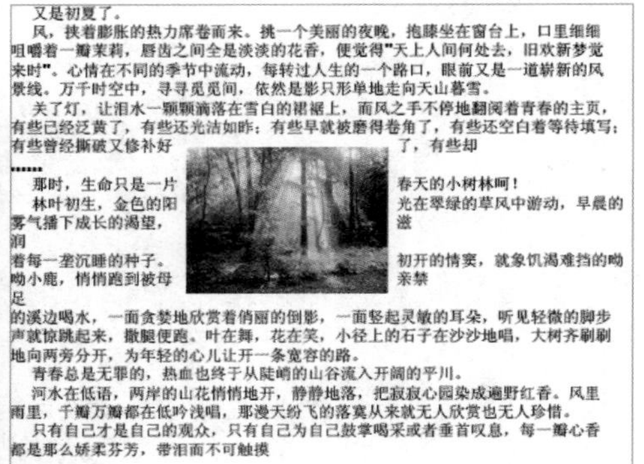

又是初夏了。
风，挟着膨胀的热力席卷而来。挑一个美丽的夜晚，抱膝坐在窗台上，口里细细咀嚼着一瓣茉莉，唇齿之间全是淡淡的花香，便觉得"天上人间何处去，旧欢新梦觉来时"。心情在不同的季节中流动，每转过人生的一个路口，眼前又是一道崭新的风景线。万千时空中，寻寻觅觅间，依然是影只形单地走向天山暮雪。
关了灯，让泪水一颗颗滴落在雪白的裙裾上，而风之手不停地翻阅着青春的主页，有些已经泛黄了，有些还光洁如昨；有些早就被磨得卷角了，有些还空白着等待填写；有些曾经撕破又修补好　　了，有些却
……
那时，生命只是一片　　春天的小树林呵！
林叶初生，金色的阳　　光在翠绿的草风中游动，早晨的雾气播下成长的渴望，　　滋润
着每一垄沉睡的种子。　　初开的情窦，就象饥渴难挡的呦呦小鹿，悄悄跑到被母　　亲禁足
的溪边喝水，一面贪婪地欣赏着俏丽的倒影，一面竖起灵敏的耳朵，听见轻微的脚步声就惊跳起来，撒腿便跑。叶在舞，花在笑，小径上的石子在沙沙地唱，大树齐刷刷地向两旁分开，为年轻的心儿让开一条宽容的路。
青春总是无罪的，热血也终于从陡峭的山谷流入开阔的平川。
河水在低语，两岸的山花悄悄地开，静静地落，把寂寂心园染成遍野红香。风里雨里，千瓣万瓣都在低吟浅唱，那漫天纷飞的落寞从来就无人欣赏也无人珍惜。
只有自己才是自己的观众，只有自己为自己鼓掌喝采或者垂首叹息，每一瓣心香都是那么娇柔芬芳，带泪而不可触摸

图 6-1-66

6.1.10 对象的基本编辑

1. 对象的编辑

平面设计中常会对版面中的对象进行选择、移动、编组等相关的基本编辑操作，使其更加符合设计的需求。用户掌握了这些基本操作方法，可以更加方便地对对象进行编辑、绘制等操作。

（1）移动对象

想要在工作区中精确地移动选中的对象，首先选择需要操作的对象，然后选择“对象/变换/移动”命令，打开“移动”对话框。在该对话框中设置相应的参数数值，设置完成后，单击【确定】按钮即可在工作区中精确地移动被选中的对象。如图 6-1-67 所示。

（2）调整对象的前后关系

通过“图层”调板可以调整不同图层的对象的前后位置关系之外，还可以通过菜单命令调整同一图层中不同对象的前后位置关系。

想要调整同一图层中不同对象的前后位置关系，首先使用“选择”工具选择需要操作的对象，然后选择“对象/排列”命令的级联菜单中的相应命令，调整选中对象的排列顺序。如图 6-1-68 所示。

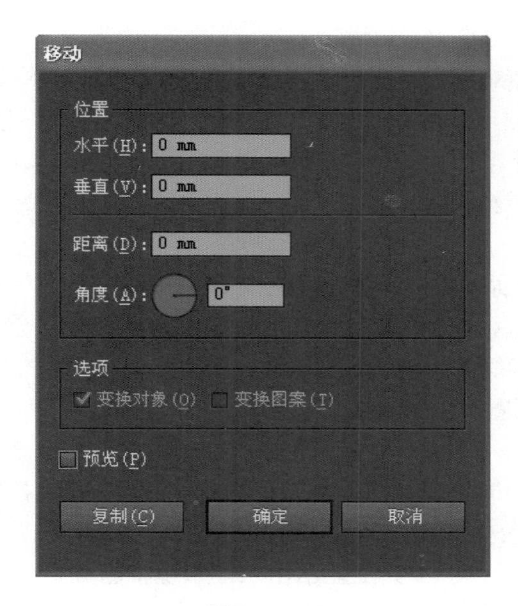

图 6–1–67

图 6–1–68

（3）编组对象

想要编组多个对象，可以选择工具箱中的“选择”工具，接着按住［Shift］键并选中工作区中需要操作的多个对象，然后选择“对象/编组”命令，即可将选中的多个对象进行编组。也可以在使用“选择”工具选中多个对象之后，按［Ctrl+G］组合键编组多个对象。如图 6-1-69 所示。

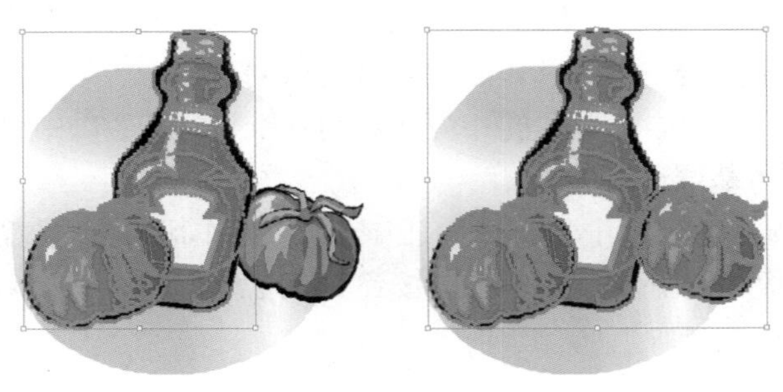

图 6–1–69

2. 对象操作

锁定对象操作可以使对象在工作区中不会被选中和进行编辑、调整操作，尤其是在进行比较复杂的操作时经常使用到此项功能，这样将可以避免在操作过程中对对象误操作的出现。另外，为了方便查看、编辑和调整工作区中所需操作的对象，用户可以通过隐藏对象的方法在工作区中只显示要操作的对象。

3. 对齐与分布对象

对齐与分布对象，从而能够更为有序地在工作区中排列被选中的对象。虽然使用工具箱中的工具可以实现对象的对齐与分布效果，但是在操作过程中将会导致操作步骤的增多、分布与对齐的效果不够精确等问题的出现。因此，如果想要方便、准确地对齐或分布选中的对象，可以使用 Illustrator 提供的“对齐”调板进行操作。

（1）“对齐”调板

在“对齐”调板中，Illustrator 的各种分布与对齐方式都是以按钮的形式显示出来。用户可以选择“窗口/对齐”命令打开“对齐”调板。在该调板中，设置对齐与分布选择的对象。

默认情况下，“对齐”调板不完全显示出来，系统将隐藏“分布间距”选项区域。可以单击该调板右上角的黑色小三角按钮，在打开的调板控制菜单中选择“显示选项”命令以便完全显示“对齐”调板，如图 6-1-70 所示。

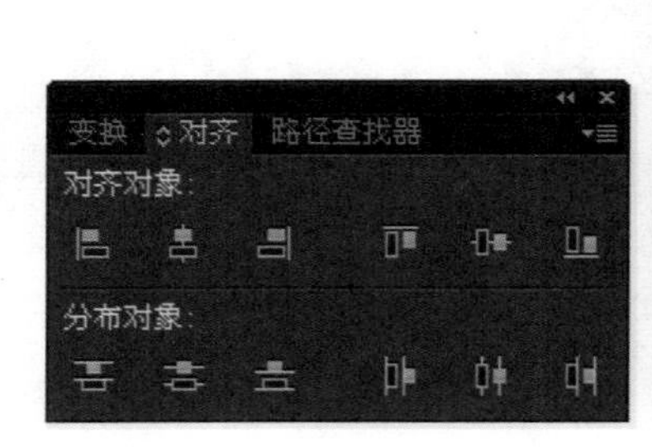

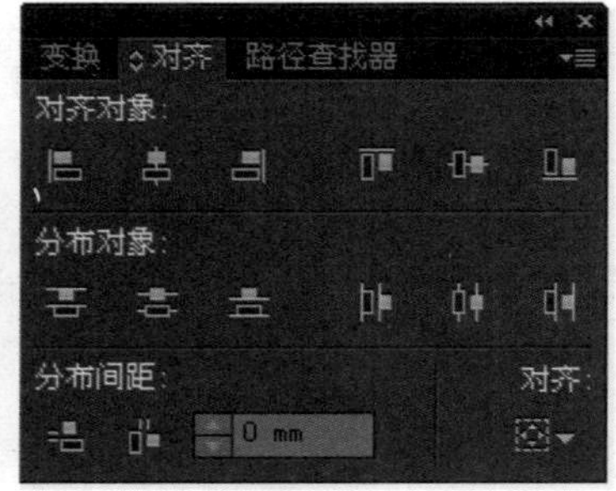

图 6-1-70

（2）对齐对象

在对齐工作区中选中多个对象时，系统将以水平或垂直轴作为对齐方式的基准。在水平轴方向上，可以以水平左对齐、水平居中对齐和水平右对齐方式对齐对象；在垂直轴方向上，可以以垂直顶对齐、垂直居中对齐和垂直底对齐方式对齐对象。以上、下、左、右方式对齐对象的操作，都是以选中的多个对象的相应边界为基准进行的；以中心方式对齐对象的操作则是以对象的中心点为基准进行的。

想要对齐对象，只需使用“选择”工具选中工作区中需要操作的多个对象，然后单击“对齐”调板中相应的对齐方式按钮即可。对齐操作前后的对象排列比较如图 6-1-71 所示。

图 6–1–71

（3）分布对象

通过选择“对齐”调板中的分布方式按钮，能够在指定的区域范围内自动分布选中的多个对象，这样将可以大大节省通过工具调整分布多个对象所需的操作时间。

通过单击“对齐”调板中的分布对象按钮，可以按选择的多个对象的中心点或特定的边界以相等的间距分布对象。想要分布对象，只需使用“选择”工具选中工作区中所需操作的多个对象，然后单击“对齐”调板中相应的分布方式按钮，即可按照指定的分布需求分布对象。对象进行分布操作前后的比较。如图 6-1-72 所示。

图 6–1–72

6.1.11 对象的高级编辑

1. “自由变换”工具

通过使用工具箱中的“自由变换”工具也可以对选中的对象进行旋转、缩放、镜像等变换操作。

想要使用“自由变换”工具旋转选中的对象，首先使用工具箱中的“选择”工具选中需要操作的对象，然后在工具箱中选择“自由变换”工具。将光标移动至控制框的角控制柄的附近区域，当光标变成旋转标识时，按下鼠标左键并按顺时针或逆时针方向拖动，当拖动至合适的角度时释放鼠标左键，即可旋转选中的对象。如图 6-1-73 所示。

图 6-1-73

想要使用“自由变换”工具缩放选中的对象，首先使用工具箱中的“选择”工具选中需要操作的对象，然后在工具箱中选择“自由变换”工具。将光标移动至控制框的角控制柄或边控制柄上，当光标变成角调整标识或边调整标识时，按下鼠标左键并向光标标识延伸的方向拖动，当拖动至合适的位置时释放鼠标左键，即可缩放选中的对象。如图 6-1-74 所示。

图 6-1-74

想要使用“自由变换”工具镜像选中的对象，首先使用工具箱中的“选择”工具选中需要操作的对象，然后在工具箱中选择“自由变换”工具。将光标移动至控制框的角控制柄或边控制柄上，当光标变成角调整标识或边调整标识时，按下鼠标左键并向光标标识延伸的反方向拖动，当拖动至合适的大小时释放鼠标左键，即可镜像选中的对象。如图 6-1-75 所示。

图 6–1–75

2. “路径查找器”调板应用

“路径查找器”调板包含了多个功能强大的图形路径编辑工具。通过使用它们，可以对多个图形路径进行特定的运算，从而形成各种复杂的图形路径。

（1）“路径查找器”调板

如果工作界面中没有显示“路径查找器”调板，可以通过选择“窗口/路径查找器”命令，打开“路径查找器”调板。该调板包含了“形状模式”和“路径查找器”两个选项区域。选择所需操作的对象后，单击该调板上的功能按钮，即可实现所需的图形路径效果。另外，也可以通过单击该调板上的黑色小三角按钮，在打开的调板控制菜单中选择相应的命令，即可实现图形路径的编辑效果。如图 6-1-76 所示。

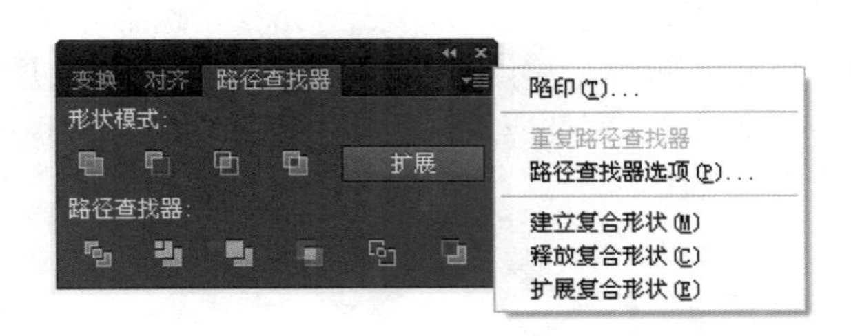

图 6–1–76

（2）“形状模式”选项区域

使用“选择”工具在工作区中选择两个或两个以上的图形对象后，单击“路径查找器”调板中的【联集】按钮，即可合并所选中的多个图形对象。并且，以选中的对象中位于工作区最上层对象的填充和描边属性为基准，改变合并后图形对象的填充和描边属性。应用“联集”运算方式的前后对比如图 6-1-77 所示。

图 6–1–77

使用“选择”工具在工作区中选中两个或两个以上相互重叠的图形对象之后，单击“路径查找器”调板中的【减去顶层】按钮，即可删除对象之间的重叠区域和位于最上层的被选中的对象。对对象应用了“减去顶层”运算方式的前后对比如图 6-1-78 所示。

 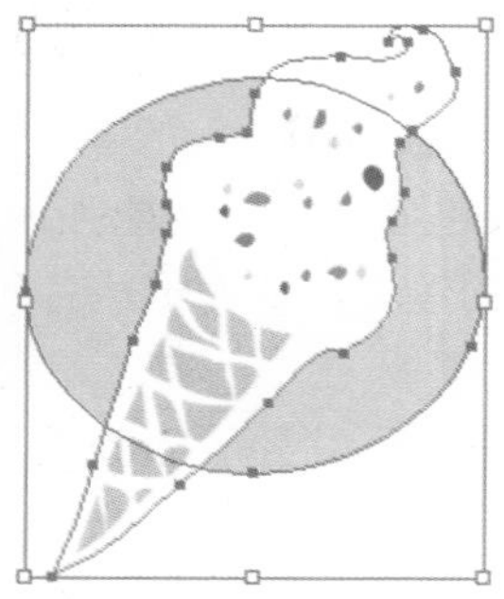

图 6–1–78

（3）“路径查找器”选项区域

“交集”运算方式与“减去项层”运算方式正好相反。使用“选择”工具在工作区中选中两个或两个以上相互重叠的图形对象之后，单击“路径查找器”调板中的“交集”按钮，系统将删除对象之间没有重叠的区域，而保留对象之间的重叠区域，并将选中的对象中位于工作区最上层的对象的填充和描边属性应用至运算后的图形对象中。图 6-1-79 是对对象应用了“交集”运算方式的前后对比。

 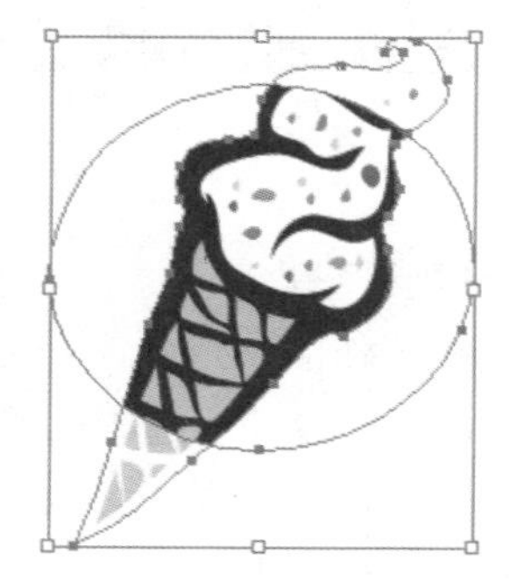

图 6–1–79

“差集”运算方式与“减去顶层”运算方式比较相似。使用选择工具在工作区中选中两个或两个以上相互重叠的图形对象，然后单击“路径查找器”调板中的差集按钮，这时系统将删除对象之间的重叠区域，而保留位于最上层的被选中的对象。另外，运算后系统会将选中的对象中位于工作区最上层对象的填充和描边属性应用至运算后的图形对象中。图 6-1-80 是对对象应用“差集”运算方式的前后对比。

图 6–1–80

6.1.12　“图层”和“动作”调板

1. 图层调板

图层就像是一组含有不同图形、图像的透明纸，相互按照一定的顺序叠放在一起，最终组合成一幅图形、图像画面。基于这样的原理，可以分别在不同的图层中绘制图形和处理图像，而不会对图形文件中其他图层的图形、图像造成影响，方便了用户对图形、图像元素的管理与编辑。

（1）认识“图层”调板

图层的操作与管理是通过“图层”调板来实现的，因此，想要操作和管理图层，首先必须要熟悉“图层”调板。

用户可以选择“窗口/图层”命令，打开“图层”调板。在该调板中单击图层左侧的三角形图标，系统将展开该图层的子图层。图层中所包含的图形、图像对象均是一个独立的子图层。想要折叠图层中的子图层，再次单击图层左侧的三角形图标即可。如图 6-1-81 所示。

图 6–1–81

（2）图层的基本操作

不仅通过“图层”调板中的相关组件和按钮进行与图层相关的操作，还可以通过“图层”调板的控制菜单中的相关命令进行操作。可以通过单击“图层”调板右上方的黑色小三角按钮打开调板的控制菜单，如图 6-1-82 所示。

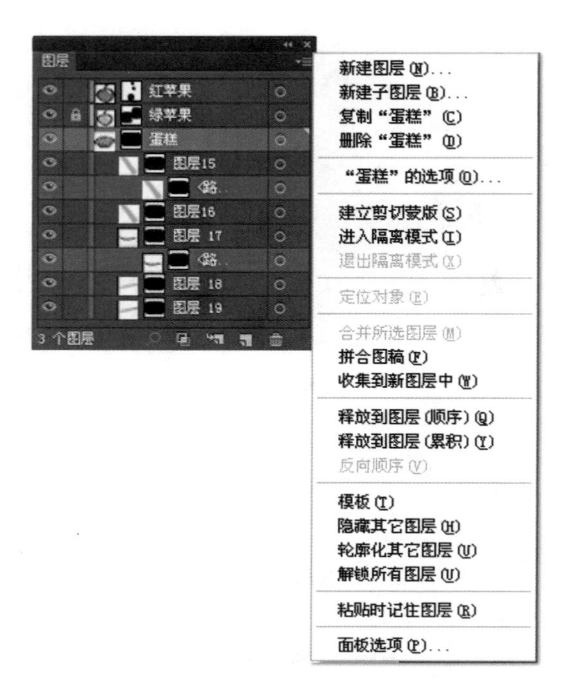

图 6-1-82

2. 动作调板

在“动作”调板中，可以录制一系列命令的集合。在应用动作命令时，Illustrator 会自动并快速地运行该动作所录制的所有命令，大幅度地提高了工作效率和降低了工作强度。如果用户想要对一批矢量图形执行添加箭头、圆角化、添加阴影等操作，只需将上述操作所使用的命令、工具录制成动作，然后选中需要进行操作的矢量图形，运行该动作，即可使选中的图形具有所需的全部效果。

（1）“动作”调板的基本操作

通过选择“窗口/动作”命令在工作界面中打开“动作”调板。这样就可以通过该调板进行录制、播放、创建和删除动作等操作。另外，单击“动作”调板右上角的黑色小三角按钮，系统将打开该调板的控制菜单。在该调板的控制菜单中，可以选择相关的命令进行更多的“动作”调板的设置操作。如图 6-1-83 所示。

（2）创建动作

在“动作”调板中，可以根据需要自由地创建所需的动作选项。单击“动作”调板下方的【创建新动作】按钮，或单击“动作”调板右上角的黑色小三角按钮，在打开的调板控制菜单中选择“新建动作”命令，系统将打开“新建动作”对话框，如图 6-1-84 所示。

图 6-1-83

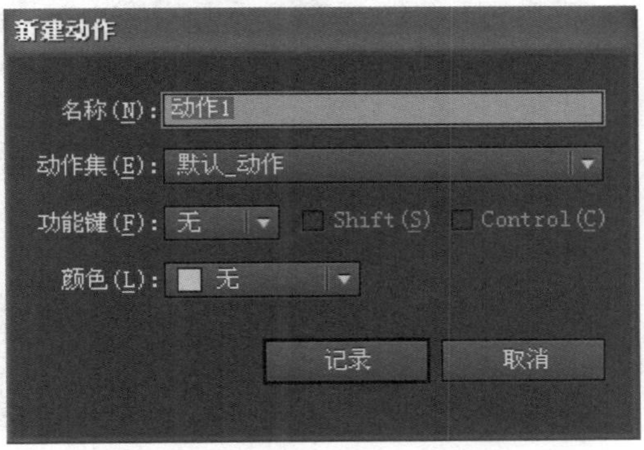

图 6-1-84

6.1.13 "效果"调板

在 Illustrator 中包含多种效果，单击菜单栏中的【效果】按钮，在弹出的菜单中可以看到多种效果菜单命令。可以对某个对象、组或图层应用这些效果，以更改其特征。

Illustrator CS6 中的效果主要包括两大类：Illustrator 效果和 Photoshop 效果。Illustrator 效果主要用于矢量对象，但是 3D 效果、SVG 效果、变形效果、变换效果、投影、羽化、内发光以及外发光效果也可以用于位图对象。而 Photoshop 效果既可以应用于矢量对象，也可以应用于位图对象的编辑处理。

1. Illustrator 效果

（1）3D 效果组

3D 效果组可以将路径或是位图对象从二维图稿转换为可以旋转、受光、产生投影的三维对象。并且可以通过高光、阴影、旋转及其他属性来控制 3D 对象的外观。图 6-1-85 为应用该命令前后的图像效果。

图 6-1-85

（2）“变形”效果

使用“变形”效果可以使对象的外观形状发生变化。“变形”效果是实时的，不会永久改变对象的基本几何形状，可以随时修改或删除效果。

首先将一个或多个对象同时选中，执行“效果/变形”命令，在菜单中选择相应的选项，弹出“变形选项”对话框，对其进行相应的设置，然后单击【确定】按钮，如图 6-1-86 所示。

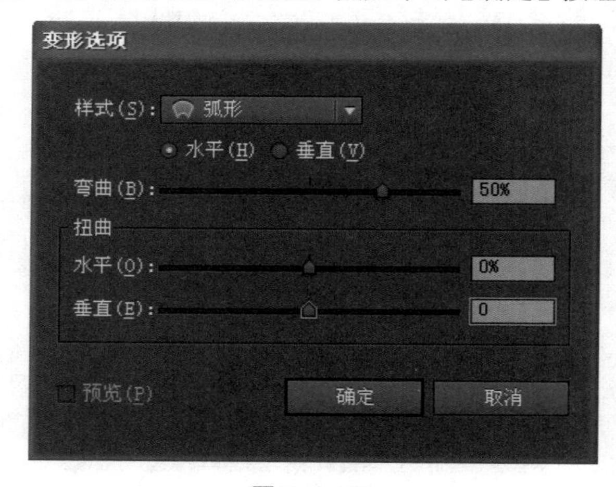

图 6-1-86

（3）“扭曲和变换”效果

“扭曲和变换”效果组可以对路径、文本、网格、混合以及位图图像使用一种预定义的变形进行扭曲或变换。“扭曲和变换”效果是实时的，它不会永久改变对象的基本几何形状，可以随时修改或删除效果。效果组中分别为变换、扭拧、扭转、收缩和膨胀、波纹效果、粗糙化、自由扭曲。

①“变换”效果

使用“变换”效果，可以通过调整对象大小、移动旋转、镜像和复制的方法来改变对象形状。选中要添加效果的对象，执行“效果/扭曲和变换/变换”命令，在弹出的“变换效果”对话框中进行相应的设置，单击【确定】按钮，如图 6-1-87 所示。

②“扭拧”效果

使用“扭拧”效果，可以随机地向内或向外弯曲和扭曲路径段。使用工具箱中的“选择”工具，在工作区中选中所需操作的图形对象，然后选择“效果/扭曲和变换/扭拧”命令，打开“扭拧”对话框，如图 6-1-88 所示。

图 6-1-87

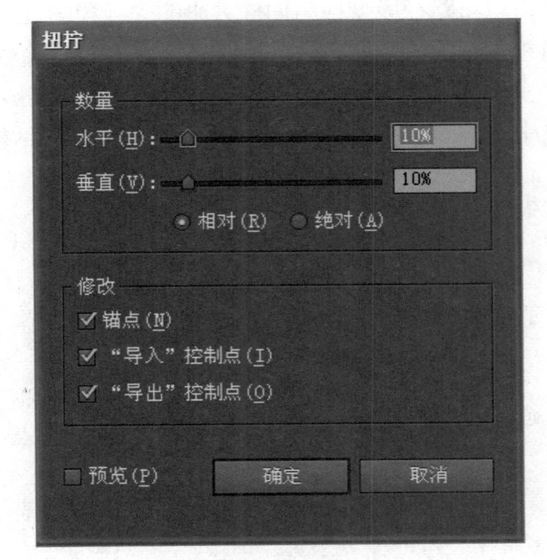

图 6-1-88

③“扭转”效果

使用“扭转”效果，可以使选中的图形对象产生漩涡的特殊效果。使用工具箱中的“选择”工具，在工作区中选择要操作的图形对象，然后选择“效果/扭曲和变换/扭转”命令，打开“扭转”对话框，如图 6-1-89 所示。

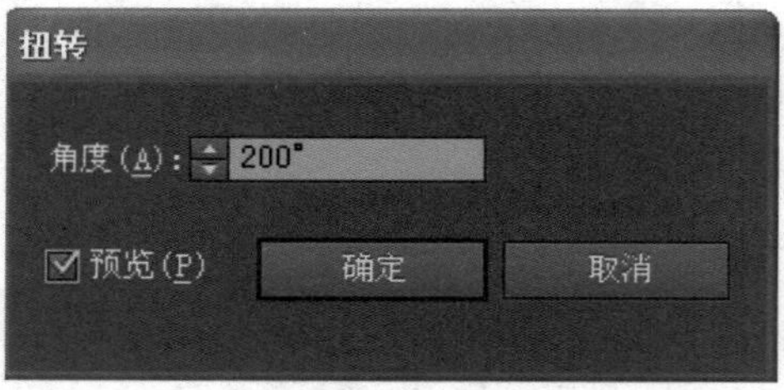

图 6-1-89

④“收缩和膨胀”效果

使用“收缩和膨胀”效果，可以使选择的图形对象从其路径节点处开始向内或向外产生扭曲变形效果。使用工具箱中的“选择”工具，在工作区中选择要操作的图形对象，然后选择“效果/扭曲和变换/收缩和膨胀”命令，打开“收缩和膨胀”对话框，如图 6-1-90 所示。

图 6-1-90

⑤“波纹”效果

使用“波纹”效果，可以将路径段变换为同样大小的尖峰和凹谷形成锯齿和波形数组。使用绝对大小或相对大小可以设置尖峰与凹谷之间的长度。设置每个路径段的脊状数量，并在波形边缘或锯齿边缘之间做出选择。使用工具箱中的“选择”工具，在工作区中选择要操作的图形对象，然后选择“效果/扭曲和变换/波纹”命令，打开“波纹”对话框，如图 6-1-91 所示。

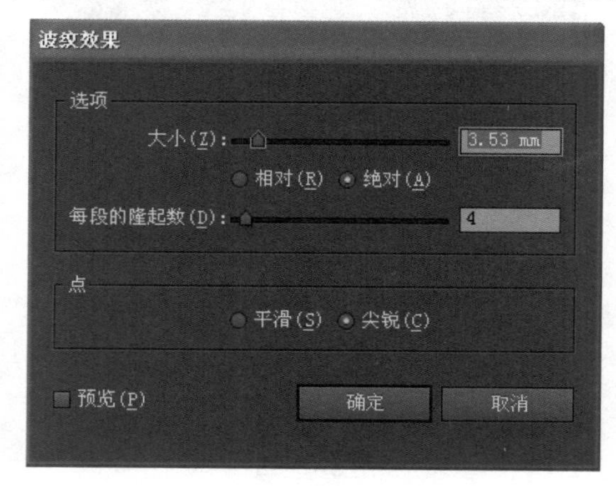

图 6-1-91

⑥“粗糙化”效果

使用“粗糙化”效果，可以将矢量对象的路径段变形为各种大小的尖峰和凹谷的锯齿数组。使用绝对大小或相对大小可以设置路径段的最大长度。设置每英寸锯齿边缘的密度，并在圆滑边缘和尖锐边缘之间做出选择。使用工具箱中的“选择”工具，在工作区中选择要操作的图形对象，然后选择“效果/扭曲和变换/粗糙化”命令，打开“粗糙化”对话框，如图 6-1-92 所示。

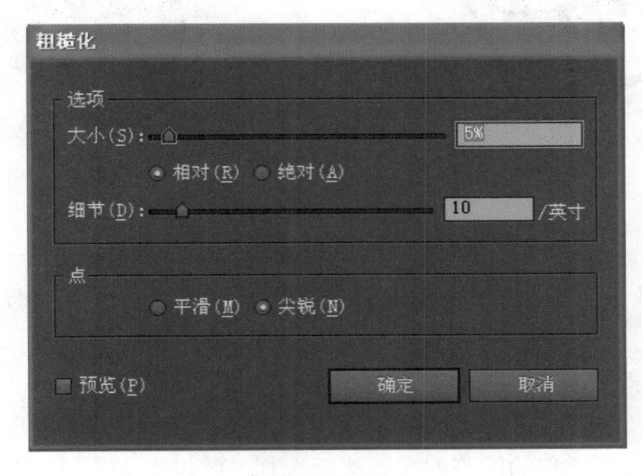

图 6-1-92

⑦“自由扭曲”效果

使用“自由扭曲”效果，可以自由地对选中的图形对象进行边框形状调整，如调整为符合透视原理的边形等。使用工具箱中的“选择”工具，在工作区中选择要操作的图形对象，然后选择“效果/扭拧和变换/自由扭曲”命令，打开“自由扭曲”对话框，如图 6-1-93 所示。

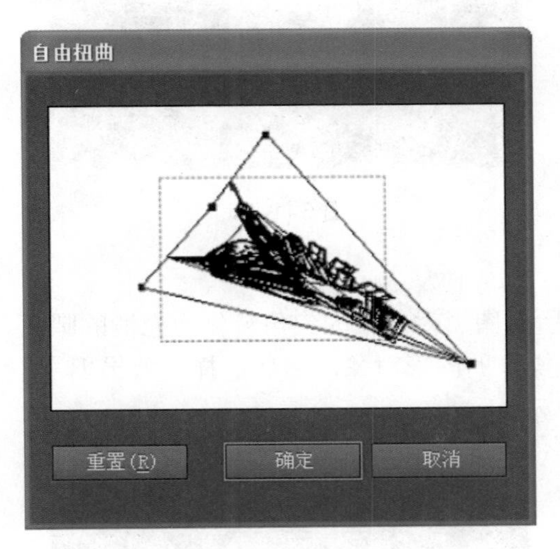

图 6-1-93

（4）“裁剪标记”效果

使用该效果创建的裁切标记，与在“打印”对话框中设置的页面裁切标记相同。但是在“打印”对话框中添加的裁切标记是针对整个页面设置的，而使用“裁剪标记”滤镜创建的裁剪标记只针对所选择的对象。图 6-1-94 是应用该命令的效果。

图 6–1–94

（5）“风格化” 效果

使用“风格化”效果命令，可以为图形对象添加非常逼真的特效。风格化效果组中有“内发光”“圆角”“外发光”“投影”“涂抹” 和 “羽化” 六种效果。

①“内发光” 效果

使用该效果，可以按照图形的边缘形状添加内部的内发光效果。使用工具箱中的“选择”工具，在工作区中选择要操作的图形对象，然后选择“效果/风格化/内发光” 命令，打开“内发光” 对话框，如图 6-1-95 所示

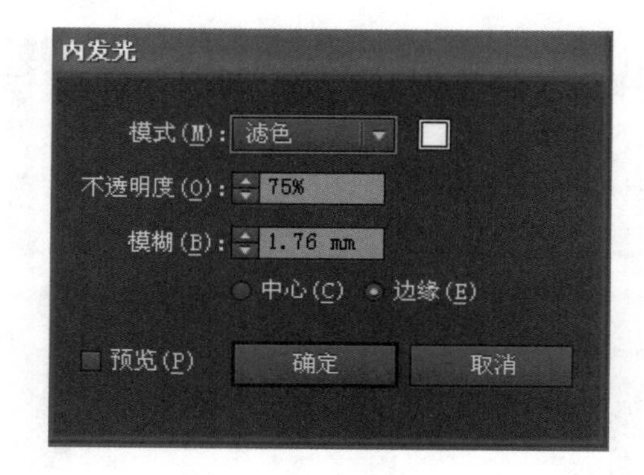

图 6–1–95

②“圆角” 效果

使用该效果，可以将所选图形对象中的尖角转化为光滑的圆角。使用工具箱中的“选择”工具，在工作区中选择要操作的图形对象，然后选择 “效果/风格化/圆角” 命令，打开 “圆角” 对话框，如图 6-1-96 示。

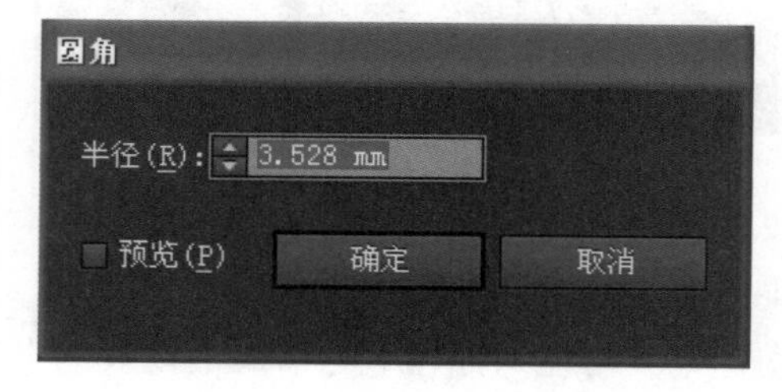

图 6–1–96

③“外发光”效果

使用该效果，可以按照图形的边缘形状添加外部的外发光效果。使用工具箱中的“选择”工具，在工作区中选择要操作的图形对象，然后选择“效果/风格化/外发光”命令，打开“外发光”对话框，如图 6-1-97 示。

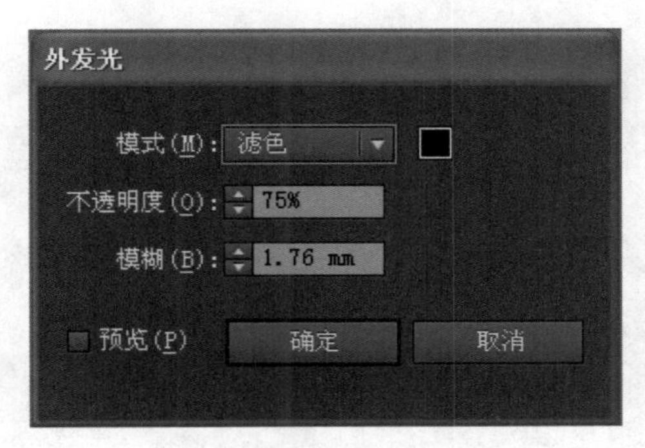

图 6–1–97

④“投影”效果

使用该效果可以为选中的图形对象创建阴影效果。使用工具箱中的“选择”工具，在工作区中选择要操作的图形对象，然后选择“效果/风格化/投影”命令，打开“投影”对话框，如图 6-1-98。

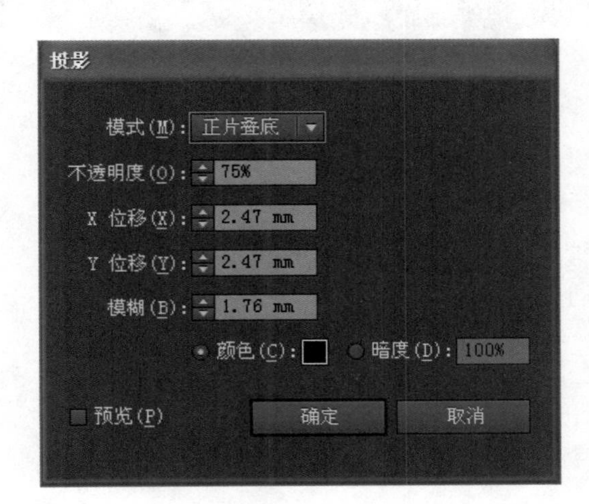

图 6–1–98

⑤“涂抹”效果

使用该效果可以按照图形的边缘形状添加手指涂抹的效果。使用工具箱中的“选择”工具，在工作区中选择要操作的图形对象，然后选择“效果/风格化/涂抹”命令，打开“涂抹”对话框，如图 6-1-99 示。

⑥“羽化”效果

使用该效果可以按照图形的边缘形状，添加边缘虚化效果。使用工具箱中的“选择”工具，在工作区中选择要操作的图形对象，然后选择“效果/风格化/羽化”命令，打开“羽化”对话框，如图 6-1-100 所示。

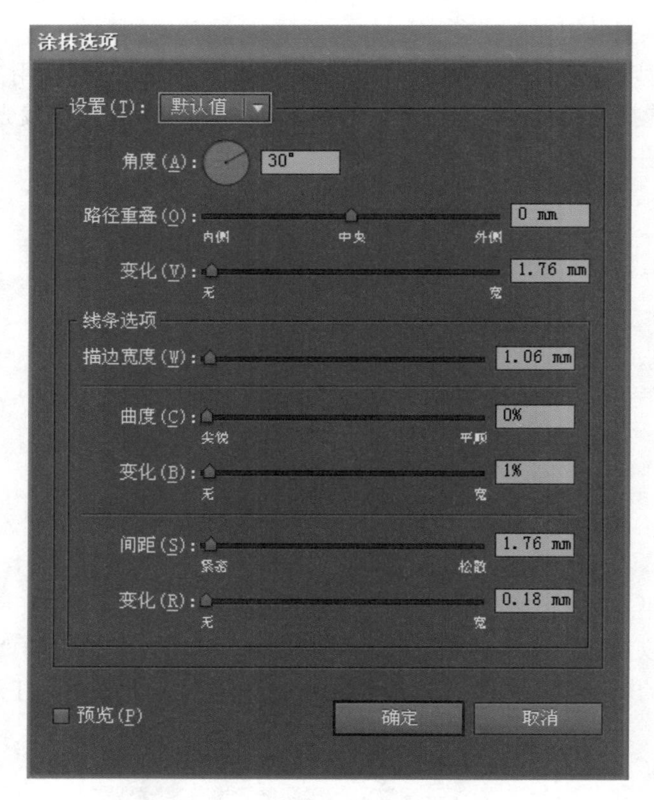

图 6-1-99

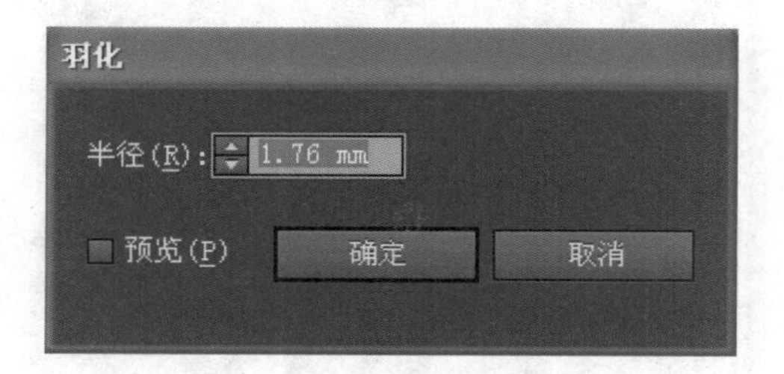

图 6-1-100

2. Photoshop 效果

Illustrator CS6 中的效果除了包含“Illustrator 效果”外，还包含“Photoshop 效果”。“Photoshop 效果”与 Adobe Photoshop 中的效果非常相似，而且“效果画廊”与 Photoshop 中的“滤镜库”也大致相同，在此不做过多介绍。

6.1.14 创建与编辑图表

1. 图表编辑工具

工具箱中包括“柱形图”工具、“堆积柱形图”工具、“条形图”工具、“堆积条形图”工具、“折线图”工具、“面积图”工具、“散点图”工具、“饼图”工具和“雷达图”工具共九种图表工具。

（1）柱形图

柱形图是“图表类型”对话框中的默认图表类型。这种类型的图表是通过柱形长度与数据数值成比例的垂直矩形，表示一组或多组数据之间的相互关系。柱形图可以将数据表中的每一行数据放在一起。该类型的图表将事物随时间的变化趋势很直观地表现出来，如图 6-1-101 所示。

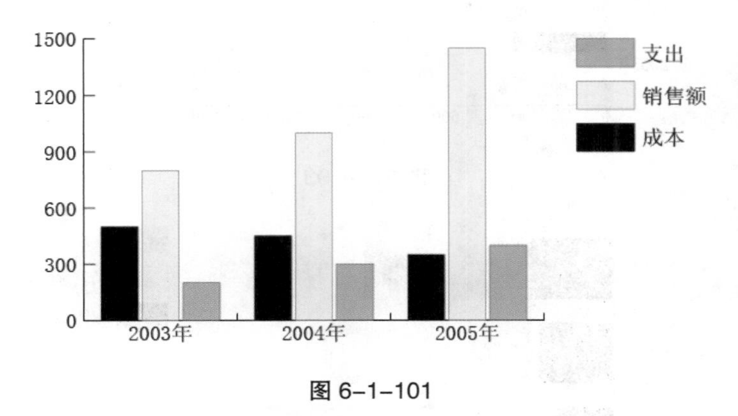

图 6-1-101

（2）堆积柱形图

堆积柱形图与柱形图相似，只是在表达数据信息的形式上有所不同。柱形图用于每一类项目中单个分项目数据的数值比较，而堆积柱形图则用于比较每一类项目中的所有分项目数据。从图形的表现形式上看，堆积柱形图是将同类中的多组数据，以堆积的方式形成垂直矩形进行类别之间的比较，如图 6-1-102 所示。

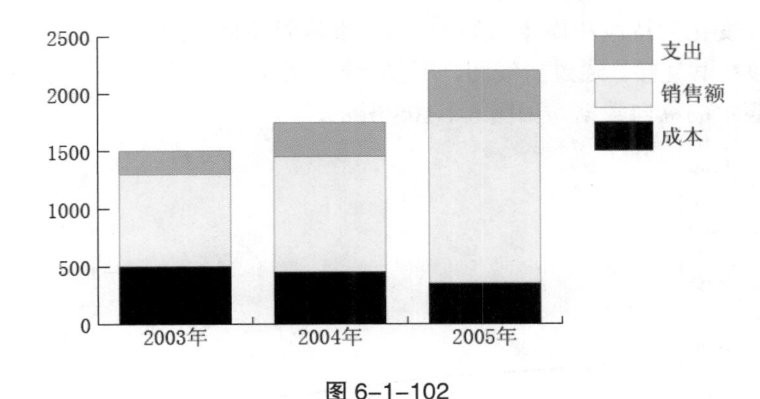

图 6-1-102

（3）条形图

条形图与柱形图类似，都是通过柱形长度与数据值成比例的矩形，表示一组或多组数据之间的相互关系。它们的不同之处在于：柱形图中的数据值形成的矩形是垂直方向的，而条形图中的数据值形成的矩形是水平方向的，如图 6-1-103 所示。

（4）堆积条形图

堆积条形图与堆积柱形图类似，都是将同类中的多组数据，以堆积的方式形成矩形进行类别之间的比较。它们的不同之处在于：堆积柱形图中的矩形是垂直方向的，而堆积条形图表中的矩形是水平方向的，如图 6-1-104 所示。

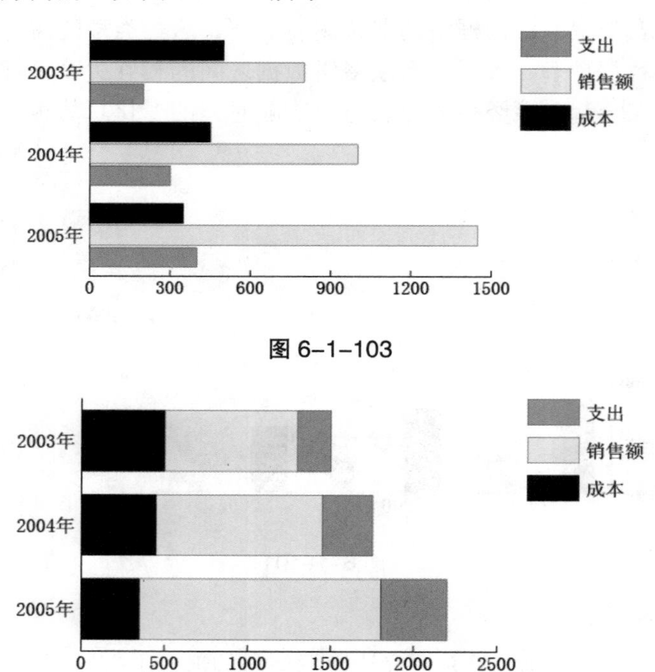

图 6-1-103

图 6-1-104

（5）折线图

通过折线图，能够表现数据随时间变化的趋势，更好地把握事物发展的进程、分析变化趋势和辨别数据变化的特性和规律。这类型的图表将同项目中的数据以点的方式在图表中表示，再通过线段将其连接。通过折线图，不仅能够纵向比较图表中各个横向的数据，而且可以横向比较图表中的纵向数据，如图 6-1-105 所示。

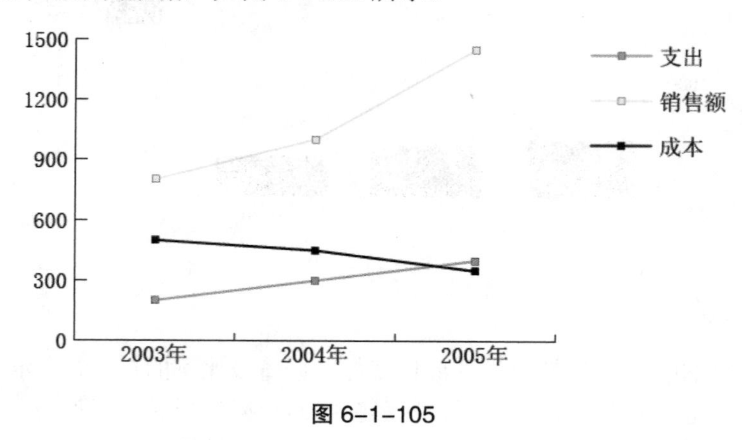

图 6-1-105

（6）面积图

面积图表示的数据关系与折线图相似，但相比之下后者比前者更强调整体在数值上的变化。面积图是通过用点表示一组或多组数据，并以线段连接不同组的数值点形成面积区域，如图 6-1-106 所示。

（7）饼图

饼图是将数据的数值总和作为一个圆饼，其中各组数据所占的比例通过不同的颜色表示。该类型的图表非常适合于显示同类项目中不同分项目的数据所占的比例。它能够很直观地显示一个整体中各个分项目所占的数值比例，如图 6-1-107 所示。

（8）雷达图

雷达图是一种以环形方式进行各组数据比较的图表。这种比较特殊的图表，能够将一组数据以其数值多少在刻度尺上标注成数值点，然后通过线段将各个数值点连接，这样可以通过所形成的各组不同的线段图形，判断数据的变化，如图 6-1-108 所示。

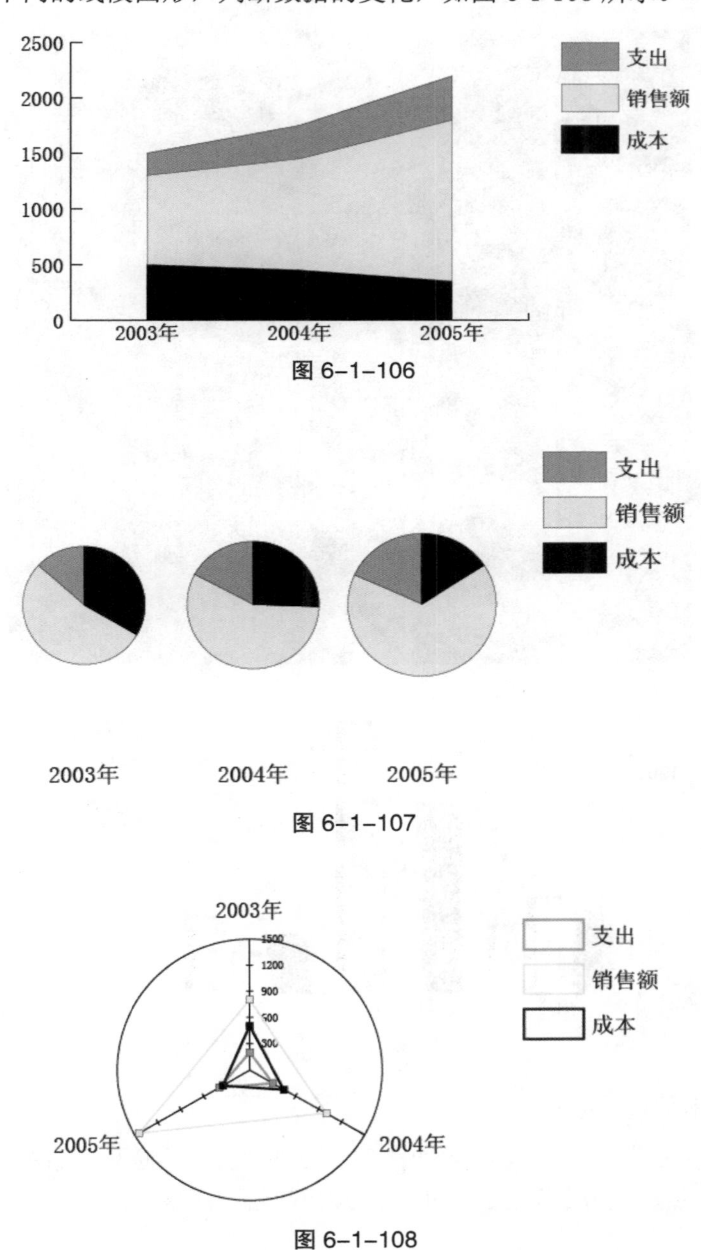

图 6-1-106

图 6-1-107

图 6-1-108

2. 图表编辑

创建的各种类型的图表，不仅可以调整其数据值，而且还可以调整图表的显示效果，如为图表添加投影效果、在图表上方显示图例等。

（1）添加投影效果

使用“选择”工具选中要操作的图表，然后选择“对象/图表/类型”命令，或在被选择的图表上单击鼠标右键，在打开的快捷菜单中选择“类型”命令，打开“图表类型”对话框。在该对话框的“样式”选项区域中，选中“添加投影”复选框，然后单击【确定】按钮，即可为当前的图表添加投影效果。如图 6-1-109 所示。

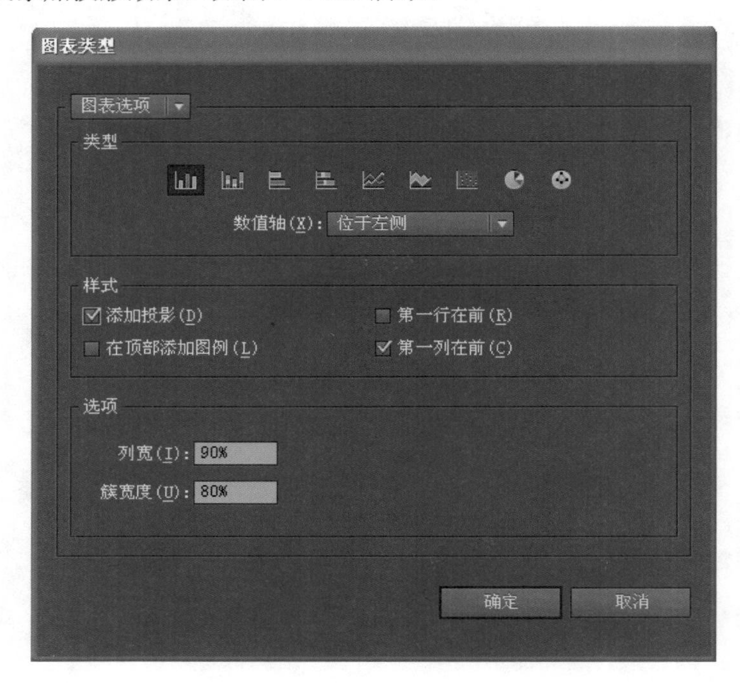

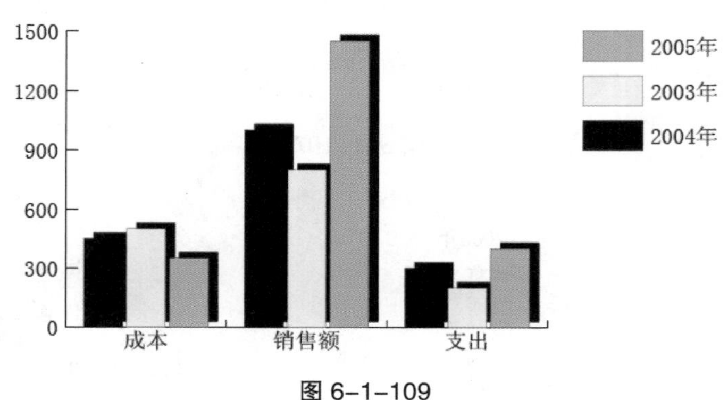

图 6–1–109

（2）在图表上方显示图例

改变图例显示的位置。在“图表类型”对话框的“样式”选项区域中，选中“在顶部添加图例”复选框。然后单击【确定】按钮，即可将图例显示在图表的上方。如图 6-1-110 所示。

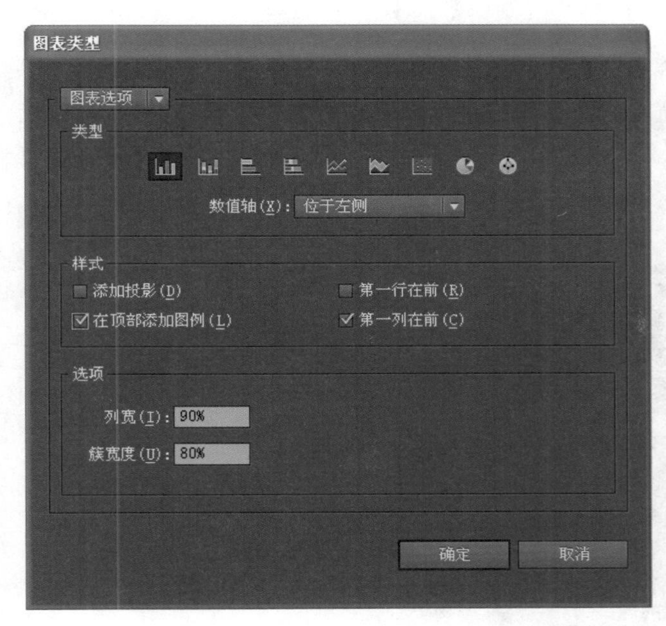

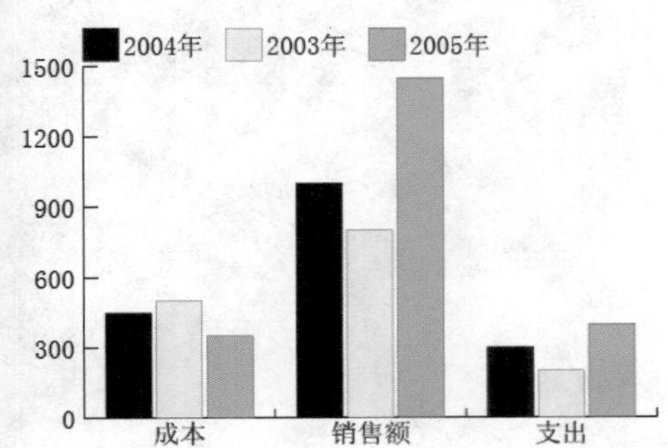

图 6–1–110

（3）重叠数据的柱形或条形

在创建或编辑已创建的柱形图或堆积柱形图、条形图或堆积条形图时，在“图表类型”对话框中，将“列宽”文本框或“群集宽度”文本框的百分比设置为大于 100%的参数，再选中“第一列在前”复选框。然后单击【确定】按钮，即可制作出柱形或条形的重叠效果。如图 6-1-111 所示。

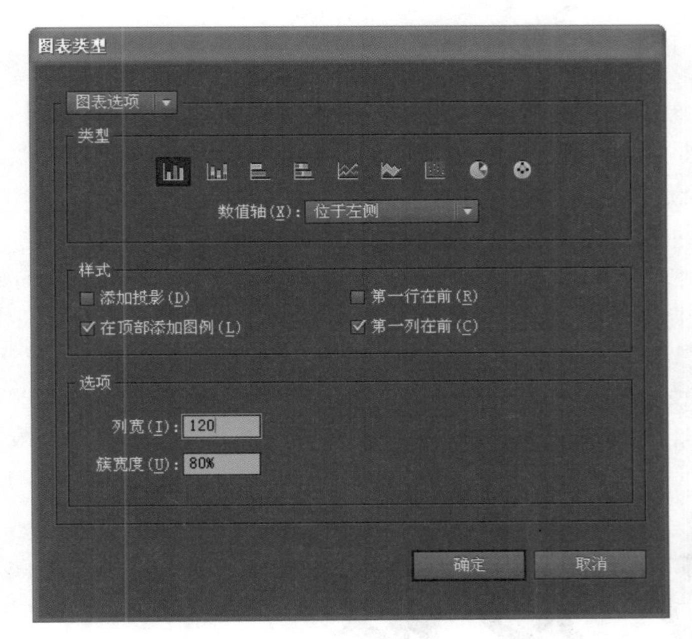

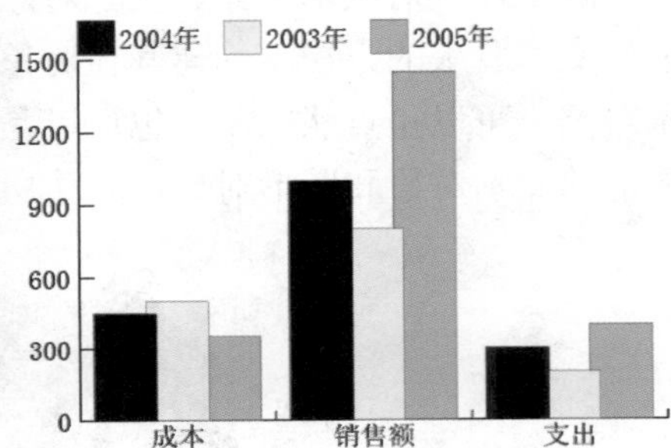

图 6–1–111

（4）设置柱形条的重叠顺序

在创建或选择已创建的柱形图或堆积柱形图、条形图或堆积条形图时，在“图表类型”对话框中将“列宽”文本框或“群集宽度”文本框的百分比设置为大于100%的参数，再选中“第一行在前”复选框。然后单击【确定】按钮，即可制作出柱形或条形的另一种重叠效果。如图6-1-112所示。

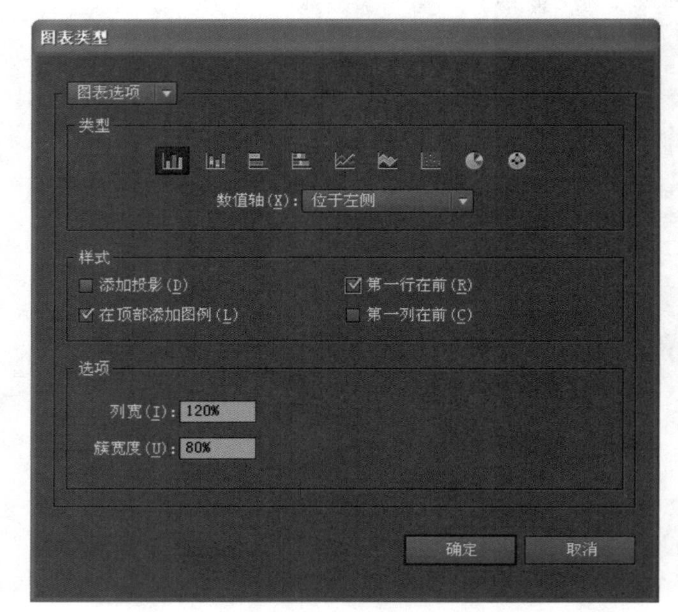

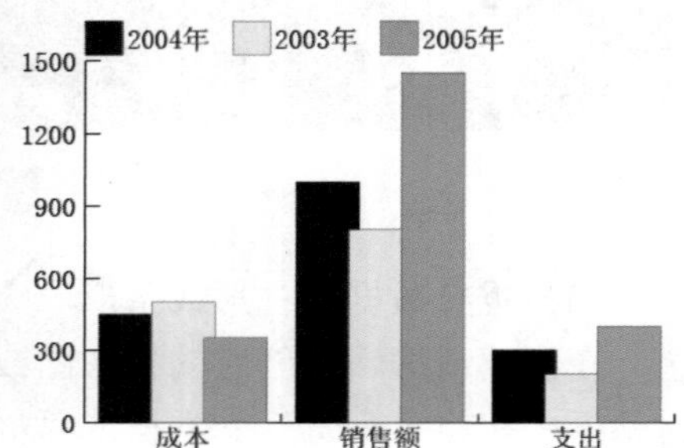

图6-1-112

6.1.15 应用特殊效果

1. 蒙版效果

通过使用蒙版效果来遮盖图形对象的局部区域，使该图形对象只显示所需的部分。使用蒙版效果时，所应用的蒙版形状可以是使用绘图工具创建的图形对象，也可以是通过“置入”命令置入工作区中的图形对象。无论是闭合路径还是未闭合路径，还是编组图形对象，在Illustrator中都可以将它们创建为蒙版。

（1）创建文本蒙版

除了可以对图形对象、图像对象使用蒙版效果之外，还可以对文本对象应用蒙版效果。创建文本蒙版的方法与创建其他对象蒙版的操作方法基本相同。用于创建文本蒙版效果的文本对象，可以是点状文本，也可以是区域文本。图6-1-113左边所示的是创建文本蒙版效果之前的文本对象和图形对象，右边所示的是创建的文本蒙版效果。

图6-1-113

（2）释放蒙版效果

想要释放对象所应用的蒙版效果，可以先使用选择工具选中需要操作的蒙版对象，然后选择“对象/剪切蒙版/释放”命令即可。用户也可以在“图层”调板中，选择需要释放蒙版效果的图层，然后单击该调板下方的【建立 / 释放剪切蒙版】按钮，或选择该调板控制菜单中的“释放剪切蒙版”命令，即可释放蒙版效果。释放蒙版效果之后，作为蒙版的图形对象将会被设置为无描边且无填充效果的图形对象。如图 6-1-114 所示。

图 6–1–114

2. 透明效果

设置对象的透明效果，使其更富变化和层次性。通过使用“透明度”调板，可以设置对象的各种透明状态效果，并且还可以设置对象的混合模式。

（1）设置透明度和混合模式

想要设置对象的透明度和混合模式，必须在工作界面中显示“透明度”调板，然后才可以进行相关的设置操作。

选择“窗口/透明度”命令，在工作界面中显示“透明度”调板。单击该调板右上角的黑色小三角按钮，在打开的调板控制菜单中选择“显示选项”命令，即可显示完整的“透明度”调板，如图 6-1-115 所示。

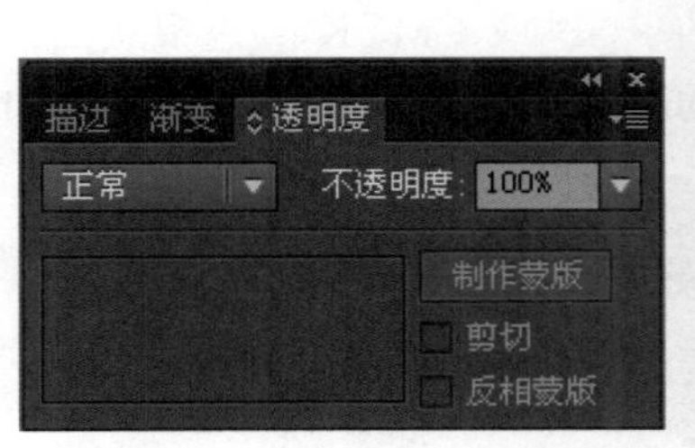

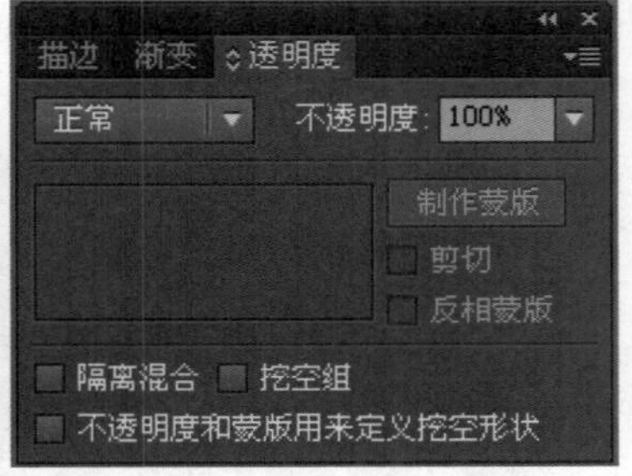

图 6–1–115

（2）创建透明蒙版效果

在“透明度”调板中，还可以对对象创建不透明蒙版效果。不透明蒙版效果指的是将不透明度的设置应用至其蒙版所遮挡的对象区域中。

想要释放创建的不透明蒙版效果，首先使用“选择”工具选中需要操作的对象，然后单击“透明度”调板右上角的黑色小三角按钮，在打开的调板控制菜单中选择“释放不透明蒙版”命令，即可释放所创建的不透明蒙版效果。如果想暂时停用所创建的不透明蒙版效果，可以单击“透明度”调板右上角的黑色小三角按钮，在打开的调板控制菜单中选择“停用不透明蒙版”命令即可，如图 6-1-116 所示。

图 6–1–116

在两个或两个以上的图形对象之间创建连续的且具有变化过渡的混合效果，这样可以使图形对象之间产生丰富的颜色和形状的过渡变化。另外，还可以对应用了混合效果的对象进行移动、缩放、变形等编辑操作，编辑之后混合效果也将随着变化。

应用混合效果的图形对象可以是闭合路径和开放路径，也可以是编组的图形对象和应用了蒙版效果的对象等。

6.1.16 打印的基础知识

1. 打印输出

设置打印输出是图像文件在输出前的一个重要步骤。图像文件能否以最准确的色彩、最清晰的画面以及最佳的打印方式打印输出，打印输出的参数选项设置起着至关重要的作用。因此，需要首先了解基于 ICC 配置文件的色彩管理、校准显示器、硬校样等常见的打印知识。

（1）ICC 配置文件

要想设定图形文件的颜色管理配置文件，可以选择“编辑/颜色设置”命令，打开“颜色设置”对话框。在该对话框的“设置”下拉列表框中选择“自定”选项，即可进行自定义设置。接着在“颜色管理方案”中选择所需的 RGB 或 CMYK 颜色模式的 ICC 配置文件，然后单击【确定】按钮，即可设定图形文件的颜色管理配置文件。如图 6-1-117 所示。

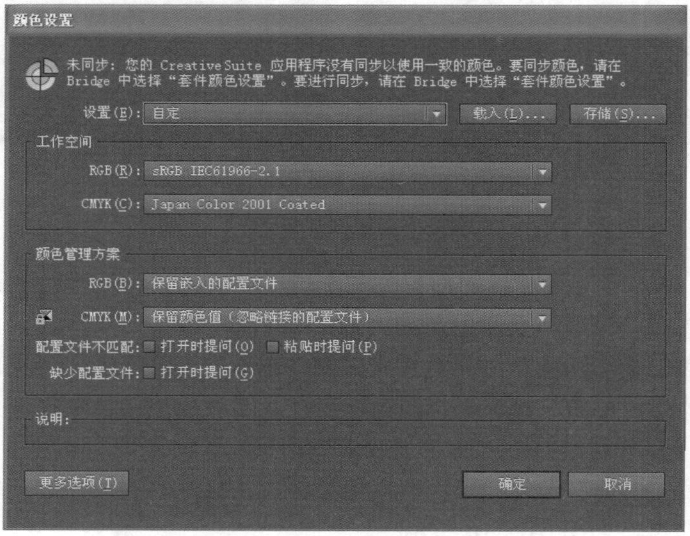

图 6–1–117

（2）校准显示器

如果要设置图形文件的转换颜色配置文件，也可以选择“编辑/颜色设置”命令，打开“颜色设置”对话框。然后在该对话框中的“设置”下拉列表框中选择“自定”选项，选中“更多选项”复选框，即可显示“转换选项”选项区域，就可以在“引擎”和“方法”下拉列表中，选择所需的转换颜色配置文件了。设置完成后，单击【确定】按钮，即可转换设定图形文件的颜色配置文件。如图 6-1-118 所示。

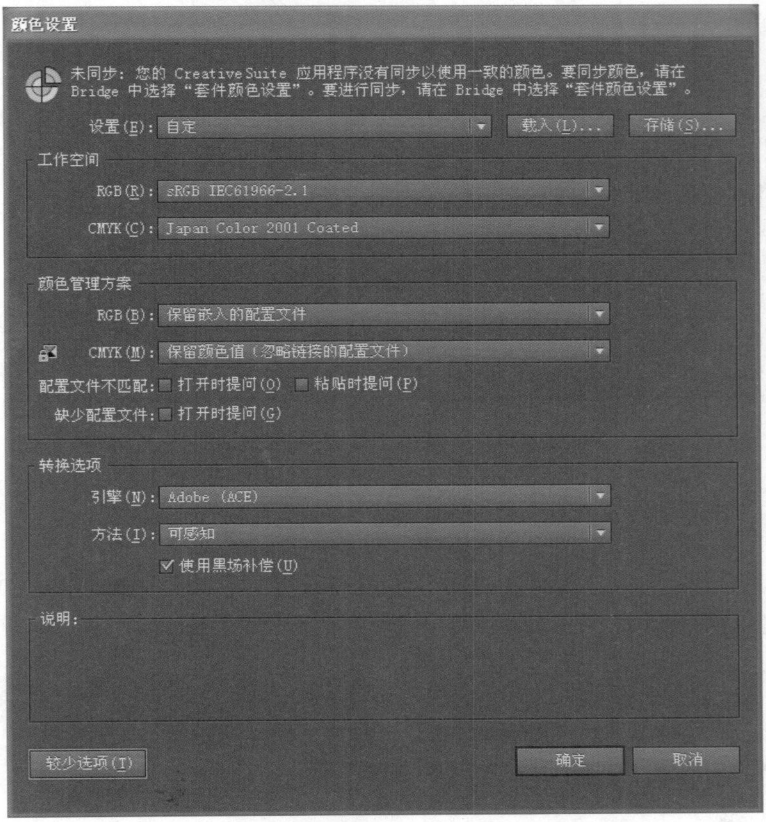

图 6–1–118

2. 打印设置

打印文件之前，需要对打印机的属性进行设置。只有设置了合适的打印机属性之后才能获得理想的打印输出效果。可以通过应用程序中的打印命令，打开“打印”对话框，单击该对话框中的【属性】按钮设置打印机的属性。不过，设置应用程序中的打印机属性，只对当前所要打印的文件有效，而不会对所有文件的打印产生影响。要想使设置的打印机属性对所有文件都有效，可以双击操作系统的“打印机和传真”窗口中的打印机，再选择其窗口左侧的“打印机任务”选项区域中的“打印机的属性”选项，打开“打印机属性”对话框，进行相关的参数设置。

（1）“常规”选项卡

在“功能”选项区域中，显示的是该打印机的一些功能，包括颜色、打印速度和打印纸张的大小等，如果要设置这些选项，可以单击【打印首选项】按钮，打开“打印首选项”对话框。默认情况下，打开的是“页面设置”选项卡，如图 6-1-119 所示。

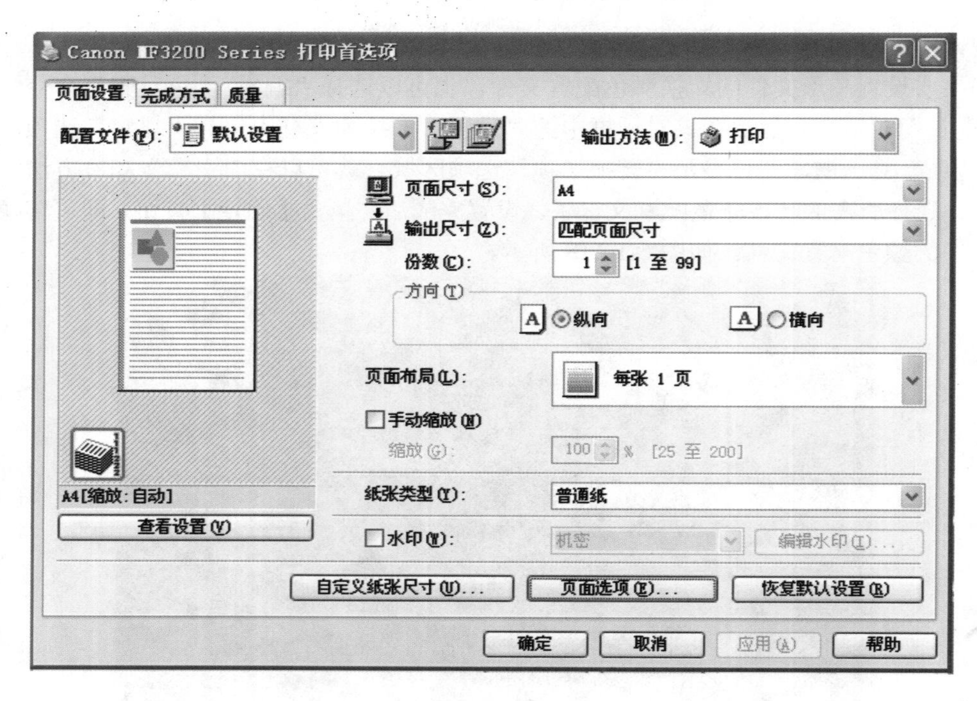

图 6-1-119

(2)“共享”选项卡

在“打印机属性”对话框中单击“共享”标签，打开“共享”选项卡。在“共享”选项卡中，除了可以设置是否共享打印机之外，还可以设置共享该打印机时其他 Windows 版本所需要使用的驱动程序，如图 6-1-120 所示。

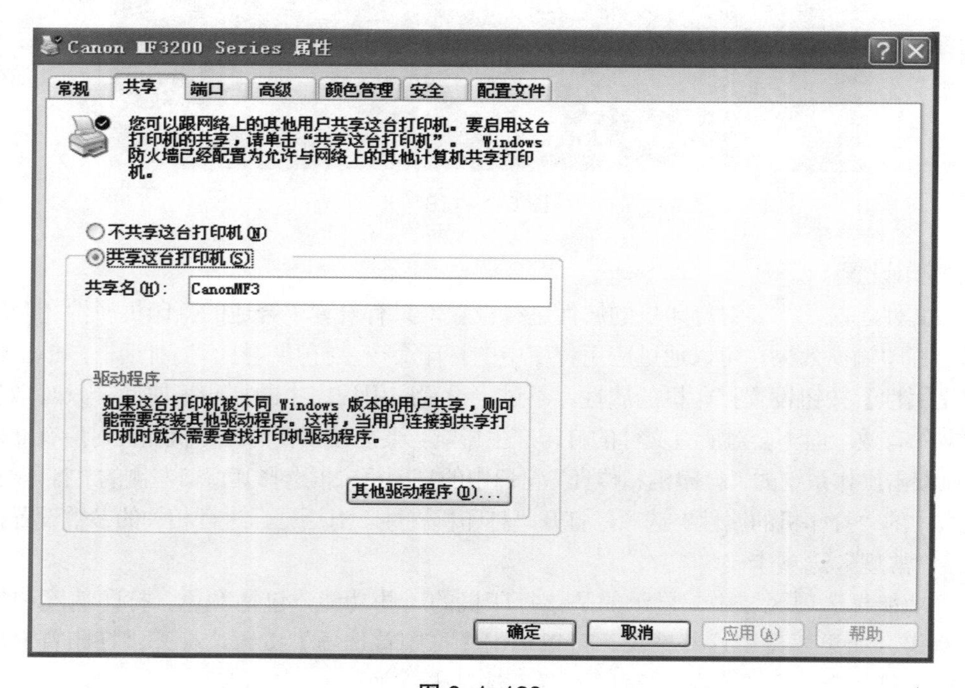

图 6-1-120

（3）“端口”选项卡

在“打印机属性”对话框中单击“端口”标签，打开“端口”选项卡。如果需要添加新的端口，单击【添加端口】按钮，即可添加新的打印输出端口。

在“端口”选项卡中，还可以通过单击【删除端口】或【配置端口】按钮进行删除端口或配置端口等操作。如果要使用双向打印，那么可以选中“启用双向支持”复选框；如果要启用打印机的打印池功能，那么可以选中“启用打印池”复选框。如图 6-1-121 所示。

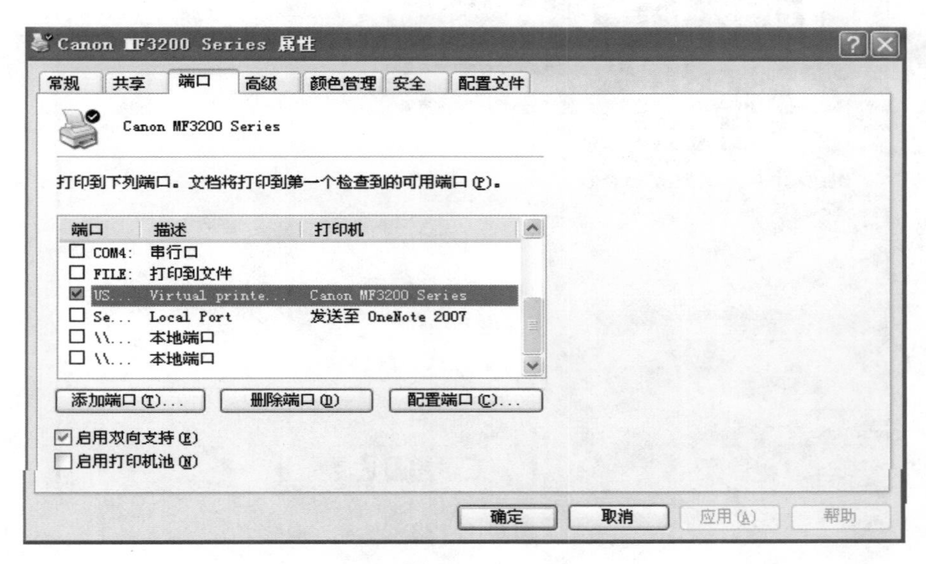

图 6-1-121

（4）“高级”选项卡

在“打印机属性”对话框中单击“高级”标签，打开“高级”选项卡。“高级”选项卡主要用于设置打印机的打印方式、处理打印文件的方式以及处理不同打印作业的方法，如图 6-1-122 所示。

图 6-1-122

（5）“颜色管理”选项卡

在“打印机属性”对话框中单击“颜色管理”标签，打开“颜色管理”选项卡。该选项卡用于设置彩色打印机的颜色配置文件，如图 6-1-123 所示。

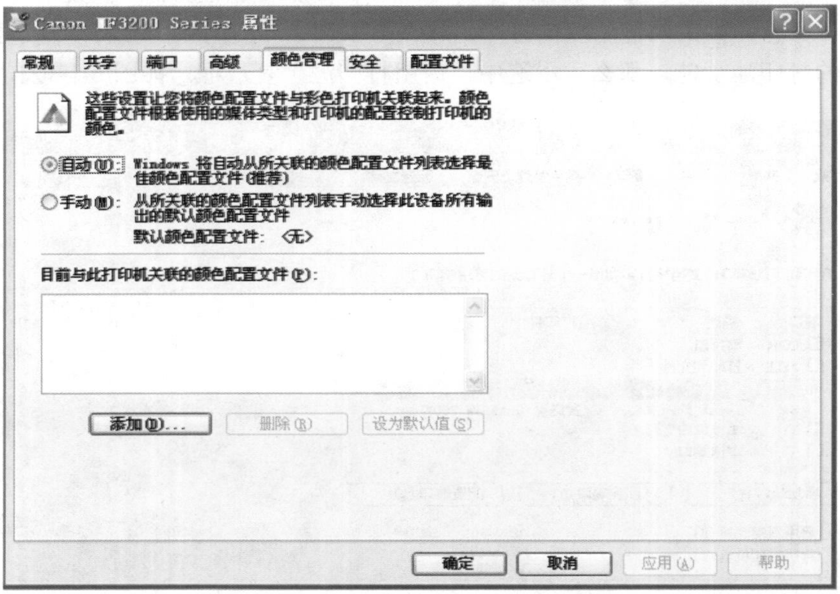

图 6–1–123

3. 打印对象的特性和打印要求

选择“文件/打印”命令，打开“打印”对话框。在该对话框中，可以根据要打印对象的特性和打印要求，设置与之相关的打印参数选项。下面将对“打印”对话框中的各个选项区域设置，及其主要参数选项进行简要介绍。

（1）“固定”设置区域

在“打印”对话框的上部有“打印预设”下拉列表框、“打印机”下拉列表框和 PPD 下拉列表框 3 个选项。需要注意的是：这些参数选项不会因为在“打印”对话框中选择的选项设置区域不同而改变，如图 6-1-124 所示。

图 6–1–124

（2）“常规”选项设置区域

在“打印”对话框的“设置选项类型”列表框中，可以选择不同的选项，设置与之相关的参数选项。

在该对话框的“设置选项类型”列表框中，选择“常规”选项，即可在对话框中显示“常规”选项设置区域。默认情况下，选择“文件/打印”命令后，打开的“打印”对话框就显示为“常规”选项设置区域，如图 6-1-125 所示。

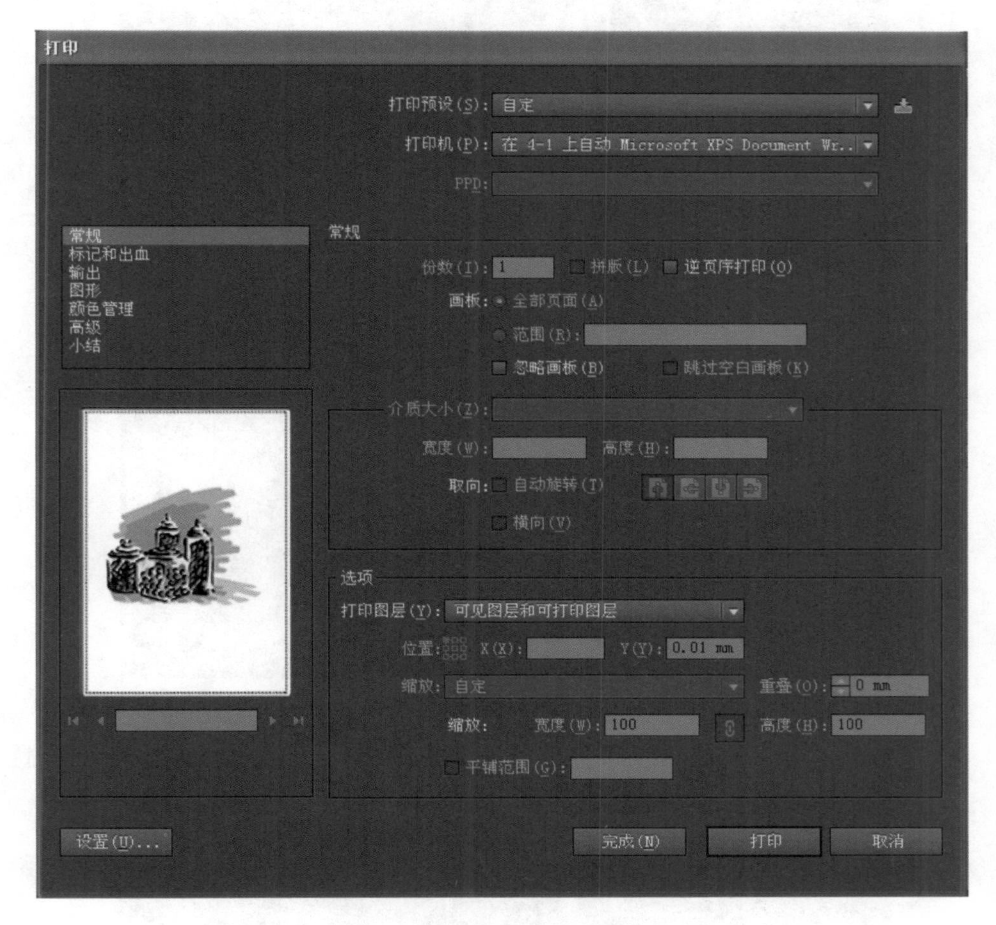

图 6–1–125

（3）“标记和出血”选项设置区域

在“打印”对话框的“设置选项类型”列表框中，选择“标记和出血”选项，即可在对话框中显示“标记和出血”选项设置区域。该选项区域用于设置打印标记和出血等参数选项，如图 6-1-126 所示。

（4）“输出”选项设置区域

在“打印”对话框的“设置选项类型”列表框中，选择“输出”选项，即可在对话框中显示“输出”选项设置区域。该选项区域用于设置打印对象在打印时输出的模式、分辨率等参数选项，如图 6-1-127 所示。

（5）“小结”选项设置区域

在“打印”对话框的“设置选项类型”列表框中，选择“小结”选项，即可在对话框中显示“小结”选项设置区域。该选项区域用于显示打印对象所设置的打印参数选项的信息，如图 6-1-128 所示。

图 6-1-126

图 6-1-127

图 6-1-128

6.2 标志设计

6.2.1 标志设计概述

字体设计是平面设计的重要部分。公司在招聘设计师的时候，通常只看应聘者字体设计的水平，别的几乎不看。因为，标志设计、海报包装都可以抄袭，唯有字体设计难以为之。而且初学设计的人“不屑于”抄袭临摹字体，会直接乱写或者乱用，总以为自己的感觉就是完美的创新。其实，只有学习了前人，才会知道自己的本能是否属于创新，因为你的本能，也许前人早已经有过。完全属于自己的，不等于就是独特的！

平面设计里，驾驭了文字设计及文字排版的人，其他方面一定不会太差，这是行业内多年来判断设计师的经验。不懂文字设计的人，常常被认为是涉猎不深的初学者。

字体设计的水平是长期训练的结果，要的是过硬的工夫。只有灵感和热情远远不够，其学习过程是辛苦的，来不了半点虚假。想不学自通，一挥而就，无论你有怎样的天赋与窍门，都难于自立。

文字设计大多靠的是基本功，不可寄希望于偶然的灵感。标志设计就大为不同，它要基本功，也要偶然性，甚至存在可“蒙”性。难怪“小学生”和设计大师去竞标，也会经常奇迹般胜出，因为标志设计比较强调“对号入座”的行业属性。试想想，非专业书法家，没有传统的沉淀，想“蒙”出好字来却是万般困难。

日本的平面设计可谓“超级大国”，大师多如牛毛。但是日本的设计师却极为谦虚和客观，对自己不精通的英文字体，从不涉足去自行设计。“松下”“三洋”“索尼”“美能达”等国际品牌，英文字体的标志设计几乎全部出自于美国人之手。这就像西方人不设计中文字体一样，因为不是“母语”的东西，感受一定不会深刻而准确。

只摸到皮毛，忽略了基因的遗传，你如何折腾出来的“生命”，也只能是先天不足的幼稚和丑陋。好比一个“老外”，他无论怎么精通中国书法，想“蒙”出一个“兰亭序”来，也只能是无知者的无畏。设计字体莫不如此。特别是现代字体的设计，讲的是90%的平常心与10%的灵感碰撞，最忌讳浮躁的表演。

但是日本人对汉字书法的研究与把握，其水平，当代中国人只能望其项背。甚至有些关心东方文化的西方学者，只知道日本的书道，不知道中国的书法，实在让人惭愧。自问学汉字设计的人有谁没有受过日本字体的影响？

6.2.2 标志设计技法简介

1. 标志设计中的中文字体设计的10种方法

（1）连接法——结合字体特征将笔画相连接的形式，如图6-2-1所示。

（2）简化法——根据字体特点，利用视觉错觉合理地简化字体部分笔画的形式，如图6-2-2所示。

（3）附加法——在字体外添加配合表现标志的图形的形式，如图6-2-3所示。

（4）底图法——将字体镶嵌于色块或图案中的形式，如图6-2-4所示。

图6–2–1

图6–2–2

图6–2–3

图 6-2-4

（5）象征法——将字体的笔画进行象征性演变的形式，如图 6-2-5 所示。

图 6-2-5

（6）柔美法——结合字体特征，运用波浪或卷曲的线条来表现的形式，如图 6-2-6 所示。

图 6-2-6

（7）刚直法——用直线型的笔画来组成字体的形式，如图 6-2-7 所示。

图 6-2-7

（8）印章法——以中国传统印章为底纹或元素的形式，如图 6-2-8 所示。

图 6-2-8

（9）书法法——把中国书法融入字体设计中的形式，如图 6-2-9 所示。

图 6-2-9

（10）综合元素——综合使用各种风格来修饰标志的形式，如图 6-2-10 所示。

图 6-2-10

2. 分析上述基础 LOGO 制作步骤

（1）选择一种字体

在一个文字标志中，字体是关键。你首先需要从很多种字体中选择一种，这里有一些原则可以参考。

当公司名称使用了某种字体时，其文字则传达了表面的和隐含的两种信息。在第一个例子中，表面的信息是 Berington 保险公司，而隐含的信息则是它给人的印象或感觉。我们的任务就是要找出这两种信息的互动关系。我们来试一种字体，如图 6-2-11 所示。

BERINGTON

图 6-2-11

隐含的信息一般都取决于上下文。比如上图的这种字体，看上去这家保险公司可能是专门经营军属保险业务的。对于公众来说，还可能被误认为是航运公司。我们来试一下另一种字体，如图 6-2-12 所示。

BERINGTON

图 6-2-12

这种轮廓清晰的字体传达出一种信息：公司在行业里已经具有多年经验。如果我们还是采用这种字体，但改变一下名称看看有什么效果，如图 6-2-13 所示。

AUTO REPAIR

图 6-2-13

同样是这种比较正统的字体却传达了另一种信息：修理起来可能会很贵。

这就是我们所说的两种信息的互动关系。

选择字体最好的方式就是用你字体库里的字体多试一下，看看效果。一些花哨的字体可能会比较吸引人，不过你还是应该更侧重于比较平实的字体。为什么呢？因为这些字体更醒目有力。比如 Caslon 字体在其他元素中就不会显得过于令人侧目，如图 6-2-14 所示。

AaBbCc

图 6-2-14

让我们继续原来的例子，下面我们把名称换成大写，拉开字符之间的距离，如图 6-2-15 所示。

B E R I N G T O N

图 6-2-15

这样看起来比较庄重，更符合公司比较严谨正式的风格。

还有一点要注意，有时单行文字并不能充分表现标志的含义，那我们可以通过改变其他因素来改变隐含的信息，如图 6-2-16 所示。

BERINGTON

图 6-2-16

用 Lithos 字体会体现一种希腊，非洲的奇特格调，我们按下图处理，这种效果会更加强烈，如图 6-2-17 所示。

图 6-2-17

（2）文字的对齐方式

我们对 Berington 这个词使用 Odeon 紧缩字体。该字体字符间很挤，传达了工业化的味道。而 Insurance 这个词可以是用同样的字体也可以用其他的字体，要注意文字之间的相互关系，一般来说我们希望它们看起来像一个整体。这个例子中，你可以利用工具中强制调整间距的功能使两个词的两端对齐。下面我们看看其他的可能，如图 6-2-18 所示。

图 6-2-18

这个例子里很巧的是 Berington 和 Insurance 两个词有相同的字符数，只要用同一字体就可以自然对齐了。

如果两个词的长度不同怎么办呢？如果采用相同的字体，那么可以缩小较长单词，来使两个词两端对齐，如图 6-2-19 所示。

图 6-2-19

也可以选择不同的字体使标志产生对比，这里我们选择另一种比较醒目有棱角的字体。调整字体的大小可以使两个词左右对齐，如图 6-2-20 所示。

图 6-2-20

通过增加两个词字体大小的差别，可以使这种对比更加突出。不过为了左右对齐，下面的那个词的字符间距要拉大一点，如图 6-2-21 所示。

图 6–2–21

增加字符间距可以产生一种奢华的感觉，特别是对于比较紧凑的字体，如果两个词的字符间距都增加的话，记得要把两个词之间的距离也拉大一点，如图 6-2-22 所示。

图 6–2–22

（3）添加背景区域

首先，我们来看看这些文字的整体的形状（试着以不同角度来观察），然后在它们周围画上适当形状的边框，用合适的颜色填充。不管是对单个词还是多个词的标志都是可以的。下面我们看看三种不同的方法：

这种整齐的形状可以使标志更突出，配合字体整体形状的背景，也使到标志的结构得到进一步加强，如图 6-2-23 所示。

图 6–2–23

上述原则同样适用于长短不一的文字。注意，上下的两个较短的词是两端对齐的，同样配合整体文字形状的背景使标志看起来更具活力，如图 6-2-24 所示。

图 6–2–24

背景还可以起到强调的作用，比如只在标志的一部分添加背景，可以使这部分从其余的部分中凸现出来。注意加了背景区域之后，其他的文字要与背景两端对齐，而不是与文字对齐，如图 6-2-25 所示。

图 6-2-25

（4）添加对齐边线

边线可以使标志显得更时尚、漂亮。因为边线可以突出标志的结构，使公司的名字更引人注目，当然有时候仅仅只是为了装饰标志。

①边线一般与文字形状的边缘形成某种对齐，这样做不仅仅是为了整洁，同时也使标志成为一个更醒目的整体，如图 6-2-26 所示。

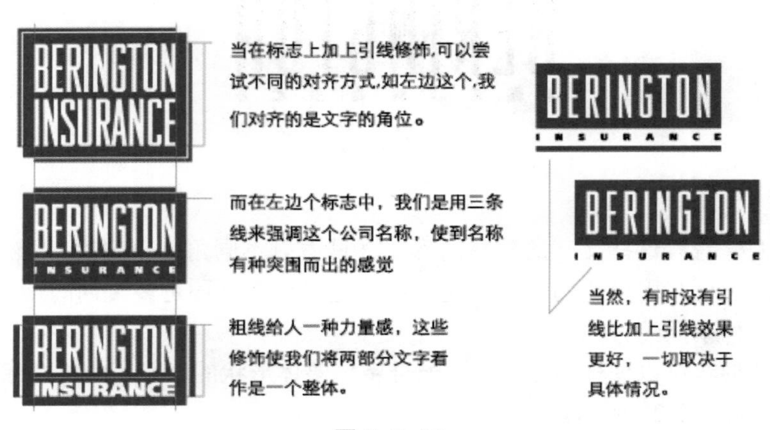

图 6-2-26

对于公司名字，你还可以试试下面的这些方法，如图 6-2-27 所示。

② 修饰背景区域。如果外形轮廓不够时尚或是太简单了，可以在背景区域添加其他修饰。比如下图中我们在标志的两端加入半圆形，同时用小图案来装饰四个角（注意一个标志中都只有同一种图案），这是一种让你的标志得到进一步美化或深化的一种技巧。如图 6-2-28 所示。

上图中 Dantés' 标志的字体比较柔顺，同时椭圆轮廓也显得比较自由，在两端增加装饰线可以使标志看上去更严谨，你可以试试不同粗细的线条。

③ 使用重复的图形。一个图形可以重复多次使用，试试对每个字符或是单词都使用相同的形状，如图 6-2-29 所示。

设计比较长的文字标志，如图 6-2-30 所示。

如果你的客户公司名称长得几乎赶上了一句话，这种文字标也可以设计得很出色。最主要的是确定名字中哪部分是需要强调的，把这部分放大，其余的文字可以居中或是强制对齐来达到平衡的效果。

（5）设计首字母缩写标志

如果设计的是一个首字母缩写的标志，文字的安排相对比较简单。但是还是要记住一条原则：把缩写当成一个单词来设计。

形成特别的形状

因为文字的组合决定了整体标志的形状，所以我们可以尝试用一些特别的方法来安排公司名称，如将字母依次变化，或将名称沿圆弧线安排。

背景区域留空

左边两个标志的背景区域都没有填充颜色。如果你选择了这种“开放式”效果，那就尝试一下用不同的线条来设计区域边框。

利用激光打印机内置字体来设计标志

你并不需要下载或购买一大堆字体来设计标志，左边这两个文字标是利用标准的激光打印机字体来设计的。这些字体尽管有一个缺点，那就是粗体时并不是很粗，解决办法：利用不同的字体或大小来形成对比。

DATABASE INC

强调公司的产品或服务

无论是线段还是背景区域元素，都具有强烈的指示使用，利用它们来强调公司名称的某一部分，以此突出其产品或服务，使到人们在观看时首先会注意到其强调部分。

DARKROOM

图 6-2-27

图 6-2-28

首字母缩写标志一直很流行，但它也有一些限制。其中之一就是一个单独的缩写不能完全表达公司所代表的信息，解决办法就是把公司的完整名称也加到标志中去，如图 6-2-31 所示。

图 6-2-29

图 6-2-30

图 6-2-31

即使是缩写标志，它的形状也是由字体的整体形状来决定的。注意左边的标志中，首字母缩写与公司全称结合，形成了一个有力的标志。

标志虽然不是完整的名称，但在应用装饰线条、区域及各种图案时也不要忘了对齐。对齐会产生一种整齐、统一的效果，如图 6-2-32 所示。

图 6-2-32

单个字母缩写的标志就像徽章一样，可以试试把这些标志放在自己个人的文具用品上，比如信纸、信封什么的，如图 6-2-33 所示。

图 6-2-33

（6）让图形和文字“共舞”

图形和文字虽然是截然不同的元素，不过它们是一个硬币的两面，用得好可以相得益彰，下面我们看看怎样组合它们。

在电脑时代，现在有数以千计的专业绘画插图或图形元素供人们挑选、下载或购买，而且价格低廉。字体设计曾经是非常艺术化的事情，但现在一些公司会免费提供字体，也使得字体设计者的地位不再高高在上。

让我们尝试把这两样东西结合起来。通常我们是将图形和文字分开使用，这里放图形，那里放文字，实际上，把他们结合起来效果更好。这意味我们要将图形和文字相互遮盖。并列，或是粘连，交织在一起。这样可以让它们的特点相互映衬，成为一个整体，这比把它们生硬的摆在一起要好得多，如图 6-2-34 所示。

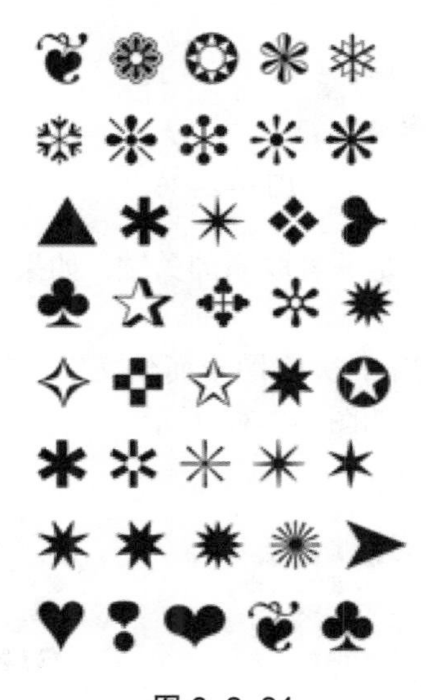

图 6–2–34

最容易得到而且很实用的图形来自于图案字符（ Dingbats ），比如圆点、箭头、星形、圆环等。最普通的特殊字符集是 Zapf 字符集，一般激光打印机都会内置这些标准字符。

① 相互遮盖时，亲密关系最重要。单独字符和图形可以紧密的组合成很好的标志。让字母和图形不断地接近，接近，再接近直到相互遮盖住，一个简单又有艺术感的标志就 OK 啦。如图 6-2-35 所示。

图 6–2–35

紧密可以有很多种形式。上图黑桃压着字母 J，同时黑桃仍然能够完整地呈现，但是下图则相反。在这里我们在 M 上加了些修饰，让波浪元素像叶子一样盖在字母上，两个圆圈很好地体现了活泼的主题。

让图形置在名字上。

什么是 Cookout 公司的特色，这个图形不用只言片语就回答了这个问题，如图 6-2-36 所示。

图 6-2-36

注意鱼是朝向公司名字的，这是两者联系的关键。如果鱼看上去是游走了，那么顾客也会跟着它走开了。

② 两者并列。大图形，小文字。突出图形而使文字保持低调会产生一种比较权威的感觉，大公司更喜欢这种表现方式，如图 6-2-37 所示。

菱形的结构形成了不稳定的紧张感。
也使标志显得更有张力，所以当你处
理各种图形时，可以尝试用旋转、反
转、扭曲等手法来处理元素，你会惊
喜地发现，只通过简单的调整，就会
使标志产生一种独有的活力。
SIMI
CONSTRUCTION

图 6-2-37

大文字，小图形。有时候一个简单的图形就可以体现“你是谁”和“这家伙到底是干什么的”。这个例子中，只是用铅笔图形替代原来的撇号就可以清晰地体现公司的文具主题。可以尝试用图形去替代标点符号或是某个字母。

注意这个标志中的主题颜色是黄色和金色，两种颜色很接近。还有红色和紫红色，绿色和浅绿色，这些颜色在一起都显得比较和谐，更重要的是看起来像是一个整体。还有一点，就是学会运用大小写的对比。图中比较大的主体部分“fifi's”是用小写字母，而下面小字“STATIONERS”则用大写，这样产生了一种意想不到的对比效果。你可以试着将大的文字处理得比较淡，而将小文字处理得更醒目，如图 6-2-38 所示。

③ 相互粘连。像三明治那样层叠。将单独的字母盖在图形上可以创造出一个很漂亮的缩写标志，设计起来易如反掌，如图 6-2-39 所示。

当组合字母和图形的时候，要注意两者明暗关系。比如上图第一个标志中，字母 E 含在纹饰图案中几乎看不清，可以在字母后面加上深色的背景，让字母更突出，如果不加背景，减淡纹饰图案的颜色可以达到同样的效果。

图 6-2-38

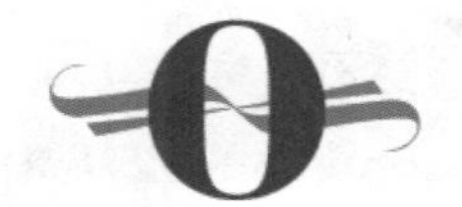

图 6-2-39

完全覆盖。最彻底地让文字和图形融合的方法就是图形覆盖着个字母，同时保持位置不变。可以使用很多种特殊效果，比如模糊、运动、渲染等。

图片传情，文字达意。为什么要这儿放文字，那儿放图形，相反两者放在一起效果更佳。字面意思和视觉元素完美结合，会产生一加一大于二的效果。如图 6-2-40 所示。

大小一样,形状一样,位置一样

图片离开原来的位置,

连文字也没有一点正经!

图 6-2-40

虚实相应。比如下图中，一个特别的元素传达了隐含的信息，足球连接了两个字符，但是没有文字的说明。这个设计中最棒的就是，你需要琢磨一下才能理解潜藏的含义。噢！原来足球是 Joe's 里面的 o!，如图 6-2-41 所示。

图 6-2-41

是什么造成了文字和足球的距离感呢？因为如果一个物体朝我们移动越近，就会显得越大而且在视野中就越靠下。所以要造成这种效果，就把图片放的大一点，摆得靠下一点。

6.3 标志案例 1

案例说明： 本例介绍 LOGO 设计，字母设计。

制作要点： 讲解设计的过程，学习其中的设计方式与方法。

文字标志，设计这种标志其实可以很简单！

一个标志如果不包含图形或图片即称之为文字标志，这类标志设计起来相对比较容易。文字标志是使用最广泛的一类标志，事实上，很多国际性大公司都在使用这种标志，比如 IBM、SONY 。

和其他标志一样，文字标志也是要代表某种东西。在我们开始设计之前，应该花点时间想清楚标志到底要传达的是什么。对于一家公司或团体来说，它要表现的是什么。一件事物或一个人？是某种产品或是服务？目标顾客是哪些人？如果对这些问题没有清晰的答案，设计师就很容易经不起诱惑而加入很多花俏的图形，而这些图形其实并不是这家公司所实际需要的。你对公司越了解，你走的弯路就会越少。

下面的文字标志是为 Berington 保险公司（Berington Insurance）设计的一个文字标志，其中的一些原理可以应用在所有类型的标志设计中，如图 6-3-1 所示。

图 6-3-1

（1）为“垂约旅游”公司的名字选择一种字体，如图 6-3-2 所示。

（2）调整文字的大小和对齐方式。我们将其中一个单词放大，其他文字居中。如图 6-3-3 所示。

图 6-3-2

图 6-3-3

（3）在文字周围加上边框，并填充适当的背景颜色。如图 6-3-4 所示。

（4）加上装饰性的边线就 OK 了。标志看起来不错，设计起来也不费工夫，如图 6-3-5 所示。

图 6-3-4

图 6-3-5

6.4 标志案例 2

案例说明：本例介绍 LOGO 设计，字母设计。

制作要点：讲解设计的过程，学习其中的设计方式与方法。

（1）为软件产品 In4systems 设计一个标志。该软件是一个商用的资产管理软件，企业将用该软件来管理其所有的资产数据。设计师在接触该设计业务时，对客户进行了一些询问，并了解了一下市场竞争对手的情况。

（2）设计师将花费大部分时间用来创意，同时随时手绘下瞬间的想法和创意，如图 6-4-1 所示。

（3）设计师根据手绘稿件，输入到电脑，并且在电脑中制作出简单的黑白稿件，同时去除了手绘稿件的一些随意性元素，如图 6-4-2 所示。

（4）设计师根据对客户的了解，判断出更佳契合客户的标志，并且通过添加色彩和细节表现出来，之后向客户提稿。如图 6-4-3 所示。

（5）客户选择他们更倾向的标志，并且提出一些反馈意见。设计师再根据反馈信息进行一些修改，同时设计出一些相关的商业常用文件，如名片，信纸等。如图 6-4-4 所示。

总结：经过分析，客户还是比较倾向文件产品。所以标志设计不仅要追求尽善尽美，更重要的还是要契合身份。

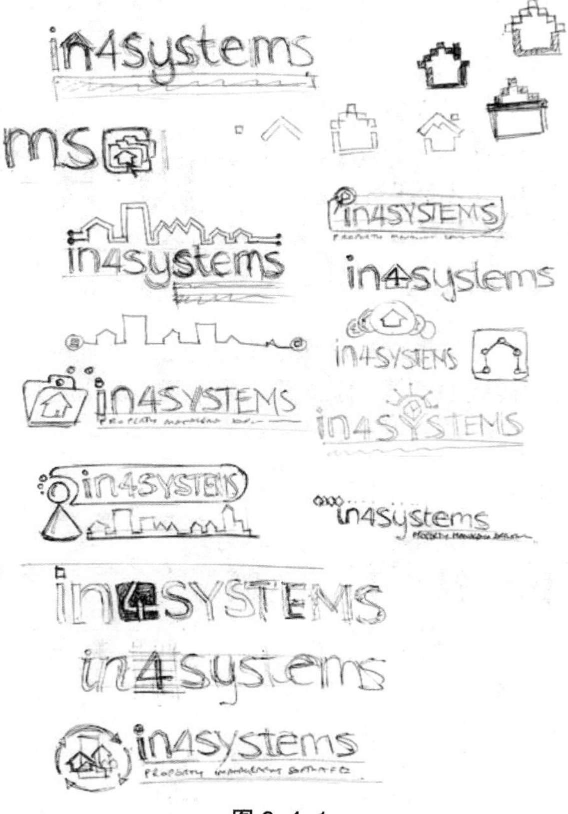

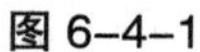

图 6-4-1

图 6-4-2

图 6-4-3

图 6–4–4

6.5　标志案例 3

案例说明：本例介绍 LOGO 设计，字母设计。

制作要点：讲解设计的过程，学习其中的设计方式与方法。

（1）新建 HOUSE WORKS 字样，如图 6-5-1 所示。把中间位置的颜色去除，留下边缘线。

图 6–5–1

（2）做一次粘在前面并切换填色与描边，如图 6-5-2 所示。

（3）对填色字体应用“效果/风格化”命令下的“涂抹”，调整路径重叠和变化以使效果更加工整一点。如图 6-5-3 所示。

图 6–5–2

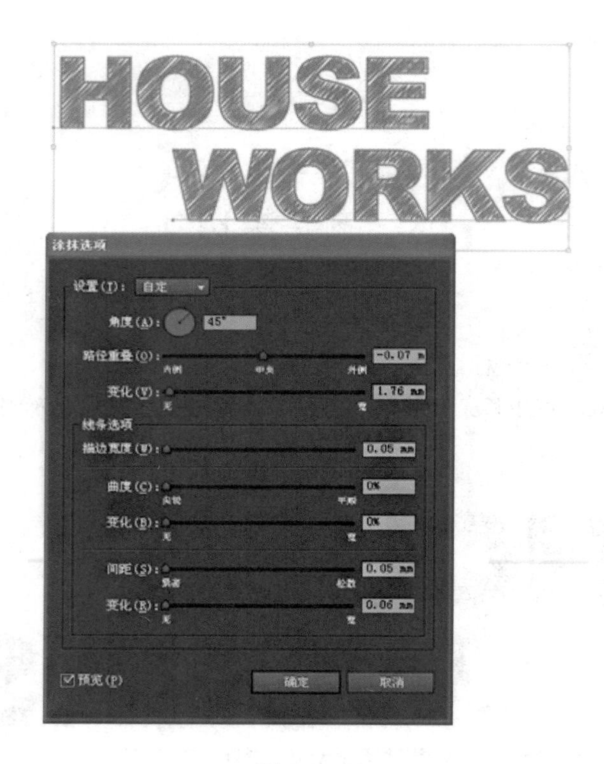

图 6–5–3

（4）画出直线为文字的基线。不要做得太规矩，不等的长度能使整体显得更加活泼。如图 6-5-4 所示。

（5）沿着文字边缘绘制一些线条，提升文字草图的整体效果。在符号里面选择一个箭头样式拖到面板上，然后“断开连接”修改填充色并在旁边加上线条、无意义的数字等，使其看起来像是测量数据。选中上一步的那些直线，在“窗口/符号/箭头”命令下选择一个合适的起始或终点箭头。在上下基线间加入虚线作为高度（在描边下勾选虚线，填入数值即可生成）。如图 6-5-5 所示。

图 6–5–4

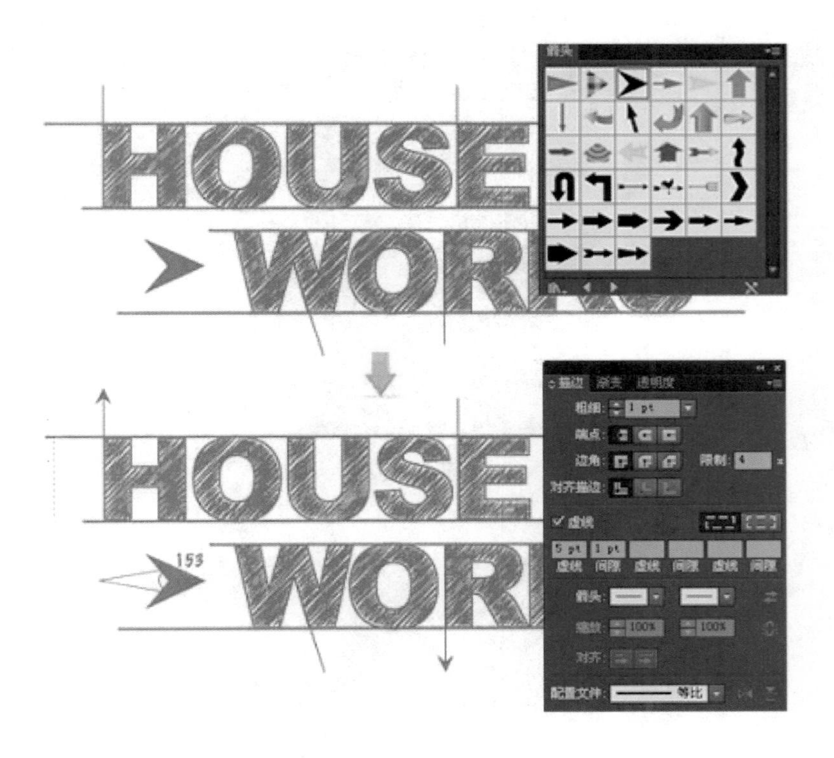

图 6–5–5

（6）现在加入背景，画两个矩形，前面的填黑色，置于底层，后面的填本色。做成不透明蒙版（编辑完蒙版对象后必须点击不透明蒙版才能退出蒙版而选择其他对象）。如图 6-5-6 所示。

（7）现在背景是看不到了，所以选中蒙版对象中的矩形，做 6 行 6 列、外观平淡色、0 高光网格对象。执行“对象/创建渐变对象”命令来调节背景。如图 6-5-7 所示。

（8）选中网格，填充黑到白中的任意色。目的：确定蓝色背景显示出来。如图 6-5-8 所示。

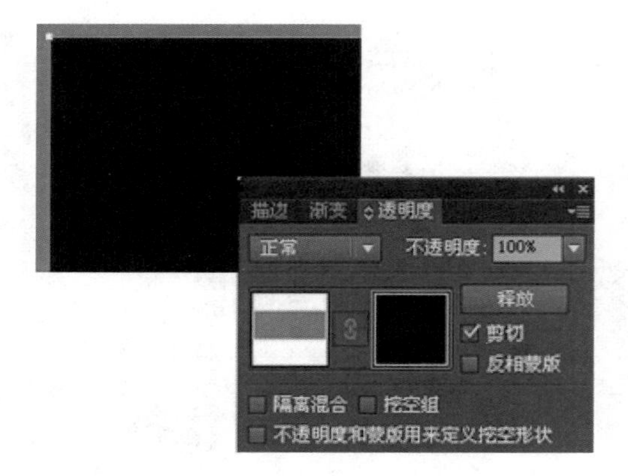

图 6–5–6

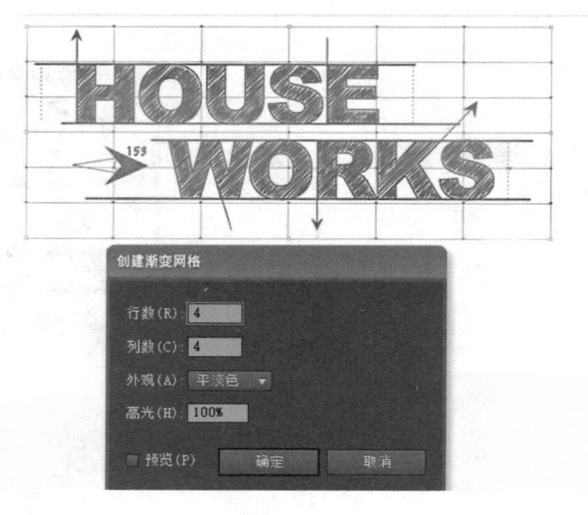

图 6–5–7

图 6–5–8

（9）到了这一步，只需要对不透明蒙版添加“效果/纹理/纹理化/砂岩”。如图 6-5-9 所示。

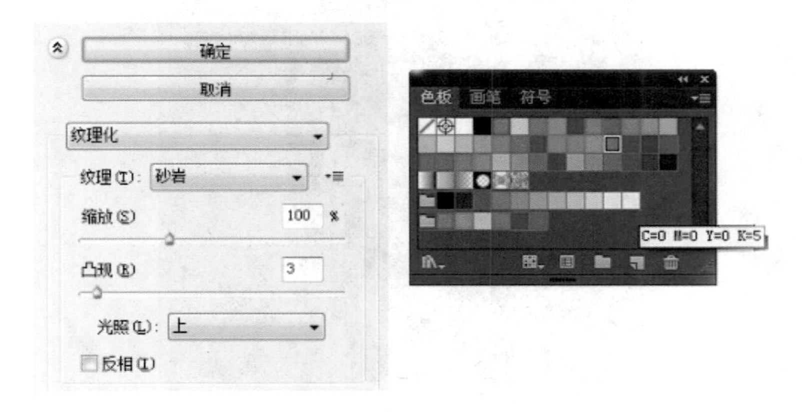

图 6–5–9

（10）看似复杂的标志、图像其实只不过是用最简单的手法来实现的。譬如：实施混合、滤镜或是一些渐变网格等。如图 6-5-10 所示。

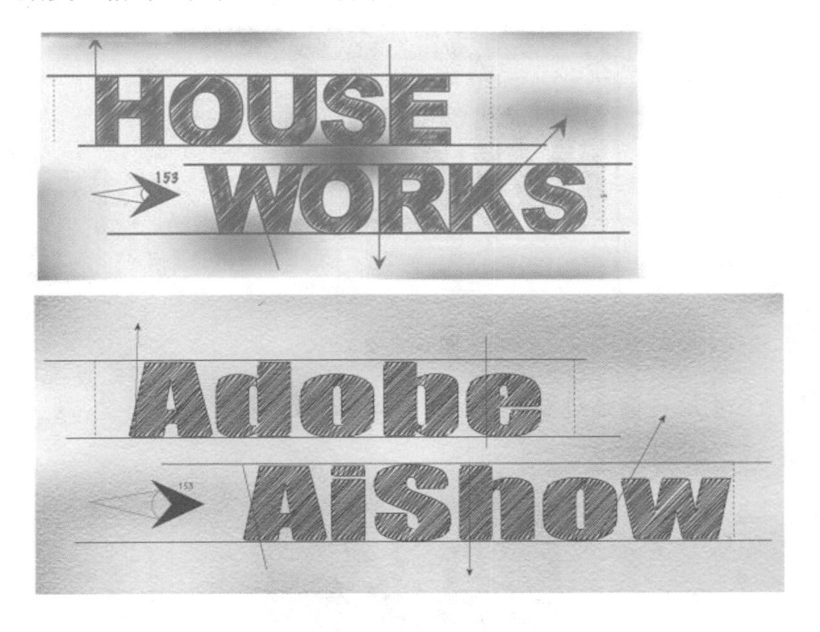

图 6–5–10

6.6 标志案例 4

案例说明：本例介绍 LOGO 设计，字母设计。

制作要点：讲解设计的过程，学习其中的设计方式与方法。

（1）制作一款绿色的渐变描边字，质感的表现也非常漂亮，下面让我们一起来学习吧。

选择 RGB 模式新建文件，快捷键［Ctrl+N］，如图 6-6-1 所示。

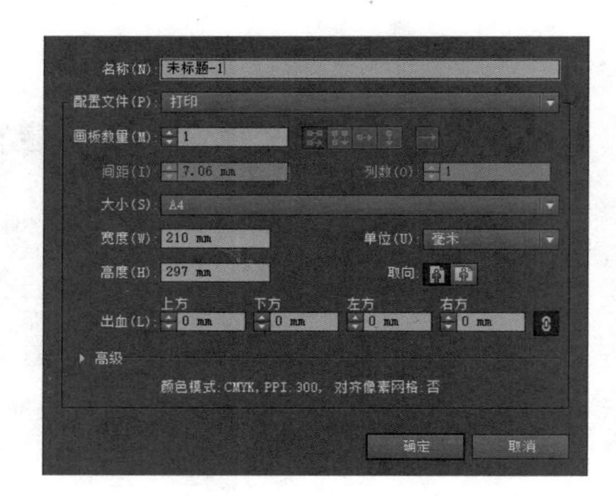

图 6-6-1

（2）选择文字输入工具，快捷键［T］输入“MDL”。选择你想要的字体效果，如图 6-6-2 所示。

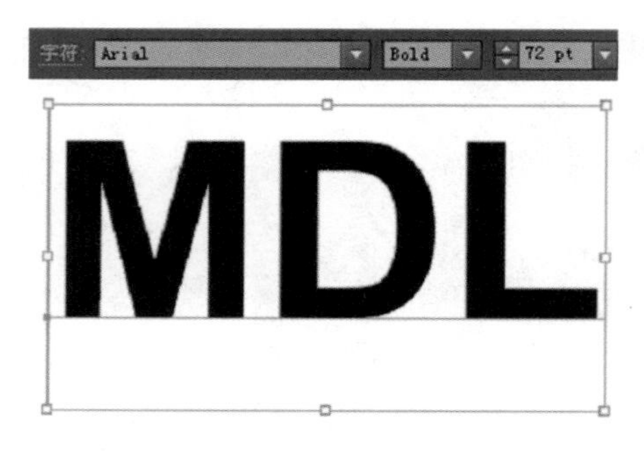

图 6-6-2

（3）打开路径扩展，选择对象扩展，如图 6-6-3 所示。

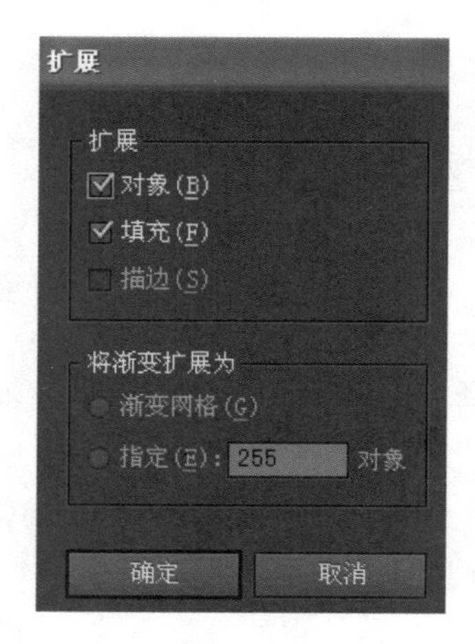

图 6-6-3

（4）再次选择对象—路径—偏移路径，选择预览调整你需要的参数。如图 6-6-4 所示。

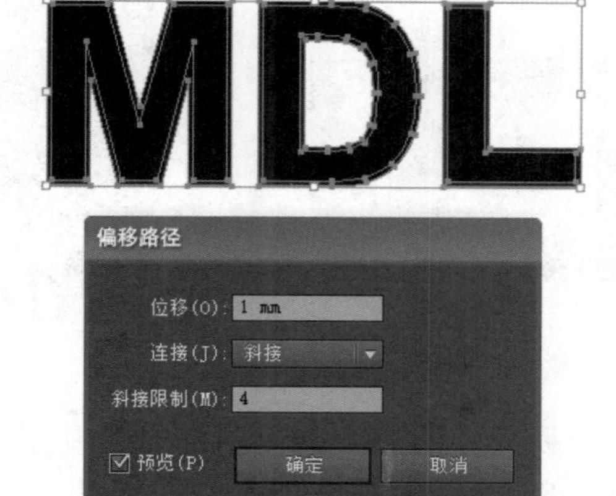

图 6–6–4

（5）点击右键取消编组，如图 6-6-5 所示。

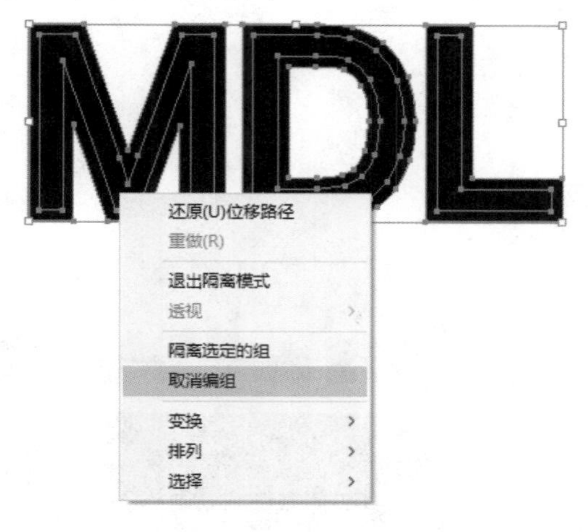

图 6–6–5

（6）现在已经有两层分开的了，选择“MDL”，按住［Shift］键如上一层，［Ctrl+G］重新组合，选择渐变填充。用鼠标把色块抓到渐变上去，选择你要的颜色调整到最佳状态。如图 6-6-6 所示。

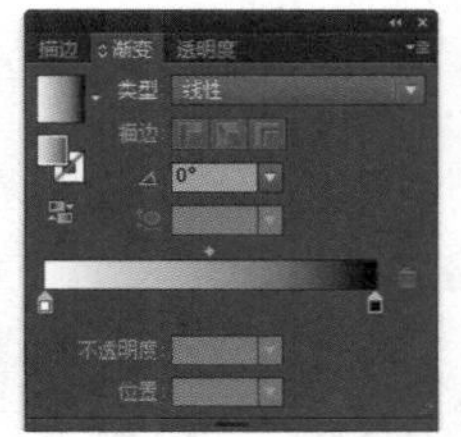

图 6–6–6

（7）拖入不同的渐变。可以点渐变上的色块并在颜色里调整色彩参数，并用渐变工具调整渐变位置角度。再次选择后面部分按住［Shift］键如下，按上面的方法调整渐变。如

图 6-6-7 所示。

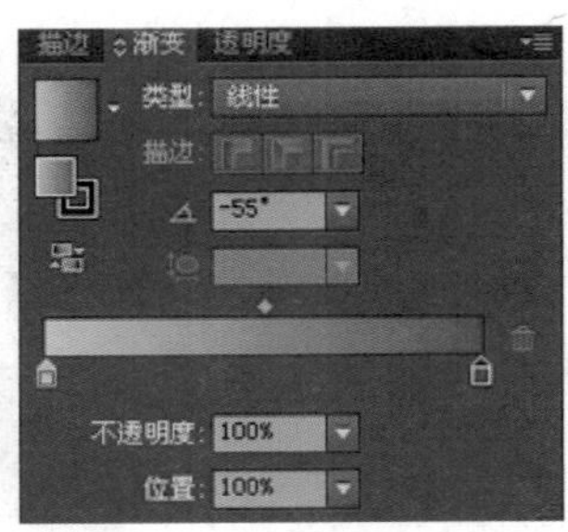

图 6-6-7

（8）按住［Alt］键拖动绿色层，绘制一个重叠圆形，选中两个新的图形。在“路径查找器”里面点交集，如图 6-6-8 所示。

（9）最后移动到最上层填充白色，如图 6-6-9 所示。

（10）选中“透明度”选项，混合模式选择“叠加”。不透明度选择 35%。再次选择效果里面的风格化投影，如图 6-6-10 所示。

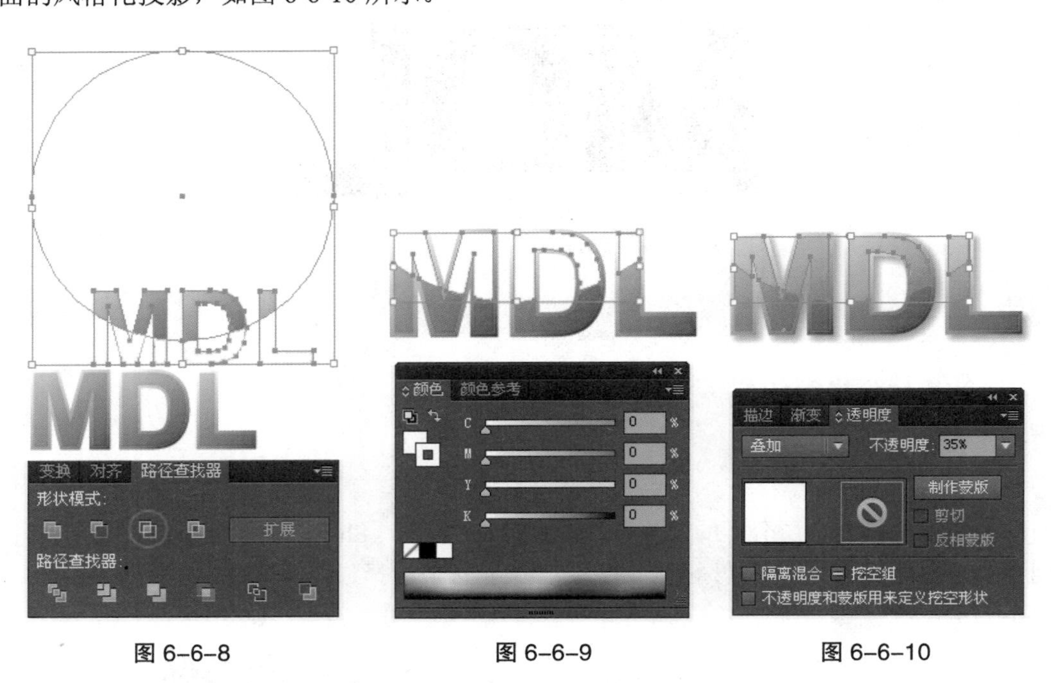

图 6-6-8　　图 6-6-9　　图 6-6-10

6.7　标志案例 5

案例说明：本例介绍 LOGO 设计。

制作要点：讲解设计的过程，学习其中的设计方式与方法。椭圆、缩放、旋转、渐变填充。

（1）新建文档，使用椭圆工具画圆。用旋转工具调整后使用径向渐变填充。如图 6-7-1 所示。

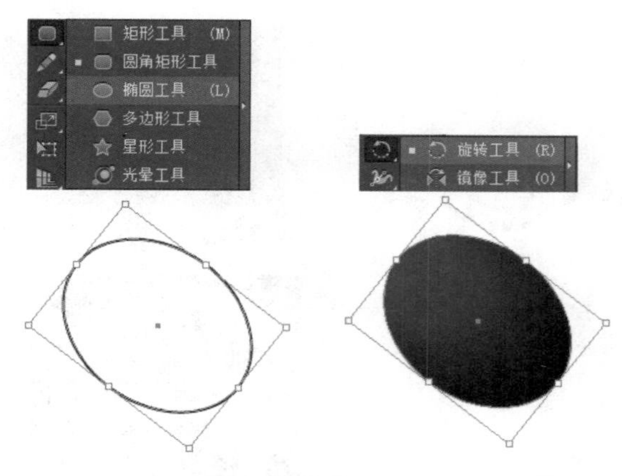

图 6–7–1

（2）复制一个图层放在上面［Ctrl+C，Ctrl+V］，使用缩放工具（q）缩小到适当的位置，并使用填充。如图 6-7-2 所示。

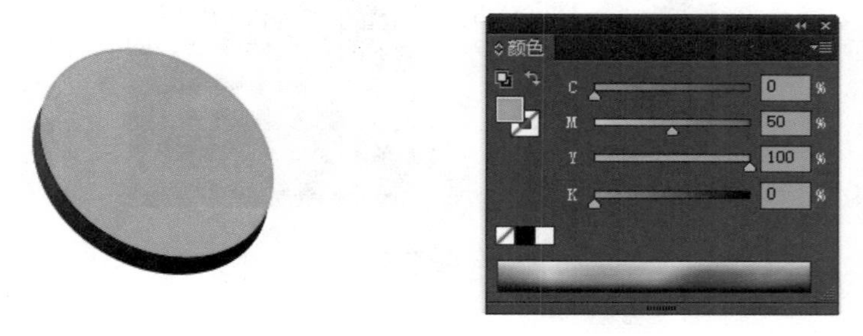

图 6–7–2

（3）重复第 2 步再复制一个并缩小，使用径向渐变填充。如图 6-7-3 所示。

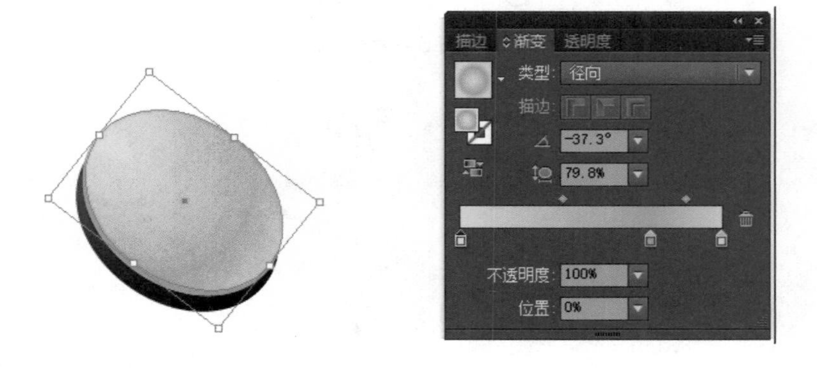

图 6–7–3

（4）再重复复制、缩小、填充。如图 6-7-4 所示。

（5）接下来我们再画好标志，调整到适当位置并填充白色。如图 6-7-5 所示。

（6）复制一个标志放在上面，填充。再画上阴影。如图 6-7-6 所示。

（7）再加上底部阴影，如图 6-7-7 所示。

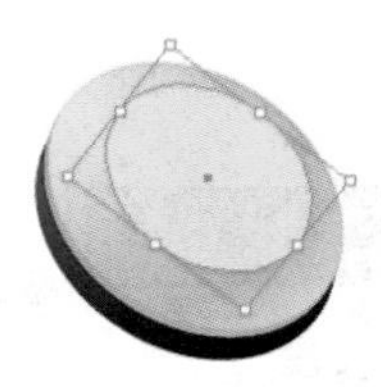

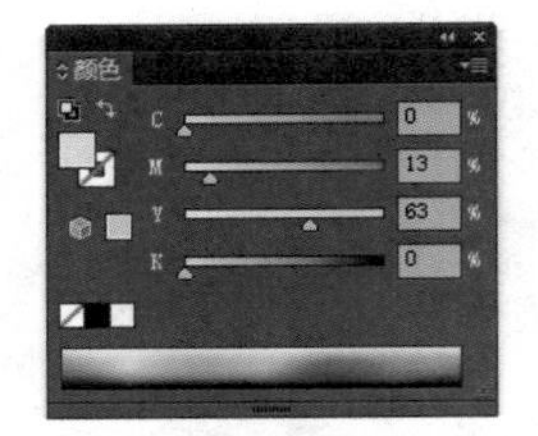

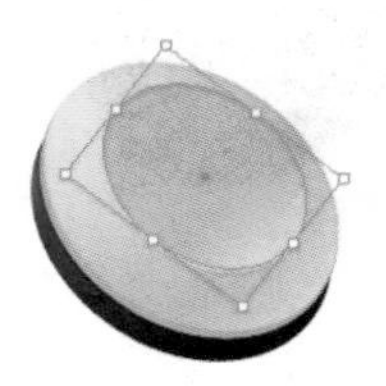

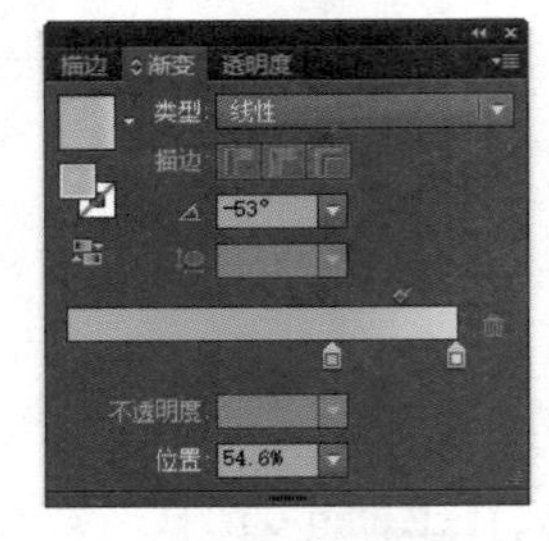

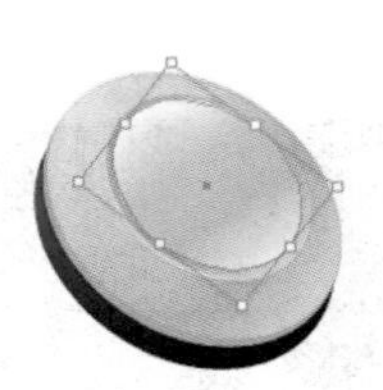

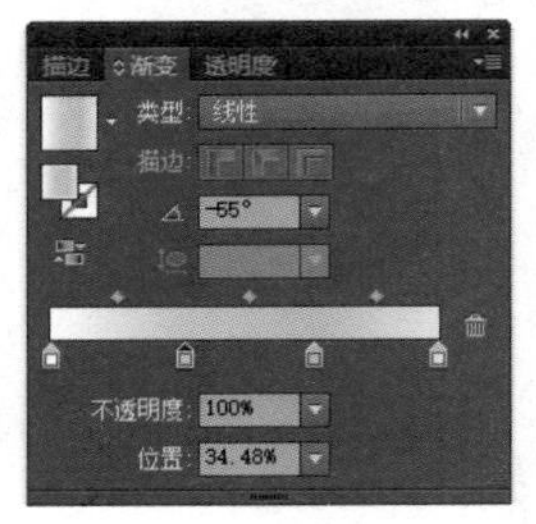

图 6-7-4

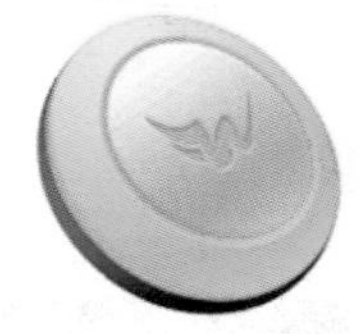

图 6-7-5

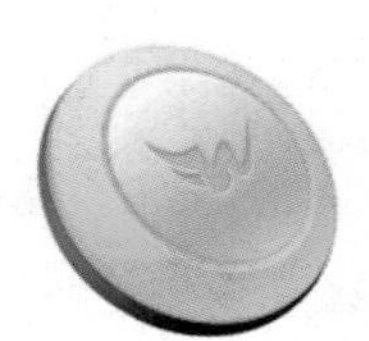

图 6-7-6

图 6-7-7

6.8 标志案例 6

案例说明：本例介绍 LOGO 设计，描边文字。

制作要点：讲解设计的过程，学习其中的设计方式与方法。椭圆、缩放、旋转、渐变填充。

（1）选择文字输入工具，输入“NIPIC”。再选择你想要的字体效果。如图 6-8-1 所示。

图 6–8–1

（2）［Shift+Ctrl+O］将文字转曲，如图 6-8-2 所示。

图 6–8–2

（3）对象菜单下“路径/偏移路径”命令，如图 6-8-3 所示。

图 6–8–3

（4）取消编组，选中上层文字成组，再选中下层文字成组，分别填充渐变色。如图 6-8-4 所示。

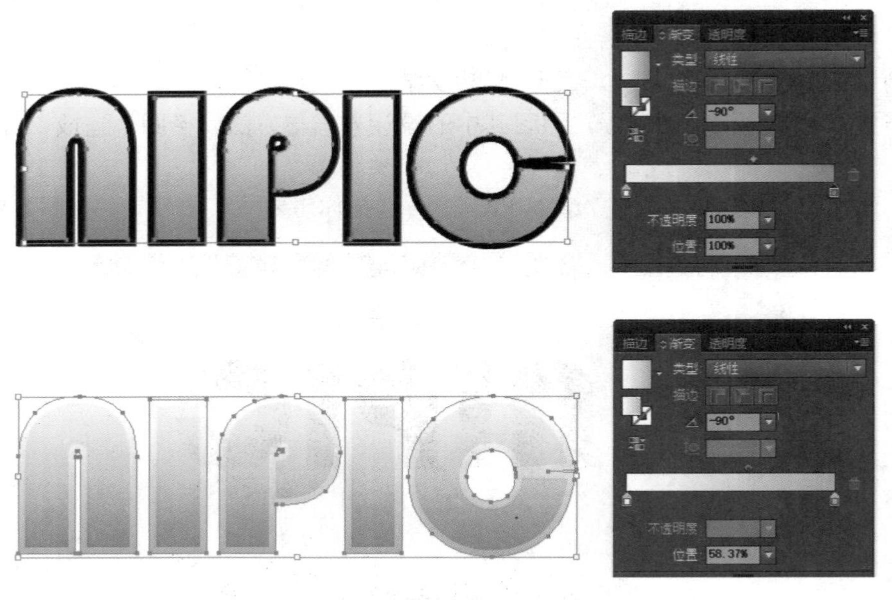

图 6–8–4

（5）复制上层文字，用钢笔工具在上方绘制图形。如图 6-8-5 所示。

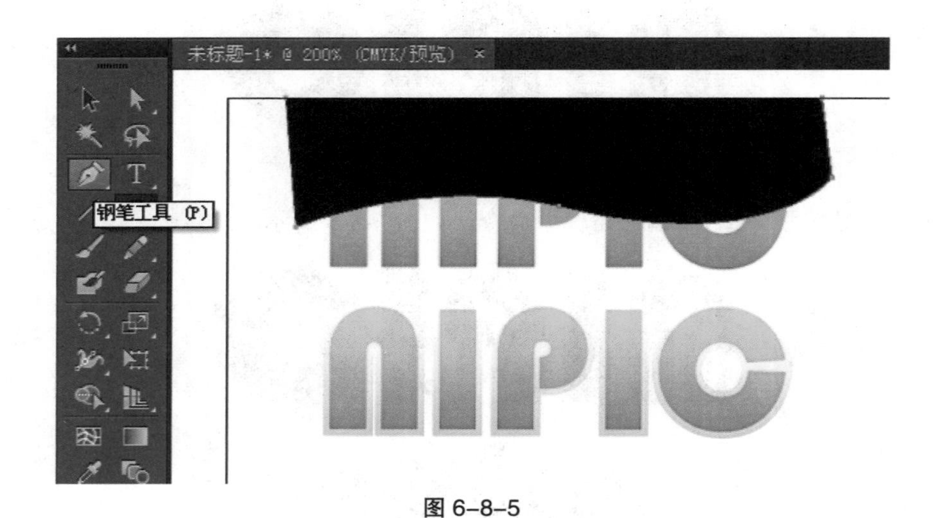

图 6–8–5

（6）［Shift+F8］调出路径查找器调板，选中并执行分割命令。再删除多余部分，剩余部分填充白色。如图 6-8-6 所示。

（7）将白色部分置于字上方，混合模式改为叠加，透明度为“35”。如图 6-8-7 所示。

（8）选中最下层文字执行“效果/风格化/阴影”，如图 6-8-8 所示。

（9）最终效果如图 6-8-9 所示。

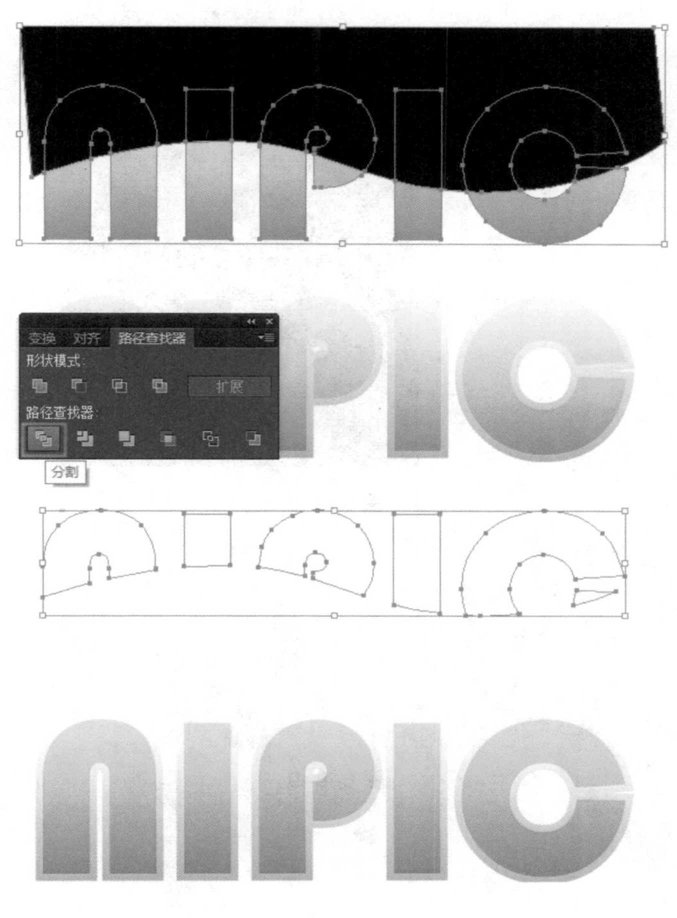
变换
对齐
路径查找器
形状模式:
扩展
路径查找器:
分割

图 6–8–6

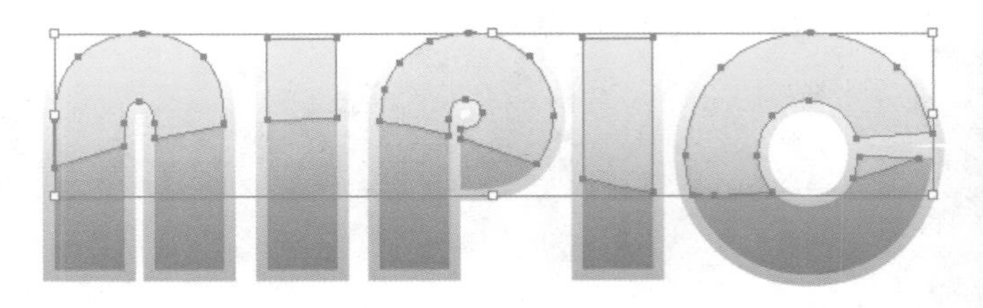

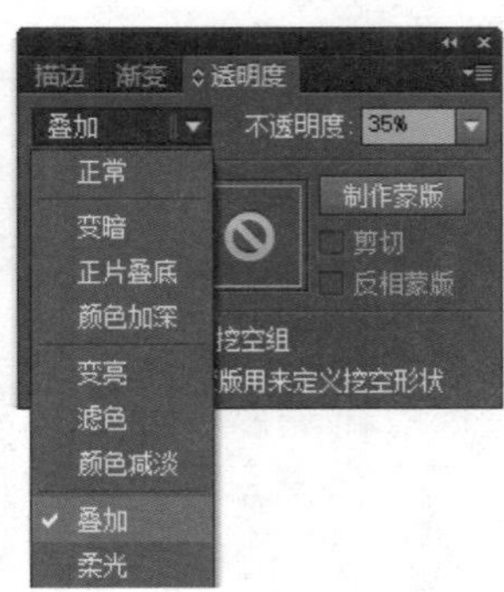
描边
渐变
透明度
叠加
不透明度: 35%
正常
变暗
正片叠底
颜色加深
变亮
滤色
颜色减淡
叠加
柔光
制作蒙版
剪切
反相蒙版

图 6–8–7

投影
模式(M): 正片叠底
不透明度(O): 75%
X 位移(X): 0 mm
Y 位移(Y): 0.5 mm
模糊(B): 0.5 mm
颜色(C):
暗度(D): 100%
预览(P)
确定
取消

图 6-8-8

图 6-8-9